INTERNATIONAL MATHEMATICAL OLYMPIADS

2000~2004　　第9卷

- 主编　佩捷
- 副主编　冯贝叶

多解　推广　加强

哈尔滨工业大学出版社
HARBIN INSTITUTE OF TECHNOLOGY PRESS

内 容 简 介

本书汇集了第41届至第45届国际数学奥林匹克竞赛试题及解答.该书广泛搜集了每道试题的多种解法,且注重初等数学与高等数学的联系,更有出自数学名家之手的推广与加强.本书可归结出以下四个特点,即收集全、解法多、观点高、结论强.

本书适合于数学奥林匹克竞赛选手和教练员、高等院校相关专业研究人员及数学爱好者使用.

图书在版编目(CIP)数据

IMO 50 年.第 9 卷,2000～2004/佩捷主编.—哈尔滨:哈尔滨工业大学出版社,2015.4(2021.12 重印)
ISBN 978－7－5603－5302－9

Ⅰ.①I… Ⅱ.①佩… Ⅲ.①中学数学课－题解 Ⅳ.①G634.605

中国版本图书馆 CIP 数据核字(2015)第 071012 号

策划编辑	刘培杰　张永芹
责任编辑	张永芹　张　佳
封面设计	孙茵艾
出版发行	哈尔滨工业大学出版社
社　　址	哈尔滨市南岗区复华四道街10号　邮编150006
传　　真	0451－86414749
网　　址	http://hitpress.hit.edu.cn
印　　刷	哈尔滨市石桥印务有限公司
开　　本	787mm×1092mm　1/16　印张 20.25　字数 361 千字
版　　次	2015 年 4 月第 1 版　2021 年 12 月第 2 次印刷
书　　号	ISBN 978－7－5603－5302－9
定　　价	58.00 元

(如因印装质量问题影响阅读,我社负责调换)

前言 | Foreword

法国教师于盖特·昂雅勒朗·普拉内斯在与法国科学家、教育家阿尔贝·雅卡尔的交谈中表明了这样一种观点:"若一个人不'精通数学',他就比别人笨吗?"

"数学是最容易理解的.除非有严重的精神疾病,不然的话,大家都应该是'精通数学'的.可是,由于大概只有心理学家才可能解释清楚的原因,某些年轻人认定自己数学不行.我认为其中主要的责任在于教授数学的方式."

"我们自然不可能对任何东西都感兴趣,但数学更是一种思维的锻炼,不进行这项锻炼是很可惜的.不过,对诗歌或哲学,我们似乎也可以说同样的话."

"不管怎样,根据学生数学上的能力来选拔'优等生'的不当做法对数学这门学科的教授是非常有害的."(阿尔贝·雅卡尔、于盖特·昂雅勒朗·普拉内斯.《献给非哲学家的小哲学》.周冉,译.广西师范大学出版社,2001:96)

这本题集不是为老师选拔"优等生"而准备的,而是为那些对 IMO 感兴趣,对近年来中国数学工作者在 IMO 研究中所取得的成果感兴趣的读者准备的资料库.展示原味真题,提供海量解法(最多一题提供 20 余种不同解法,如第 3 届 IMO 第 2 题),给出加强形式,尽显推广空间,是我国建国以来有关 IMO 试题方面规模最大、收集最全的一本题集.从现在看,以"观止"称之并不为过.

前中国国家射击队的总教练张恒是用"系统论"研究射击训练的专家,他曾说:"世界上的很多新东西,其实不是'全新'的,就像美国的航天飞机,总共用了2万个已有的专利技术,真正的创造是它在总体设计上的新意."(胡廷楣.《境界——关于围棋文化的思考》.上海人民出版社,1999:463)本书的编写又何尝不是如此呢,将近100位专家学者给出的多种不同解答放到一起也是一种创造.

如果说这部题集可比作一条美丽的珍珠项链的话,那么编者所做的不过是将那些藏于深海的珍珠打捞起来并穿附在一条红线之上,形式归于红线,价值归于珍珠.

首先要感谢江仁俊先生,他可能是国内最早编写国际数学奥林匹克题解的先行者(1979年,笔者初中毕业,同学姜三勇(现为哈工大教授)作为临别纪念送给笔者的一本书就是江仁俊先生编的《国际中学生数学竞赛题解》(定价仅0.29元),并用当时叶剑英元帅的诗词做赠言:"科学有险阻,苦战能过关."27年过去仍记忆犹新).所以特引用了江先生的一些解法.江苏师范学院(今年刚刚去世的华东师范大学的肖刚教授曾在该校外语专业就读过)是我国最早介入IMO的高校之一,毛振璇、唐起汉、唐复苏三位老先生亲自主持从德文及俄文翻译1~20届题解.令人惊奇的是,我们发现当时的插图绘制者居然是我国的微分动力学专家"文化大革命"后北大的第一位博士张筑生教授,可惜天妒英才,张筑生教授英年早逝,令人扼腕(山东大学的杜锡录教授同样令人惋惜,他也是当年数学奥林匹克研究的主力之一).本书的插图中有几幅就是出自张筑生教授之手[22].另外中国科技大学是那时数学奥林匹克研究的重镇,可以说20世纪80年代初中国科技大学之于现代数学竞赛的研究就像哥廷根20世纪初之于现代数学的研究.常庚哲教授、单墫教授、苏淳教授、李尚志教授、余红兵教授、严镇军教授当年都是数学奥林匹克研究领域的旗帜性人物.本书中许多好的解法均出自他们[4,13,19,20,50].目前许多题解中给出的解法中规中矩,语言四平八稳,大有八股遗风,仿佛出自机器一般,而这几位专家的解答各有特色,颇具个性.记得早些年笔者看过一篇报道说常庚哲先生当年去南京特招单墫与李克正去中国科技大学读研究生,考试时由于单墫基础扎实,毕业后一直在南京女子中学任教,所以按部就班,从前往后答,而李克正当时是南京市的一名工人,自学成才,答题是从后往前答,先答最难的一题,风格迥然不同,所给出的奥数题解也是个性化十足.另外,现在流行的IMO题解,历经多人之手已变成了雕刻后的最佳形式,用于展示很好,但用于教学或自学却不适合.有许多学生问这么巧妙的技巧是怎么想到的,我怎么想不到,容易产生挫败感,就像数学史家评价高斯一样,说他每次都是将脚手架拆去之后再将他建筑的宏伟大厦展示给其他人.使人觉得突兀,景仰之后,备受挫折.高斯这种追求完美的做法大大延误了数学的发展,使人们很难跟上他的脚步,这一点从潘承彪教授、沈永欢教授合译的《算术探讨》中可见一斑.所以我们提倡,讲思路,讲想法,表现思考过程,甚至绕点弯子,都是好的,因为它自然,贴近读者.

中国数学竞赛活动的开展、普及与中国革命的农村包围城市,星星之火可以燎原的方式迥然不同,是先在中心城市取得成功后再向全国蔓延.而这种方式全赖强势人物推进,从华罗庚先生到王寿仁先生再到裘宗沪先生,以他们的威望与影响振臂一呼,应者云集,数学奥林匹克在中国终成燎原之势.他们主持编写的参考书在业内被奉为圭臬,我们必须以此为标准,所以引用会时有发生,在此表示感谢.

中国数学奥林匹克能在世界上有今天的地位,各大学的名家们起了重要的理论支持作用.北京大学的王杰教授、复旦大学的舒五昌教授、首都师范大学的梅向明教授、华东师范大学的熊斌教授、中国科学院的许以超研究员、南开大学的李成章教授、合肥工业大学的苏化明教授、杭州师范学院的赵小云教授、陕西师范大学的罗增儒教授等,他们的文章所表现的高瞻周览、探赜索隐的识力,已达到炉火纯青的地步,堪称为中国 IMO 研究的标志.如果说多样性是生物赖以生存的法则,那么百花齐放,则是数学竞赛赖以发展的基础.我们既希望看到像格罗登迪克那样为解决一批具体问题而建造大型联合机械式的宏大构思型解法,也盼望有像爱尔特希那样运用最少的工具以娴熟的技能做庖丁解牛式剖析型解法出现.为此本书广为引证,也向各位提供原创解法的专家学者致以谢意.

编者为图"文无遗珠"的效果,大量参考了多家书刊杂志中发表的解法,也向他们表示谢意.

特别要感谢湖南理工大学的周持中教授、长沙铁道学院的肖果能教授、广州大学的吴伟朝教授以及顾可敬先生.他们四位的长篇推广文章读之,使笔者不能不三叹而三致意,收入本书使之增色不少.

最后要说的是由于编者先天不备,后天不足,斗胆尝试,徒见笑于方家.

哲学家休谟在写自传的时候,曾有一句话讲得颇好:"一个人写自己的生平时,如果说得太多,总是免不了虚荣的."这句话同样也适合于本书的前言,写多了难免自夸,就此打住是明智之举.

刘培杰

2014 年 10 月

目录 | Contest

第一编　第 41 届国际数学奥林匹克　　　　　　　　　　　　　　　1

第 41 届国际数学奥林匹克题解 …………………………………………… 3
第 41 届国际数学奥林匹克英文原题 ……………………………………… 14
第 41 届国际数学奥林匹克各国成绩表 …………………………………… 16
第 41 届国际数学奥林匹克预选题解答 …………………………………… 19

第二编　第 42 届国际数学奥林匹克　　　　　　　　　　　　　　　55

第 42 届国际数学奥林匹克题解 …………………………………………… 57
第 42 届国际数学奥林匹克英文原题 ……………………………………… 85
第 42 届国际数学奥林匹克各国成绩表 …………………………………… 87
第 42 届国际数学奥林匹克预选题解答 …………………………………… 90

第三编　第 43 届国际数学奥林匹克　　　　　　　　　　　　　　　121

第 43 届国际数学奥林匹克题解 …………………………………………… 123
第 43 届国际数学奥林匹克英文原题 ……………………………………… 137
第 43 届国际数学奥林匹克各国成绩表 …………………………………… 139
第 43 届国际数学奥林匹克预选题解答 …………………………………… 142

第四编　第 44 届国际数学奥林匹克　　　　　　　　　　　　　　　165

第 44 届国际数学奥林匹克题解 …………………………………………… 167
第 44 届国际数学奥林匹克英文原题 ……………………………………… 174
第 44 届国际数学奥林匹克各国成绩表 …………………………………… 176
第 44 届国际数学奥林匹克预选题解答 …………………………………… 179

第五编　第 45 届国际数学奥林匹克　　　　　　　　　　　　　　　209

第 45 届国际数学奥林匹克题解 …………………………………………… 211
第 45 届国际数学奥林匹克英文原题 ……………………………………… 227
第 45 届国际数学奥林匹克各国成绩表 …………………………………… 229
第 45 届国际数学奥林匹克预选题解答 …………………………………… 232

附录　IMO 背景介绍　267

第1章　引言　269
第1节　国际数学奥林匹克　269
第2节　IMO 竞赛　270

第2章　基本概念和事实　271
第1节　代　数　271
第2节　分　析　275
第3节　几　何　276
第4节　数　论　282
第5节　组　合　285

参考文献　289

后　记　297

第一编
第41届国际数学奥林匹克

第 41 届国际数学奥林匹克题解

韩国,2000

1 圆 Γ_1 和圆 Γ_2 相交于点 M 和 N. 设 l 是圆 Γ_1 和圆 Γ_2 的两条公切线中距离 M 较近的那条公切线. l 与圆 Γ_1 相切于点 A,与圆 Γ_2 相切于点 B. 设经过点 M 且与 l 平行的直线与圆 Γ_1 还相交于点 C,与圆 Γ_2 还相交于点 D. 直线 CA 和 DB 相交于点 E,直线 AN 和 CD 相交于点 P,直线 BN 和 CD 相交于点 Q. 证明:$EP = EQ$.

俄罗斯命题

证法 1 如图 1 所示,令 K 为 MN 和 AB 的交点. 根据圆幂定理

$$AK^2 = KN \cdot KM = BK^2$$

换言之,K 是 AB 的中点. 因为 $PQ \parallel AB$,所以 M 是 PQ 的中点. 故只需证明 $EM \perp PQ$.

因为 $CD \parallel AB$,所以点 A 是圆 Γ_1 的弧 CM 的中点,点 B 是圆 Γ_2 的弧 DM 的中点. 于是,$\triangle ACM$ 与 $\triangle BDM$ 都是等腰三角形. 从而有

$$\angle BAM = \angle AMC = \angle ACM = \angle EAB$$
$$\angle ABM = \angle BMD = \angle BDM = \angle EBA$$

可推出

$$EM \perp AB$$

再由 $PQ \parallel AB$,即证 $EM \perp PQ$.

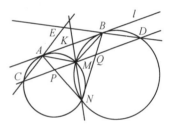

题 1(图 1)

证法 2 如图 2 所示,连 MA, MB, ME,并延长 NM 交 AB 于点 F.

因为 l 是圆 Γ_1、圆 Γ_2 的公切线,又 $CD \parallel l$,所以
$$\angle EAB = \angle C = \angle MAB, \angle EBA = \angle D = \angle MBA$$
所以
$$\triangle EAB \cong \triangle MAB$$
所以
$$MA = AE$$
由 $\angle AMC = \angle MAB = \angle C$,得

此证法属于张伟军

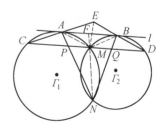

题 1(图 2)

所以
$$MA = AC$$
$$EM \perp CD$$
因为
$$FA^2 = FM \cdot FN = FB^2$$
所以
$$FA = FB$$
由 $PQ \parallel AB$ 易得
$$\frac{MP}{FA} = \frac{MQ}{FB}$$
所以
$$MP = MQ$$
所以
$$PE = QE$$

注 当 l 是距离 M 较远的那条公切线时,结论同样成立,证明方法类似.

❷ 设 a,b,c 是正实数,且满足 $abc = 1$. 证明
$$\left(a - 1 + \frac{1}{b}\right)\left(b - 1 + \frac{1}{c}\right)\left(c - 1 + \frac{1}{a}\right) \leqslant 1$$

美国命题

证法 1 令
$$a = \frac{x}{y}, b = \frac{y}{z}, c = \frac{z}{x}$$
其中,x,y,z 为正实数. 则原不等式变为
$$(x - y + z)(y - z + x)(z - x + y) \leqslant xyz$$
记 $u = x - y + z, v = y - z + x, w = z - x + y$
因为这三个数中的任意两个之和都是正数,所以它们之中最多只有一个是负数.

如果恰有一个是负数,则
$$uvw \leqslant 0 < xyz$$
不等式得证.

如果这三个数都大于 0,则由算术 — 几何平均不等式可得
$$\sqrt{uv} = \sqrt{(x-y+z)(y-z+x)} \leqslant$$
$$\frac{1}{2}((x-y+z) + (y-z+x)) = x$$
同理
$$\sqrt{vw} \leqslant y, \sqrt{wu} \leqslant z$$
于是,$uvw \leqslant xyz$. 不等式得证.

证法 2 由 $abc=1$,得
$$(a-1+\frac{1}{b})(b-1+\frac{1}{c})(c-1+\frac{1}{a})=$$
$$(a-1+\frac{1}{b})(b-1+ab)(\frac{1}{ab}-1+\frac{1}{a})=$$
$$(a-1+\frac{1}{b})b(a+1-\frac{1}{b})\frac{1}{a}(-a+1+\frac{1}{b})=$$
$$\frac{1}{a\cdot 1\cdot \frac{1}{b}}(a-1+\frac{1}{b})(a+1-\frac{1}{b})(-a+1+\frac{1}{b})$$

令 $a-1+\frac{1}{b}=2y, a+1-\frac{1}{b}=2z, -a+1+\frac{1}{b}=2x$

则 $a=y+z>0, 1=z+x>0, \frac{1}{b}=x+y>0$

显然 x,y,z 中至多有一个不大于 0.

(i) 若 x,y,z 中恰有一个不大于 0,则 $xyz\leqslant 0$,结论显然成立.

(ii) 若 $x>0, y>0, z>0$,则原不等式左边等于
$$\frac{8xyz}{(y+z)(z+x)(x+y)}\leqslant \frac{8xyz}{2\sqrt{yz}\cdot 2\sqrt{xz}\cdot 2\sqrt{xy}}=1$$

当且仅当 $x=y=z$,即 $a=b=c=1$ 时等号成立.

此证法属于张伟军

注 若记 $a=u, \frac{1}{b}=v, 1=\lambda$,则该题结果等价于
$$(u+v-\lambda)(u-v+\lambda)(-u+v+\lambda)\leqslant uv\lambda$$
此为 1983 年瑞士数学奥林匹克试题.

证法 3 由题设条件易知正实数 a,b,c 中有两个不小于 1,另一个不大于 1;或者有两个不大于 1,另一个不小于 1. 此时在 $a-1+\frac{1}{b}, b-1+\frac{1}{c}, c-1+\frac{1}{a}$ 中至多有一个负值.

当 $a-1+\frac{1}{b}, b-1+\frac{1}{c}, c-1+\frac{1}{a}$ 中有一个负值时,原不等式显然成立,下面只要证明它们均为正值的情形.

因为 $abc=1$,所以
$$a-1+\frac{1}{b}=a-1+ac$$

即 $$a-1+\frac{1}{b}=a(1-\frac{1}{a}+c)$$

同理 $$b-1+\frac{1}{c}=b(1-\frac{1}{b}+a)$$

此证法属于段智毅、秦立

$$c - 1 + \frac{1}{a} = c(1 - \frac{1}{c} + b)$$

于是应用
$$xy \leqslant \left(\frac{x+y}{2}\right)^2, x, y \in \mathbf{R}$$

得
$$(a - 1 + \frac{1}{b})(c - 1 + \frac{1}{a}) =$$
$$a(1 - \frac{1}{a} + c)(c - 1 + \frac{1}{a}) \leqslant$$
$$a\left[\frac{(1 - \frac{1}{a} + c) + (c - 1 + \frac{1}{a})}{2}\right]^2 = ac^2$$

即
$$(a - 1 + \frac{1}{b})(c - 1 + \frac{1}{a}) \leqslant ac^2$$

同理
$$(a - 1 + \frac{1}{b})(b - 1 + \frac{1}{c}) \leqslant ba^2$$
$$(b - 1 + \frac{1}{c})(c - 1 + \frac{1}{a}) \leqslant cb^2$$

将上面三式两边相乘,得
$$(a - 1 + \frac{1}{b})^2 (b - 1 + \frac{1}{c})^2 (c - 1 + \frac{1}{a})^2 \leqslant (abc)^3 = 1$$

即
$$(a - 1 + \frac{1}{b})(b - 1 + \frac{1}{c})(c - 1 + \frac{1}{a}) \leqslant 1$$

综上,原不等式得证.

需要指出的是,本题的等价问题是:若正实数 a, b, c 满足 $abc = 1$,求证
$$(1 + a - \frac{1}{b})(1 + b - \frac{1}{c})(1 + c - \frac{1}{a}) \leqslant 1$$

❸ 设 $n \geqslant 2$ 为正整数. 开始时,在一条直线上有 n 只跳蚤,且它们不全在同一点,对任意给定的一个正实数 λ,可以定义如下的一种移动:

(1) 选取任意两只跳蚤,设它们分别位于点 A 和点 B,且点 A 位于点 B 的左边;

(2) 令位于点 A 的跳蚤跳到该直线上位于点 B 右边的点 C,使得 $\frac{BC}{AB} = \lambda$.

试确定所有可能的正实数 λ,使得对于直线上任意给定的点 M 以及这 n 只跳蚤的任意初始位置,总能够经过有限多次移动之后令所有的跳蚤都位于点 M 的右边.

白俄罗斯命题

解 要使跳蚤尽可能远地跳向右边,一个合理的策略是在每一个移动中都选取最左边的跳蚤所处的位置作为点 A,最右边的跳蚤所处的位置作为点 B. 按照这一策略,假设在 k 次移动之后,这些跳蚤之间距离的最大值为 d_k,而任意两只相邻跳蚤之间距离的最小值为 δ_k. 显然有
$$d_k \geqslant (n-1)\delta_k$$

经过第 $k+1$ 次移动,会产生一个新的两只相邻跳蚤之间的距离 λd_k. 如果这是新的最小值,则有
$$\delta_{k+1} = \lambda d_k$$
如果它不是最小值,则显然有
$$\delta_{k+1} \geqslant \delta_k$$
无论哪种情形,总有
$$\frac{\delta_{k+1}}{\delta_k} \geqslant \min\left\{1, \frac{\lambda d_k}{\delta_k}\right\} \geqslant \min\{1, (n-1)\lambda\}$$

因此,只要 $\lambda \geqslant \frac{1}{n-1}$,就有 $\delta_{k+1} \geqslant \delta_k$ 对任意 k 都成立. 这意味着任意两只相邻跳蚤之间距离的最小值不会减小. 故每次移动之后,最左边的跳蚤所处的位置都以不小于某个正的常数的步伐向右平移. 最终,所有的跳蚤都可以跳到任意给定的点 M 的右边.

下面证明:如果 $\lambda < \frac{1}{n-1}$,则对任意初始位置都存在某个点 M,使得这些跳蚤无法跳到点 M 的右边.

将这些跳蚤的位置表示成实数,考虑任意的一系列移动. 令 s_k 为第 k 次移动之后,表示跳蚤所在位置的所有实数之和,再令 w_k 为这些实数中最大的一个(即最右边的跳蚤的位置). 显然有 $s_k \leqslant nw_k$. 我们要证明序列 $\{w_k\}$ 有界.

在第 $k+1$ 次移动时,一只跳蚤从点 A 跳过点 B 落在点 C,分别用实数 a, b, c 表示这三个点,则
$$s_{k+1} = s_k + c - a$$
根据移动的定义
$$c - b = \lambda(b - a)$$
进而得到
$$\lambda(c - a) = (1 + \lambda)(c - b)$$
于是
$$s_{k+1} - s_k = c - a = \frac{1+\lambda}{\lambda}(c - b)$$
如果 $c > w_k$,则刚跳过来的这只跳蚤占据了新的最右边位置
$$w_{k+1} = c$$
再由 $b \leqslant w_k$ 可得
$$s_{k+1} - s_k = \frac{1+\lambda}{\lambda}(c - b) \geqslant \frac{1+\lambda}{\lambda}(w_{k+1} - w_k)$$

如果 $c \leqslant w_k$，则有
$$w_{k+1} - w_k = 0, s_{k+1} - s_k = c - a > 0$$
故上式仍然成立.

考虑下列数列
$$z_k = \frac{1+\lambda}{\lambda} w_k - s_k, k = 0, 1, 2, \cdots$$
则有
$$z_{k+1} - z_k \leqslant 0$$
即该数列是不升的.

因此，对所有的 k 总有
$$z_k \leqslant z_0$$
假设 $\lambda < \dfrac{1}{n-1}$，则
$$1 + \lambda > n\lambda$$
可以把 z_k 写成
$$z_k = (n+\mu)w_k - s_k$$
其中
$$\mu = \frac{1+\lambda}{\lambda} - n > 0$$
于是得到不等式
$$z_k = \mu w_k + (n w_k - s_k) \geqslant \mu w_k$$
故对于所有的 k，总有
$$w_k \leqslant \frac{z_0}{\mu}$$

这意味着最右边跳蚤的位置永远不会超过一个常数，这个常数与 n, λ 和这些跳蚤的初始位置有关，而与如何移动无关. 最终得到结论：所求 λ 的可能值为所有不小于 $\dfrac{1}{n-1}$ 的实数.

❹ 一位魔术师有 100 张卡片，分别写有数字 1 到 100. 他把这 100 张卡片放入三个盒子里，一个盒子是红色的，一个是白色的，一个是蓝色的，每个盒子里至少都放入了一张卡片.

一位观众从三个盒子中挑出两个，再从这两个盒子里各选取一张卡片，然后宣布这两张卡片上的数字之和. 知道这个和之后，魔术师便能够指出哪一个是没有从中选取卡片的盒子.

问：共有多少种放卡片的方法，使得这个魔术总能够成功？（两种方法被认为是不同的，如果至少有一张卡片被放入不同颜色的盒子）

匈牙利命题

解 共有 12 种不同的方法.考虑 1 到 100 之间的整数,为简便起见,将整数 i 所放入的盒子的颜色定义为该整数的颜色.用 r 代表红色,w 代表白色,b 代表蓝色.

(1) 存在某个 i,使得 $i,i+1,i+2$ 的颜色互不相同,例如,分别为 r,w,b.因为 $i+(i+3)=(i+1)+(i+2)$,所以 $i+3$ 的颜色既不能是 $i+1$ 的颜色 w,也不能是 $i+2$ 的颜色 b,只能是 r.可见只要三个相邻的数字有互不相同的颜色,就能够确定下一个数字的颜色.进一步地,这三个数字的颜色模式必定反复出现:r,w,b 后面一定是 r,然后又是 $w,b,\cdots$ 依此类推.同理可得上述过程对于相反方向也成立:r,w,b 的前面一定是 $b,\cdots$ 依此类推.

因此,只需确定 1,2,3 的颜色.而这有 6 种不同的方法,这 6 种方法都能够使魔术成功,因为它们的和 $r+w,w+b,b+r$ 给出模 3 的互不相同的余数.

(2) 不存在三个连续的数字,其颜色互不相同.假设 1 是红色的,令 i 为最小的不是红色的数字,不妨假设 i 为白色的,再设 k 为最小的蓝色数字,则由假设必有 $i+1<k$.

如果 $k<100$,因为
$$i+k=(i-1)+(k+1)$$
所以 $k+1$ 一定要是红色的.但又由于
$$i+(k+1)=(i+1)+k$$
所以 $i+1$ 一定要是蓝色的,与 k 是最小蓝色数字相矛盾.故得 k 必须等于 100.换言之,只有 100 是蓝色的.

我们再来证明只有 1 是红色的.不然的话,设存在 $t>1$ 是红色的,则由 $t+99=(t-1)+100$ 推出 $t-1$ 是蓝色的,与只有 100 是蓝色的相矛盾.

于是,这些数字的颜色必须是 $r,w,w,\cdots,w,w,b$.而这种方法确实可行:

如果被选取的两张卡片上的数字之和小于等于 100,则没有从中选取卡片的盒子一定是蓝色的;

如果数字之和等于 101,则没有从中选取卡片的盒子一定是白色的;

如果数字之和大于 101,则没有从中选取卡片的盒子一定是红色的.

最后,共有 6 种按照上述样子排列颜色的方法.

故答案为 12.

❺ 确定是否存在满足下列条件的正整数 n：
n 恰好能够被 2 000 个互不相同的素数整除，且 2^n+1 能够被 n 整除．

俄罗斯命题

解 存在．我们用归纳法来证明一个更一般的命题：

对每一个自然数 k 都存在自然数 $n=n(k)$，满足 $n \mid 2^n+1$，$3 \mid n$，且 n 恰好能够被 k 个互不相同的素数整除．

当 $k=1$ 时，$n(1)=3$ 即可使命题成立．

假设对于 $k \geqslant 1$ 存在满足要求的 $n(k)=3^l t$，其中 $l \geqslant 1$ 且 3 不能整除 t．于是 $n=n(k)$ 必为奇数，可得
$$3 \mid 2^{2n}-2^n+1$$
利用恒等式
$$2^{3n}+1=(2^n+1)(2^{2n}-2^n+1)$$
可知
$$3n \mid 2^{3n}+1$$
根据下面的引理，存在一个奇素数 p 满足 $p \mid 2^{3n}+1$，但 p 不能整除 2^n+1．于是，自然数
$$n(k+1)=3pn(k)$$
即满足命题对于 $k+1$ 的要求．归纳法完成．

引理 对于每一个整数 $a>2$，存在一个素数 p 满足 $p \mid a^3+1$，但 p 不能整除 $a+1$．

引理的证明 假设对某个 $a>2$ 引理不成立，则 a^2-a+1 的每一个素因子都要整除 $a+1$．而恒等式
$$a^2-a+1=(a+1)(a-2)+3$$
说明能够整除 a^2-a+1 的唯一素数是 3．换言之，a^2-a+1 是 3 的方幂．因为 $a+1$ 是 3 的倍数，所以 $a-2$ 也是 3 的倍数．于是 a^2-a+1 能够被 3 整除，但不能被 9 整除．故得 a^2-a+1 恰等于 3．另一方面，由 $a>2$ 知 $a^2-a+1>3$．这个矛盾完成了引理的证明．

❻ 设 AH_1，BH_2，CH_3 是锐角 $\triangle ABC$ 的三条高线．$\triangle ABC$ 的内切圆与边 BC，CA，AB 分别相切于点 T_1，T_2，T_3．设直线 l_1，l_2，l_3 分别是直线 H_2H_3，H_3H_1，H_1H_2 关于直线 T_2T_3，T_3T_1，T_1T_2 的对称直线．证明：l_1，l_2，l_3 所确定的三角形，其顶点都在 $\triangle ABC$ 的内切圆上．

俄罗斯命题

证法 1 令 M_1 为 T_1 关于 $\angle A$ 的角平分线的对称点，M_2 和

M_3 分别为 T_2 和 T_3 关于 $\angle B$ 和 $\angle C$ 的角平分线的对称点. 显然点 M_1, M_2, M_3 在 $\triangle ABC$ 的内切圆周上. 只需证明它们恰好是题目中所求证的三角形的三个顶点.

由对称性, 只需证明 $H_2 H_3$ 关于直线 $T_2 T_3$ 的对称直线 l_1 经过点 M_2 即可.

如图 3 所示, 设 I 为 $\triangle ABC$ 的内心. 注意 T_2 和 H_2 总在 BI 的同一侧, 且 T_2 比 H_2 距离 BI 更近. 我们只考虑点 C 也在 BI 同一侧的情形 (如果点 C 和 T_2, H_2 分别位于 BI 的两侧, 证明需要稍加改动).

设 $\angle A = 2\alpha$, $\angle B = 2\beta$, $\angle C = 2\gamma$.

引理 点 H_2 关于 $T_2 T_3$ 的镜像位于直线 BI 上.

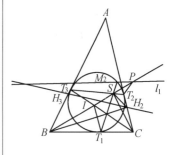

题 6(图 3)

引理的证明 过点 H_2 作直线 l 与 $T_2 T_3$ 垂直. 记点 P 为 l 与 BI 的交点, 点 S 为 BI 与 $T_2 T_3$ 的交点, 则点 S 既在线段 BP 上, 也在线段 $T_2 T_3$ 上. 只需证明
$$\angle PSH_2 = 2\angle PST_2$$

首先, 我们有
$$\angle PST_2 = \angle BST_3$$

又由外角定理知
$$\angle PST_2 = \angle AT_3 S - \angle T_3 BS = (90° - \alpha) - \beta = \gamma$$

再由关于 BI 的对称性知
$$\angle BST_1 = \angle BST_3 = \gamma$$

因为
$$\angle BT_1 S = 90° + \alpha > 90°$$

所以, 点 C 和点 S 在 IT_1 的同一侧.

由 $\angle IST_1 = \angle ICT_1 = \gamma$ 可得 S, I, T_1, C 四点共圆, 于是
$$\angle ISC = \angle IT_1 C = 90°$$

因为 $\angle BH_2 C = 90°$, 所以, B, C, H_2, S 四点共圆. 这意味着
$$\angle PSH_2 = \angle C = 2\gamma = 2\angle PST_2$$

引理得证.

注意到在引理的证明中, 因为 B, C, H_2, S 四点共圆以及关于 $T_2 T_3$ 的对称性, 可以得到
$$\angle BPT_2 = \angle SH_2 T_2 = \beta$$

又由于点 M_2 是点 T_2 关于 BI 的对称像, 有
$$\angle BPM_2 = \angle BPT_2 = \beta = \angle CBP$$

因此
$$PM_2 \parallel BC$$

要证明点 M_2 位于 l_1 上, 只需证 l_1 也平行于 BC.

假设 $\beta \neq \gamma$. 设直线 BC 与 $H_2 H_3$ 和 $T_2 T_3$ 分别相交于点 D 和点 E. 注意到点 D 和点 E 位于直线 BC 上线段 BC 的同一侧, 易证

$$\angle BDH_3 = 2|\beta-\gamma|, \angle BET_3 = |\beta-\gamma|$$

故得 $l_1 \parallel BC$.

证法 2 如图 4 所示，设直线 T_2T_3, H_2H_3 交于点 P，直线 H_2H_1, T_2T_1 交于点 Q，直线 l_1, l_3 交于点 M_2, l_1 交 AB 于点 R, l_3 交 BC 于点 S.

$\triangle ABC$ 的三边 BC, CA, AB 分别为 a, b, c. 外接圆和内切圆半径分别为 R, r，内心为 I，并建立如图 4 所示的直角坐标系.

因为

$$\angle M_2 SC = \angle 1 + \angle ST_1Q = \angle 2 + \angle T_2T_1C = (\angle T_2T_1C - \angle 3) + \angle T_2T_1C = 2\angle T_2T_1C - \angle A = (180° - \angle C) - \angle A = \angle B$$

此证法属于许静、孔令恩

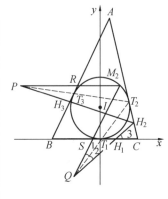

题 6（图 4）

所以
$$M_2 S \parallel AB$$

同理
$$M_2 R \parallel BC$$

$$T_1 C = \frac{r \cdot \cos\frac{C}{2}}{\sin\frac{C}{2}} = 4R \cdot \sin\frac{A}{2} \cdot \sin\frac{B}{2} \cdot \cos\frac{C}{2}$$

$$H_1 C = b \cdot \cos C = 2R \cdot \sin B \cdot \sin C$$

所以
$$T_1 H_1 = T_1 C - H_1 C =$$
$$4R \cdot \sin\frac{B}{2}\left(\sin\frac{A}{2} \cdot \cos\frac{C}{2} - \cos\frac{B}{2} \cdot \cos C\right) =$$
$$4R \cdot \sin\frac{B}{2}\left(\sin\frac{A}{2} \cdot \cos\frac{C}{2} - \sin\frac{A+C}{2} \cdot \cos C\right) =$$
$$4R \cdot \sin\frac{B}{2} \cdot \sin\frac{C}{2} \cdot \sin\frac{C-B}{2} = \frac{r \cdot \sin\frac{C-B}{2}}{\sin\frac{A}{2}}$$

由三角形角平分线性质，有
$$\frac{ST_1}{T_1H_1} = \frac{SQ}{QH_1} = \frac{\sin\angle QH_1S}{\sin\angle QSH_1} = \frac{\sin A}{\sin B}$$

所以
$$ST_1 = \frac{\sin A}{\sin B} \cdot T_1 H_1 = \frac{2r \cdot \cos\frac{A}{2} \cdot \sin\frac{C-B}{2}}{\sin B}$$

同理

$$T_3H_3 = \frac{r \cdot \sin\frac{B-A}{2}}{\sin\frac{C}{2}}$$

$$RT_3 = \frac{2r \cdot \cos\frac{C}{2} \cdot \sin\frac{B-A}{2}}{\sin B}$$

所以

$$BR = BT_3 + RT_3 = \frac{r \cdot \cos\frac{B}{2}}{\sin\frac{B}{2}} + \frac{2r \cdot \cos\frac{C}{2} \cdot \sin\frac{B-A}{2}}{\sin B} =$$

$$\frac{2r}{\sin B}(\cos^2\frac{B}{2} + \sin\frac{B+A}{2} \cdot \sin\frac{B-A}{2}) =$$

$$\frac{2r}{\sin B}\cos^2\frac{A}{2}$$

则知 $S(-\frac{2r \cdot \cos\frac{A}{2} \cdot \sin\frac{C-B}{2}}{\sin B}, 0)$, $R(0, 2r \cdot \cos^2\frac{A}{2})$, 则直线 M_2S 和直线 M_2P 的方程联立, 即

$$\begin{cases} y = \frac{\sin B}{\cos B}\left(x + \frac{2r \cdot \cos\frac{A}{2} \cdot \sin\frac{C-B}{2}}{\sin B}\right) \\ y = 2r \cdot \cos^2\frac{A}{2} \end{cases}$$

解得

$$M_2(r \cdot \sin A, 2r \cdot \cos^2\frac{A}{2})$$

则有

$$M_2I^2 = (r \cdot \sin A)^2 + (2r \cdot \cos^2\frac{A}{2} - r)^2 = r^2$$

这表明点 M_2 在圆 I 上.

同理可知其他, 则知原命题成立.

第41届国际数学奥林匹克英文原题

The forty-first International Mathematical Olympiad was held from July 13th to July 25th in Taejon.

❶ Two circles Γ_1 and Γ_2 intersect at M and N. Let l be the common tangent to Γ_1 and Γ_2 so that M is closer to l than N is. Let l touch Γ_1 at A and Γ_2 at B. Let the line through M parallel to l meet the circle Γ_1 again at C and the circle Γ_2 again at D.

Lines CA and DB meet at E; lines AN and CD meet at P; lines BN and CD meet at Q.

Show that $EP=EQ$.

(Russia)

❷ Let a,b,c be positive real numbers such that $abc=1$. Prove that

$$\left(a-1+\frac{1}{b}\right)\left(b-1+\frac{1}{c}\right)\left(c-1+\frac{1}{a}\right)\leqslant 1$$

(U.S.A)

❸ Let $n\geqslant 2$ be a positive integer. Initially, there are n fleas on a horizontal line, not all at the same point.

For a positive real number λ, define a move as follows: choose any two fleas, at points A and B, with A to the left of B;

Let the flea at A jump to the point C to the right of B with $\frac{BC}{AB}=\lambda$. Determine all values of λ such that, for any point M on the line and any initial positions of the n fleas, there is a finite sequence of moves that will take all the fleas to positions to the right of M.

(Belarus)

❹ A magician has one hundred cards numbered 1 to 100. He puts them into three boxes, a red one, a white one and a blue one, so that each box contains at least one card.

A member of the audience selects two of the three boxes, chooses one card from each and announces the sum of the numbers on the chosen cards.

Given this sum, the magician identifies the box from which no card has been chosen. How many ways are there to put the cards into the boxes so that this trick always works?

(Hungary)

❺ Determine whether or not there exists a positive integer n such that n is divisible by exactly 2 000 different prime numbers, and 2^n+1 is divisible by n.

(Russia)

❻ Let AH_1, BH_2, CH_3 be the altitudes of an acute-angled triangle ABC. The incircle of the triangle ABC touches the sides BC, CA, AB at T_1, T_2, T_3, respectively. Let the lines l_1, l_2, l_3 be the reflections of the lines H_2H_3, H_3H_1, H_1H_2 in the lines T_2T_3, T_3T_1, T_1T_2 respectively.

Prove that l_1, l_2, l_3 determine a triangle whose vertices lie on the incircle of the triangle ABC.

(Russia)

第41届国际数学奥林匹克各国成绩表

2000，韩国

名次	国家或地区	分数（满分252）	奖牌 金牌	银牌	铜牌	参赛队 人数
1.	中国	218	6	—	—	6
2.	俄国	215	5	1	—	6
3.	美国	184	3	3	—	6
4.	韩国	172	3	3	—	6
5.	保加利亚	169	2	3	1	6
5.	越南	169	3	2	1	6
7.	白俄罗斯	165	2	2	2	6
8.	中国台湾	164	3	2	1	6
9.	匈牙利	156	1	5	—	6
10.	伊朗	155	2	3	1	6
11.	以色列	139	2	1	3	6
11.	罗马尼亚	139	1	3	2	6
13.	乌克兰	135	2	2	—	6
14.	印度	132	—	5	1	6
15.	日本	125	1	2	3	6
16.	澳大利亚	122	1	3	1	6
17.	加拿大	112	1	2	1	6
18.	斯洛伐克	111	—	2	3	6
18.	土耳其	111	—	3	1	6
20.	亚美尼亚	108	—	2	3	6
20.	德国	108	1	1	2	6
22.	英国	96	—	2	4	6
23.	南斯拉夫	93	—	1	3	6
24.	哈萨克斯坦	91	—	1	4	6
25.	阿根廷	88	—	1	4	6
26.	摩尔多瓦	84	—	2	3	6
27.	南非	81	—	—	4	6
28.	中国香港	80	—	1	2	6
29.	波斯尼亚－黑塞哥维那	78	—	—	4	6
29.	泰国	78	—	1	3	6

续表

名次	国家或地区	分数（满分252）	金牌	银牌	铜牌	参赛队人数
31.	瑞典	77	—	2	—	6
32.	墨西哥	75	—	1	3	6
32.	波兰	75	—	1	2	6
34.	克罗地亚	73	—	—	4	6
34.	斯洛文尼亚	73	—	1	1	6
36.	格鲁吉亚	72	—	—	1	6
37.	新加坡	71	—	1	2	6
38.	乌兹别克斯坦	70	—	—	2	6
39.	奥地利	68	—	2	1	6
40.	蒙古	67	—	—	4	6
40.	瑞士	67	—	1	2	6
42.	捷克	65	—	1	3	6
43.	马其顿	63	—	1	2	6
44.	哥伦比亚	61	—	—	2	6
44.	古巴	61	—	—	2	6
46.	拉脱维亚	60	—	—	3	6
46.	荷兰	60	—	—	2	6
48.	巴西	58	—	—	3	6
48.	法国	58	—	—	3	6
50.	意大利	57	—	—	3	6
51.	印尼	54	—	—	2	6
52.	芬兰	52	—	—	3	6
53.	比利时	51	—	—	2	6
53.	卢森堡	51	—	—	2	4
55.	摩洛哥	48	—	—	1	6
56.	希腊	46	—	—	1	6
57.	挪威	45	—	—	1	6
58.	爱沙尼亚	42	—	—	1	6
59.	特立尼达—多巴哥	40	—	—	—	6
60.	冰岛	37	—	—	—	6
61.	丹麦	36	—	—	1	6
62.	立陶宛	34	—	—	1	6
62.	新西兰	34	—	—	—	6
64.	阿塞拜疆	32	—	—	—	6
64.	塞浦路斯	32	—	—	—	6
64.	马来西亚	32	—	—	2	3
64.	秘鲁	32	—	—	—	4

续表

名次	国家或地区	分数（满分252）	奖牌			参赛队
			金牌	银牌	铜牌	人数
68.	西班牙	29	—	—	—	6
69.	爱尔兰	28	—	—	—	6
70.	菲律宾	23	—	—	—	4
70.	乌拉圭	23	—	—	—	3
72.	葡萄牙	21	—	—	—	6
72.	斯里兰卡	21	—	—	—	3
74.	厄瓜多尔	19	—	—	—	6
75.	阿尔巴尼亚	17	—	—	—	5
76.	吉尔吉斯斯坦	16	—	—	1	4
76.	中国澳门	16	—	—	—	6
78.	科威特	12	—	—	—	4
79.	危地马拉	11	—	—	—	6
79.	委内瑞拉	11	—	—	—	2
81.	文莱	8	—	—	—	2
82.	波多黎各	8	—	—	—	6

第41届国际数学奥林匹克预选题解答

韩国,2000

代数部分

① (美国) 设 a,b,c 是正实数,且满足 $abc=1$. 证明
$$\left(a-1+\frac{1}{b}\right)\left(b-1+\frac{1}{c}\right)\left(c-1+\frac{1}{a}\right) \leqslant 1$$

证明 令 $a=\dfrac{x}{y}, b=\dfrac{y}{z}, c=\dfrac{z}{x}$,其中 x,y,z 为正实数,则原不等式变为
$$(x-y+z)(y-z+x)(z-x+y) \leqslant xyz$$

记 $u=x-y+z, v=y-z+x, w=z-x+y$

因为这三个数中的任意两个之和都是正数,所以它们中间最多只有一个是负数.

如果恰有一个是负数,则 $uvw \leqslant 0 < xyz$. 不等式得证.

如果这三个数都大于 0,则由算术平均—几何平均不等式可以得
$$\sqrt{uv} = \sqrt{(x-y+z)(y-z+x)} \leqslant$$
$$\frac{1}{2}[(x-y+z)+(y-z+x)] = x$$

同理
$$\sqrt{vw} \leqslant y, \sqrt{wu} \leqslant z$$

于是, $uvw \leqslant xyz$. 不等式得证.

② (英国) 设 a,b,c 是正整数,满足条件 $b>2a, c>2b$. 证明:存在一个实数 λ,使得 $\lambda a, \lambda b, \lambda c$ 的小数部分都在区间 $\left(\dfrac{1}{3}, \dfrac{2}{3}\right]$ 内.

证明 若 λa 的小数部分在区间 $\left(\dfrac{1}{3}, \dfrac{2}{3}\right]$ 内,则存在一个整数

k,使得 $k+\frac{1}{3} < \lambda a \leqslant k+\frac{2}{3}$,即对于所有整数 k,λ 属于区间 $I_k = \left[\frac{k+\frac{1}{3}}{a}, \frac{k+\frac{2}{3}}{a}\right]$ 的并集. 类似地, 对于所有整数 m, n, λ 属于区间 $J_m = \left[\frac{m+\frac{1}{3}}{b}, \frac{m+\frac{2}{3}}{b}\right]$ 的并集和区间 $K_n = \left[\frac{n+\frac{1}{3}}{c}, \frac{n+\frac{2}{3}}{c}\right]$ 的并集. 因此, 只要证明存在整数 k, m, n, 使得 $I_k \cap J_m \cap K_n$ 非空.

我们先证明如下两个结论:

(1) 设 $u_m = \frac{1}{b}(m+\frac{1}{3})$ 是 J_m 左端点, 则存在整数 m, 使 au_m 的小数部分在 $\left[\frac{1}{3}, \frac{1}{2}\right]$ 内;

(2) 存在整数 k 和 m, 使得 I_k 包含 J_m.

设 $\frac{a}{b}$ 的既约分数为 $\frac{\alpha}{\beta}$. 则

$$au_m = \frac{(m+\frac{1}{3})a}{b} = \frac{(m+\frac{1}{3})\alpha}{\beta} = \frac{m\alpha}{\beta} + \frac{\alpha}{3\beta}$$

由于 $\frac{a}{b} = \frac{\alpha}{\beta} < \frac{1}{2}$, 故

$$\frac{\alpha}{3\beta} < 1$$

又因为 $(\alpha, \beta) = 1$, 所以当 m 变化时, $m\alpha$ 跑遍模 β 的一个完全剩余类. 对于所有整数 j, 等差数列 $\frac{j}{\beta} + \frac{\alpha}{3\beta}$ 的小数部分等于某个 au_m 的小数部分.

如果 $\beta \geqslant 6$, 则公差 $\frac{1}{\beta} \leqslant \frac{1}{6}$, 故一定有一项在区间 $\left[\frac{1}{3}, \frac{1}{2}\right]$ 内.

若 $\beta \leqslant 5$, 当 $\beta > 2\alpha$ 时, 只有四个既约分数, 它们是 $\frac{1}{5}, \frac{2}{5}, \frac{1}{4}, \frac{1}{3}$. m 分别为 $2, 3, 1, 1$ 时, au_m 的值分别为 $\frac{7}{15}, \frac{4}{3}, \frac{1}{3}, \frac{4}{9}$, 其小数部分均在区间 $\left[\frac{1}{3}, \frac{1}{2}\right]$ 内. 故结论 (1) 成立.

由结论 (1), 存在整数 k, m, 使得不等式

$$k + \frac{1}{3} \leqslant au_m \leqslant k + \frac{1}{2}$$

成立.

记 J_m 的右端点为 $u_m = \frac{1}{b}(m+\frac{2}{3})$. 由于 $b > 2a$, 则

$$\frac{k+\frac{1}{3}}{a} \leqslant u_m < v_m = u_m + \frac{1}{3b} < u_m + \frac{1}{6a} < \frac{k+\frac{1}{2}}{a} + \frac{1}{6a} = \frac{k+\frac{2}{3}}{a}$$

所以 $J_m = (u_m, v_m]$ 是 I_k 的子区间.

从而结论(2)成立.

注意到 K_n 相邻的两个区间被间隔的长度为 $\frac{2}{3c}$,而 $c > 2b$,则

$$\frac{2}{3c} < \frac{2}{3 \cdot 2b} = \frac{1}{3b}$$

其中 $\frac{1}{3b}$ 等于区间 J_m 的长度.

所以,每一个区间 J_m 一定与某个 K_n 的交集非空.

由结论(2),存在 k, m, n 使得 $I_k \cap J_m \cap K_n$ 非空.

❸（白俄罗斯） 求所有函数 $f: \mathbf{R} \to \mathbf{R}, g: \mathbf{R} \to \mathbf{R}$,满足对任意 $x, y \in \mathbf{R}$,有
$$f(x + g(y)) = xf(y) - yf(x) + g(x) \qquad (*)$$

解 先证明存在 a,使 $g(a) = 0$.

若 $f(0) = 0$,将 $y = 0$ 代入式(*),有
$$f(x + g(0)) = xf(0) + g(x) = g(x)$$

令 $x = -g(0)$,则 $g(-g(0)) = f(0) = 0$,即
$$a = -g(0)$$

若 $f(0) = b \neq 0$,设 $g(0) = a$,并将 $x = 0$ 代入式(*),有
$$f(g(y)) = -yf(0) + g(0) = a - by$$

若 $g(y_1) = g(y_2)$,则
$$f(g(y_1)) = f(g(y_2))$$

即
$$a - by_1 = a - by_2$$

由于 $b \neq 0$,所以
$$y_1 = y_2$$

从而 g 是单射.

对于任意实数 z,存在 $y = \frac{a-z}{b}$,使得
$$f(g(y)) = f(g(\frac{a-z}{b})) = z$$

所以 f 是满射.

用 $g(x)$ 代替式(*)中的 x,有
$$f(g(x) + g(y)) = g(x)f(y) - yf(g(x)) + g(g(x))$$

将上式中的 x, y 交换,可得
$$f(g(y) + g(x)) = g(y)f(x) - xf(g(y)) + g(g(y))$$

由于以上两式的左边相等，所以
$$g(x)f(y)-yf(g(x))+g(g(x))=$$
$$g(y)f(x)-xf(g(y))+g(g(y))$$
将 $f(g(y))=a-by$ 代入上式，有
$$g(x)f(y)-ay+g(g(x))=g(y)f(x)-ax+g(g(y))$$
因为 f 是满射，所以存在实数 c，使得 $f(c)=0$. 将 $y=c$ 代入上式，有
$$g(g(x))=kf(x)-ax+d$$
其中 $k=g(c),d=g(g(c))+ac$. 所以，有
$$g(x)f(y)+kf(x)=g(y)f(x)+kf(y)$$
令 $y=0$，则上式化为
$$bg(x)+kf(x)=af(x)+kb$$
即
$$g(x)=\frac{a-k}{b}f(x)+k$$

因为 $a=g(0),k=g(c),c\neq 0,g$ 是单射，所以 $a\neq k$. 因为 $f(x)$ 是满射，从而 $g(x)$ 也是满射，所以存在 α，使 $g(\alpha)=0$.
将 $y=\alpha$ 代入式（*），有
$$f(x)=xf(\alpha)-\alpha f(x)+g(x)$$
即
$$g(x)=(\alpha+1)f(x)-f(\alpha)x$$
则式（*）化为
$$f(x+g(y))=(\alpha+1-y)f(x)+(f(y)-f(\alpha))x$$
令 $y=\alpha+1$，得
$$f(x+n)=mx$$
其中 $n=g(\alpha+1),m=f(\alpha+1)-f(\alpha)$.
所以，$f(x)$ 是线性函数，从而 $g(x)$ 也是线性函数.
设 $f(x)=tx+r,g(x)=px+q$，并将其代入式（*），得
$$t[x+(py+q)]+r=x(ty+r)-y(tx+r)+px+q$$
比较 x,y 的系数及常数项，得
$$t=r+p,tp=-r,tq+r=q$$
若 $p\neq-1$，则
$$t=\frac{p}{p+1},r=-\frac{p^2}{p+1},q=-p^2$$
所以
$$f(r)=\frac{p}{p+1}x-\frac{p^2}{p+1},g(x)=px-p^2$$
其中 $p\neq-1$.

❹（英国） 定义在非负整数集上、取值也在非负整数集上的函数 F 满足下列条件：对所有 $n \geq 0$，有

(i) $F(4n) = F(2n) + F(n)$；
(ii) $F(4n+2) = F(4n) + 1$；
(iii) $F(2n+1) = F(2n) + 1$.

证明：对于每个正整数 m，满足 $0 \leq n < 2^m$，且 $F(4n) = F(3n)$ 的整数 n 的个数为 $F(2^{m+1})$.

证明 由条件(i)得
$$F(0) = 0$$
进而可得：
当 $n = 0,1,2,3,4,5,6,7,8,9,10$ 时，对应有
$$F(n) = 0,1,1,2,2,3,3,4,3,4,4$$
当 $n = 11,12,13,14,15,16,17,\cdots$ 时，对应有
$$F(n) = 5,5,6,6,7,5,6,\cdots$$
所以，F 不是唯一确定的.

设 f_n 是斐波那契(Fibonacci)数，其中
$$f_1 = f_2 = 1, f_n = f_{n-1} + f_{n-2} \quad (n \geq 3)$$
由条件(i)可得
$$F(2^r) = F(2^{r-1}) + F(2^{r-2})$$
从而
$$F(2^r) = f_{r+1} \quad (r \geq 0)$$
一般地，如果 n 的二进制表示为
$$n = \varepsilon_k 2^k + \varepsilon_{k-1} 2^{k-1} + \cdots + \varepsilon_1 2 + \varepsilon_0$$
其中 $\varepsilon_i = 0$ 或 1，则
$$F(n) = \varepsilon_k F(2^k) + \varepsilon_{k-1} F(2^{k-1}) + \cdots + \varepsilon_1 F(2) + \varepsilon_0 F(1) =$$
$$\varepsilon_k f_{k+1} + \varepsilon_{k-1} f_k + \cdots + \varepsilon_1 f_2 + \varepsilon_0 f_1 \quad (*)$$

事实上，可以对 k 施行数学归纳法.
当 $k = 0, 1$ 时，式($*$)显然成立.
设 $k \leq m$ 时，式($*$)成立.
对于 $k = m+1$，若 $\varepsilon_0 = 1$，由条件(iii)，得
$$F(2l+1) = F(2l) + F(1)$$
可转化为 $\varepsilon_0 = 0$ 的情形，故不妨假设 $\varepsilon_0 = 0$. 若 $\varepsilon_1 = 1$，由条件(ii)，得
$$F(4l+2) = F(4l) + F(2)$$
可转化为 $\varepsilon_1 = 0$ 的情形，故不妨假设 $\varepsilon_1 = 0$. 此时

$$n = \sum_{i=2}^{k} \varepsilon_i 2^i = 4\left(\sum_{i=2}^{k} \varepsilon_i 2^{i-2}\right) = 4l$$

由条件(i)
$$F(n) = F(4l) = F(2l) + F(l)$$

及归纳假设
$$F(l) = \sum_{i=2}^{k} \varepsilon_i F(2^{i-2}), F(2l) = \sum_{i=2}^{k} \varepsilon_i F(2^{i-1})$$

再利用
$$F(2^i) = F(2^{i-1}) + F(2^{i-2})$$

可得
$$F(n) = \sum_{i=2}^{k} \varepsilon_i [F(2^{i-1}) + F(2^{i-2})] = \sum_{i=2}^{k} \varepsilon_i F(2^i)$$

从而式(*)成立.

下面证明: 如果 n 在二进制表示中没有两个 1 相邻,则称 1 是孤立的,则 $F(3n) = F(4n)$.

对于每一个 n, 如果在二进制表示中 1 是孤立的,则每一个 01 和每一个数字 1 在 n 乘以 3(二进制为 11)后被 11 代替, 每一个 01 没有进位. 从而得到 $F(3n)$ 的表达式为在式(*)中的 f_{i+1} 被 $f_{i+1} + f_{i+2} = f_{i+3}$ 取代. 由条件(i)可得
$$F(3n) = \varepsilon_k(f_{k+1} + f_{k+2}) + \cdots + \varepsilon_0(f_1 + f_2) =$$
$$(\varepsilon_k f_{k+1} + \cdots + \varepsilon_0 f_1) + (\varepsilon_k f_{k+2} + \cdots + \varepsilon_0 f_2) =$$
$$F(n) + F(2n) = F(4n)$$

显然,当 $n = 0$ 时结论仍然成立.

因此,规定 0 也满足 1 是孤立的.

接下来证明: 对于 $n \geq 0$, 有 $F(3n) \leq F(4n)$, 且如果等号成立,则 n 中的 1 是孤立的.

对于 $m \geq 1$, 用数学归纳法证明, 对所有满足 $0 \leq n < 2^m$ 的 n, 以上结论成立.

当 $m = 1$ 时, $n = 0, 1$, 有 $F(3n) = F(4n)$, 且 n 中的 1 是孤立的. 结论成立.

假设结论对于 m 成立.

若 $2^m \leq n < 2^{m+1}$, 设 $n = 2^m + p$, $0 \leq p < 2^m$, 则由式(*), 有
$$F(4n) = F(2^{m+2} + 4p) = f_{m+3} + F(4p)$$

下面分三种情况讨论:

(1) 如果 $0 \leq p < \dfrac{2^m}{3}$, 则 $3p < 2^m$. 故 $3p$ 在二进制表示中不进位到 $m+1$ 位. 由式(*)和归纳假设,可得
$$F(3n) = F(3 \cdot 2^m) + F(3p) =$$
$$F(2^{m+1} + 2^m) + F(3p) =$$

$$F(2^{m+1}) + F(2^m) + F(3p) =$$
$$F(2^{m+2}) + F(3p) =$$
$$f_{m+3} + F(3p) \leqslant$$
$$f_{m+3} + F(4p) = F(4n)$$

等号仅当 $F(3p) = F(4p)$ 时成立. 由归纳假设, p 满足 1 是孤立的. 又因为此时 n 在二进制表示中的第二个数字是 0, 从而 n 也满足 1 是孤立的.

（2）如果 $\dfrac{2^m}{3} < p < \dfrac{2^{m+1}}{3}$, 则 $3p$ 的二进制表示进 1 到 $m+1$ 位. 于是, 有

$$F(3n) = F(3 \cdot 2^m + 3p) =$$
$$F(3 \cdot 2^m + 2^m + 3p - 2^m) =$$
$$F(2^{m+2}) + F(3p - 2^m) =$$
$$f_{m+3} + F(3p) - F(2^m) =$$
$$f_{m+3} + F(3p) - f_{m+1} =$$
$$f_{m+2} + F(3p) \leqslant$$
$$f_{m+2} + F(4p) <$$
$$f_{m+3} + F(4p) = F(4n)$$

（3）如果 $\dfrac{2^{m+1}}{3} < p < 2^m$, 则 $3p$ 的二进制表示进 1 到 $m+2$ 位. 于是, 有

$$F(3n) = F(3 \cdot 2^m + 3p) =$$
$$F(5 \cdot 2^m + 3p - 2^{m+1}) =$$
$$F(2^{m+2} + 2^m) + F(3p - 2^{m+1}) =$$
$$F(2^{m+2}) + F(2^m) + F(3p) - F(2^{m+1}) =$$
$$f_{m+3} + f_{m+1} + F(3p) - f_{m+2} =$$
$$2f_{m+1} + F(3p) \leqslant$$
$$2f_{m+1} + F(4p) <$$
$$f_{m+1} + f_{m+2} + F(4p) =$$
$$f_{m+3} + F(4p) = F(4n)$$

因此, 对于 $m+1$ 时结论也成立.

综上所述, 有 $F(3n) \leqslant F(4n)$, 等号当且仅当 $0 \leqslant p < \dfrac{2^m}{3}$, 且 p 满足 1 是孤立的时成立. 进而可得 n 也满足 1 是孤立的.

最后证明: 在区间 $[0, 2^m)$ $(m \geqslant 1)$ 内, 有 $f_{m+2} = F(2^{m+1})$ 个整数在二进制表示中满足 1 是孤立的.

设满足条件的整数有 u_m 个, 则比 2^{m-1} 小的有 u_{m-1} 个. 对于不小于 2^{m-1} 的 n, 其在二进制表示中的第一个数字是 1(m 位), 第二个数字是 0($m-1$ 位), 接下来是一个比 2^{m-2} 小的且满足条件的整

数,共有 u_{m-2} 个,所以
$$u_m = u_{m-1} + u_{m-2}$$
其中 $m \geqslant 3$.
$$u_1 = 2 = f_3(n=0,1), u_2 = 3 = f_4(n=0,1,2)$$
$f_{m+2} = F(2^{m+1})$ 个 n 满足条件.

❺（白俄罗斯） 设 $n \geqslant 2$ 为正整数,开始时,在一条直线上有 n 只跳蚤,且它们不全在同一点,对任意给定的一个正实数 λ,可以定义如下的一种"移动":

(1) 选取任意两只跳蚤,设它们分别位于点 A 和点 B,且点 A 位于点 B 的左边;

(2) 令位于点 A 的跳蚤跳到该直线上位于点 B 右边的点 C,使得 $\dfrac{BC}{AB} = \lambda$.

试确定所有可能的正实数 λ,使得对于直线上任意给定的点 M 以及这 n 只跳蚤的任意初始位置,总能够经过有限多次移动之后令所有的跳蚤都位于点 M 的右边.

解 要使跳蚤尽可能远地跳向右边,一个合理的策略是在每一个移动中都选取最左边的跳蚤所处的位置作为点 A,最右边的跳蚤所处的位置作为点 B. 按照这一策略,假设在 k 次移动之后,这些跳蚤之间距离的最大值为 d_k,而任意两只相邻跳蚤之间距离的最小值为 δ_k,显然有
$$d_k \geqslant (n-1)\delta_k$$
经过第 $k+1$ 次移动,会产生一个新的两只相邻跳蚤之间的距离 λd_k,如果这是新的最小值,则有
$$\delta_{k+1} = \lambda d_k$$
如果它不是最小值,则显然有
$$\delta_{k+1} \geqslant \delta_k$$
无论哪种情形,总有
$$\frac{\delta_{k+1}}{\delta_k} \geqslant \min\{1, \frac{\lambda d_k}{\delta_k}\} \geqslant \min\{1, (n-1)\lambda\}$$

因此,只要 $\lambda \geqslant \dfrac{1}{n-1}$,就有 $\delta_{k+1} \geqslant \delta_k$ 对任意 k 都成立. 这意味着任意两只相邻跳蚤之间距离的最小值不会减小. 故每次移动之后,最左边的跳蚤所处的位置都以不小于某个正的常数的步伐向右平移. 最终,所有的跳蚤都可以跳到任意给定的点 M 的右边.

下面证明:如果 $\lambda < \dfrac{1}{n-1}$,则对任意初始位置都存在某个点

M, 使得这些跳蚤无法跳到点 M 的右边.

将这些跳蚤的位置表示成实数, 考虑任意的一系列移动, 令 s_k 为第 k 次移动之后, 表示跳蚤所在位置的所有实数之和, 再令 ω_k 为这些实数中最大的一个(即最右边的跳蚤的位置). 显然有 $s_k \leqslant n\omega_k$, 我们要证明序列 $\{\omega_k\}$ 有界.

在第 $k+1$ 次移动时, 一只跳蚤从点 A 跳过点 B 落在点 C, 分别用实数 a, b, c 表示这三个点, 则

$$s_{k+1} = s_k + c - a$$

根据移动的定义, 有

$$c - b = \lambda(b - a)$$

进而得到

$$\lambda(c - a) = (1 + \lambda)(c - b)$$

于是

$$s_{k+1} - s_k = c - a = \frac{1+\lambda}{\lambda}(c - b)$$

如果 $c > \omega_k$, 则刚跳过来的这只跳蚤占据了新的最右边位置 $\omega_{k+1} = c$, 再由 $b \leqslant \omega_k$ 可得

$$s_{k+1} - s_k = \frac{1+\lambda}{\lambda}(c - b) \geqslant \frac{1+\lambda}{\lambda}(\omega_{k+1} - \omega_k)$$

如果 $c \leqslant \omega_k$, 则有

$$\omega_{k+1} - \omega_k = 0, s_{k+1} - s_k = c - a > 0$$

故上式仍然成立.

考虑下列数列

$$z_k = \frac{1+\lambda}{\lambda} \cdot \omega_k - s_k, k = 0, 1, 2, \cdots$$

则有 $z_{k+1} - z_k \leqslant 0$, 即该数列是不升的.

因此, 对所有的 k 总有 $z_k \leqslant z_0$.

假设 $\lambda < \frac{1}{n-1}$, 则 $1 + \lambda > n\lambda$. 可以把 z_k 写成

$$z_k = (n + \mu)\omega_k - s_k$$

其中 $\mu = \frac{1+\lambda}{\lambda} - n > 0$.

于是得到不等式

$$z_k = \mu\omega_k + (n\omega_k - s_k) \geqslant \mu\omega_k$$

故对于所有的 k, 总有 $\omega_k \leqslant \frac{z_0}{\mu}$. 这意味着最右边跳蚤的位置永远不会超过一个常数, 这个常数与 n, λ 和这些跳蚤的初始位置有关, 而与如何移动无关. 最终得到结论: 所求 λ 的可能值为所有不小于 $\frac{1}{n-1}$ 的实数.

> **❻（爱尔兰）** 一个由实数组成的非空集合 A 叫做 B_3 集，如果 $a_1,a_2,a_3,a_4,a_5,a_6 \in A$，且 $a_1+a_2+a_3=a_4+a_5+a_6$，则序列 (a_1,a_2,a_3) 是 (a_4,a_5,a_6) 的一个排列．设
> $$A = \{a(0)=0 < a(1) < a(2) < \cdots\}$$
> $$B = \{b(0)=0 < b(1) < b(2) < \cdots\}$$
> 是无限实数序列，且满足 $D(A)=D(B)$，这里 $D(X)$ 表示集合 $\{|x-y| \mid x,y \in E\}$，其中 X 是一个实数集．证明：如果 A 是一个 B_3 集，则 $A=B$．

证明 因为 $D(A)=D(B)$，则一定存在函数 f 和 g，使得对于所有正整数 i，满足
$$b(i)-b(i-1)=a(f(i))-a(g(i))$$
这里，$f(i) > g(i) \geqslant 0$．所以
$$\begin{aligned} b(i+1)-b(i-1) &= (b(i+1)-b(i))+(b(i)-b(i-1)) = \\ & \quad a(f(i+1))-a(g(i+1)) + \\ & \quad a(f(i))-a(g(i)) \end{aligned}$$

由于
$$b(i+1)-b(i-1) \in D(B)=D(A)$$
所以存在 u,v，使得
$$a(u)-a(v)=b(i+1)-b(i-1)$$
其中 $u > v \geqslant 0$．因此，有
$$a(f(i+1))+a(f(i))+a(v)=a(g(i+1))+a(g(i))+a(u)$$

因 A 是一个 B_3 集，则序列 $(f(i+1),f(i),v)$ 是 $(g(i+1),g(i),u)$ 的一个排列．所以，有
$$|f(i+1),f(i)| \bigcap |g(i+1),g(i)| \neq \varnothing$$
由于 $f(i+1) > g(i+1)$，$f(i) > g(i)$，则：

要么 $f(i+1)=g(i)$，要么 $f(i)=g(i+1)$，且不能同时成立．否则，可得 $u=v$，与 $u>v$ 矛盾．我们称第一种情形为 $i \in R$，第二种情形为 $i \in S$．则有如下结论：

若 $i \in R$，则 $i+1 \in R$．

实际上，若 $i \in R, i+1 \in S$，则
$$g(i)=f(i+1)=g(i+2)$$
由于 $f(j) > g(j)$，所以，有
$$f(i+2),f(i) > g(i+2)=g(i)=f(i+1) > g(i+1)$$
$$(*)$$

又因为
$$\begin{aligned} b(i+2)-b(i-1) &= (b(i+2)-b(i+1))+(b(i+1)-b(i))+ \\ & \quad (b(i)-b(i-1)) = \end{aligned}$$

$$a(f(i+2))-a(g(i+2))+a(f(i+1))-$$
$$a(g(i+1))+a(f(i))-a(g(i))=$$
$$a(f(i+2)+a(f(i))-$$
$$a(g(i+1))-a(g(i))$$

且存在 x,y,使得
$$a(x)-a(y)=b(i+2)-b(i-1)$$

所以,有
$$a(f(i+2))+a(f(i))+a(y)=a(g(i+1))+a(g(i))+a(x)$$

由于 A 是一个 B_3 集,所以 $(x,g(i+1),g(i))$ 是 $(y,f(i+2),f(i))$ 的一个排列. 由式(*)知 $\{g(i+1),g(i)\} \cap \{f(i+2),f(i)\}=\varnothing$,矛盾.

若 $R\neq\varnothing$,当 $i\in R$ 时,则所有整数 $j(>i)$ 也都属于 R. 于是,可得
$$g(i)=f(i+1)>g(i+1)=f(i+2)>$$
$$g(i+2)=f(i+3)>\cdots$$

是由非负整数组成的无穷递减序列,矛盾. 因此,$R=\varnothing$,即 $f(i)=g(i+1)$ 对于每一个 $i\geqslant 1$ 均成立. 所以,有
$$b(i+1)-b(i)=a(f(i+1))-a(g(i+1))=$$
$$a(f(i+1))-a(f(i))$$

定义 $f(0)=g(1)$,则
$$b(i)-b(i-1)=a(f(i))-a(f(i-1))$$

对所有 $i\geqslant 1$ 成立. 这表明,对所有 $j>i\geqslant 0$,有
$$b(j)-b(i)=a(f(j))-a(f(i))$$

所以,有
$$b(i)=b(i)-b(0)=a(f(i))-a(f(0))$$

对所有 i 成立,且 $f(0)<f(1)<\cdots<f(i)<\cdots$. 因此,$f(j)\geqslant j$.

若存在一个最小的 j,满足 $f(j)>j$. 首先证明 $j\neq 0$. 若 $j=0$,则 $f(i)>\cdots>f(0)>0$,由于 $D(A)=D(B)$,则存在 x,y,z,ω,使得
$$a(1)-a(0)=b(x)-b(y)=a(f(x))-a(f(y))$$
$$a(2)-a(1)=b(z)-b(w)=a(f(z))-a(f(w))$$

所以
$$a(2)-a(0)=a(f(x))+a(f(z))-a(f(y))-a(f(w))$$
即 $a(2)+a(f(y))+a(f(w))=a(f(x))+a(f(z))+a(0)$

从而,$(2,f(y),f(\omega))$ 是 $(0,f(x),f(z))$ 的一个排列. 所以,$f(y)$ 或 $f(\omega)=0$,矛盾. 由此可得
$$0=f(0),\cdots,j-1=f(j-1),j<f(j)<f(j+1)<\cdots$$

从而 j 不是 f 的值,即不存在 k,使得 $f(k)=j$.

若存在 x,y,使得
$$a(f(j)) - a(j) = b(x) - b(y) = a(f(x)) - a(f(y))$$
则由于
$$a(0) = a(f(0)) = 0$$
所以
$$a(f(j)) + a(f(y)) + a(0) = a(f(x)) + a(j) + a(f(0))$$
因此,$\{f(j), f(y)\} = \{f(x), j\}$,但 j 不是 f 的值,矛盾.所以,$a(f(j)) - a(j)$ 不属于 $D(B)$,与 $D(B) = D(A)$ 矛盾.故 $f(j) = j$ 对所有 j 成立.

综上所述,有
$$b(i) = a(f(i)) - a(f(0)) = a(i) - a(0) = a(i)$$
对所有 i 成立.所以
$$A = B$$

❼(俄罗斯) 对于一个具有不同实系数的 $2\,000$ 次多项式 P,由 P 的系数的一个排列构成的所有多项式的集合设为 $M(P)$,多项式 P 称为是 $n-$无关的.如果 $P(n) = 0$,且从任一多项式 $Q \in M(P)$,最多交换 Q 的一对系数得到一个多项式 Q_1,使得 $Q_1(n) = 0$,求所有整数 n,使 $n-$无关多项式存在.

解 设 $P_0(x) = 2\,000 x^{2\,000} + 1\,999 x^{1\,999} + \cdots + x + 0$,对于任意多项式 $Q \in M(P_0)$,最多交换 Q 的一对系数,将 0 放在常数项,得到多项式 Q_1,则有
$$Q_1(0) = 0 = P_0(0)$$
所以,$0-$无关多项式存在.

设 $P_1(x) = 2\,000 x^{2\,000} + 1\,999 x^{1\,999} + \cdots + x - (1 + 2 + \cdots + 2\,000)$.对于任意多项式 $Q \in M(P_1)$,有 $Q(1) = 0 = P_1(1)$,选择 $Q_1 = Q$,因此 $1-$无关多项式存在.

下面证明当 $n \neq 0, 1$ 时,每个多项式 P 均不是 $n-$无关的.

(1) 若 $n = -1$,且假设
$$P(x) = a_0 x^{2\,000} + a_1 x^{1\,999} + \cdots + a_{2\,000}$$
是 $(-1)-$无关的多项式,则
$$P(-1) = \sum_{m=0}^{1\,000} a_{2m} - \sum_{m=1}^{1\,000} a_{2m-1}$$
且 $\{a_0, a_1, \cdots, a_{2\,000}\}$ 是一个不同实数组成的集合,并满足
$$a_0 + a_2 + \cdots + a_{2\,000} = a_1 + a_3 + \cdots + a_{1\,999} = S_0$$
对于任意集合对 $\{F, G\}$,有
$$F \bigcup G = \{a_0, a_1, \cdots, a_{2\,000}\}$$
$$F \bigcap G = \varnothing, |F| = 1\,000, |G| = 1\,001$$

且将 F,G 中的一对元素(一个来自 F,另一个来自 G)最多交换一次变为 F_1,G_1,使得
$$S(F_1)=S(G_1)=S_0$$
其中 $S(H)$ 表示集合 H 中所有实数的和.

设 $\{b_0,b_1,\cdots,b_{2000}\}=\{a_0,a_1,\cdots,a_{2000}\}$,其中 b_i 满足 $b_0<b_1<\cdots<b_{2000}$,设 $b_{2000}\in F, b_{1999}\in F, b_0\in G, b_1\in G$. 因为
$$(b_0+b_1)+b_2+\cdots+b_{1000}<(b_0+b_1)+b_2+\cdots+b_{999}+b_{1001}<\cdots<$$
$$(b_0+b_1)+b_2+\cdots+b_{999}+b_{1998}<$$
$$(b_0+b_1)+b_2+\cdots+b_{998}+b_{1000}+b_{1998}<\cdots<$$
$$(b_0+b_1)+b_2+\cdots+b_{998}+b_{1997}+b_{1998}<\cdots<$$
$$(b_0+b_1)+b_{1000}+B_{1001}+\cdots+B_{1998}$$
则 $S(G)$ 至少有 999×998 个不同的值. 另一方面,最多有 $4\times2000<999\times998$ 个不同的且至少包含实数 $b_0,b_1,b_{1999},b_{2000}$ 之一的对换. 于是,存在 F_0,G_0,使 $b_{2000},b_{1999}\in F_0,b_0,b_1\in G_0$,只经过一次对换而不包含 $b_0,b_1,b_{1999},b_{2000}$ 将 F_0,G_0 变为 F_1,G_1,且 $S(F_1)=S(G_1)=S_0$.

考虑由 $\{F_0,G_0\}$ 经过两次置换
$$b_0\leftrightarrow b_{2000},\ b_1\leftrightarrow b_{1999}$$
得到的集合对 $\{F'_0,G'_0\}$. 由于
$$|S(G_1)-S(G_0)|<b_{1999}-b_1$$
设 G'_1 是 G'_0 经任意一次置换得到的集合,则
$$S(G'_1)-S(G_1)=S(G'_1)-S(G'_0)+S(G'_0)-S(G_0)+$$
$$S(G_0)-S(G_1)=$$
$$S(G'_1)-S(G'_0)+$$
$$b_{2000}+b_{1999}-b_0-b_1+$$
$$S(G_0)-S(G_1)>$$
$$S(G'_1)-S(G'_0)+$$
$$b_{2000}+b_{1999}-b_0-b_1-(b_{1999}-b_1)=$$
$$S(G'_1)-S(G'_0)+b_{2000}-b_0\geqslant 0$$
因此
$$S(G'_1)-S(G_1)=S(G'_1)-S_0>0$$
于是,不可能将 $\{F'_0,G'_0\}$ 用一次置换变为 $\{F'_1,G'_1\}$,使
$$S(F'_1)=S(G'_1)=S_0$$

(2) 若 $|n|\geqslant 2$,先证明一个引理:

设 $n\geqslant 2, P_0(x)=a_0x^m+a_1x^{m-1}+\cdots+a_m, a_0<a_1<\cdots<a_m$,对所有 $M(P_0)$ 中的多项式在 $x=n$ 取不同值的数目不少于 2^m 个.

实际上,设多项式 $R_1\in M(P_0), R_2\in M(P_0)$,且满足

$$R_1(x) = a_0 x^m + a_1 x^{m-1} + \cdots + a_i x^{m-i} + a_m x^{m-i-1} +$$
$$b_{i+1} x^{m-i-2} + \cdots + b_{m-1}$$
$$R_2(x) = a_0 x^m + a_1 x^{m-1} + \cdots + a_{i-1} x^{m-i+1} + a_m x^{m-i} +$$
$$c_i x^{m-i-1} + \cdots + c_{m-1}$$

其中 b_j 是 $a_{i+1}, \cdots, a_{m-1}$ 的任一排列, c_j 是 $a_i, \cdots, a_{m-1}$ 的任一排列. 则有

$$R_2(n) - R_1(n) = (a_m - a_i) n^{m-i} + (c_i - a_m) n^{m-i-1} +$$
$$\sum_{k=i+1}^{m-1} (c_k - b_k) n^{m-k-1}$$

因为 $a_{i+1} < \cdots < a_m$, 所以 $|c_k - b_k| < a_m - a_i, k = i+1, \cdots, m-1, |c_i - a_m| \leqslant a_m - a_i$, 故

$$R_2(n) - R_1(n) > (a_m - a_i) n^{m-i} (1 - \frac{1}{n} - \cdots - \frac{1}{n^{m-i}}) \geqslant$$
$$n^{m-i} (a_m - a_i)(1 - \frac{1}{2} - \cdots - \frac{1}{2^{m-i}}) > 0$$

于是
$$R_2(n) > R_1(n)$$

当 $m = 1$ 时, 至少有两个值
$$R_1(n) = a_0 n + a_1$$
$$R_2(n) = a_1 n + a_0$$

假设对于 $k(<m)$ 次多项式, $M(P_0)$ 中的多项式在 $x = n$ 取不同值的数目不少于 2^k 个, 考虑 m 次多项式 P_0 连续向左交换 a_m 所得的多项式序列

$$R_1(x) = a_0 x^m + \cdots + a_{m-1} x + a_m$$
$$R_2(x) = a_0 x^m + \cdots + a_{m-2} x^2 + a_m x + a_{m-1}$$
$$R_3(x) = a_0 x^m + \cdots + a_{m-3} x^3 + a_m x^2 + a_{m-2} x + a_{m-1}$$
$$R_4(x) = a_0 x^m + \cdots + a_{m-4} x^4 + a_m x^3 + a_{m-3} x^2 + a_{m-2} x + a_{m-1}$$
$$\vdots$$

由归纳假设, 在 $x = n$ 时所有 R_i 至少有
$$1 + 1 + 2 + 2^2 + \cdots + 2^{m-1} = 2^m$$

个不同的值. 因此, 引理成立.

假设 $P(x) = a_0 x^{2000} + a_1 x^{1999} + \cdots + a_{2000}$ 是一个 n-无关多项式, $|n| \geqslant 2$. 因为

$$P_2(x) = a_0 x^{2000} + a_2 x^{1998} + \cdots + a_{2000}$$

取变量 t 为 x^2 时, 上式是一关于 t 的 1 000 次多项式, $n^2 > 2$. 由引理, $M(P)$ 中在 $x = n$ 时至少有 2^{1000} 个不同的值.

设 Z 是所有满足 $Q_1 \in M(P)$, 且 $Q_1(n) = 0$ 的集合, 因为 P 是 n-无关的, 对于任意 $Q \in M(P)$, 存在 $Q_1 \in Z$, 其中 Q 可以由 Q_1 最多经过将两个系数进行一次交换得到. 注意到

$$Q_1(x) = b_0 x^{2\,000} + \cdots + b_{2\,000}$$

在 $x=n$ 时 $b_j n^l$ 和 $b_j n^k$ 之间的变换最多给出 $M(P)$ 中的多项式 $2\,001^4$ 个不同的值,这是由四元数组 (i,j,k,l) 的选取决定的. 因为 $2\,001^4 < 2^{1\,000}$, 矛盾.

综上所述, $n = 0, 1$.

组合部分

1（匈牙利） 一位魔术师有 100 张卡片,分别写有数字 1 到 100. 他把这 100 张卡片放入三个盒子里,一个盒子是红色的,一个是白色的,一个是蓝色的. 每个盒子里至少都放入了一张卡片.

一位观众从三个盒子中挑出两个,再从这两个盒子里各选取一张卡片,然后宣布这两张卡片上的数字之和. 知道这个和之后,魔术师便能够指出哪一个是没有从中选取卡片的盒子.

问: 共有多少种放卡片的方法,使得这个魔术总能够成功?（两种方法被认为是不同的,如果至少有一张卡片被放入不同颜色的盒子）

解 共有 12 种不同的方法. 考虑 1 到 100 之间的整数,为简便起见,将整数 i 所放入的盒子的颜色定义为该整数的颜色. 用 r 代表红色, w 代表白色, b 代表蓝色.

(1) 存在某个 i,使得 $i, i+1, i+2$ 的颜色互不相同,例如分别为 r, w, b. 因 $i + (i+3) = (i+1) + (i+2)$, 所以 $i+3$ 的颜色既不能是 $i+1$ 的颜色 w, 也不能是 $i+2$ 的颜色 b, 只能是 r. 可见只要三个相邻的数字有互不相同的颜色, 就能够确定下一个数字的颜色. 进一步地, 这三个数字的颜色模式必定反复出现: r, w, b 后面一定是 r, 然后又是 $w, b, \cdots$ 依此类推. 同理可得上述过程对于相反方向也成立: r, w, b 的前面一定是 $b, \cdots$ 依此类推.

因此,只需确定 1, 2, 3 的颜色. 而这有 6 种不同的方法,这 6 种方法都能够使魔术成功,因为它们的和 $r+w, w+b, b+r$ 给出模 3 的互不相同的余数.

(2) 不存在三个连续的数字,其颜色互不相同. 假设 1 是红色的, 令 i 为最小的不是红色的数字, 不妨假设 i 为白色的, 再设 k 为最小的蓝色数字, 则由假设必有 $i+1 < k$.

如果 $k < 100$, 因为 $i + k = (i-1) + (k+1)$, 所以 $k+1$ 一定

要是红色的. 但又由于 $i+(k+1)=(i+1)+k$, 所以 $i+1$ 一定要是蓝色的, 与 k 是最小蓝色数字相矛盾. 故得 k 必须等于 100. 换言之, 只有 100 是蓝色的.

我们再来证明只有 1 是红色的. 不然的话, 设存在 $t>1$ 是红色的, 则由 $t+99=(t-1)+100$ 推出 $t-1$ 是蓝色的, 与只有 100 是蓝色的相矛盾.

于是, 这些数字的颜色必须是 $r,w,w,\cdots,w,w,b$. 而这种方法确实可行:

如果被选取的两张卡片上的数字之和不大于 100, 则没有从中选取卡片的盒子一定是蓝色的;

如果数字之和等于 101, 则没有从中选取卡片的盒子一定是白色的;

如果数字之和大于 101, 则没有从中选取卡片的盒子一定是红色的.

最后, 共有 6 种按照上述样子排列颜色的依法.

故答案为 12.

❷（意大利） 一块楼梯型的砖是由 12 个单位正方体组成的, 宽为 2, 且有 3 层台阶(如图 1). 求所有的正整数 n, 使得用若干块砖能拼成棱长为 n 的正方体.

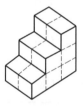

题 2(图 1)

解 因为单独一块砖的体积为 12. 设一个棱长为 n 的正方体需用 m 块砖拼成, 由 $12m=n^3$ 知 n 是 6 的倍数. 设 $n=6l$, 其中 l 是正整数. 另一方面, 两块砖可以拼成一个 $2\times3\times4$ 的长方体, 用若干个这样的长方体可以拼成一个棱长为 12 的正方体, 从而棱长为 12 的整数倍的正方体也可用这样的长方体拼成. 下面, 我们证明这个条件是必要的, 即证明 l 是偶数.

将由 $m=\dfrac{n^3}{12}=18l^3$ 块砖拼成的正方体放在第一卦限, 即每个单位正方体的顶点的坐标 (x,y,z) 满足 $x,y,z\geqslant 0$, 且一个顶点在原点 $O(0,0,0)$, 而每条棱平行于坐标轴.

依据三元数组 (i,j,k) 的奇偶性, 将每一个单位立方体 $[i,i+1]\times[j,j+1]\times[k,k+1]$ 染成八种颜色之一. 每块楼梯型砖都包含八种颜色, 且它们中的六种颜色只出现 1 次, 余下的两种颜色各出现 3 次.

从这八种颜色中任选一种颜色, 设 p 是这种颜色出现 3 次的楼梯型砖的数目, 在 m 块砖所拼成的正方体中, 这种颜色出现的总次数为

$$3p+(m-p)=m+2p$$

另一方面，在每个 $6\times 6\times 5$ 的正方体内，这八种颜色各出现 27 次，因此，棱长为 $6l$ 的正方体关于这八种颜色出现的次数是均等的。所以，每种颜色恰出现 $\dfrac{12m}{8}$ 次。故 $m+2p=\dfrac{12m}{8}$，即 $m=4p$。从而，$18l^3=4p$，由此可知 l 是偶数。

❸（哥伦比亚） 设正整数 $n\geqslant 4$，由平面上 n 个点 P_1，$P_2,\cdots,P_n$ 所构成的集合 S 满足：任意三点不共线，任意四点不共圆。设 $a_t(1\leqslant t\leqslant n)$ 表示包含 P_t 的圆 $P_iP_jP_k$ 的数目，且 $m(S)=a_1+a_2+\cdots+a_n$，证明：存在依赖于 n 的正整数 $f(n)$，使得 S 中的点是凸 n 边形的顶点的充分必要条件是 $m(S)=f(n)$。

证明 当 $n=4$ 时，若 P_1,P_2,P_3,P_4 不是凸四边形的顶点，不妨假设 P_4 在 $\triangle P_1P_2P_3$ 的内部，则
$$a_1=a_2=a_3=0,a_4=1$$
所以
$$m(S)=1$$
假设 P_1,P_2,P_3,P_4 是一个凸四边形的顶点，如果 $\angle P_1+\angle P_3>180°$，则 $\angle P_2+\angle P_4<180°$，所以
$$a_1=a_3=1,a_2=a_4=0,m(S)=2$$
同理，如果 $\angle P_1+\angle P_3<180°$，则 $\angle P_2+\angle P_4>180°$，所以
$$a_1=a_3=0,a_2=a_4=1,m(S)=2$$

下面考虑一般的情形。

数 $m(S)$ 是对所有满足条件的点对 $(P_t,P_iP_jP_k)$ 计数，其中 $(P_t,P_iP_jP_k)$ 表示包含 P_t 的圆 $P_iP_jP_k$ 的数目，$1\leqslant t\leqslant n$. 对于 S 中的由四个点构成的每个集合 $\{P_i,P_j,P_k,P_t\}$ 有四种可能，即 $\{P_i,P_jP_kP_l\},\{P_j,P_kP_lP_i\},\{P_k,P_lP_iP_j\}$ 和 $\{P_l,P_iP_jP_k\}$ 有可能贡献一个 1 到 $m(S)$ 中。如果这四个点组成一个凸四边形，则这四个点对中恰有两个点对各贡献一个 1 到 $m(S)$ 中，否则这四个点对中只有一个点对贡献一个 1 到 $m(S)$ 中。

如果记 $a(S)$ 和 $b(S)$ 分别为 S 中凸四边形和不能构成凸四边形的四点组的数目，则
$$m(S)=2a(S)+b(S)$$
又因
$$a(S)+b(S)=C_n^4$$
所以
$$m(S)=C_n^4+a(S)$$
下面证明 $f(n)=2C_n^4$ 满足条件。

如果 S 中的点是凸 n 边形的顶点,则
$$a(S) = C_n^4$$
所以,有
$$m(S) = 2C_n^4 = f(n)$$

反之,如果 $m(S) = f(n)$,则 $a(S) = C_n^4$. 所以,由 S 中每四个点所确定的四边形均为凸四边形. 因此,S 中的点是凸 n 边形的顶点.

❹（捷克） 设 n 和 k 是正整数,满足 $\frac{1}{2}n < k \leq \frac{2}{3}n$. 求最小的数 m,将 m 个"卒"的每一个放入一个 $n \times n$ 棋盘的一个方格内,使每行、每列都不存在连续的 k 个方格,其上没有放"卒".

解 如果棋盘上不存在 $k \times 1$ 或 $1 \times k$ 个没放"卒"的方格,则称棋盘上的"卒"的放法是"好的",记行和列分别是第 0 行到第 $n-1$ 行和第 0 列到第 $n-1$ 列.

一个理想的"好的"放法如下:将"卒"放在 (i,j) 上,其中 i,j 分别为第 i 行、第 j 列,使 $i+j+1$ 能被 k 整除.

由于 $n < 2k$,所以
$$i+j = k-1, 2k-1 \text{ 或 } 3k-1$$
从而构成三条由"卒"构成的斜线.

因为 $3k \leq 2n$,则这三条斜线上分别包含 k 个方格、$2n-2k$ 个方格和 $2n-3k$ 个方格(特别地,当 $3k = 2n$ 时,第三条斜线不存在).所以共有 $4(n-k)$ 个方格放有"卒".

下面证明这是"卒"满足"好的"放法的最小值.

假设用 m 个"卒"存在一个"好的"放法. 划分棋盘为 9 个矩形区域(图2),使得每个角所在的区域 A, C, G, I 是 $(n-k) \times (n-k)$ 区域,B, H 有 $n-k$ 行、$2k-n$ 列,D, F 有 $2k-n$ 行、$n-k$ 列. 因为 $2k - n > 0$,这种划分是合理的.

假设在矩形区域 B 中有 b 行没有"卒",H 中有 h 行没有"卒",D 中有 d 列没有"卒",F 中有 f 列没有"卒". 任取 B 中没有"卒"的 b 行中的一行,并向左、右延伸到整个棋盘,则这一行延伸到 A 中的部分至少含有一个"卒",否则放法不是"好的". 同理,这一行在 C 中的部分也至少含有一个"卒". 在 A 和 C 中对这一行的两个"卒"所在的方格各做一个记号.

同理,对 H 中的没有"卒"的 h 行有同样的结论. 而对 D 和 F 中没有"卒"的 d 列和 f 列也具有同样的结论. 因此,在 $A \cup C \cup G \cup I$ 中总共给有"卒"的方格做了 $2(b+h+d+f)$ 个记号,而每个方格最多被做了两次记号. 所以,有记号的方格的数目至少有

A	B	C
D	E	F
G	H	I

题 4（图 2）

$b+h+d+f$ 个,它们中的每一个方格内都有一个"卒".因此,在 $A \cup C \cup G \cup I$ 中至少有 $b+h+d+f$ 个"卒".

由于 B 中有不少于 $n-k-b$ 个"卒",H 中有不少于 $n-k-h$ 个"卒",D 中有不少于 $n-k-d$ 个"卒",F 中有不少于 $n-k-f$ 个"卒",所以 $m \geqslant 4(n-k)$,即 $4(n-k)$ 是最小值.

❺（俄罗斯） 在平面上有 n 个边彼此平行的矩形,矩形的不同边在不同的直线上. 这些矩形的周界将平面分成若干个连通区域. 如果一个区域在其周界上至少有一个顶点是这 n 个矩形的顶点,则称这个区域是"好的",证明:所有好的区域的顶点数目之和小于 $40n$.

证明 对于好的区域的每个顶点,如果该顶点所构成的区域的内角为 $90°$,则称该顶点为凸的;如果为 $270°$,则称该顶点为凹的(如图 3),其中阴影部分是这个区域的内部.

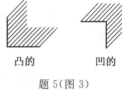

凸的 凹的

题 5(图 3)

对于区域 R 的一个周界所构成的简单闭曲线 C,称 (R,C) 为周界对. 一个周界对 (R,C) 被称为是"外部的"或"内部的",如果 R 被包含在 C 的内部或外部.

设 B 是好的区域的周界对所构成的集合,它是外部的周界对所构成的集合 O 和内部的周界对所构成的集合 I 的并集,且 $O \cap I = \varnothing$. 对于一个周界对 $b=(R,C)$,设 v_b, c_b 分别是属于周界线 C 的区域 R 的凸顶点、凹顶点的数目.

下面证明四个重要结论:

(1) $\sum\limits_{b \in B} c_b = 4n$;

(2) $v_b - c_b = \begin{cases} 4, b \in O \\ -4, b \in I \end{cases}$;

(3) $k \leqslant 8n$,其中 k 是好的区域周界对的数目;

(4) 集合 I 非空.

每一个给定的矩形的顶点恰能构成一个凸顶点和一个凹顶点;反之,一个区域的每一个凹顶点来自于一个已知矩形的一个顶点,这就证明了结论(1).

对于周界对 $b=(R,C)$,下面的方程是从两个方面表示在 R 里的 C 的顶点的内角之和.

$$v_b \cdot 90° + c_b \cdot 270° = \begin{cases} (v_b + c_b - 2) \cdot 180°, b \in O \\ (v_b + c_b) \cdot 360° - (v_b + c_b - 2) \cdot 180°, b \in I \end{cases}$$

整理后即知结论(2)成立.

对于在好的区域里的每一个周界对 (R,C),C 上至少有一个顶点是已知矩形的顶点,因为已知矩形的每个顶点恰出现在两个周界对中,于是结论(3)成立.

唯一的无限区域是一个好的区域,所有的边界曲线是内部的边界,结论(4)也成立.

因此,所有好的区域顶点数目之和等于
$$\sum_{b \in B}(v_b + c_b) = \sum_{b \in B}[2c_b + (v_b - c_b)] \leqslant$$
$$2 \cdot 4n + 4(k-1) - 4 \leqslant$$
$$8n + 32n - 4 - 4 =$$
$$40n - 8 < 40n$$

❻（英国） 已知 p, q 是互素的正整数,$\{0,1,2,\cdots\}$ 的子集 S 称为"理想的",如果 $0 \in S$,对于任意元素 $n \in S, n+p$ 和 $n+q$ 也属于 S. 求 $\{0,1,2,\cdots\}$ 理想子集的数目.

解 任意整数 z,可以唯一地表示为
$$z = px + qy$$
的形式,其中 x, y 为整数,且 $0 \leqslant x \leqslant q-1$. 因此,$(x, y)$ 是 $\mathbf{R}^2$ 中的一个带状区域的所有整点,每一个整点 (x, y) 与由方程 $px + qy = z$ 确定的整数 z 是一一对应的. 将带状区域中的每一个整点 (x, y) 对应到一个单位正方形 $[x, x+1] \times [y, y+1]$ 上,并在这个正方形中写上对应的整数 $px + qy$,此时的带状区域满足 $0 \leqslant x \leqslant q$. 由唯一性,每个数恰出现一次,非负整数在直线 $px + qy = 0$ 上方的方格内.

设 S 是一个理想子集,S 中所有元素被写在一些单位正方形中,将这些单位正方形染色. 在直线 $y = 0$ 上方,由于 $0 \in S$,因此有 $qy \in S$,进而有 $px + qy \in S$,其中 x, y 是非负整数. 于是,直线 $y = 0$ 上方的每个单位正方形中的整数对应着一个非负组合,都属于 S.

下面考虑全部在由 $y = 0, x = q$ 和 $px + qy = 0$ 所构成的直角三角形内的所有单位正方形.

如果一个数 $z = px + qy$ 在这个直角三角形中的一个单位正方形 Q 内,且 Q 不与直角三角形的水平和垂直的边相邻,则数 $z + q$（或 $z + p$）应出现在与 Q 相邻的 Q 的上方（或右方）的单位正方形内. 所以定义一个理想子集的条件等价于:在如上的直角三角形中,任意被染色的单位正方形 Q,则所有将 Q 上移和右移所能得到的单位正方形均被染色. 另一方面,这个直角三角形中被染色的单位正方形的全体应是一些由连通的单位正方形组成的矩形的并集,每一个矩形具有一个公共的顶点 $(q, 0)$. 被染色的部分与未被染色的部分的边缘是一条从 $(0, 0)$ 到 $(q, -p)$ 且位于直线

$px+qy=0$ 上方的由整点组成的折线,我们称这条折线为一条理想路.下面,计算理想路的条数.

设 Γ 是所有从 $(0,0)$ 到 $(q,-p)$,长度为 $p+q$ 的路的集合,Γ 中元素的数目为 C_{p+q}^{p}. 设 E,S 分别表示向右和向下移动一个单位,于是,每条路 $\gamma \in \Gamma$ 对应着一个序列 $D_1D_2\cdots D_{p+q}$,其中 $D_i \in \{E,S\}$,使 D_i 中有 q 个 E,p 个 S. 对于一条路 $\gamma=D_1D_2\cdots D_{p+q}$,设 P_i 是从 $(0,0)$ 沿着 $D_1D_2\cdots D_i$ 达到的点,称之为 γ 的顶点;又设 l_i 是与 $px+qy=0$ 平行且过点 P_i 的直线,$i=1,2,\cdots,p+q$. 因为 p,q 互素,所以,直线 $l_1,l_2,\cdots,l_{p+q}$ 互不相同.

如果一条路可以从另一条路通过对序列的轮换获得,如 $D_2D_3\cdots D_{p+q}D_1$ 可以由 $D_1D_2\cdots D_{p+q}$ 获得,则称这两条路是等价的.因为 γ 有 $p+q$ 个轮换,所以,包含 γ 的等价类中有 $p+q$ 个元素,且所有的元素均不相同.

如果 $\gamma=D_1D_2\cdots D_{p+q}$,设 l_m 是 $l_1,l_2,\cdots,l_{p+q}$ 中最低的一条,则 m 是唯一的(如图4,$m=4$),所以,路 $D_{m+1}D_{m+2}\cdots D_{p+q}D_1\cdots D_m$ 在直线 $px+qy=0$ 上方(如图5).对于这条路的每一个轮换给出的一条路至少有一个顶点在直线 $px+qy=0$ 的下方,于是每个等价类恰包含一条理想路,所以,理想路的数目等于 $\dfrac{1}{p+q}C_{p+q}^{p}$.

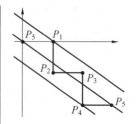

题 6(图 4)

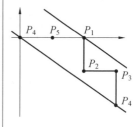

题 6(图 5)

数论部分

❶(日本) 求所有正整数 $n \geqslant 2$,满足对所有与 n 互素的整数 a 和 b,$a \equiv b (\bmod n)$ 当且仅当 $ab \equiv 1 (\bmod n)$.

解 所给条件等价于满足 $(a,n)=1$ 的每个整数 a,有
$$a^2 \equiv 1 (\bmod n) \qquad ①$$

事实上,若 $a \equiv b(\bmod n)$ 等价于 $ab \equiv 1(\bmod n)$,则由 $ab \equiv 1(\bmod n)$ 知,当 $b=a$ 时,即有
$$a^2 \equiv 1(\bmod n)$$

反之,若 $a^2 \equiv 1(\bmod n)$,对任意满足
$$(a,n)=(b,n)=1$$
的整数 a,b,由 $a \equiv b(\bmod n)$ 可得
$$ab \equiv a^2 \equiv 1(\bmod n)$$
由 $ab \equiv 1(\bmod n)$,可得
$$a^2 \equiv 1 \equiv ab(\bmod n)$$
从而有
$$a \equiv b(\bmod n)$$

因此,所给条件成立.

设 $n = p_1^{e_1} p_2^{e_2} \cdots p_l^{e_l} (e_i \geqslant 1)$ 是 n 的质因数分解,我们证明式 ① 等价于
$$a^2 \equiv 1 (\bmod\ p_i^{e_i}) \qquad ②$$
其中 $i = 1, 2, \cdots, l$,且 $(a, p_i) = 1$.

若式 ① 成立,我们只对 $i = 1$ 给予证明.

假设 $(a, p_1) = 1$,若素数 $p_2, p_3, \cdots, p_l$ 中有若干个整除 a,不妨设 $p_2, p_3, \cdots, p_k$ 整除 a,$p_{k+1}, \cdots, p_l$ 不能整除 a,则有
$$(a + p_1^{e_1} p_{k+1} p_{k+2} \cdots p_l, n) = 1$$
由式 ①,有
$$(a + p_1^{e_1} p_{k+1} p_{k+2} \cdots p_l)^2 \equiv 1(\bmod\ n)$$
所以
$$(a + p_1^{e_1} p_{k+1} p_{k+2} \cdots p_l)^2 \equiv 1(\bmod\ p_1^{e_1})$$
从而可得
$$a^2 \equiv 1(\bmod\ p_1^{e_1})$$

反之,若式 ② 成立,假设 $(a, n) = 1$,则 a 与每一个 p_i 互素.由式 ② 可得
$$a^2 \equiv 1(\bmod\ p_i^{e_i})$$
对于 $i = 1, 2, \cdots, l$ 成立.所以
$$a^2 \equiv 1(\bmod\ p_1^{e_1} p_2^{e_2} \cdots p_l^{e_l})$$
即式 ① 成立.

假设 $n = p_1^{e_1} p_2^{e_2} \cdots p_l^{e_l}$ 满足条件.如果 $p_i = 2$,由式 ②,因为 $(3, 2^{e_i}) = 1$,则 $3^2 \equiv 1 (\bmod\ 2^{e_i})$.所以,$e_i \leqslant 3$.反之,对所有奇数 a,有 $a^2 \equiv 1 (\bmod\ 8)$.如果 $p_j > 2$,由式 ②,因为 $(2, p_j) = 1$,则 $2^2 \equiv 1 (\bmod\ p_j^{e_j})$.所以,$p_j - 3$,$e_j = 1$.反之,对所有与 3 互素的整数 a,有 $a^2 \equiv 1 (\bmod\ 3)$.于是,n 满足所给条件当且仅当 n 整除 $2^3 \times 3$.所以,$n = 2, 3, 4, 6, 8, 12, 24$.

❷(法国) 对于正整数 n,设 $d(n)$ 是 n 的所有正因数的个数,求所有正整数 n,使得 $d(n)^3 = 4n$.

解 假设 n 满足 $d(n)^3 = 4n$.对于每一个素数 p,设 α_p 表示 n 在质因分解中 p 的指数.因为 $4n$ 是一个立方数,所以
$$\alpha_2 = 1 + 3\beta_2,\ \alpha_p = 3\beta_p$$
其中素数 $p \geqslant 3$,且 $\beta_2, \beta_3, \cdots, \beta_p, \cdots$ 是非负整数.

由于 $d(n) = \prod_p (1 + \alpha_p)$,这里 p 取遍所有素数,所以
$$d(n) = (2 + 3\beta_2) \prod_{p \geqslant 3} (1 + 3\beta_p)$$

因此, $d(n)$ 不能被 3 整除.

又因为
$$d(n)^3 = 4n$$
所以 n 也不能被 3 整除.

因此
$$\beta_3 = 0$$
$d(n)^3 = 4n$ 等价于
$$\frac{2+3\beta_2}{2^{1+\beta_2}} = \prod_{p \geq 5} \frac{p^{\beta_p}}{1+3\beta_p} \qquad ①$$

对于 $p \geq 5$, 有
$$p^{\beta_p} \geq 5^{\beta_p} = (1+4)^{\beta_p} \geq 1+4\beta_p$$
所以式 ① 的右边大于等于 1, 等号当且仅当对于所有素数 $p \geq 5, \beta_p = 0$ 时成立.

于是
$$\frac{2+3\beta_2}{2^{1+\beta_2}} \geq 1$$
即 $\quad 2+3\beta_2 \geq 2(1+1)^{\beta_2} \geq$
$$2\left[1 + \beta_2 + \frac{\beta_2(\beta_2-1)}{2}\right] =$$
$$2 + \beta_2 + \beta_2^2$$
所以, $2\beta_2 \geq \beta_2^2, \beta_2 \leq 2, \beta_2 = 0, 1, 2$.

如果 $\beta_2 = 0$ 或 2, 则 $\frac{2+2\beta_2}{2^{1+\beta_2}} = 1$. 故式 ① 的两边都等于 1. 再当 $p \geq 5$ 时, $\beta_p = 0$, 所以, 2 是 n 的唯一素因数. 当 $\beta_2 = 0$ 时, $n=2$; $\beta_2 = 2$ 时, $n = 2^7 = 128$.

如果 $\beta_2 = 1$, 则 $\frac{2+3\beta_2}{2^{1+\beta_2}} = \frac{5}{4}$. 由式 ① 知, $\beta_5 > 0$. 若 $\beta_5 \geq 2$, 则 $\frac{5^{\beta_5}}{1+3\beta_5} > \frac{5}{4}$. 因此, $\beta_5 = 1$.

将 $\frac{5^{\beta_5}}{1+3\beta_5} = \frac{5}{4}$ 代入式 ①, 得
$$\beta_p = 0$$
其中素数 $p \geq 7$.

所以
$$n = 2^4 \times 5^3 = 2\,000$$

综上所述, $n = 2, 128, 2\,000$.

❸（俄罗斯） 确定是否存在满足下列条件的正整数 n：

n 恰好能够被 2 000 个互不相同的质数整除，且 2^n+1 能够被 n 整除．

解 存在．我们用归纳法来证明一个更为一般的命题：

对每一个自然数 k 都存在自然数 $n=n(k)$，满足 $n\mid 2^n+1, 3\mid n$，且 n 恰好能够被 k 个互不相同的质数整除．

当 $k=1$ 时，$n(1)=3$ 即可使命题成立．

假设对于 $k\geqslant 1$ 存在满足要求的 $n(k)=3^l\cdot t$，其中 $l\geqslant 1$ 且 3 不能整除 t．于是 $n=n(k)$ 必为奇数，可得
$$3\mid 2^{2n}-2^n+1$$

利用恒等式
$$2^{3n}+1=(2^n+1)(2^{2n}-2^n+1)$$

可知
$$3n\mid 2^{3n}+1$$

根据下面的引理，存在一个奇质数 p 满足 $p\mid 2^{3n}+1$，但 p 不能整除 2^n+1．于是，自然数 $n(k+1)=3p\cdot n(k)$ 即满足命题对于 $k+1$ 的要求．归纳法完成．

引理 对于每一个整数 $a>2$，存在一个质数 p 满足 $p\mid a^3+1$，但 p 不能整除 $a+1$．

证明 假设对某个 $a>2$ 引理不成立．则 a^2-a+1 的每一个质因子都要整除 $a+1$．而恒等式 $a^2-a+1=(a+1)(a-2)+3$ 说明能够整除 a^2-a+1 的唯一质数是 3．换言之，a^2-a+1 是 3 的方幂．因为 $a+1$ 是 3 的倍数，所以 $a-2$ 也是 3 的倍数．于是 a^2-a+1 能够被 3 整除，但不能被 9 整除．故得 a^2-a+1 恰等于 3．另一方面，由 $a>2$ 知 $a^2-a+1>3$．这个矛盾完成了引理的证明．

❹（巴西） 求所有三元正整数组 (a,m,n)，使得 a^m+1 整除 $(a+1)^n$．

解 先证明关于正整数唯一分解定理的一个推论：

若 u 整除 v^l，则 u 整除 $(u,v)^l$，其中整数 $l\geqslant 1$．

实际上，设 $u=p_1^{\alpha_1}p_2^{\alpha_2}\cdots p_k^{\alpha_k}, v=p_1^{\beta_1}p_2^{\beta_2}\cdots p_k^{\beta_k}$，其中 $\alpha_1,\alpha_2,\cdots,\alpha_k$ 及 $\beta_1,\beta_2,\cdots,\beta_k$ 为非负整数，$p_1,p_2,\cdots,p_k$ 为素数．

由 $u\mid v^l$，得
$$l\beta_1\geqslant\alpha_1, l\beta_2\geqslant\alpha_2,\cdots,l\beta_k\geqslant\alpha_k$$

因此
$$l\min\{\alpha_1,\beta_1\}\geqslant \alpha_1, l\min\{\alpha_2,\beta_2\}\geqslant \alpha_2,\cdots, l\min\{\alpha_k,\beta_k\}\geqslant \alpha_k$$
故
$$u\mid (u,v)^l$$

对于所有正整数 a,m,n,不难验证 $(1,m,n)$ 和 (a,l,n) 是满足条件的解.

对于 $a>1$,若 m 是偶数,则
$$a^m+1=(a+1-1)^m+1\equiv 2(\bmod (a+1))$$
所以,$(a^m+1,a+1)$ 要么等于 1,要么等于 2.

又因为 $a^m+1\mid (a+1)^n, a>1$,所以
$$(a^m+1,a+1)=2$$

由推论知
$$a^m+1\mid 2^n$$

因此 a^m+1 是 2 的整数次幂. 设 $a^m+1=2^s$. 因为 $a>1$,所以
$$s\geqslant 2, a^m=2^s-1\equiv -1(\bmod 4)$$

又 m 是偶数,故 a^m 是完全平方数,矛盾.

对于 $a>1$,设 m 是大于 1 的奇数. 则 $n>1$,设 p 是一个整除 m 的奇素数,$m=pr, b=a^r$,因此 r 是奇数. 由
$$a^m+1=a^{pr}+1=(b^p+1)\mid (a+1)^n$$
$$(a+1)\mid (a^r+1)=b+1$$

从而
$$(a+1)^n\mid (b+1)^n$$

所以
$$b^p+1=(a^m+1)\mid (b+1)^n$$

则 $B=\dfrac{b^p+1}{b+1}$ 整除 $(b+1)^{n-1}$.

由推论,得 B 整除 $(B,b+1)^{n-1}$.

因为 p 是奇数,由二项式定理,得
$$B=\dfrac{b^p+1}{b+1}=\dfrac{(b+1-1)^p+1}{b+1}\equiv p(\bmod (b+1))$$

所以,$(B,b+1)\mid p$. 进而可知
$$(B,b+1)=p$$

故 B 整除 p^{n-1},即 B 是 p 的整数次幂,且有 $p\mid (b+1)$. 设 $b=kp-1$,由二项式定理,有
$$b^p+1=(kp-1)^p+1=$$
$$[(kp)^p-\cdots-C_p^2(kp)^2+kp^2-1]+1\equiv$$
$$kp^2(\bmod k^2p^3)$$
$$B=\dfrac{b^p+1}{b+1}=\dfrac{b^p+1}{kp}\equiv p(\bmod kp^2)$$

这表明 B 可以被 p 整除,但不能被 p^2 整除.

因此
$$B = p$$
如果 $p \geqslant 5$,则
$$\frac{b^p+1}{b+1} = b^{p-1} - b^{p-2} + \cdots - b + 1 > b^{p-1} - b^{p-2} =$$
$$(b-1)b^{p-2} \geqslant 2^{p-2} > p$$
所以
$$p = 3$$
$B = p$ 等价于 $b^2 - b + 1 = 3, b = 2$。由 $a^r = b = 2$,得 $a = 2, r = 1$。则 $m = pr = 3$。经验证 $(2,3,n)$ 是满足条件的解,其中 $n \geqslant 2$。

综上所述,解集为 $\{(a,m,n) \mid a = 1 \text{ 或 } m = 1 \text{ 或 } a = 2, m = 3, n \geqslant 2\}$。

❺(保加利亚) 证明:存在无穷多个正整数 n,使得 $p = nr$,其中 p 和 r 分别是由整数为边长构成的三角形的半周长和内切圆半径。

证明 设 a,b,c 和 S 分别是满足条件的三角形的边长和面积,由 $S = pr, S^2 = p(p-a)(p-b)(p-c)$ 得
$$p = nr \Leftrightarrow p^2 = nS \Leftrightarrow p^4 = n^2 S^2 \Leftrightarrow$$
$$p^4 = n^2 p(p-a)(p-b)(p-c) \Leftrightarrow$$
$$(2p)^3 = n^2(2p-2a)(2p-2b)(2p-2c) \Leftrightarrow$$
$$(a+b+c)^3 = n^2(b+c-a) \cdot$$
$$(c+a-b)(a+b-c)$$

设 $b+c-a = x, c+a-b = y, a+b-c = z$,其中 x,y,z 均为正整数,则 $p = nr$ 等价于
$$(x+y+z)^3 = n^2 xyz \quad \text{①}$$

如果对于一个正整数 n,存在正整数 x_0, y_0, z_0 满足方程 ①,则 $2x_0, 2y_0, 2z_0$ 也是方程 ① 的解。

因此,以 $a = y_0 + z_0, b = z_0 + x_0, c = x_0 + y_0$ 为边长所定义的三角形满足条件的要求。于是,问题转化为:

证明:存在无穷多个正整数 n,使得方程 ① 有正整数解 (x, y, z)。

设 $z = k(x + y)$,其中 k 是正整数,则方程 ① 化为
$$(k+1)^3(x+y)^2 = n^2 kxy \quad \text{②}$$

如方程 ② 对某个 n 和 k 有正整数解,则方程 ① 也有解。设 $n = 3k + 3$,则方程 ② 化为
$$(k+1)(x+y)^2 = 9kxy \quad \text{③}$$

因此,只要证明方程 ③ 对于无穷多个 k 有正整数解即可,即

等价地证明下列二次方程对于无穷多个 k,有正整数解
$$(k+1)(t+1)^2 = 9kt \Leftrightarrow (k+1)t^2 - (7k-2)t + (k+1) = 0$$
其中 $t = \dfrac{x}{y}$. 而后一等式成立当且仅当判别式
$$(7k-2)^2 - 4(k+1)^2 = 9k(5k-4)$$
对于无穷多个 k 是一个完全平方数. 设 $k = u^2$,则该问题转化为证明不定方程
$$5u^2 - 4 = v^2 \qquad ④$$
有无穷多组正整数解.

若 (u, v) 是方程 ④ 的一组正整数解,则 (u', v') 也是方程 ④ 的一组正整数解,其中
$$u' = \frac{3u+v}{2}, v' = \frac{5u+3v}{2}$$

由于 u, v 的奇偶性相同,所以 u', v' 是正整数,且 $u' > u, v' > v$.

由于 $(1, 1)$ 是方程 ④ 的解,所以方程 ④ 有无穷多组正整数解.

❻(罗马尼亚) 已知正整数集合 A 中的元素不能表示为若干个不同的完全平方数之和. 证明: A 中有有限个元素.

证明 假设存在正整数 N,满足
$$N = a_1^2 + a_2^2 + \cdots + a_m^2, 2N = b_1^2 + b_2^2 + \cdots + b_n^2$$
其中 $a_1, a_2, \cdots, a_m, b_1, b_2, \cdots, b_n$ 是正整数,且对于所有 $\alpha, \beta, \gamma, \delta$,当 $\alpha \neq \beta, \gamma \neq \delta$ 时,$\dfrac{a_\alpha}{a_\beta}, \dfrac{a_\alpha}{b_\delta}, \dfrac{b_\gamma}{a_\beta}, \dfrac{b_\gamma}{b_\delta}$ 都不是 2 的整数次幂(包括 $2^0 = 1$).

下面证明:对于每一个整数 $p > \sum\limits_{k=0}^{4N-2}(2kN+1)^2$,均能表示为若干个不同的完全平方数之和.

设 $p = 4Nq + r$,其中 $0 \leqslant r \leqslant 4N-1$. 因为 $r \equiv \sum\limits_{k=0}^{r-1}(2kN+1)^2 \pmod{4N}$,且 $\sum\limits_{k=0}^{r-1}(2kN+1)^2 < p$,所以当 $r \geqslant 1$ 时,存在正整数 t,使得
$$p = \sum_{k=0}^{r-1}(2kN+1)^2 + 4Nt$$

当 $r = 0$ 时,$p = 4Nt$,此时 $t = q$. 设
$$t = \sum_i 2^{2u_i} + \sum_j 2^{2v_j + 1}$$

则有
$$4Nt = 4N\sum_i 2^{2\mu_i} + 4N\sum_j 2^{2v_j+1} = \sum_{i,\alpha}(2^{\mu_i+1}a_\alpha)^2 + \sum_{j,\gamma}(2^{v_i+1}b_\gamma)^2$$
所以
$$p = \begin{cases} \sum_{k=0}^{r-1}(2kN+1)^2 \cdot 4Nt, r \geqslant 1 \\ 4Nt, r = 0 \end{cases}$$

容易验证,上式所有完全平方数互不相同.

最后证明正整数 N 存在,因为
$$29 = 2^2 + 5^2, 58 = 3^2 + 7^2$$
所以 $N = 29$.

几何部分

❶（荷兰） 已知两圆相交于 X, Y. 证明:存在四个点满足:对于每一与两个给定的圆分别相切于 A, B 两点的圆交直线 XY 于点 C, D,则 AC, AD, BC, BD 经过这四个点之一.

证明 设 Ω 是一个与给定两圆相切于 A, B 的圆,因为与直线 XY 相交,则与两给定的圆要么都外切,要么都内切. 内切时也有两种情况,不妨只对其中的一种情况给予证明.

如图 6 所示,设 CA 交圆 AXY 于点 P,CB 交圆 BXY 于点 Q,则有
$$CA \cdot CP = CX \cdot CY = CB \cdot CQ$$
所以,A, B, P, Q 四点共圆,于是
$$\angle CAB = \angle CQP$$
过点 C 作圆 Ω 的切线 CR,点 R 与 B 在直线 XY 的同侧,则
$$\angle BCR = \angle CAB = \angle CQP$$
所以
$$CR \parallel PQ$$

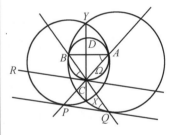

题1(图6)

考虑分别以 A 和 B 为位似中心的两个位似变换,将圆 Ω 变为两个给定的圆. 以 A 为位似中心的位似变换将直线 CR 变为圆 AXY 在点 P 的切线;以 B 为位似中心的位似变换将直线 CR 变为圆 BXY 在点 Q 的切线,且这两条切线均平行于 CR. 因此,这两条切线与直线 PQ 重合,即这两个圆的公切线,所以,CA, CB 分别过点 P, Q.

综上所述,两个给定圆的两条外公切线与这两个圆的四个切点即为满足条件的四个点.

❷（俄罗斯） 如图 7 所示，圆 Γ_1 和圆 Γ_2 相交于点 M 和 N. 设 l 是圆 Γ_1 和圆 Γ_2 的两条公切线中距离点 M 较近的那条公切线. l 与圆 Γ_1 相切于点 A，与圆 Γ_2 相切点 B. 设经过点 M 且与 l 平行的直线与圆 Γ_1 还相交于点 C，与圆 Γ_2 还相交于点 D. 直线 CA 和 DB 相交于点 E，直线 AN 和 CD 相交于点 P，直线 BN 和 CD 相交于点 Q. 证明：$EP = EQ$.

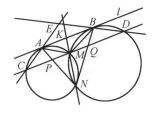

题 2（图 7）

证明 令 K 为 MN 和 AB 的交点. 根据圆幂定理，有
$$AK^2 = KN \cdot KM = BK^2.$$
换言之，K 是 AB 的中点. 因为 $PQ \parallel AB$，所以 M 是 PQ 的中点. 故只需证明 $EM \perp PQ$.

因为 $CD \parallel AB$，所以点 A 是圆 Γ_1 的弧 CM 的中点，点 B 是圆 Γ_2 的弧 DM 的中点. 于是，△ACM 与 △BDM 都是等腰三角形. 从而，有
$$\angle BAM = \angle AMC = \angle ACM = \angle EAB$$
$$\angle ABM = \angle BMD = \angle BDM = \angle EBA$$
这意味着 $EM \perp AB$.

再由 $PQ \parallel AB$ 即证 $EM \perp PQ$.

❸（英国） 设 O, H 分别为锐角 △ABC 的外心和垂心. 证明：在 BC, CA, AB 上分别存在点 D, E, F，使得
$$OD + DH = OE + EH = OF + FH$$
且直线 AD, BE, CF 共点.

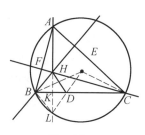

题 3（图 8）

证明 设 AH 的延长线交 △ABC 的外接圆于点 L，交 BC 于点 K，连 OL 交 BC 于点 D，连 HD（如图 8）. 由于 $HK = KL$，则
$$HD = LD$$
于是
$$OD + DH = OD + DL = OL = R$$
其中 R 为 △ABC 外接圆半径.

类似地，可以在 CA 和 AB 上得到点 E 和点 F，使得
$$OE + EH = R = OF + FH$$
连 OB, OC 和 BL，则
$$\angle OBC = 90° - \angle A, \angle CBL = \angle CAL = 90° - \angle C$$
所以
$$\angle OBL = 90° - \angle A + 90° - \angle C = \angle B$$
由于 $OB = OL$，则
$$\angle OLB = \angle B$$

于是
$$\angle BOL = 180° - 2\angle B$$
$$\angle COD = \angle BOC - \angle BOD =$$
$$2\angle A - (180° - 2\angle B)$$
$$180° - 2\angle C$$

由正弦定理,有
$$\frac{BD}{\sin \angle BOD} = \frac{OD}{\sin \angle OBD}, \frac{CD}{\sin \angle COD} = \frac{OD}{\sin \angle OCD}$$

于是,有
$$\frac{BD}{CD} = \frac{\sin(180° - 2B)}{\sin(180° - 2C)} = \frac{\sin 2B}{\sin 2C}$$

同理可得
$$\frac{CE}{EA} = \frac{\sin 2C}{\sin 2A}, \frac{AF}{FB} = \frac{\sin 2A}{\sin 2B}$$

所以
$$\frac{BD}{DC} \cdot \frac{CE}{EA} \cdot \frac{AF}{FB} = 1$$

由塞瓦(Ceva)定理的逆定理知 AD, BE, CF 三线交于一点.

❹(俄罗斯) 设 $A_1 A_2 \cdots A_n$ 是一个凸 n 边形, $n \geq 4$. 证明: $A_1 A_2 \cdots A_n$ 是圆内接 n 边形的充要条件是对于每个顶点 A_j, 我们可以构造一个实数对 $(b_j, c_j)(j = 1, 2, \cdots, n)$, 对于所有 $i < j, 1 \leq i < j \leq n$, 有
$$A_i A_j = b_j c_i - b_i c_j \qquad ①$$

证明 若有实数对 (b_j, c_j) 满足式①, 要证明 $A_1 A_2 \cdots A_n$ 是圆内接 n 边形, 只要证明对任意 $j = 4, 5, \cdots, n$, 点 A_1, A_2, A_3, A_j 是圆内接四边形, 且设它们是凸四边形 $A_1 A_2 A_3 A_j$ 相邻的顶点. 由托勒密(Ptolemy)定理的逆定理, 只要证明
$$A_1 A_2 \cdot A_3 A_j + A_2 A_3 \cdot A_1 A_j = A_1 A_3 \cdot A_2 A_j$$

直接验证, 对于 $j = 4, 5, \cdots, n$, 有
$$(b_2 c_1 - b_1 c_2)(b_j c_3 - b_3 c_j) + (b_3 c_2 - b_2 c_3)(b_j c_1 - b_1 c_j) =$$
$$(b_3 c_1 - b_1 c_3)(b_j c_2 - b_2 c_j)$$

所以, $A_1 A_2 \cdots A_n$ 是圆内接 n 边形.

反之, 设 $A_1 A_2 \cdots A_n$ 是圆内接 n 边形. 设 $b_1 = -A_1 A_2, b_j = A_2 A_j, j = 2, 3, \cdots, n, c_j = \dfrac{A_1 A_j}{A_1 A_2}$, 我们验证 b_j, c_j 满足式①.

如果 $3 \leq i < j \leq n$, 且 A_1, A_2, A_i, A_j 是圆内接四边形相邻的顶点, 由托勒密定理, 有
$$A_1 A_2 \cdot A_i A_j = A_1 A_i \cdot A_2 A_j - A_2 A_i \cdot A_1 A_j$$

因此
$$A_iA_j = A_2A_j \cdot \frac{A_1A_i}{A_1A_2} - A_2A_i \cdot \frac{A_1A_j}{A_1A_2} = b_jc_i - b_ic_j$$

如果 $i = 1, 2 \leqslant j \leqslant n$,则
$$A_iA_j = A_1A_j = b_j \cdot 0 - (-A_1A_2) \cdot \frac{A_1A_j}{A_1A_2} = b_jc_1 - b_1c_j$$

同理,$i = 2, 3 \leqslant j \leqslant n$,有
$$A_iA_j = A_2A_j = b_j \cdot 1 - 0 \cdot c_j = b_jc_2 - b_2c_j$$

综上所述,结论成立.

❺(英国) 过点 B, A 作锐角 $\triangle ABC$ 外接圆的两条切线,且与过点 C 的切线分别交于点 T, U,AT 交 BC 于点 P,Q 是 AP 的中点,BU 交 AC 于点 R,S 是 BR 的中点(如图9).证明:$\angle ABQ = \angle BAS$,并求当 $\angle ABQ$ 取最大值时,$\triangle ABC$ 三边边长之比.

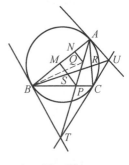

题5(图9)

证明 设 $a = BC, b = CA, c = AB$. 因为
$$\angle ABT = \angle 180° - \angle C, \angle ACT = 180° - \angle B$$
且
$$BT = CT$$
则有
$$\frac{BP}{PC} = \frac{S_{\triangle ABT}}{S_{\triangle ACT}} = \frac{\frac{1}{2}AB \cdot BT\sin(180° - C)}{\frac{1}{2}AC \cdot CT\sin(180° - B)} = \frac{c\sin C}{b\sin B} = \frac{c^2}{b^2}$$

所以
$$BP = \frac{ac^2}{b^2 + c^2}$$

过点 P, Q 分别向 AB 作垂线 PM, QN,垂足分别为 M, N,则
$$\cot \angle ABQ = \frac{BN}{QN}$$

因为
$$QN = \frac{1}{2}PM = \frac{1}{2}BP\sin B$$
$$BN = \frac{1}{2}(BA + BM) = \frac{1}{2}(c + BP\cos B)$$

所以
$$\cot \angle ABQ = \frac{c + BP\cos B}{BP\sin B} =$$
$$\cot B + \frac{c}{BP\sin B} =$$
$$\cot B + \frac{b^2 + c^2}{ac\sin B} =$$

$$\frac{\frac{1}{2}(a^2+c^2-b^2)+b^2+c^2}{ab\sin C}=$$
$$\frac{a^2+b^2+3c^2}{2ab\sin C}$$

同理可得
$$\cot\angle BAS=\frac{b^2+a^2+3c^2}{2ba\sin C}$$

故
$$\angle ABQ=\angle BAS$$

由余弦定理及 $\sin C>0$,有
$$\cot\angle ABQ=\frac{a^2+b^2+3c^2}{2ab\sin C}=$$
$$\frac{a^2+b^2+3(a^2+b^2-2ab\cos C)}{2ab\sin C}=$$
$$\frac{2(a^2+b^2)}{ab\sin C}-3\cot C\geqslant$$
$$\frac{4}{\sin C}-3\cot C$$

等号当且仅当 $a=b$ 时成立.

设 $y=\frac{4}{\sin C}-3\cot C=\frac{4-3\cos C}{\sin C}>0$,则
$$3\cos C+y\sin C=4$$

从而有
$$\cos(C-\theta)=\frac{4}{\sqrt{y^2+9}}$$

这里 θ 是由 $\cos\theta=\frac{3}{\sqrt{y^2+9}}$ 定义的,且 $0<\theta<90°$.

因此
$$\frac{4}{\sqrt{y^2+9}}\leqslant 1, y\geqslant\sqrt{7}$$

于是
$$\cot\angle ABQ\geqslant\sqrt{7}$$
$$\angle ABQ\leqslant\arctan\frac{\sqrt{7}}{7}$$

等号仅当 $\angle C=\theta=\arccos\frac{3}{4}$ 时成立.

故 $\angle ABQ$ 的最大值为 $\arctan\frac{\sqrt{7}}{7}$. 此时,$a=b, c^2=a^2+a^2-2a^2\cos C=\frac{a^2}{2}$.

于是

$$a : b : c = \sqrt{2} : \sqrt{2} : 1$$

❻（阿根廷） 设 $ABCD$ 是凸四边形，且 AB 不平行于 CD. 若 X 是四边形 $ABCD$ 内一点，并满足 $\angle ADX = \angle BCX < 90°$，$\angle DAX = \angle CBX < 90°$，设 AB，CD 的中垂线的交点为 Y（如图10），证明：$\angle AYB = 2\angle ADX$.

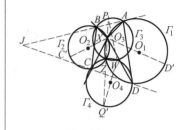

题 6（图 10）

证明 设 Z 是 $\triangle ADX$ 和 $\triangle BCX$ 的外接圆的第二个交点，分别记为 Γ_1，Γ_2，圆心分别为 O_1，O_2；设 W 是 $\triangle ABZ$ 和 $\triangle CDZ$ 的外接圆的第二个交点，分别记为 Γ_3，Γ_4，圆心分别为 O_3，O_4. 下面先证明点 W 与点 Y 重合.

设直线 AB，DC 的延长线交于点 J，若 X 比 Z 更靠近直线 AB（如图10），则 Z 与 CD 在 AB 的同侧. 设 XC' 和 XD' 分别是 Γ_2 和 Γ_1 的直径，则点 C'，Z，D' 三点共线. 又因为 $\angle DAX$ 和 $\angle CBX$ 均为锐角，所以点 C，D 与 X 在直线 $C'D'$ 的两侧，从而线段 $C'D'$ 上的一点 Z 在区域 AJD 内.

对于 X，Z 哪一个更靠近 AB，分别有

$$\angle BZX = \angle BCX, \angle AZX = \angle ADX \quad ①$$

或 $\quad \angle BZX + \angle BCX = 180° = \angle AZX + \angle ADX \quad ②$

但无论哪种情况，均有

$$\angle BZX = \angle AZX$$

即直线 ZX 平分 $\angle AZB$.

同理，直线 ZX 也平分 $\angle CZD$.

因此，直线 XZ 交圆 Γ_3 和圆 Γ_4 分别于弧 AB，CD 的中点，且在区域 AJD 的外部，分别设为点 P，Q. 要证明 W 与 Y 重合，只要证明 $WA = WB$，$WC = WD$. 这等价于证明 WP 和 WQ 分别是圆 Γ_3 和圆 Γ_4 的直径，即证明 $WZ \perp XZ$. 因为 $XZ \perp O_1O_2$，$WZ \perp O_3O_4$，所以只要证明 $O_1O_2 \perp O_3O_4$.

由于 $AZ \perp O_1O_3$，$XZ \perp O_1O_2$，则 $\angle O_2O_1O_3$ 与 $\angle AZX$ 要么相等，要么互补.

同理，$\angle O_1O_2O_3$ 与 $\angle BZX$ 有同样的结论.

因为 $\angle AZX = \angle BZX$，则 $\angle O_2O_1O_3$ 与 $\angle O_1O_2O_3$ 要么相等，要么互补.

又由于 A，B 是不同的点，则 $\triangle O_1O_2O_3$ 是一个非退化的三角形. 因此，有

$$\angle O_2O_1O_3 = \angle O_1O_2O_3$$

所以

$$O_1O_3 = O_2O_3$$

同理
$$O_1O_4 = O_2O_4$$
故 $O_1O_2 \perp O_3O_4$,于是
$$W = Y$$
由于 P,Q 在区域 AJD 外部,Z 在区域 AJD 内部,PW,QW 分别垂直于 JA,JD,所以,W 也在 AJD 内部. 另一方面,点 Z 和 W 在 AB 同侧,也在 CD 同侧. 由式①,②及圆 Γ_3、圆 Γ_1、圆 Γ_2 中内接角的性质,有
$$\angle AWB = \angle AZB = \angle AZX + \angle BZX =$$
$$\angle ADX + \angle BCX = 2\angle ADX$$
或 $\angle AWB = \angle AZB = 360° - (\angle AZX + \angle BZX) =$
$$\angle ADX + \angle BCX = 2\angle ADX$$
由于 $W = Y$,故结论成立.

❼(伊朗) 10 个匪徒站在屋顶,他们两两之间的距离均不相同,当教堂的钟在 12 点开始敲响时,他们中的每一个向其他 9 个匪徒中与他距离最近的一个开枪.问:最少有多少个匪徒被击毙?

解 这个问题可以重新表述为:在平面上已知 10 个点构成集合 S,任意两点之间的距离互不相同,对于每个点 $P \in S$,将距离点 P 最近的点 $Q \in S(Q \neq P)$ 染为红色.求红点数目的最小值.

若存在一个点 Q 被 6 个人 $P_1, P_2, \cdots, P_6$ 射击,则 P_iP_j 是 $\triangle QP_iP_j$ 中最长的边,所以 $\angle P_iQP_j > 60°$,矛盾. 故每个红点最多被 5 个人射击.

设 S 中的点所连的最短的一条线段为 AB,显然 A 和 B 都是红色的. 下面证明至少还有一个红点.

假设不存在第三个红点,则余下的 8 个点中的每一个要么与 A 最近,要么与 B 最近. 设 A 被 4 个人 M_1, M_2, M_3, M_4 射击,B 被另 4 个人 N_1, N_2, N_3, N_4 射击. 设 $\angle M_iAM_{i+1}(i=1,2,3)$ 彼此相邻,$\angle N_iBN_{i+1}(i=1,2,3)$ 也是如此,点 M_1, N_1 在 AB 同侧,M_4, N_4 在 AB 的另一侧. 由于每一个
$$\angle M_iAM_{i+1}, \angle N_iBN_{i+1} > 60°$$
所以 $\angle M_1AM_4, \angle N_1BN_4 < 180°$.

从而
$$(\angle M_1AB + \angle N_1BA) + (\angle M_4AB + \angle N_4BA) < 360°$$
不妨假设 $\angle MAB + \angle NBA < 180°$,这里及后面将用 M, N 代替 M_1, N_1(如图 11).

因为 $MA < MB, NB < NA$,所以点 A, M 在 AB 的中垂线的

一侧,点 B,N 在另一侧. 因为 AB 是 $\triangle BNA$ 最短的边,$MA(<MN)$ 在 $\triangle ANM$ 中不是最长的边,所以 $\angle BNA$,$\angle ANM$ 均为锐角. 故四边形 $ABNM$ 的内角 $\angle BNM < 180°$. 同理,$\angle NMA < 180°$. 因此,四边形 $ABNM$ 是凸四边形,在射线 MA,NB,AM,BN 上分别取点 U,V,X,Y. 由 $\angle MAB + \angle NBA < 180°$,可得
$$\angle UAB + \angle ABV > 180°, \angle XMN + \angle MNY < 180°$$
设 $\alpha = \angle NAB, \beta = \angle ABM, \gamma = \angle BMN, \delta = \angle MNA$. 在 $\triangle NAB$ 中,由 $AB < NB$,则
$$\angle ANB < \angle NAB = \alpha$$
所以
$$\angle ABV = \angle NAB + \angle ANB < 2\alpha$$
在 $\triangle BMN$ 中,由 $MN > BN$,则
$$\angle MBN > \angle BMN = \gamma$$
所以
$$\angle MNY = \angle BMN + \angle MBN > 2\gamma$$
同理可得
$$\angle UAB < 2\beta, \angle XMN > 2\delta$$
于是
$$2\alpha + 2\beta > \angle UAB + \angle ABV > 180° >$$
$$\angle XMN + \angle MNY > 2\gamma + 2\delta$$
与 $\alpha + \beta = \gamma + \delta$ 矛盾. 因此,存在第三个红点.

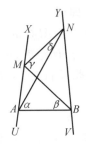

题 7(图 11)

下面的例子表明三个红点存在.

如图 12,两个半径稍有不同,且相外切的圆,其中六个点在圆外,且每三个点到相应的圆心的距离互不相同,且两两的圆心角大于 $60°$ 且小于 $90°$. 在内公切线上取一点,满足小于较大半径,大于较小半径,则只有两个圆的圆心及切点是红色的.

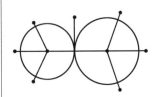

题 7(图 12)

❽（俄罗斯） 设 AH_1, BH_2, CH_3 是锐角 $\triangle ABC$ 的三条高线. $\triangle ABC$ 的内切圆与边 BC, CA, AB 分别相切于点 T_1, T_2, T_3. 设直线 l_1, l_2, l_3 分别是直线 H_2H_3, H_3H_1, H_1H_2 关于直线 T_2T_3, T_3T_1, T_1T_2 的对称直线. 证明:l_1, l_2, l_3 所确定的三角形,其顶点都在 $\triangle ABC$ 的内切圆上.

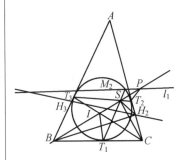

题 8(图 13)

证明 令点 M_1 为点 T_1 关于 $\angle A$ 的平分线的对称点,点 M_2 和 M_3 分别为点 T_2 和 T_3 关于 $\angle B$ 和 $\angle C$ 的角平分线的对称点(如图 13). 显然点 M_1, M_2, M_3 在 $\triangle ABC$ 的内切圆周上,只需证明它们恰好是题目中所求证的三角形的三个顶点.

由对称性,只需证明 H_2H_3 关于直线 T_2T_3 的对称直线 l_1 经

过点 M_2 即可.

设 I 为 $\triangle ABC$ 的内心. 注意点 T_2 和 H_2 总在 BI 的同一侧,且点 T_2 比点 H_2 距离 BI 更近. 我们只考虑点 C 也在 BI 同一侧的情形(如果点 C 和点 T_2, H_2 分别位于 BI 的两侧,证明需要稍加改动).

设 $\angle A = 2\alpha$, $\angle B = 2\beta$, $\angle C = 2\gamma$.

引理　点 H_2 关于 T_2T_3 的镜像位于直线 BI 上.

证明　过点 H_2 作直线 l 与 T_2T_3 垂直. 记 P 为 l 与 BI 的交点, S 为 BI 与 T_2T_3 的交点. 则点 S 既在线段 BP 上,又在线段 T_2T_3 上. 只需证明
$$\angle PSH_2 = 2\angle PST_2$$

首先,我们有
$$\angle PST_2 = \angle BST_3$$

又由外角定理知
$$\angle PST_2 = \angle AT_3S - \angle T_3BS = (90° - \alpha) - \beta = \gamma$$

再由关于 BI 的对称性知
$$\angle BST_1 = \angle BST_3 = \gamma$$

因为
$$\angle BT_1S = 90° + \alpha > 90°$$

所以,点 C 和点 S 在 IT_1 的同一侧.

由 $\angle IST_1 = \angle ICT_1 = \gamma$,可得 S, I, T_1, C 四点共圆,于是
$$\angle ISC = \angle IT_1C = 90°$$

因为 $\angle BH_2C = 90°$,所以,B, C, H_2, S 四点共圆.

这意味着
$$\angle PSH_2 = \angle C = 2\gamma = 2\angle PST_2$$

引理得证.

注意到在引理的证明中,因为 B, C, H_2, S 四点共圆以及关于 T_2T_3 的对称性,可以得到
$$\angle BPT_2 = \angle SH_2T_2 = \beta$$

又由于 M_2 是 T_2 关于 BI 的对称像,则有
$$\angle BPM_2 = \angle BPT_2 = \beta = \angle CBP$$

因此
$$PM_2 \parallel BC$$

要证明点 M_2 位于 l_1 上,只需证 $l_1 \parallel BC$.

假设 $\beta \neq \gamma$. 设直线 BC 与 H_2H_3 和 T_2T_3 分别相交于点 D 和点 E. 注意到点 D 和点 E 位于直线 BC 上线段 BC 的同一侧,易证
$$\angle BDH_3 = 2|\beta - \gamma|, \angle BET_3 = |\beta - \gamma|$$

故得 $l_1 \parallel BC$.

第二编
第 42 届国际数学奥林匹克

第 42 届国际数学奥林匹克题解

美国, 2001

❶ 设锐角 $\triangle ABC$ 的外心为 O, 从点 A 作 BC 的高, 垂足为 P, 且 $\angle BCA \geqslant \angle ABC + 30°$. 证明
$$\angle CAB + \angle COP < 90°$$

韩国命题

证法 1 令 $\alpha = \angle CAB, \beta = \angle ABC, \gamma = \angle BCA, \delta = \angle COP$.

设 K, Q 为点 A, P 关于 BC 的垂直平分线的对称点, R 为 $\triangle ABC$ 的外接圆半径. 则有
$$OA = OB = OC = OK = R$$
由于 $KQPA$ 为矩形, 则
$$QP = KA$$
$$\angle AOK = \angle AOB - \angle KOB = \angle AOB - \angle AOC = 2\gamma - 2\beta \geqslant 60°$$
由此及 $OA = OK = R$, 推出
$$KA \geqslant R, QP \geqslant R$$
利用三角不等式
$$OP + R = OQ + OC > QC = QP + PC \geqslant R + PC$$
因此
$$OP > PC$$
在 $\triangle COP$ 中, 有 $\angle PCO > \delta$. 由
$$\alpha = \frac{1}{2} \angle BOC = \frac{1}{2}(180° - 2\angle PCO) = 90° - \angle PCO$$
得
$$\alpha + \delta < 90°$$

证法 2 如图 1 所示, 延长 CO, AO, AP 分别交圆 O 于点 D, E, F, 连 EF, BD. 则
$$\angle E = \angle CAP + \angle ABC = 90° - \angle ACB + \angle ABP$$
故
$$\angle OAP = 90° - \angle E = \angle ACB - \angle ABP$$
设圆 O 的半径为 R, 因为
$$CP = 2R \cdot \sin B \cdot \cos C, AP = 2R \cdot \sin B \cdot \sin C$$
所以
$$OP^2 = AP^2 + OA^2 - 2OA \cdot AP \cdot \cos \angle OAP = 4R^2 \cdot \sin^2 B \cdot \sin^2 C + R^2 -$$

此证法属于魏维

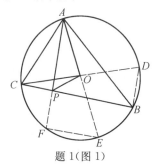

题 1(图 1)

$$4R^2 \cdot \sin B \cdot \sin C \cdot \cos(C-B) =$$
$$4R^2\left(\sin^2 B \cdot \sin^2 C + \frac{1}{4} - \right.$$
$$\sin^2 B \cdot \sin^2 C - \sin B \cdot \cos B \cdot \sin C \cdot \cos C) =$$
$$4R^2\left(\frac{1}{4} - \sin B \cdot \cos B \cdot \sin C \cdot \cos C\right)$$

所以
$$OP^2 - CP^2 = 4R^2\left(\frac{1}{4} - \sin B \cdot \cos C \cdot \sin(B+C)\right) =$$
$$4R^2\left(\frac{1}{4} - \frac{1}{2}\sin^2 A + \frac{1}{2}\sin A \cdot \sin(C-B)\right)$$

因为 $\angle C - \angle B \geqslant 30°$,且 $\angle C, \angle B$ 都为锐角,所以,上式大于等于
$$4R^2\left(\frac{1}{4} - \frac{1}{2}\sin^2 A + \frac{1}{4}\sin A\right) = R^2(2\sin A + 1)(1 - \sin A) > 0.$$

所以
$$OP^2 > CP^2 \Rightarrow OP > CP$$
有 $\angle COP < \angle OCP$
故 $\angle COP + \angle CAB < \angle OCP + \angle D = 90°$

证法 3 如图 2 所示,据题意有
$$\alpha + \beta, \beta + \gamma, \alpha + \gamma \in \left(0, \frac{\pi}{2}\right)$$

且
$$\alpha + \beta + \gamma = \frac{\pi}{2} \qquad ①$$

因为
$$\angle BCA \geqslant \angle ABC + 30°$$

所以
$$\beta + \gamma \geqslant \alpha + \beta + 30° \Rightarrow \gamma - \alpha \geqslant \frac{\pi}{6} \qquad ②$$

注意到
$$\angle CAB + \angle OCB = \frac{1}{2}\angle COB + \frac{1}{2}(\angle OCB + \angle OBC) = \frac{\pi}{2}$$

要证 $\angle CAB + \angle COP < \frac{\pi}{2}$,仅需证 $\angle COP < \angle OCP$(作 $PQ \perp OC$ 于点 Q)$\Leftarrow PC < PO \Leftarrow CQ < OQ \Leftarrow CQ < \frac{1}{2}CO$.

设 $\triangle ABC$ 外接圆圆 O 半径为 R,则有
$$AC = 2R \cdot \sin(\alpha + \beta)$$
$$PC = AC \cdot \cos(\beta + \gamma) = 2R \cdot \sin(\alpha + \beta) \cdot \cos(\beta + \gamma)$$
$$QC = PC \cdot \cos \beta =$$
$$2R \cdot \sin(\alpha + \beta) \cdot \cos(\beta + \gamma) \cdot \cos \beta =$$

此证法属于陈雨

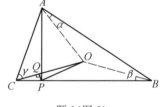

题 1(图 2)

$$2R(\sin(\alpha+\beta+\gamma+\beta)+\sin(\alpha-\gamma))\cos\beta =$$
$$R(\cos\beta-\sin(\gamma-\alpha))\cos\beta$$

由式 ①,② 可知,$\beta \in \left(0, \dfrac{\pi}{3}\right)$,则有 $\cos\beta \in \left(\dfrac{1}{2}, 1\right)$. 则

$$QC \leqslant R\left(\cos\beta - \sin\dfrac{\pi}{6}\right)\cos\beta = R\left(\left(\cos\beta - \dfrac{1}{4}\right)^2 - \dfrac{1}{4^2}\right) <$$
$$R\left(\dfrac{3^2}{4^2} - \dfrac{1}{4^2}\right) = \dfrac{1}{2}R = \dfrac{1}{2}OC$$

证法 4 如图 3 所示,过点 O 作 BC 的垂线,垂足为 D. 因为
$$\angle BAC = \dfrac{1}{2}\angle BOC = \angle DOC$$
所以
$$\dfrac{\pi}{2} - \angle BAC = \dfrac{\pi}{2} - \angle DOC = \angle OCD$$
则只需证
$$\angle COP < \angle OCD \Leftarrow PC < OP$$

以 O 为原点,OD 所在直线为 y 轴,以过点 O 且平行于 BC 的直线为 x 轴建立直角坐标系.

设 $\angle AOx = \alpha, \angle xOC = \beta$,且 $0 < \beta < \alpha < \dfrac{\pi}{2}$,其外接圆半径为 R. 则有
$$P(R \cdot \cos\alpha, -R \cdot \sin\beta), C(R \cdot \cos\beta, -R \cdot \sin\beta)$$
则 $|PC| = R(\cos\beta - \cos\alpha), |PO| = R\sqrt{\cos^2\alpha + \sin^2\beta}$
所以
$$|PC|^2 - |PO|^2 = R^2(2\cos^2\beta - 2\cos\beta \cdot \cos\alpha - 1)$$
因为
$$\angle ABO = \dfrac{\alpha - \beta}{2}, \angle ACO = \dfrac{\pi - \alpha - \beta}{2}$$
且
$$\angle ACB - \angle ABC = \angle ACO - \angle ABO \geqslant \dfrac{\pi}{6}$$
所以
$$\dfrac{\pi - \alpha - \beta}{2} - \dfrac{\alpha - \beta}{2} \geqslant \dfrac{\pi}{6}$$
即
$$\alpha \leqslant \dfrac{\pi}{3}$$
所以
$$-\cos\alpha \leqslant -\cos\dfrac{\pi}{3} = -\dfrac{1}{2}$$
则
$$|PC|^2 - |PO|^2 \leqslant R^2(2\cos^2\beta - \cos\beta - 1) =$$
$$R^2(2\cos\beta + 1)(\cos\beta - 1)$$

此证法属于刘文光

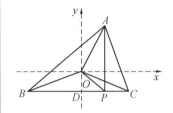

题 1(图 3)

因为
$$0 < \cos\beta < 1$$
所以
$$2\cos\beta + 1 > 0, \cos\beta - 1 < 0$$
故
$$|PC|^2 - |PO|^2 < 0$$
即
$$|PC| < |PO|$$

证法 5 如图 4 所示,作 $OD \perp BC$ 于点 D 及点 A 关于 OD 的对称点 A',则点 A' 在 $\triangle ABC$ 外接圆上. 记 $\triangle ABC$ 外接圆半径为 R,则有
$$\angle ACA' = \angle BCA - \angle BCA' = \angle BCA - \angle ABC \geqslant 30°$$
$$DP = \frac{AA'}{2} = R \cdot \sin\angle ACA' \geqslant R \cdot \sin 30° = \frac{R}{2}$$
因为
$$DC < R, PC = DC - DP$$
所以
$$PC < \frac{R}{2}$$
即
$$DP > PC$$
又 $OP > DP$,所以
$$OP > PC$$
所以
$$\angle POC < \angle PCO$$
$$\angle CAB + \angle COP = \angle DOC + \angle COP < \angle DOC + \angle PCO = 90°$$

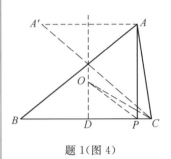

题1(图4)

❷ 对所有正实数 a, b, c,证明
$$\frac{a}{\sqrt{a^2 + 8bc}} + \frac{b}{\sqrt{b^2 + 8ca}} + \frac{c}{\sqrt{c^2 + 8ab}} \geqslant 1$$

韩国命题

证法 1 原不等式可转化为
$$\frac{1}{\sqrt{1 + \frac{8bc}{a^2}}} + \frac{1}{\sqrt{1 + \frac{8ac}{b^2}}} + \frac{1}{\sqrt{1 + \frac{8ab}{c^2}}} \geqslant 1$$

令 $\alpha = \frac{bc}{a^2}, \beta = \frac{ac}{b^2}, \gamma = \frac{ab}{c^2}$. 显然有 $\alpha, \beta, \gamma \in \mathbf{R}^+$,且 $\alpha\beta\gamma = 1$. 命题转化为证

$$\frac{1}{\sqrt{1 + 8\alpha}} + \frac{1}{\sqrt{1 + 8\beta}} + \frac{1}{\sqrt{1 + 8\gamma}} \geqslant 1$$
$$\Leftarrow \sqrt{(1+8\alpha)(1+8\beta)} + \sqrt{(1+8\beta)(1+8\gamma)} +$$

此证法属于陈雨

$$\sqrt{(1+8\alpha)(1+8\gamma)} \geqslant \sqrt{(1+8\alpha)(1+8\beta)(1+8\gamma)}$$

令右式为 x,两边平方有

$$\Leftarrow 1+8(\alpha+\beta)+64\alpha\beta+1+8(\beta+\gamma)+$$
$$64\beta\gamma+1+8(\alpha+\gamma)+64\alpha\gamma+$$
$$2(\sqrt{1+8\alpha}+\sqrt{1+8\beta}+\sqrt{1+8\gamma})x \geqslant$$
$$1+8(\alpha+\beta+\gamma)+8^2(\alpha\beta+\beta\gamma+\alpha\gamma)+8^3\alpha\beta\gamma$$
$$\Leftarrow 8(\alpha+\beta+\gamma)+2(\sqrt{1+8\alpha}+\sqrt{1+8\beta}+\sqrt{1+8\gamma})x \geqslant$$
$$8^3-2 \qquad \qquad \qquad \qquad \qquad \qquad ①$$

注意到

$$x^2 = 1+8(\alpha+\beta+\gamma)+8^2(\alpha\beta+\beta\gamma+\alpha\gamma)+8^3 \geqslant$$
$$1+8 \cdot 3\sqrt[3]{\alpha\beta\gamma}+8^2 \cdot 3\sqrt[3]{\alpha^2\beta^2\gamma^2}+8^3 = 729$$
$$\Rightarrow x \geqslant 27$$

式 ① 左边大于等于

$$8(\alpha+\beta+\gamma)+2 \cdot 3x\sqrt[3]{\sqrt{1+8\alpha}\sqrt{1+8\beta}\sqrt{1+8\gamma}} =$$
$$8(\alpha+\beta+\gamma)+6x^{\frac{4}{3}} \geqslant 8 \cdot 3\sqrt[3]{\alpha\beta\gamma}+6 \cdot 27^{\frac{4}{3}} =$$
$$8 \cdot 3+6 \cdot 81 = 8^3-2 = 右边$$

证法 2 用反证法.

此证法属于刘胜飞

假设存在某一组正数 a_0, b_0, c_0,使得

$$\frac{a_0}{\sqrt{a_0^2+8b_0c_0}}+\frac{b_0}{\sqrt{b_0^2+8a_0c_0}}+\frac{c_0}{\sqrt{c_0^2+8a_0b_0}} < 1$$

令 $x = \dfrac{a_0}{\sqrt{a_0^2+8b_0c_0}}, y = \dfrac{b_0}{\sqrt{b_0^2+8a_0c_0}}, z = \dfrac{c_0}{\sqrt{c_0^2+8a_0b_0}}$

则 $\dfrac{x^2}{1-x^2} = \dfrac{a_0^2}{8b_0c_0}, \dfrac{y^2}{1-y^2} \geqslant \dfrac{b_0^2}{8a_0c_0}, \dfrac{z^2}{1-z^2} = \dfrac{c_0^2}{8a_0b_0}$

故 $\dfrac{x^2}{1-x^2} \cdot \dfrac{y^2}{1-y^2} \cdot \dfrac{z^2}{1-z^2} = \dfrac{1}{8^3}$ ②

由 $x+y+z < 1$,有

$$\frac{x}{1-x} \cdot \frac{y}{1-y} \cdot \frac{z}{1-z} < \frac{x}{y+z} \cdot \frac{y}{x+z} \cdot \frac{z}{x+y} \leqslant$$
$$\frac{x}{2\sqrt{yz}} \cdot \frac{y}{2\sqrt{xz}} \cdot \frac{z}{2\sqrt{xy}} = \frac{1}{8} \qquad ③$$

又由 $f(x) = \dfrac{x}{1+x}$ 在 $(0,1)$ 内图形是双曲线上一段凹弧,则 $f(x)$ 在 $(0,1)$ 内是凹函数. 由琴生不等式,有

$$\frac{x}{1+x}+\frac{y}{1+y}+\frac{z}{1+z} \leqslant 3 \cdot \frac{\dfrac{x+y+z}{3}}{1+\dfrac{x+y+z}{3}} =$$

$$3 \cdot \cfrac{1}{\cfrac{3}{x+y+z}+1} <$$

$$3 \times \frac{1}{\frac{3}{1}+1} = \frac{3}{4}(x+y+z<1 \text{ 可得})$$

故

$$\frac{x}{1+x} \cdot \frac{y}{1+y} \cdot \frac{z}{1+z} \leqslant \left[\frac{\frac{x}{1+x}+\frac{y}{1+y}+\frac{z}{1+z}}{3}\right]^3 < \frac{1}{4^3} \quad ④$$

由式②,③可得

$$\frac{x}{1-x} \cdot \frac{y}{1-y} \cdot \frac{z}{1-z} \cdot \frac{x}{1+x} \cdot \frac{y}{1+y} \cdot \frac{z}{1+z} < \frac{1}{8^3}$$

即

$$\frac{x^2}{1-x^2} \cdot \frac{y^2}{1-y^2} \cdot \frac{z^2}{1-z^2} < \frac{1}{8^3}$$

与式②矛盾. 从而原不等式成立.

证法 3 引理(权方和不等式) 设 $a_1, a_2, \cdots, a_n \in \mathbf{R}^+; b_1, b_2, \cdots, b_n \in \mathbf{R}^+$. 当 $\alpha \geqslant 0$ 或 $\alpha \leqslant -1$ 时,有

$$\sum_{i=1}^n \frac{a_i^{\alpha+1}}{b_i^\alpha} \geqslant \frac{(\sum_{i=1}^n a_i)^{\alpha+1}}{(\sum_{i=1}^n b_i)^\alpha}$$

此证法属于许建超

由此,原不等式左边为

$$\sum \frac{a}{\sqrt{a^2+8bc}} = \sum \frac{a^{\frac{3}{2}}}{\sqrt{a^3+8abc}} = \sum \frac{a^{1+\frac{1}{2}}}{(a^3+8abc)^{\frac{1}{2}}} \geqslant$$

$$\frac{(\sum a)^{\frac{3}{2}}}{((\sum a^3)+24abc)^{\frac{1}{2}}} \quad ⑤$$

故原不等式左边大于等于1,就只需式⑤的右边大于等于1即可.

$$\Leftrightarrow (\sum a)^3 \geqslant (\sum a^3) + 24abc$$

$$\Leftrightarrow \sum a^3 + 3\sum (a^2b+ab^2) + 6abc \geqslant \sum a^3 + 24abc$$

$$\Leftrightarrow \sum (a^2b+ab^2) \geqslant 6abc$$

因为

$$\sum (a^2b+ab^2) \geqslant 6\sqrt[6]{\prod a^2b \prod ab^2} = 6\sqrt[6]{a^6b^6c^6} = 6abc$$

所以原不等式成立.

注 其中, $\sum, \prod$ 分别表示循环求和及循环求积.

证法 4 记
$$x = \frac{a}{\sqrt{a^2 + 8bc}}, y = \frac{b}{\sqrt{b^2 + 8ac}}, z = \frac{c}{\sqrt{c^2 + 8ab}}$$

则
$$x, y, z \in \mathbf{R}^+, x^2 = \frac{a^2}{a^2 + 8bc}$$

即
$$\frac{1}{x^2} - 1 = \frac{8bc}{a^2}$$

类似地
$$\frac{1}{y^2} - 1 = \frac{8ac}{b^2}, \frac{1}{z^2} - 1 = \frac{8ab}{c^2}$$

于是
$$\left(\frac{1}{x^2} - 1\right)\left(\frac{1}{y^2} - 1\right)\left(\frac{1}{z^2} - 1\right) = 512$$

另一方面,若 $x + y + z < 1$,则
$$0 < x < 1, 0 < y < 1, 0 < z < 1$$

以及
$$\left(\frac{1}{x^2} - 1\right)\left(\frac{1}{y^2} - 1\right)\left(\frac{1}{z^2} - 1\right) = \frac{(1-x^2)(1-y^2)(1-z^2)}{x^2 y^2 z^2} >$$
$$\frac{((x+y+z)^2 - x^2)((x+y+z)^2 - y^2)((x+y+z)^2 - z^2)}{x^2 y^2 z^2} =$$
$$\frac{(y+z)(2x+y+z)(x+z)(2y+x+z)(x+y)(x+y+2z)}{x^2 y^2 z^2} \geqslant$$
$$\frac{2\sqrt{yz} \cdot 4\sqrt[4]{x^2 yz} \cdot 2\sqrt{xz} \cdot 4\sqrt[4]{y^2 xz} \cdot 2\sqrt{xy} \cdot 4\sqrt[4]{xyz^2}}{x^2 y^2 z^2} =$$
$$\frac{512 x^2 y^2 z^2}{x^2 y^2 z^2} = 512$$

矛盾.

故 $x + y + z \geqslant 1$,即
$$\frac{a}{\sqrt{a^2 + 8bc}} + \frac{b}{\sqrt{b^2 + 8ac}} + \frac{c}{\sqrt{c^2 + 8ab}} \geqslant 1$$

推广

1. 一个引理

先叙述一个引理,以备引用.

引理 1 设 $a_i, b_i \in \mathbf{R}^+ (i = 1, 2, \cdots, n), m > 0$ 或 $m < -1$,则
$$\sum_{i=1}^{n} \frac{a_i^{m+1}}{b_i^m} \geqslant \frac{(\sum_{i=1}^{n} a_i)^{m+1}}{(\sum_{i=1}^{n} b_i)^m}$$

其中,等号成立当且仅当 $\frac{a_1}{b_1} = \frac{a_2}{b_2} = \cdots = \frac{a_n}{b_n}$.

该引理中的不等式通常称为权方和不等式,是一个常用的不等式,此处不给出其证明.

2. 试题的一种简证

为了证明试题中的不等式,今证明它的等价形式

$$\frac{a^{\frac{3}{2}}}{\sqrt{a^3+8abc}}+\frac{b^{\frac{3}{2}}}{\sqrt{b^3+8abc}}+\frac{c^{\frac{3}{2}}}{\sqrt{c^3+8abc}} \geqslant 1 \qquad ①$$

由引理 1 可知,式 ① 的左端大于等于

$$\frac{(a+b+c)^{\frac{3}{2}}}{(a^3+b^3+c^3+24abc)^{\frac{1}{2}}}$$

因此,只需证明

$$(a+b+c)^3 \geqslant a^3+b^3+c^3+24abc \qquad ②$$

但 $(a+b+c)^3 = a^3+b^3+c^3+6abc+3(a^2b+a^2c+b^2a+b^2c+c^2a+c^2b)$

因此,只需证明

$$a^2b+a^2c+b^2a+b^2c+c^2a+c^2b \geqslant 6abc \qquad ③$$

因为易知

$$b^2a+c^2a \geqslant 2abc, c^2b+a^2b \geqslant 2abc, a^2c+b^2c \geqslant 2abc$$

将以上三个不等式相加就得出不等式 ③,从而式 ② 成立,于是式 ① 也成立,所以原不等式得证.

3. 试题的一种推广

试题给出的是关于三个正数 a,b,c 的不等式. 今给出关于四个正数 a,b,c,d 的一种推广形式,即

$$\frac{a^{\frac{3}{2}}}{\sqrt{a^3+15bcd}}+\frac{b^{\frac{3}{2}}}{\sqrt{b^3+15cda}}+\frac{c^{\frac{3}{2}}}{\sqrt{c^3+15dab}}+\frac{d^{\frac{3}{2}}}{\sqrt{d^3+15abc}} \geqslant 1$$

利用引理 1 可以证明上述推广不等式成立. 事实上,由引理 1 知只需证明

$$(a+b+c+d)^3 \geqslant a^3+b^3+c^3+d^3+15abc+15bcd+15cda+15dab$$

但 $(a+b+c+d)^3 = \sum a^3+3\sum a^2b+6\sum abc$

故只需证明

$$\sum a^2b \geqslant 3\sum abc$$

即可,其中

$$\sum a^2b = a^2b+a^2c+a^2d+b^2a+b^2c+b^2d+c^2a+c^2b+c^2d+d^2a+d^2b+d^2c$$

$$\sum abc = abc+bcd+cda+dab$$

因为易得

$$a^2b+a^2c+b^2a+b^2c+c^2a+c^2b \geqslant 6abc$$

此证法属于徐彦明

$$b^2c + b^2d + c^2b + c^2d + d^2b + d^2c \geqslant 6bcd$$
$$c^2d + c^2a + d^2c + d^2a + a^2c + a^2d \geqslant 6cda$$
$$d^2a + d^2b + a^2d + a^2b + b^2d + b^2a \geqslant 6dab$$

将以上四式相加之后除以 2,就得出不等式
$$\sum a^2b \geqslant 3\sum abc$$

因此,关于四个正数 a,b,c,d 的推广不等式成立.

关于 $n(n \geqslant 2)$ 个正实数 $a_1,a_2,\cdots,a_n$,试题的一种推广形式可以写为

$$\sum_{i=1}^{n} \frac{a_i^{\frac{n-1}{2}}}{\sqrt{a_i^{n-1} + \frac{(n^2-1)a_1 a_2 \cdots a_n}{a_i}}} \geqslant 1$$

特别地,当 $n=2$ 时,记 $a_1 = a, a_2 = b$,就得出不等式
$$\frac{\sqrt{a}}{\sqrt{a+3b}} + \frac{\sqrt{b}}{\sqrt{b+3a}} \geqslant 1$$

这个不等式容易直接证明.

其等价命题为:若 $x,y,z \in \mathbf{R}^+$,且 $xyz = 1$,则
$$\frac{1}{\sqrt{1+8x}} + \frac{1}{\sqrt{1+8y}} + \frac{1}{\sqrt{1+8z}} \geqslant 1$$

为叙述方便,以其等价命题为基础可作如下推广:

定理 1 若 $x_i \in \mathbf{R}^+$ $(i=1,2,\cdots,p)$, $\prod_{i=1}^{p} x_i = 1$, $p, n \in \mathbf{N}_+$, $\lambda \geqslant p^n - 1$,则

$$\sum_{i=1}^{p} \frac{1}{\sqrt[n]{1+\lambda x_i}} \geqslant \frac{p}{\sqrt[n]{1+\lambda}} \qquad ④$$

定理 1 的证明 为叙述简便,先说明以下记号及性质,令
$$S = \prod_{i=1}^{p}(1+\lambda x_i)^{\frac{1}{n}}, \quad t_i = \frac{S}{(1+\lambda x_i)^{\frac{1}{n}}}, \quad i=1,2,\cdots,p$$
$$R = \left(\sum_{i=1}^{p} t_i\right)^n - \left(\sum_{i=1}^{p} t_i^n\right)$$

则有

$$\sum_{i=1}^{p} t_i^n = p + \lambda(p-1)\left(\sum_{i=1}^{p} x_i\right) +$$
$$\lambda^2(p-2)\left(\sum_{1 \leqslant i < j \leqslant p} x_i x_j\right) + \cdots +$$
$$\lambda^{p-1}\left(\sum_{1 \leqslant i < j < \cdots < r \leqslant p} x_i x_j \cdots x_r\right) \qquad ⑤$$

$$S^n = 1 + \lambda\left(\sum_{i=1}^{p} x_i\right) + \lambda^2\left(\sum_{1 \leqslant i < j \leqslant p} x_i x_j\right) + \cdots +$$
$$\lambda^{p-1}\left(\sum_{1 \leqslant i < j < \cdots < r \leqslant p} x_i x_j \cdots x_r\right) + \lambda^p \qquad ⑥$$

利用均值不等式可得

$$S^n \geq 1 + \lambda C_p^1 + \lambda^2 C_p^2 + \cdots + \lambda^{p-1} C_p^{p-1} + \lambda^p = (1+\lambda)^p \quad ⑦$$

(式 ⑦ 利用了式 ⑨ 后的说明).

对于 R 按 t_i 展开后,把系数不等于 1 的所有项全都等价地写成系数为 1 的若干项之和,共 $p^n - p$ 项,每项次数为 n,所有 $p^n - p$ 项之积的次数为 $n(p^n - p)$,各 t_i 的次数相等,所以积中各 t_i 的次数均为 $n(p^{n-1} - 1)$,利用 $p^n - p$ 元均值不等式,有

$$R \geq (p^n - p)(t_1 t_2 \cdots t_p)^{\frac{n(p^{n-1}-1)}{p^n - p}} =$$
$$(p^n - p)(\prod_{i=1}^{p}(1+\lambda x_i))^{\frac{p-1}{p}} \text{(利用式 ⑦)} \geq$$
$$(p^n - p)(1+\lambda)^{p-1} \quad ⑧$$

对式 ④ 左边通分后,去分母,再两边 n 次方,再交叉相乘去右边的分母,则

$$④ \Leftrightarrow \sum_{i=1}^{p} t_i \geq \frac{p}{\sqrt[n]{1+\lambda}} S \Leftrightarrow (\sum_{i=1}^{p} t_i)^n \geq \frac{p^n}{1+\lambda} S^n \Leftrightarrow$$

$$\sum_{i=1}^{p} t_i^n + R \geq \frac{p^n}{1+\lambda} S^n \Leftrightarrow$$

$$(1+\lambda)\sum_{i=1}^{p} t_i^n + (1+\lambda)R \geq p^n S^n \overset{\text{由⑤,⑥}}{\Leftrightarrow}$$

$$((1+\lambda)p - p^n) + ((1+\lambda)\lambda(p-1) - \lambda p^n)(\sum_{i=1}^{p} x_i) +$$
$$((1+\lambda)\lambda^2(p-2) - \lambda^2 p^n)(\sum_{1 \leq i < j \leq p} x_i x_j) + \cdots +$$
$$((1+\lambda)\lambda^{n-1} - \lambda^{p-1} p^n)(\sum_{1 \leq i < j < \cdots < r \leq p} x_i x_j \cdots x_r) -$$
$$\lambda^p p^n + (1+\lambda)R \geq 0 \quad ⑨$$

因为 $\lambda \geq p^n - 1$,式 ⑨ 中各外括号内非负,又若 $x_i, x_j, \cdots, x_r$ 表示 $m(1 \leq m \leq p)$ 个数相乘,则 $\sum_{1 \leq i < j < \cdots < r \leq p} x_i x_j \cdots x_r$ 表示 C_p^m 项的和,利用 C_p^m 元均值不等式有

$$\sum_{1 \leq i < j < \cdots < r \leq p} x_i x_j \cdots x_r \geq C_p^m$$

所以式 ⑨ 的左边大于等于

$$((1+\lambda)p - p^n) + ((1+\lambda)\lambda(p-1) - \lambda p^n)C_p^1 +$$
$$((1+\lambda)\lambda^2(p-2) - \lambda^2 p^n)C_p^2 + \cdots +$$
$$((1+\lambda)\lambda^{p-1} - \lambda^{p-1} p^n)C_p^{p-1} -$$
$$\lambda^p p^n + (1+\lambda)R \quad ⑩$$

又利用式 ⑧,考虑到

$$(p-i)C_p^i = pC_{p-1}^i, 1 \leq i \leq p-1$$

所以

式⑩ $\geqslant (1+\lambda)p + (1+\lambda)\lambda(p-1)C_p^1 + (1+\lambda)\lambda^2(p-2)C_p^2 + \cdots +$
$(1+\lambda)\lambda^{p-1}C_p^{p-1} - p^n(1+\lambda)^p + (1+\lambda)(p^n-p)(1+\lambda)^{p-1} =$
$(1+\lambda)(p + \lambda p C_{p-1}^1 + \lambda^2 p C_{p-1}^2 + \cdots + \lambda^{p-1} p C_{p-1}^{p-1}) +$
$(p^n - p)(1+\lambda)^p - p^n(1+\lambda)^p =$
$p(1+\lambda)^p + (p^n - p)(1+\lambda)^p - p^n(1+\lambda)^p = 0$

综合以上,易知定理 1 成立.

定理 2 若 $x_i \in \mathbf{R}^+ (i=1,2,\cdots,p)$, $\prod_{i=1}^{p} x_i = 1$, $p, n \in \mathbf{N}^+$,

求证:(1) $\lambda = p^n - 1$ 时, $\sum_{i=1}^{p} \frac{1}{\sqrt[n]{1+\lambda x_i}} \geqslant 1$;

(2) $\lambda \in (0, p^n - 1)$ 时, $\sum_{i=1}^{p} \frac{1}{\sqrt[n]{1+\lambda x_i}} > 1$.

定理 2 的简略证明 记号同定理 1 的有关记号,注意 $\lambda \in (0, p^n - 1]$, 则

$\sum_{i=1}^{p} \frac{1}{\sqrt[n]{1+\lambda x_i}} \geqslant 1 \Leftrightarrow \sum_{i=1}^{p} t_i^n + R \geqslant S^n \Leftrightarrow$

$(p-1) + \lambda(p-2)(\sum_{i=1}^{p} x_i) +$
$\lambda^2 (p-3)(\sum_{1 \leqslant i < j \leqslant p} x_i x_j) + \cdots +$
$\lambda^{p-2}(\sum_{1 \leqslant i < j < \cdots < r \leqslant p} x_i x_j \cdots x_r) - \lambda^p + R \geqslant 0$
⑪

利用式⑧,则

式⑪ $\Leftrightarrow (p-1) + \lambda(p-2)C_p^1 + \lambda^2(p-3)C_p^2 + \cdots +$
$\lambda^{p-2} C_p^{p-2} - \lambda^p + (p^n - p)(1+\lambda)^{p-1} =$
$(p^n - 1 - \lambda)(1+\lambda)^{p-1} \geqslant 0$

易知定理 2 成立.

龚浩生、宋庆将其推广为:

定理 3 若 $a, b, c \in \mathbf{R}^+$, $\lambda \geqslant 8$, 则

$$\frac{a}{\sqrt{a^2 + \lambda bc}} + \frac{b}{\sqrt{b^2 + \lambda ca}} + \frac{c}{\sqrt{c^2 + \lambda ab}} \geqslant \frac{3}{\sqrt{1+\lambda}} \quad ⑫$$

定理 3 的证明 令 $x = \frac{bc}{a^2}, y = \frac{ca}{b^2}, z = \frac{ab}{c^2}$, 则 $x, y, z \in \mathbf{R}^+$, 且 $xyz = 1$.

于是,不等式⑫等价于

$$\frac{1}{\sqrt{1+\lambda x}} + \frac{1}{\sqrt{1+\lambda y}} + \frac{1}{\sqrt{1+\lambda z}} \geqslant \frac{3}{\sqrt{1+\lambda}} \Leftrightarrow \quad ⑬$$

$\sqrt{1+\lambda}(\sqrt{(1+\lambda y)(1+\lambda z)} + \sqrt{(1+\lambda z)(1+\lambda x)} + \sqrt{(1+\lambda x)(1+\lambda y)}) \geqslant 3\sqrt{(1+\lambda x)(1+\lambda y)(1+\lambda z)} \Leftrightarrow$
$(1+\lambda)(3 + 2\lambda(x+y+z) + \lambda^2(yz+zx+xy) +$
$2\sqrt{(1+\lambda x)(1+\lambda y)(1+\lambda z)}(\sqrt{1+\lambda x} + \sqrt{1+\lambda y} + \sqrt{1+\lambda z})) \geqslant$
$9(1+\lambda(x+y+z) + \lambda^2(yz+zx+xy) + \lambda^3) \Leftrightarrow$
$(2\lambda^2 - 7\lambda)(x+y+z) + (\lambda^3 - 8\lambda^2) \cdot$
$(yz+zx+xy) + 2(1+\lambda)\sqrt{(1+\lambda x)(1+\lambda y)(1+\lambda z)} \cdot$
$(\sqrt{1+\lambda x} + \sqrt{1+\lambda y} + \sqrt{1+\lambda z}) \geqslant 9\lambda^3 - 3\lambda + 6$ ⑭

因为
$(1+\lambda x)(1+\lambda y)(1+\lambda z) =$
$1 + \lambda(x+y+z) + \lambda^2(yz+zx+xy) + \lambda^3 \geqslant$
$1 + 3\lambda\sqrt[3]{xyz} + 3\lambda^2\sqrt[3]{(xyz)^2} + \lambda^3 =$
$1 + 3\lambda + 3\lambda^2 + \lambda^3 = (1+\lambda)^3$

所以式 ⑭ 左端大于等于
$3(2\lambda^2 - 7\lambda) + 3(\lambda^3 - 8\lambda^2) + 6(1+\lambda) \cdot$
$((1+\lambda x)(1+\lambda y)(1+\lambda z))^{\frac{1}{2} + \frac{1}{6}} \geqslant$
$3\lambda^3 - 18\lambda^2 - 21\lambda + 6(1+\lambda)((1+\lambda)^3)^{\frac{2}{3}} =$
$9\lambda^3 - 3\lambda + 6$

故不等式 ⑭ 成立，从而不等式 ⑫ 成立.

对不等式 ⑬，作代换
$$x \to \frac{y}{x}, y \to \frac{z}{y}, z \to \frac{x}{z}, \lambda \to \frac{1}{\lambda}$$

便可得到下述推论：

推论 若 $x, y, z \in \mathbf{R}^+, 0 < \lambda \leqslant \frac{1}{8}$，则

$$\sqrt{\frac{x}{\lambda x + y}} + \sqrt{\frac{y}{\lambda y + z}} + \sqrt{\frac{z}{\lambda z + x}} \geqslant \frac{3}{\sqrt{1+\lambda}}$$ ⑮

值得指出的是：当 $0 < \lambda < 8$ 时，不等式 ⑫ 不成立.事实上，如果 $0 < \lambda < 8$，则

$$3 > \frac{3}{\sqrt{1+\lambda}} > 1$$

于是，可令

$$\frac{3}{\sqrt{1+\lambda}} = 1 + \varepsilon, 0 < \varepsilon < 2$$

并且

$$x = y = \frac{4-\varepsilon^2}{\lambda \varepsilon^2}, z = \frac{1}{xy} = (\frac{\lambda \varepsilon^2}{4-\varepsilon^2})^2$$

可得

$$\frac{1}{\sqrt{1+\lambda x}} = \frac{1}{\sqrt{1+\lambda y}} = \frac{1}{2}\varepsilon$$

所以
$$\frac{1}{\sqrt{1+\lambda x}} + \frac{1}{\sqrt{1+\lambda y}} + \frac{1}{\sqrt{1+\lambda z}} =$$
$$\varepsilon + \frac{1}{\sqrt{1+\lambda z}} < 1 + \varepsilon = \frac{3}{\sqrt{1+\lambda}}$$

故不等式 ⑬ 不成立,从而不等式 ⑫ 不成立.

周金峰、谷焕春进一步把分母的 $\frac{1}{2}$ 次幂推广为 α 次幂($0 < \alpha \leq \frac{1}{2}$ 或 $\alpha = 1$).

引理 2 设 $a > 0, b > 0, \alpha = 1$ 或 $\alpha \geq 2$,则
$$a^\alpha + b^\alpha \leq (a+b)^\alpha - (2^\alpha - 2)a^{\frac{\alpha}{2}}b^{\frac{\alpha}{2}} \qquad ⑯$$

引理 2 的证明 不妨设 $a \neq b$,当 $\alpha = 1$ 或 $\alpha = 2$ 时结论显然成立.下设 $\alpha > 2$.式 ⑯ 两边同除以 $a^{\frac{\alpha}{2}}b^{\frac{\alpha}{2}}$,再记 $x = \sqrt{\frac{a}{b}}$,则式 ⑯ 可化为
$$x^\alpha + \frac{1}{x^\alpha} \leq (x + \frac{1}{x})^\alpha - (2^\alpha - 2)$$

所以只要证明
$$f(x) = (x + \frac{1}{x})^\alpha - (x^\alpha + \frac{1}{x^\alpha}) - (2^\alpha - 2) \geq 0, x > 0, x \neq 1$$

不妨设 $0 < x < 1$.不难算得
$$f'(x) = \frac{\alpha(x^2+1)^{\alpha-1}}{x^{\alpha+1}}((1-x^{2\alpha})(1+x^2)^{1-\alpha} - (1-x^2))$$

函数
$$\varphi(t) = (1-t^\alpha)(1+t)^{1-\alpha} - (1-t)$$

在 $[0,1]$ 上连续,在 $(0,1)$ 内,有
$$\varphi''(t) = \alpha(1-\alpha)t^{\alpha-2}(1+t)^{-1-\alpha}(1-t^{2-\alpha}) < 0$$

$\varphi(t)$ 在 $[0,1]$ 上严格下凸,又 $\varphi(0) = \varphi(1) = 0$,所以当 $0 < t < 1$ 时,$\varphi(t) < 0$.于是在 $(0,1)$ 中,$f'(x) < 0$,$f(x)$ 在 $(0,1]$ 上严格递减,当 $0 < x < 1$ 时,$f(x) > f(1) = 0$.

引理 3 设 n 为正整数,$x_i > 0 (i = 1, 2, \cdots, n)$,$\sum_{i=1}^{n} x_i \leq 1$,若 $\alpha = 1$ 或 $\alpha \geq 2$,则

$$\prod_{i=1}^{n}\left(\frac{1}{x_i^{\alpha}}-1\right) \geqslant \left[\left[\frac{n}{\sum_{i=1}^{n}x_i}\right]^{\alpha}-1\right]^{n}$$

引理 3 的证明　当 $n=1$ 时结论显然成立. 设 $x_1>0, x_2>0$, $s=x_1+x_2\leqslant 1$. 根据引理 2 和基本不等式得

$$(\frac{1}{x_1^{\alpha}}-1)(\frac{1}{x_2^{\alpha}}-1)=\frac{1}{x_1^{\alpha}x_2^{\alpha}}(1-(x_1^{\alpha}+x_2^{\alpha})+x_1^{\alpha}x_2^{\alpha}) \geqslant$$

$$\frac{1}{x_1^{\alpha}x_2^{\alpha}}(1-(x_1+x_2)^{\alpha}+(2^{\alpha}-2)x_1^{\frac{\alpha}{2}}x_2^{\frac{\alpha}{2}}+x_1^{\alpha}x_2^{\alpha})=$$

$$\frac{1-s^{\alpha}}{(x_1x_2)^{\alpha}}+\frac{2^{\alpha}-2}{(x_1x_2)^{\frac{\alpha}{2}}}+1 \geqslant$$

$$(1-s^{\alpha})\left(\frac{2}{s}\right)^{2\alpha}+(2^{\alpha}-2)\left(\frac{2}{s}\right)^{\alpha}+1 \geqslant \left(\left(\frac{2}{s}\right)^{\alpha}-1\right)^{2}$$

即 $n=2$ 时结论成立.

假设 $n=k\geqslant 2$ 时结论成立. 设 $x_i>0(i=1,2,\cdots,k+1), s=\sum_{i=1}^{k+1}x_i\leqslant 1$. 不妨设 $x_1=\min_{1\leqslant i\leqslant k+1}\{x_i\}$, 注意到

$$\frac{k-1}{k+1}s+x_1 \leqslant \frac{k-1}{k+1}s+\frac{s}{k+1}=\frac{k}{k+1}s<1$$

$$\frac{1}{k}\left(\frac{k-1}{k+1}s+x_1\right)+\frac{1}{k}(s-x_1)=\frac{2}{k+1}s<1$$

根据归纳法假设和 $n=2$ 时的结论

$$\left(\left(\frac{k+1}{s}\right)^{\alpha}-1\right)^{k-1}\prod_{i=1}^{k+1}\left(\frac{1}{x_i^{\alpha}}-1\right)=$$

$$\left(\left(\frac{k+1}{s}\right)^{\alpha}-1\right)^{k-1}\left(\frac{1}{x_1^{\alpha}}-1\right)\prod_{i=2}^{k+1}\left(\frac{1}{x_i^{\alpha}}-1\right)\geqslant$$

$$\left[\left[\frac{k}{\frac{k-1}{k+1}s+x_1}\right]^{\alpha}-1\right]^{k}\left(\left(\frac{k}{s-x_1}\right)^{\alpha}-1\right)^{k}=$$

$$\left[\left[\left[\frac{k}{\frac{k-1}{k+1}s+x_1}\right]^{\alpha}-1\right]\left(\left(\frac{k}{s-x_1}\right)^{\alpha}-1\right)\right]^{k}\geqslant$$

$$\left(\left(\left(\frac{k+1}{s}\right)^{\alpha}-1\right)^{2}\right)^{k}=\left(\left(\frac{k+1}{s}\right)^{\alpha}-1\right)^{2k}$$

得

$$\prod_{i=1}^{k+1}\left(\frac{1}{x_i^{\alpha}}-1\right) \geqslant \left(\left(\frac{k+1}{s}\right)^{\alpha}-1\right)^{k+1}$$

即 $n=k+1$ 时结论也成立.

由上述所证并根据数学归纳法, 对一切正整数 n 结论都成立.

定理 4　设 $0<\alpha\leqslant\frac{1}{2}$ 或 $\alpha=1, x_i>0(i=1,2,\cdots,n)$, $\sqrt[n]{x_1x_2\cdots x_n}\geqslant n^{\frac{1}{\alpha}}-1$, 则

$$\sum_{i=1}^{n} \frac{1}{(1+x_i)^\alpha} \geq \frac{n}{(1+\sqrt[n]{x_1 x_2 \cdots x_n})^\alpha}$$

定理 4 的证明 记 $g = \sqrt[n]{x_1 x_2 \cdots x_n}$. 设 $y_i = \frac{1}{(1+x_i)^\alpha}$, 则

$$\frac{1}{y_i^{\frac{1}{\alpha}}} - 1 = x_i, \quad i = 1, 2, \cdots, n$$

所以

$$\prod_{i=1}^{n} \left(\frac{1}{y_i^{\frac{1}{\alpha}}} - 1\right) = x_1 x_2 \cdots x_n = g^n \qquad ⑰$$

注意到

$$g \geq n^{\frac{1}{\alpha}} - 1$$

所以如果结论不成立, 则

$$\sum_{i=1}^{n} y_i < \frac{n}{(1+g)^\alpha} \leq 1$$

$$\left[\frac{n}{\sum_{i=1}^{n} y_i}\right]^{\frac{1}{\alpha}} - 1 > g$$

根据引理 3, 就有

$$\prod_{i=1}^{n}\left(\frac{1}{y_i^{\frac{1}{\alpha}}} - 1\right) \geq \left\{\left[\frac{n}{\sum_{i=1}^{n} y_i}\right]^{\frac{1}{\alpha}} - 1\right\}^n > g^n$$

这与式 ⑰ 矛盾.

第 42 届 IMO 第 2 题是:

对所有正实数 a, b, c, 证明

$$\frac{a}{\sqrt{a^2+8bc}} + \frac{b}{\sqrt{b^2+8ca}} + \frac{c}{\sqrt{c^2+8ab}} \geq 1 \qquad ①$$

将不等式 ① 进行推广, 可得如下命题:

命题 设 $a_i > 0 (i=1, 2, \cdots, n, n \geq 3)$, 记 $T = a_1 a_2 \cdots a_n$. 则

$$\frac{a_1}{\sqrt[n-1]{a_1 + (n^{n-1}-1)\frac{T}{a_1}}} + \frac{a_2}{\sqrt[n-1]{a_2 + (n^{n-1}-1)\frac{T}{a_2}}} + \cdots +$$

$$\frac{a_n}{\sqrt[n-1]{a_n + (n^{n-1}-1)\frac{T}{a_n}}} \geq 1 \qquad ②$$

为证明上述命题, 先证明以下两个引理:

引理 1 设 $n \in \mathbf{N}_+$ 且 $n \geq 2$, $S_1 = (n-2)n^{n-3} + (n-3)n^{n-4} + \cdots + 2n + 1$, 记 $\lambda = \frac{n^{n-1}-1}{(n-1)n^{n-2}}$, 则

$$S_1 = n^{n-2}\left(1 - \frac{\lambda}{n-1}\right)$$

证明 由 $S_1 = (n-2)n^{n-3} + (n-3)n^{n-4} + \cdots + 2n + 1$,得
$$nS_1 = (n-2)n^{n-2} + (n-3)n^{n-3} + \cdots + 2n^2 + n$$
两式相减,得
$$(1-n)S_1 = n^{n-3} + n^{n-4} + \cdots + n + 1 - (n-2)n^{n-2} =$$
$$\frac{n^{n-2}-1}{n-1} - (n-2)n^{n-2}$$
所以
$$S_1 = n^{n-2} - \frac{n^{n-1}-1}{(n-1)^2} =$$
$$n^{n-2} - \frac{n^{n-2}\lambda}{n-1} =$$
$$n^{n-2}\left(1 - \frac{\lambda}{n-1}\right)$$

引理 2 设 $n \in \mathbf{N}_+$ 且 $n \geqslant 2$,$S_2 = n^{n-3} + 2n^{n-4} + \cdots + (n-3)n + (n-2)$,记 $\lambda = \dfrac{n^{n-1}-1}{(n-1)n^{n-2}}$,则
$$S_2 = \frac{n^{n-2}\lambda}{n-1} - 1$$

证明 由 $S_2 = n^{n-3} + 2n^{n-4} + \cdots + (n-3)n + (n-2)$,得
$$nS_2 = n^{n-2} + 2n^{n-3} + \cdots + (n-3)n^2 + (n-2)n$$
两式相减,得
$$(n-1)S_2 = n^{n-2} + n^{n-3} + \cdots + n^2 + n - (n-2) =$$
$$\frac{n^{n-1}-1}{n-1} - (n-1)$$
所以
$$S_2 = \frac{n^{n-1}-1}{(n-1)^2} - 1 = \frac{n^{n-2}\lambda}{n-1} - 1$$

命题的证明 记 $\lambda = \dfrac{n^{n-1}-1}{(n-1)n^{n-2}}$,由均值不等式和引理 1,2,可得
$$(a_1^\lambda + a_2^\lambda + \cdots + a_n^\lambda)^{n-1} - (a_1^\lambda)^{n-1} =$$
$$(a_2^\lambda + a_3^\lambda + \cdots + a_n^\lambda)[(a_1^\lambda + a_2^\lambda + \cdots + a_n^\lambda)^{n-2} +$$
$$(a_1^\lambda + a_2^\lambda + \cdots + a_n^\lambda)^{n-3}a_1^\lambda + \cdots +$$
$$(a_1^\lambda + a_2^\lambda + \cdots + a_n^\lambda)(a_1^\lambda)^{n-3} + (a_1^\lambda)^{n-2}] \geqslant$$
$$(n-1)\left(\frac{T}{a_1}\right)^{\frac{\lambda}{n-1}} \cdot$$
$$[(nT^{\frac{\lambda}{n}})^{n-2} + (nT^{\frac{\lambda}{n}})^{n-3}a_1^\lambda + \cdots + nT^{\frac{\lambda}{n}}a_1^{(n-3)\lambda} + a_1^{(n-2)\lambda}] =$$
$$(n-1)\left(\frac{T}{a_1}\right)^{\frac{\lambda}{n-1}}\Big[\underbrace{T^{\frac{(n-2)\lambda}{n}} + \cdots + T^{\frac{(n-2)\lambda}{n}}}_{n^{n-2}\uparrow} +$$

$$\underbrace{T^{\frac{(n-3)\lambda}{n}}a_1^\lambda + \cdots + T^{\frac{(n-3)\lambda}{n}}a_1^\lambda}_{n^{n-3}\uparrow} + \cdots +$$

$$\underbrace{T^{\frac{\lambda}{n}}a_1^{(n-3)\lambda} + \cdots + T^{\frac{\lambda}{n}}a_1^{(n-3)\lambda}}_{n\uparrow} + a_1^{(n-2)\lambda}] \geqslant$$

$$(n-1)\left(\frac{T}{a_1}\right)^{\frac{\lambda}{n-1}}(n^{n-2} + n^{n-3} + \cdots + n + 1) \cdot$$

$$\left\{\left[T^{\frac{(n-2)\lambda}{n}}\right]^{n^{n-2}} \cdot \left[T^{\frac{(n-3)\lambda}{n}}a_1^\lambda\right]^{n^{n-3}} \cdot\right.$$

$$\left.\left[T^{\frac{\lambda}{n}}a_1^{(n-3)\lambda}\right]^n \cdot a_1^{(n-2)\lambda}\right\}^{\frac{1}{n^{n-2}+n^{n-3}+\cdots+n+1}} =$$

$$(n^{n-1} - 1)\left(\frac{T}{a_1}\right)^{\frac{\lambda}{n-1}}\left[T^{(n-2)n^{n-3}+(n-3)n^{n-4}+\cdots+2n+1} \cdot\right.$$

$$\left.a_1^{n^{n-3}+2n^{n-4}+\cdots+(n-3)n+(n-2)}\right]^{\frac{1}{n^{n-2}}} =$$

$$(n^{n-1} - 1)\left(\frac{T}{a_1}\right)^{\frac{\lambda}{n-1}}\left[T^{n^{n-2}(1-\frac{\lambda}{n-1})}a_1^{\frac{n^{n-2}\lambda}{n-1}}\right]^{\frac{1}{n^{n-2}}} =$$

$$(n^{n-1} - 1)\left(\frac{T}{a_1}\right)^{\frac{\lambda}{n-1}}T^{1-\frac{\lambda}{n-1}}a_1^{\frac{\lambda}{n-1}-\frac{1}{n^{n-2}}} =$$

$$(n^{n-1} - 1)\left(\frac{T}{a_1}\right)^{\frac{\lambda}{n-1}}\left(\frac{T}{a_1}\right)^{1-\frac{\lambda}{n-1}}a_1^{1-\frac{1}{n^{n-2}}} =$$

$$(n^{n-1} - 1)\frac{T}{a_1} \cdot a_1^{1-\frac{1}{n^{n-2}}}$$

而 $(n-1)(\lambda - 1) = (n-1)\left[\frac{n^{n-1}-1}{(n-1)n^{n-2}} - 1\right] =$

$$\frac{n^{n-1}-1}{n^{n-2}} - n + 1 =$$

$$n - \frac{1}{n^{n-2}} - n + 1 =$$

$$1 - \frac{1}{n^{n-2}}$$

所以

$$(a_1^\lambda + a_2^\lambda + \cdots + a_n^\lambda)^{n-1} - (a_1^\lambda)^{n-1} \geqslant (n^{n-1} - 1)a_1^{(n-1)(\lambda-1)} \cdot \frac{T}{a_1}$$

进而得

$$(a_1^\lambda + a_2^\lambda + \cdots + a_n^\lambda)^{n-1} \geqslant (a_1^\lambda)^{n-1} + (n^{n-1} - 1)a_1^{(n-1)(\lambda-1)} \cdot \frac{T}{a_1} =$$

$$a_1^{(n-1)(\lambda-1)} \cdot \left[a_1^{n-1} + (n^{n-1} - 1)\frac{T}{a_1}\right]$$

所以

$$\frac{a_1}{\sqrt[n-1]{a_1^{n-1} + (n^{n-1} - 1)\frac{T}{a_1}}} \geqslant \frac{a_1^\lambda}{a_1^\lambda + a_2^\lambda + \cdots + a_n^\lambda}$$

同理可证

$$\frac{a_2}{\sqrt[n-1]{a_2^{n-1}+(n^{n-1}-1)\frac{T}{a_2}}} \geqslant \frac{a_2^\lambda}{a_1^\lambda+a_2^\lambda+\cdots+a_n^\lambda}$$

$$\vdots$$

$$\frac{a_n}{\sqrt[n-1]{a_n^{n-1}+(n^{n-1}-1)\frac{T}{a_n}}} \geqslant \frac{a_n^\lambda}{a_1^\lambda+a_2^\lambda+\cdots+a_n^\lambda}$$

将以上 n 个不等式相加,即可证得不等式 ② 成立.

显然,在式 ② 中令 $n=3$,即得式 ①.

> ❸ 21 个女孩和 21 个男孩参加一次数学竞赛.
> (1) 每一个参赛者至多解出了 6 道题;
> (2) 对于每一个女孩和每一个男孩,至少有一道题被这一对孩子都解出.
> 证明:有一道题,至少有 3 个女孩和至少有 3 个男孩都解出.

德国命题

证明 假设每道题被至多 2 个男孩或至多 2 个女孩解出.

设 $A=\{A_1,A_2,\cdots,A_k\}$ 为所有至多 2 个女孩解出的题目的集合,$B=\{A_{k+1},A_{k+2},\cdots,A_{k+m}\}$ 为不在 A 中出现且至多 2 个男孩解出的题目的集合.

21 个男孩分别记为 $p_1,p_2,\cdots,p_{21}$,21 个女孩分别记为 $q_1,q_2,\cdots,q_{21}$,另设共有 x_j 个选手解出 A_j,$1\leqslant j\leqslant k+m$. 由已知,有

$$x_1+x_2+\cdots+x_{k+m}\leqslant 6\times 42=252$$

不妨设每个题目至少被 1 个男孩和 1 个女孩解出,从而

$$x_j\geqslant 2, 1\leqslant j\leqslant k+m$$

将解出同一个题目的 p_i,q_j 为一个组合,由已知,共有 21^2 个组合. 对 A_j 而言,至多有

$$\max\{(x_j-1)\cdot 1,(x_j-2)\cdot 2\}\leqslant 2x_j-3$$

个组合同时解出 A_j. 所以

$$21^2\leqslant (2x_1-3)+(2x_2-3)+\cdots+(2x_{k+m}-3)=$$
$$2(x_1+x_2+\cdots+x_{k+m})-3(k+m)\leqslant$$
$$2\times 6\times 42-3(k+m)$$

从而

$$k+m\leqslant 21 \qquad ①$$

另一方面,对任意 p_j,在 A 中至多做出 6 道题,故至多有 $2\times 6=12$ 个女孩与 p_j 各同时解出了 A 中某个题. 所以,至少有 $21-12=9$ 个女孩与 p_j 各同时解出了 B 中某个题,即 p_j 必解出了 B 中某个题. 而 B 中某个题至多被 2 个男孩解出,从而 $21\leqslant 2m$,即 $m\geqslant 11$.

同理
$$k \geqslant 11$$
于是
$$m + k \geqslant 22$$
此与式 ① 矛盾. 故命题成立.

❹ 设 n 为奇数,且大于 1,$k_1, k_2, \cdots, k_n$ 为给定的整数,对于 $1, 2, \cdots, n$ 的 $n!$ 个排列中的每一个排列 $a = (a_1, a_2, \cdots, a_n)$,记 $S(a) = \sum_{i=1}^{n} k_i a_i$. 证明:有两个排列 b 和 c,$b \neq c$,使得 $S(b) - S(c)$ 能被 $n!$ 整除.

加拿大命题

证明 假设对任意两个不同的 b 和 c,均有
$$S(b) - S(c) \not\equiv 0 \pmod{n!}$$
则当 a 取遍所有 $1, 2, \cdots, n$ 的 $n!$ 个排列时,$S(a)$ 遍历模 $n!$ 的一个完全剩余类,且每个剩余类恰经过一次. 所以
$$\sum_a S(a) \equiv 1 + 2 + \cdots + n! = \frac{n!}{2}(n! + 1) \pmod{n!} \quad ①$$
其中,$\sum_a$ 表示对 a 取遍 $n!$ 个排列求和.

另一方面
$$\sum_a S(a) = \sum_a \sum_{i=1}^{n} k_i a_i = \sum_{i=1}^{n} k_i \sum_a a_i = \frac{n! \cdot (n+1)}{2} \sum_{i=1}^{n} k_i \quad ②$$
由于 n 为大于 1 的奇数,则由式 ① 有
$$\sum_a S(a) \equiv \frac{n!}{2} \pmod{n!}$$
由式 ② 有
$$\sum_a S(a) \equiv 0 \pmod{n!}$$
矛盾. 故命题成立.

❺ 在 $\triangle ABC$ 中,AP 平分 $\angle BAC$,交 BC 于点 P,BQ 平分 $\angle ABC$,交 CA 于点 Q. 已知 $\angle BAC = 60°$ 且 $AB + BP = AQ + QB$. 问:$\triangle ABC$ 各角的度数的可能值是多少?

以色列命题

解法 1 设 $A = \angle BAC, B = \angle ABC, C = \angle ACB$.

在 AQ 的延长线上作点 E,使 $QB = QE$,连 BE 交直线 AP 于点 F,在 AB 的延长线上作点 D,使得 $BD = BP$. 则
$$\angle BDP = \frac{1}{2} \angle ABC = \angle ABQ$$

所以
$$BQ \parallel DP$$
于是
$$AB + BP = AQ + QB$$
等价于
$$AD = AE \qquad ①$$
下面对点 E 是否与点 C 重合分别讨论.

(i) $C = E$. 我们有 $BQ = QC$. 所以
$$\angle QBC = \angle QCB$$
于是
$$B = 2\angle QBC = 2\angle QCB = 2C$$
又因
$$B + C = 180° - A = 120°$$
所以
$$B = 80°, C = 40°$$
此时
$$\angle BDP = \frac{1}{2}\angle ABC = 40° = \angle ACP$$
$$\angle DAP = \angle PAC, AP = PA$$
所以
$$\triangle APD \cong \triangle APC$$
故 $AD = AC$, 由式 ① 知
$$AB + BP = AQ + QB$$
故 $B = 80°, C = 40°, A = 60°$ 为解.

(ii) $C \neq E$. 若 $AB + BP = AQ + QB$, 则
$$AD = AE$$
又 PA 平分 $\angle DAE$, 故点 D, E 关于直线 AP 对称. 从而, 有
$$\angle ADF = \angle AEB = \angle QBE \qquad ②$$
而
$$\angle BDP = \angle ABQ = \angle QBC \qquad ③$$
于是
$$\angle PDF = \angle PBF$$
所以, B, D, F, P 四点共圆, 从而
$$\angle BDF = \angle BPA \qquad ④$$
由式 ②, 有
$$\angle BDF = \angle AEF = \frac{1}{2}\angle AQB = \frac{1}{2}\left(\frac{B}{2} + C\right)$$
$$\angle APB = \frac{A}{2} + C = 30° + C$$

由式 ④ 得到

$$\frac{1}{2}\left(\frac{B}{2}+C\right)=30°+C$$

所以
$$\frac{B}{4}=30°+\frac{C}{2}$$

又因为
$$B+C=120°$$

所以
$$30°-\frac{C}{4}=30°+\frac{C}{2}$$

从而与 $C=0°$ 矛盾.

于是,此时 $\triangle ABC$ 不存在.

综合 (i),(ii) 知,所求可能值为
$$B=80°, C=40°, A=60°$$

解法 2 延长 AB 至点 B' 使 $BB'=BP$,在射线 QC 上取点 C',使 $QC'=QB$,如图 5 或图 6 所示.

若点 C,C' 不重合,则连 $B'C', B'P, C'P, BC'$. 因为
$$AB+BP=AQ+QB$$
所以
$$AB+BB'=AQ+QC'$$
即
$$AB'=AC'$$

因为 $\angle B'AC'=60°$,所以 $\triangle AB'C'$ 为正三角形.

因为 AP 平分 $\angle B'AC'$,所以 AP 为 $\triangle AB'C'$ 的对称轴.所以
$$\angle AB'P=\angle AC'P, B'P=C'P$$

又因为
$$\angle ABC=\angle ABQ+\angle CBQ=\angle BB'P+\angle BPB'$$
$$\angle ABQ=\angle CBQ, \angle BB'P=\angle BPB'$$

所以
$$\angle QBC=\angle BB'P=\angle QC'P=\alpha$$
因为 $BQ=QC'$,有
$$\angle QBC'=\angle QC'B=\beta$$
所以
$$\angle PBC'=\angle PC'B=\alpha-\beta \text{ 或 } \beta-\alpha$$
所以
$$BP=C'P=B'P=BB'$$
则
$$\angle BB'P=60°, \angle ABC=120°$$

因为 $\angle BAC=60°$,矛盾,所以点 C, C' 重合.

同理,可得 $B'P=CP$,如图 7 所示.则

此解法属于杨肖

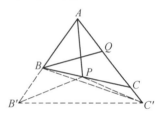

题 5(图 5)

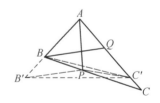

题 5(图 6)

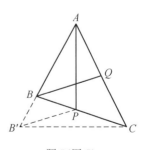

题 5(图 7)

$$\angle PB'C = \angle PCB'$$

又因为
$$\angle BPB' = \angle BB'P = \angle PB'C + \angle PCB' = \gamma$$

所以
$$\angle PB'C = \frac{\gamma}{2}$$

$$\gamma + \frac{\gamma}{2} = 60°, \gamma = 40°$$

$$\angle ABC = 2\gamma = 80°$$

解法 3   在 $\triangle ABQ$ 中,由正弦定理知

$$\frac{AQ}{\sin\frac{B}{2}} = \frac{AB}{\sin\left(\frac{B}{2}+60°\right)} = \frac{BQ}{\sin 60°}$$

故
$$AQ = \frac{AB \cdot \sin\frac{B}{2}}{\sin\left(\frac{B}{2}+60°\right)}, BQ = \frac{AB \cdot \sin 60°}{\sin\left(\frac{B}{2}+60°\right)}$$

同理
$$BP = \frac{AB \cdot \sin 30°}{\sin(30°+B)}$$

又因为
$$AB + BP = AQ + BQ, B + C = 120°, 0° < B < 120°$$

所以
$$1 + \frac{\sin 30°}{\sin(B+30°)} = \frac{\sin\frac{B}{2}}{\sin\left(\frac{B}{2}+60°\right)} + \frac{\sin 60°}{\sin\left(\frac{B}{2}+60°\right)}$$

于是
$$1 + \frac{\sin 30°}{\sin(B+30°)} = \frac{\cos\left(\frac{B}{4}-30°\right)}{\cos\left(\frac{B}{4}+30°\right)}$$

所以
$$\frac{\sin 30°}{\sin(B+30°)} = \frac{\sin\frac{B}{4}}{\cos\left(\frac{B}{4}+30°\right)}$$

所以
$$\sin 30° \cdot \cos\left(\frac{B}{4}+30°\right) = \sin\frac{B}{4} \cdot \sin(B+30°) =$$
$$\frac{1}{2}\left[\cos\left(\frac{3B}{4}+30°\right) - \cos\left(\frac{5B}{4}+30°\right)\right]$$

此解法属于刘文光

则
$$\cos\left(\frac{B}{4}+30°\right)+\cos\left(\frac{5B}{4}+30°\right)=\cos\left(\frac{3B}{4}+30°\right)$$
所以
$$2\cos\left(\frac{3B}{4}+30°\right)\cdot\cos\frac{B}{2}=\cos\left(\frac{3B}{4}+30°\right) \quad ⑤$$

当 $\cos\left(\frac{3B}{4}+30°\right)=0$ 时,式 ⑤ 成立. 则 $\frac{3B}{4}+30°=90°$,故 $B=80°$.

当 $\cos\left(\frac{3B}{4}+30°\right)\neq 0$ 时,由式 ⑤ 知,$\cos\frac{B}{2}=\frac{1}{2}$. 则 $B=120°$,与题意不符.

综上所述,$\triangle ABC$ 的内角分别为
$$\angle BAC=60°,\angle ABC=80°,\angle ACB=40°$$

解法 4 记 $\triangle ABC$ 的三个内角分别为 A,B,C,则在 $\triangle ABQ$ 中,有
$$\frac{AQ}{\sin\frac{B}{2}}=\frac{BQ}{\sin 60°}=\frac{AB}{\sin(180°-60°-\frac{B}{2})}$$

所以
$$AQ=\frac{AB\cdot\sin\frac{B}{2}}{\sin(60°+\frac{B}{2})}$$

$$BQ=\frac{\sqrt{3}AB}{2\sin(60°+\frac{B}{2})}$$

而在 $\triangle ABC$ 中,有
$$\frac{BP}{\sin 30°}=\frac{AB}{\sin(180°-30°-B)}$$

所以
$$BP=\frac{AB}{2\sin(30°+B)}$$

代入
$$AB+BP=AQ+BQ$$

得
$$1+\frac{1}{2\sin(30°+B)}=\frac{\sin\frac{B}{2}}{\sin(60°+\frac{B}{2})}+\frac{\sqrt{3}}{2\sin(60°+\frac{B}{2})}$$

所以
$$[2\sin(30°+B)+1]\sin(60°+\frac{B}{2})=$$

$$(2\sin\frac{B}{2}+\sqrt{3})\sin(30°+B)$$

即
$$2\sin(30°+B)\left[\sin(60°+\frac{B}{2})-\sin\frac{B}{2}\right]+$$
$$\sin(60°+\frac{B}{2})-\sqrt{3}\sin(30°+B)=0$$

因为上式左边等于
$$2\sin(30°+B)\cdot\cos(30°+\frac{B}{2})+$$
$$\sin(60°+\frac{B}{2})-\sqrt{3}\sin(30°+B)=$$
$$\sin(60°+\frac{3B}{2})+\sin\frac{B}{2}+\sin(60°+\frac{B}{2})-$$
$$\sqrt{3}\sin(30°+B)=\sin(60°+3\frac{B}{2})+$$
$$\sqrt{3}\sin(30°+\frac{B}{2})-\sqrt{3}\sin(30°+B)=$$
$$2\sin(30°+\frac{3B}{4})\cdot\cos(30°+\frac{3B}{4})-$$
$$2\sqrt{3}\cos(30°+\frac{3B}{4})\cdot\sin\frac{B}{4}=$$
$$2\cos(30°+\frac{3B}{4})\left[\sin(30°+\frac{3B}{4})-\sqrt{3}\sin\frac{B}{4}\right]$$
$$\sin(30°+\frac{3B}{4})-\sqrt{3}\sin\frac{B}{4}=$$
$$\frac{1}{2}\cos\frac{3B}{4}+\frac{\sqrt{3}}{2}\sin\frac{3B}{4}-\sqrt{3}\sin\frac{B}{4}=$$
$$\frac{1}{2}\cos\frac{3B}{2}+\frac{\sqrt{3}}{2}(3\sin\frac{B}{4}-\sin^3\frac{B}{4})-\sqrt{3}\sin\frac{B}{4}=$$
$$\frac{1}{2}\cos\frac{3B}{2}+\frac{\sqrt{3}}{2}\sin\frac{B}{4}(1-\sin^2\frac{B}{4})$$

因为 $0 < B < 120°$, 所以
$$0 < \frac{3B}{4} < 90°$$

所以
$$\sin(30°+\frac{3B}{4})-\sqrt{3}\sin\frac{B}{4} > 0$$

所以
$$\cos(30°+\frac{3B}{4})=0$$

所以
$$30°+\frac{3B}{4}=90°, B=80°$$

所以△ABC的各角只有一种值 $A=60°, B=80°, C=40°$.

解法 5 设 △ABC 的三内角分别为 A, B, C, 令 $A=2\theta$(作更一般的探讨), $B=2\alpha$.

在 △ABP 中, $\angle BAP = \theta, \angle ABP = 2\alpha, \angle APB = 180° - (2\alpha+\theta)$, 由正弦定理得

$$\frac{AB}{\sin(2\alpha+\theta)} = \frac{BP}{\sin\theta} = \frac{AP}{\sin 2\alpha}$$

所以

$$AB + BP = \frac{\sin(2\alpha+\theta) + \sin\theta}{\sin 2\alpha} AP$$

在 △ABQ 中, $\angle BAQ = 2\theta, \angle ABQ = \alpha, \angle AQB = 180° - (\alpha+2\theta)$, 由正弦定理得

$$\frac{AQ}{\sin\alpha} = \frac{QB}{\sin 2\theta} = \frac{AB}{\sin(\alpha+2\theta)}$$

所以

$$AQ + QB = \frac{\sin\alpha + \sin 2\theta}{\sin(\alpha+2\theta)} AB$$

因为

$$AB + BP = AQ + QB \qquad ⑥$$

所以

$$\frac{\sin(2\alpha+\theta) + \sin\theta}{\sin 2\alpha} AP = \frac{\sin\alpha + \sin 2\theta}{\sin(\alpha+2\theta)} AB$$

从而

$$\frac{2\sin(\alpha+\theta)\cdot\cos\alpha}{\sin 2\alpha}\sin 2\alpha = \frac{2\sin\frac{\alpha+2\theta}{2}\cdot\cos\frac{\alpha-2\theta}{2}}{2\sin\frac{\alpha+2\theta}{2}\cdot\cos\frac{\alpha+2\theta}{2}}\sin(2\alpha+\theta)$$

所以

$$2\sin(\alpha+\theta)\cdot\cos\alpha\cdot\cos\frac{\alpha+2\theta}{2} = \cos\frac{\alpha-2\theta}{2}\cdot\sin(2\alpha+\theta)$$

即

$$\sin(\alpha+\theta)(\cos\frac{3\alpha+2\theta}{2} + \cos\frac{\alpha-2\theta}{2}) = \cos\frac{\alpha-2\theta}{2}\cdot\sin(2\alpha+\theta)$$

所以

$$\sin(\alpha+\theta)\cdot\cos\frac{3\alpha+2\theta}{2} + \cos\frac{\alpha-2\theta}{2}\cdot(\sin(\alpha+\theta) - \sin(2\alpha+\theta)) = 0$$

即 $0 = \sin(\alpha+\theta)\cdot\cos\frac{3\alpha+2\theta}{2} + \cos\frac{\alpha-2\theta}{2}\cdot$

此解法属于简爱平、龚浩生

$$2\cos\frac{3\alpha+2\theta}{2} \cdot \sin(-\frac{\alpha}{2}) =$$

$$\cos\frac{3\alpha+2\theta}{2}(\sin(\alpha+\theta) - 2\cos\frac{\alpha-2\theta}{2} \cdot \sin\frac{\alpha}{2}) =$$

$$\cos\frac{3\alpha+2\theta}{2}(\sin(\alpha+\theta) - \sin(\alpha-\theta) - \sin\theta) =$$

$$\cos\frac{3\alpha+2\theta}{2}(2\cos\alpha \cdot \sin\theta - \sin\theta)$$

因为 θ 为锐角,所以 $\sin\theta \neq 0$,所以

$$\cos\frac{3\alpha+2\theta}{2}(2\cos\alpha - 1) = 0 \qquad ⑦$$

因为 $A = 2\theta = 60°$,所以 $B = 2\alpha < 120°, \alpha < 60°$,故

$$\cos\alpha > \frac{1}{2}, 2\cos\alpha - 1 > 0$$

所以由式 ⑦ 得

$$\cos\frac{3\alpha+60°}{2} = 0$$

显然

$$0° < 3\alpha + 60° < 240°$$

所以

$$3\alpha + 60° = 180°$$

所以

$$B = 2\alpha = 80°, C = 40°$$

推广 易知,当 $A = 2\theta > 60°$ 时,有 $2\cos\alpha - 1 > 0$,则由式 ⑦ 得

$$\cos\frac{3\alpha+2\theta}{2} = 0$$

显然

$$0° < 3\alpha + 2\theta < 360°$$

所以

$$3\alpha + 2\theta = 180° = A + B + C = 2\theta + 2\alpha + C$$

所以 $C = \alpha$,从而

$$B = 2C$$

当 $A = 2\theta < 60°$ 时,则由式 ⑦ 得

$$\cos\frac{3\alpha+2\theta}{2} = 0$$

或

$$2\cos\alpha - 1 = 0$$

于是

$$B = 2C$$

或

$$B = 2\alpha = 120°, C = 60° - A$$

故我们可得如下一般结论：

命题 1 AP, BQ 是 $\triangle ABC$ 的角平分线，$AB + BP = AQ + QB$.

(1) 若 $\angle BAC \geqslant 60°$，则 $\angle ABC = 2\angle ACB$；

(2) 若 $\angle BAC < 60°$，则 $\angle ABC = 2\angle ACB$，或 $\angle ABC = 120°$.

又显然，从式 ② 开始往上到式 ① 每步都可逆，故还可得如下两个有趣的命题：

命题 2 AP, BQ 是 $\triangle ABC$ 的角平分线，若 $\angle ABC = 120°$，则
$$AB + BP = AQ + QB$$

命题 3 AP, BQ 是 $\triangle ABC$ 的角平分线，若 $\angle ABC = 2\angle ACB$，则
$$AB + BP = AQ + QB$$

解法 6 如图 8 所示，在 AB 的延长线上取点 D，使得 $BD = BP$；在 AQ 的延长线上取点 E，使得 $QE = QB$. 连 PD, PE，则有

$$AD = AB + BP = AQ + QB = AE$$

且
$$\triangle ADP \cong \triangle AEP$$

故
$$\angle AEP = \angle ADP = \frac{1}{2}\angle ABC = \angle QBC$$

即
$$\angle QEP = \angle QBP$$

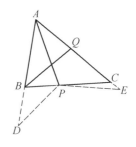

此解法属于傅善林

题 5（图 8）

下面的证明中要用到如下的引理：

引理 等腰 $\triangle ABC$ 中，$AB = AC$，平面内一点 P 满足 $\angle ABP = \angle ACP$，则点 P 在 BC 的垂直平分线上或在线段 BC 内. （证明略）

在等腰 $\triangle QBE$ 中，由引理可知，点 P 在 BE 的垂直平分线上或在线段 BE 内.

(1) 若点 P 在 BE 的垂直平分线上，则
$$PB = PE$$
所以
$$PD = PE = PB = BD$$
故 $\triangle PBD$ 是等边三角形.

从而，$\angle ABC = 120°$，与 $\angle BAC = 60°$ 矛盾.

(2) 若点 P 在线段 BE 内，则点 C, E 重合. 易得
$$\angle ABC = 80°, \angle ACB = 40°$$

综合(1),(2)知，所求的可能值为
$$\angle ABC = 80°, \angle ACB = 40°, \angle BAC = 60°$$

从此题的推理过程不难得出更一般的结论：

在 $\triangle ABC$ 中，AP 平分 $\angle BAC$，交 BC 于点 P，BQ 平分

$\angle ABC$,交 CA 于点 Q,$AB+BP=AQ+QB$. 记 $\angle BAC=\alpha$.

(1) 若 $\alpha \in [60°,180°)$,则
$$\angle ABC = 2\angle ACB = \frac{2}{3}(180°-\alpha)$$

(2) 若 $\alpha \in (0°,60°)$,则
$$\angle ABC = 2\angle ACB = \frac{2}{3}(180°-\alpha)$$

或
$$\angle ABC = 120°, \angle ACB = 60°-\alpha$$

❻ 设 a,b,c,d 为整数,$a>b>c>d>0$,且
$$ac+bd=(b+d+a-c)(b+d-a+c)$$
证明:$ab+cd$ 不是素数.

保加利亚命题

证明 用反证法,若 $p=ab+cd$ 为素数,由于
$$ac+bd=(b+d+a-c)(b+d-a+c)=(b+d)^2-(a-c)^2$$

则
$$a^2-ac+c^2=b^2+d^2+bd$$

将 $a=\dfrac{p-cd}{b}$ 代入上式,得
$$\frac{(p-cd)^2}{b^2}-\frac{p-cd}{b}c+c^2=b^2+d^2+bd$$

即
$$p(p-2cd-bc)=(b^2-c^2)(b^2+d^2+bd)$$

因为
$$p=ab+cd>ab>b^2>b^2-c^2>0$$

所以
$$(p,b^2-c^2)=1$$

于是
$$p \mid b^2+d^2+bd$$

但
$$p=ab+cd>b^2+d^2$$

从而
$$2p>2(b^2+d^2)>(b+d)^2>b^2+d^2+bd$$

所以
$$p=b^2+d^2+bd$$

于是
$$ab+cd=b^2+d^2+bd$$

即
$$d(c-d)=b(b+d-a)$$

由于 $b>c>d$,则
$$b>c-d>0$$

这样 $(b,d)>1$,意味着 $(b,d) \mid p$,p 不是素数. 矛盾.

故命题成立.

第42届国际数学奥林匹克英文原题

The forty-second IMO was hosted by the United States of America in Washington D C on 1—14 July, 2001.

1 Let ABC be an acute-angled triangle with circumcentre O. Let P on BC be the foot of the altitude from A.

Suppose that $\angle BCA \geqslant \angle ABC + 30°$.

Prove that $\angle CAB + \angle COP < 90°$. (Korea)

2 Prove that
$$\frac{a}{\sqrt{a^2+8bc}}+\frac{b}{\sqrt{b^2+8ca}}+\frac{c}{\sqrt{c^2+8ab}} \geqslant 1$$
for all positive real numbers a, b and c. (Korea)

3 Twenty-one girls and twenty-one boys took part in a mathematical contest.

• Each contestant solved at most six problems.

• For each girl and each boy, at least one problem was solved by both of them.

Prove that there was a problem that was solved by at least three girls and at least three boys. (Germany)

4 Let n be an odd integer greater than 1, and let $k_1, k_2, \cdots, k_n$ be given integers. For each of the $n!$ permutations $a=(a_1, a_2, \cdots, a_n)$ of $1, 2, \cdots, n$, let
$$S(a)=\sum_{i=1}^{n} k_i a_i$$
Prove that there are two permutations b and $c, b \neq c$, such that $n!$ is a divisor of $S(b)-S(c)$. (Canada)

❺ In a triangle ABC, let AP bisect $\angle BAC$, with P on BC, and let BQ bisect $\angle ABC$, with Q on CA.

It is known that $\angle BAC = 60°$ and that $AB + BP = AQ + QB$.

What are the possible angles of triangle ABC?

(Israel)

❻ Let a, b, c, d be integers with $a > b > c > d > 0$. Suppose that
$$ac + bd = (b + d + a - c)(b + d - a + c)$$
Prove that $ab + cd$ is not prime.

(Bulgaria)

第 42 届国际数学奥林匹克各国成绩表

2001,美国

名次	国家或地区	分数	奖牌			参赛队
		（满分 252）	金牌	银牌	铜牌	人数
1.	中国	225	6	—	—	6
2.	俄国	196	5	1	—	6
2.	美国	196	4	2	—	6
4.	保加利亚	185	3	3	—	6
4.	韩国	185	3	3	—	6
6.	哈萨克斯坦	168	4	1	—	6
7.	印度	148	2	2	2	6
8.	乌克兰	143	1	5	—	6
9.	中国台湾	141	1	5	—	6
10.	越南	139	1	4	—	6
11.	土耳其	136	1	3	2	6
12.	白俄罗斯	135	1	2	3	6
13.	日本	134	1	3	2	6
14.	德国	131	1	3	1	6
15.	罗马尼亚	129	1	2	2	6
16.	巴西	120	—	4	2	6
17.	以色列	113	1	2	1	6
18.	伊朗	111	—	2	4	6
19.	中国香港	107	—	2	4	6
19.	波兰	107	—	3	1	6
21.	匈牙利	104	—	2	3	6
22.	阿根廷	103	—	3	2	6
22.	泰国	103	—	2	2	6
24.	加拿大	100	1	—	4	6
25.	澳大利亚	97	1	—	4	6
26.	古巴	92	1	1	3	6
27.	乌兹别克斯坦	91	—	1	3	6
28.	法国	88	—	2	3	6
29.	新加坡	87	—	1	4	6
30.	希腊	86	—	1	3	6

续表

名次	国家或地区	分数（满分252）	金牌	银牌	铜牌	参赛队人数
31.	蒙古	79	—	2	2	6
31.	英国	79	—	1	3	6
31.	南斯拉夫	79	—	1	3	6
34.	塞浦路斯	78	—	—	4	6
35.	克罗地亚	76	—	1	2	6
36.	南非	75	—	1	3	6
37.	爱沙尼亚	72	—	1	3	6
38.	格鲁吉亚	71	—	1	3	6
38.	拉脱维亚	71	—	1	2	6
40.	摩尔多瓦	70	—	2	1	5
41.	秘鲁	67	—	—	4	6
42.	哥伦比亚	64	—	—	4	6
43.	马其顿	59	—	—	2	6
44.	新西兰	58	—	1	1	6
45.	捷克	57	—	—	2	6
46.	意大利	56	—	—	2	6
46.	墨西哥	56	—	—	2	6
48.	斯洛伐克	54	—	—	2	6
49.	委内瑞拉	53	—	1	1	5
50.	挪威	48	—	1	1	6
51.	波斯尼亚－黑塞哥维那	47	—	1	1	6
52.	摩洛哥	45	—	—	1	6
53.	亚美尼亚	44	—	—	2	5
54.	荷兰	42	—	—	2	6
55.	奥地利	41	—	—	1	6
56.	立陶宛	39	—	—	1	6
57.	瑞士	38	—	—	2	6
58.	西班牙	37	—	—	1	6
59.	印尼	36	—	1	—	6
59.	马来西亚	36	—	—	—	6
59.	特立尼达－多巴哥	36	—	—	2	6
59.	突尼斯	36	—	—	1	6
63.	芬兰	32	—	—	1	6
63.	爱尔兰	32	—	—	1	6
63.	中国澳门	32	—	—	1	6
66.	土库曼斯坦	29	—	—	—	6
67.	斯洛文尼亚	27	—	—	—	6

续表

名次	国家或地区	分数（满分252）	金牌	银牌	铜牌	参赛队人数
68.	比利时	25	—	—	—	6
68.	丹麦	25	—	—	—	6
68.	瑞典	25	—	—	1	6
71.	斯里兰卡	21	—	—	1	4
72.	阿尔巴尼亚	20	—	—	—	5
73.	阿塞拜疆	19	—	—	1	3
74.	冰岛	18	—	—	—	6
75.	菲律宾	16	—	—	—	6
76.	危地马拉	12	—	—	—	3
77.	乌拉圭	8	—	—	—	2
78.	葡萄牙	6	—	—	—	6
79.	吉尔吉斯斯坦	5	—	—	—	5
80.	卢森堡	4	—	—	—	2
81.	科威特	3	—	—	—	4
82.	巴拉圭	2	—	—	—	5
83.	厄瓜多尔	—	—	—	—	6

第 42 届国际数学奥林匹克预选题解答

美国, 2001

代数部分

❶（印度） 设 T 表示由非负整数组成的三元数组 (p,q,r) 所构成的集合. 求所有函数 $f: T \in \mathbf{R}$, 使得

$$f(p,q,r) = \begin{cases} 0, & pqr = 0 \\ 1 - \dfrac{1}{6}[f(p+1,q-1,r) + \\ \quad f(p-1,q+1,r) + \\ \quad f(p-1,q,r+1) + \\ \quad f(p+1,q,r-1) + \\ \quad f(p,q+1,r-1) + \\ \quad f(p,q-1,r+1)], & pqr \neq 0 \end{cases}$$

解 首先证明最多有一个函数满足所给的条件.

假设 f_1 和 f_2 均满足所给的条件, 令 $h = f_1 - f_2$, 则 $h: T \to \mathbf{R}$, 且满足

$$h(p,q,r) = \begin{cases} 0, & pqr = 0 \\ \dfrac{1}{6}[h(p+1,q-1,r) + h(p-1,q+1,r) + \\ \quad h(p-1,q,r+1) + h(p+1,q,r-1) + \\ \quad h(p,q+1,r-1) + h(p,q-1,r+1)], & pqr \neq 0 \end{cases}$$

观察 $pqr \neq 0$ 的情况可知, $h(p,q,r)$ 是 h 在 $(p+1, q-1, r)$, $(p-1, q+1, r)$, $(p-1, q, r+1)$, $(p+1, q, r-1)$, $(p, q+1, r-1)$, $(p, q-1, r+1)$ 这六个点取值的算术平均值, 其中这六个点是平面 $x + y + z = p + q + r$ 内以 (p,q,r) 为中心的正六边形的六个顶点.

设 n 是正整数, 考虑平面 $x + y + z = n$ 在非负卦限 $\{(x,y,z) \mid x, y, z \geqslant 0\}$ 内的子集 H, 假设 h 在 $(p,q,r) \in H \cap T$ 取得最大值, 如果 $pqr = 0$, 则 h 在 $H \cap T$ 上的最大值为 0; 如果 $pqr \neq 0$, h 的平均的性质表明, h 在六个点 $(p+1, q-1, r)$, $(p-1, q+1, r)$, $(p-1, q, r+1)$, $(p+1, q, r-1)$, $(p, q+1, r-1)$, $(p,

$q-1, r+1)$ 的值都等于 $h(p,q,r)$，且这六个点都在 H 中。特别地，h 也在 $(p+1, q-1, r)$ 取得最大值。重复前面的过程（如果有必要），将 $(p+1, q-1, r)$ 看作正六边形的中心，有
$$h(p,q,r) = h(p+1, q-1, r) = h(p+2, q-2, r)$$
继续这一过程，可得
$$h(p,q,r) = h(p+q, 0, r) = 0$$
于是 h 在 $H \cap T$ 上的最大值为 0。

对 T 函数 $-h = f_2 - f_1$，应用同样的方法可得 $-h$ 在 $H \cap T$ 上的最大值也为 0。从而 h 在 $H \cap T$ 上的最小值也是 0，因此，在 $H \cap T$ 内的所有点处均有 $h = 0$。

当 n 取不同的正整数时，我们可得在 T 内的所有点处均有 $h = 0$，即 $f_1 = f_2$。

对于定义在 T 上的任何函数 f，定义函数 $A[f]$ 为
$$A[f](p,q,r) = \frac{1}{6}[f(p+1, q-1, r) + f(p-1, q+1, r) + f(p-1, q, r+1) + f(p+1, q, r-1) + f(p, q+1, r-1)] + f(p, q-1, r+1)$$
则对于实数 c，有
$$A[cf] = cA[f], A[c+f] = c + A[f]$$
我们只要求 f，使得 $f = 19 + A[f]$。

设 $g(p,q,r) = pqr$，则
$$A[g](p,q,r) = \frac{1}{6}[6pqr - 2(p+q+r)] =$$
$$g(p,q,r) - \frac{p+q+r}{3}$$
$$A\left[\frac{3}{p+q+r} \cdot g\right](p,q,r) = \frac{3}{p+q+r} \cdot g(p,q,r) + 1$$
所以
$$f = \frac{3}{p+q+r} \cdot g(p,q,r) = \frac{3pqr}{p+q+r}$$

❷（波兰） 设 $a_0, a_1, a_2, \cdots$ 是任意一个由正整数组成的无穷序列。证明：存在无穷多个正整数 n，使得
$$1 + a_n > a_{n-1} \sqrt[n]{2}$$

证明 定义序列 $c_0, c_1, c_2, \cdots$ 满足
$$c_0 = 1, c_n = \frac{a_{n-1}}{1+a_n} \cdot c_{n-1}, n \geqslant 1$$
重写为
$$c_n = a_{n-1} c_{n-1} - a_n c_n$$

则 $$c_1 + c_2 + \cdots + c_n = a_0 c_0 - a_n c_n = a_0 - a_n c_n$$

由于 $\{a_n\}$ 为正整数序列,则 $\{c_n\}$ 为正整数序列.
所以
$$c_1 + c_2 + \cdots + c_n < a_0$$

因此,原命题等价于证明存在无穷多个 n,使得 $\dfrac{c_n}{c_{n-1}} < 2^{-\frac{1}{n}}$ 成立.

反证. 假设存在正整数 N,使得对于 $n \geqslant N$,均有 $\dfrac{c_n}{c_{n-1}} \geqslant 2^{-\frac{1}{n}}$.

当 $n > N$ 时,有
$$\frac{c_n}{c_{n-1}} \cdot \frac{c_{n-1}}{c_{n-2}} \cdot \cdots \cdot \frac{c_{N+1}}{c_N} \geqslant 2^{-\frac{1}{n} - \frac{1}{n-1} - \cdots - \frac{1}{x-1}}$$

即 $$c_n \geqslant c_N \cdot 2^{-\left(\frac{1}{N+1} + \frac{1}{N+2} + \cdots + \frac{1}{n}\right)} = C \cdot 2^{-\left(1 + \frac{1}{2} + \frac{1}{3} + \cdots + \frac{1}{n}\right)}$$

其中 $C = c_N \cdot 2^{1 + \frac{1}{2} + \frac{1}{3} + \cdots + \frac{1}{N}}$ 是一个正常数.

对于如上的 n,存在正整数 k,使得 $2^{k-1} \leqslant n < 2^k$,则
$$1 + \frac{1}{2} + \frac{1}{3} + \cdots + \frac{1}{n} \leqslant 1 + \left(\frac{1}{2} + \frac{1}{3}\right) + \left(\frac{1}{4} + \cdots + \frac{1}{7}\right) + \cdots + \left(\frac{1}{2^{k-1}} + \cdots + \frac{1}{2^k - 1}\right) \leqslant$$
$$1 + 1 + \cdots + 1 = k$$

所以, $c_n \geqslant C \cdot 2^{-k}$,其中 $2^{k-1} \leqslant n < 2^k$.

对于如上的 N,存在正整数 r,使得 $2^{r-1} \leqslant N < 2^r$. 当 $m > r$ 时,有
$$c_{2^r} + c_{2^r + 1} + \cdots + c_{2^m - 1} = (c_{2^r} + \cdots + c_{2^{r+1} - 1}) + (c_{2^{r+1}} + \cdots + c_{2^{r+2} - 1}) + \cdots + (c_{2^{m-1}} + \cdots + c_{2^m - 1}) \geqslant$$
$$C(2^r \cdot 2^{-(r+1)}) + 2^{r+1} \cdot 2^{-(t+2)} + \cdots + 2^{m-1} \cdot 2^{-m}) = \frac{C(m-r)}{2}$$

这表明 c_n 的和可以任意大,与 $c_1 + c_2 + \cdots + c_n$ 的有界性矛盾.
所以,有无穷多个 n,使得 $\dfrac{c_n}{c_{n-1}} < 2^{-\frac{1}{n}}$ 成立.

---

❸ (罗马尼亚) 设 $x_1, x_2, \cdots, x_n$ 是任意实数. 证明
$$\frac{x_1}{1 + x_1^2} + \frac{x_2}{1 + x_1^2 + x_2^2} + \cdots + \frac{x_n}{1 + x_1^2 + \cdots + x_n^2} < \sqrt{n}$$

证明 由柯西(Cauchy)不等式,对于任意实数 $a_1, a_2, \cdots, a_n$,有
$$a_1 + a_2 + \cdots + a_n \leqslant \sqrt{n} \cdot \sqrt{a_1^2 + a_2^2 + \cdots + a_n^2}$$

令 $a_1 = \dfrac{x_k}{1+x_1^2+\cdots+x_k^2}, k=1,2,\cdots,n.$

只要证明
$$\left(\dfrac{x_1}{1+x_1^2}\right)^2 + \left(\dfrac{x_2}{1+x_1^2+x_2^2}\right)^2 + \cdots + \left(\dfrac{x_n}{1+x_1^2+\cdots+x_n^2}\right)^2 < 1$$

当 $k \geqslant 2$ 时，有
$$\left(\dfrac{x_k}{1+x_1^2+\cdots+x_k^2}\right)^2 \leqslant \dfrac{x_k^2}{(1+x_1^2+\cdots+x_{k-1}^2)(1+x_1^2+\cdots+x_k^2)} = \dfrac{1}{1+x_1^2+\cdots+x_{k-1}^2} - \dfrac{1}{1+x_1^2+\cdots+x_k^2}$$

当 $k=1$ 时，有
$$\left(\dfrac{x_1}{1+x_1^2}\right)^2 \leqslant 1 - \dfrac{1}{1+x_1^2}$$

因此
$$\sum_{k=1}^{n}\left(\dfrac{x_k}{1+x_1^2+\cdots+x_k^2}\right)^2 \leqslant 1 - \dfrac{1}{1+x_1^2+\cdots+x_n^2} < 1$$

❹（立陶宛） 求所有函数 $f: \mathbf{R} \to \mathbf{R}$，对任意 $x, y \in \mathbf{R}$，有 f 满足
$$f(xy)(f(x)-f(y)) = (x-y)f(x)f(y)$$

解 令 $y=1$，则
$$f(x)(f(x)-f(1)) = (x-1)f(x)f(1)$$
即
$$f^2(x) = xf(x)f(1)$$

如果 $f(1)=0$，则 $f(x)=0$ 对所有 x 成立，满足已知条件.

假设 $f(1)=c \neq 0$，则 $f(0)=0$. 设 $G=\{x \mid x \in \mathbf{R}, \text{且 } f(x) \neq 0\}$. 显然 $0 \notin G$，且对于所有 $x \in G$，有
$$f(x) = xf(1)$$

于是，满足已知条件的函数为
$$f(x) = \begin{cases} Cx, & x \in G \\ 0, & x \notin G \end{cases} \qquad ①$$

下面确定 G 的结构，使得由式 ① 定义的函数对于任意实数 $x, y \in \mathbf{R}$ 满足已知条件.

易验证，如果 $x \neq y$，且 $x, y \in G$，当且仅当 $xy \in G$ 时，由式 ① 定义的函数满足已知条件，且当 $x, y \notin G$ 时，由式 ① 定义的函数也满足已知条件. 由对称性，只考虑 $x \in G, y \notin G$ 的情况.

当 $x \in G, y \notin G$ 时，有
$$f(y) = 0$$
则已知条件化为
$$f(xy)f(x) = 0$$

因为 $x \in G$，所以 $f(x) \neq 0$，于是
$$f(xy) = 0$$
从而有 $xy \notin G$.

(i) 如果 $x \in G$，则 $\frac{1}{x} \in G$.

若 $\frac{1}{x} \notin G$，则 $x \cdot \frac{1}{x} = 1 \notin G$，与 $1 \in G$ 矛盾.

(ii) 如果 $x, y \in G$，则 $xy \in G$.

若 $xy \notin G$，由(i)知 $\frac{1}{x} \in G$，从而 $\frac{1}{x} \cdot xy = y \notin G$，矛盾.

(iii) 如果 $x, y \in G$，则 $\frac{x}{y} \in G$.

由(i)知 $\frac{1}{y} \in G$，由(ii)得 $\frac{x}{y} \in G$.

所以 G 包含 1，不包含 0，且关于乘法和除法是封闭的，于是关于乘法和除法的封闭性表明了 G 的特征.

我们最后写出这个问题的所有解，即
$$f(x) = \begin{cases} Cx, & x \in G \\ 0, & x \notin G \end{cases}$$
这里 C 是任意一个固定常数，G 是任意满足关于乘法和除法封闭的 $\mathbf{R}$ 的子集. 其中 $C = 0$ 时即为前面提到的平凡解.

❺（保加利亚） 求所有正整数 $a_1, a_2, \cdots, a_n$，使得
$$\frac{99}{100} = \frac{a_0}{a_1} + \frac{a_1}{a_2} + \cdots + \frac{a_{n-1}}{a_n}$$
其中 $a_0 = 1$，$(a_{k+1} - 1)a_{k-1} \geqslant a_k^2(a_k - 1)$，$k = 1, 2, \cdots, n-1$.

解 设 $a_1, a_2, \cdots, a_n$ 是满足已知条件的正整数，因为 $a_0 = 1$，所以 $a_1 \neq 1$，否则 $\frac{a_0}{a_1} = 1 > \frac{99}{100}$，即有 $a_1 \geqslant 2$，且 $a_1 > a_0$. 假设 $a_k > a_{k-1}$，$a_k \geqslant 2$，则
$$a_{k+1} \geqslant \frac{a_k^2(a_k - 1)}{a_{k-1}} + 1 > \frac{a_k^2(a_k - 1)}{a_{k-1}} \geqslant \frac{a_k^2}{a_{k-1}} > a_k$$
综上所述，有
$$a_{k+1} > a_k, \quad a_{k+1} \geqslant 2$$
其中 $k = 0, 1, 2, \cdots, n-1$.

将不等式 $(a_{k+1} - 1)a_{k-1} \geqslant a_k^2(a_k - 1)$ 重写为
$$\frac{a_{k-1}}{a_k(a_k - 1)} \geqslant \frac{a_k}{a_{k+1} - 1}$$
即
$$\frac{a_{k-1}}{a_k} \leqslant \frac{a_{k-1}}{a_k - 1} - \frac{a_k}{a_{k+1} - 1}$$

对于 $k=i+1, i+2, \cdots, n-1$, 及 $\dfrac{a_{n-1}}{a_n} < \dfrac{a_{n-1}}{a_n-1}$ 求和可得

$$\frac{a_i}{a_{i+1}} + \frac{a_{i+1}}{a_{i+2}} + \cdots + \frac{a_{n-1}}{a_n} < \frac{a_i}{a_{i+1}-1}$$

当 $i=0$ 时,有

$$\frac{1}{a_1} \leqslant \frac{99}{100} < \frac{1}{a_1-1}$$

即

$$\frac{100}{99} \leqslant a_1 < \frac{199}{99}$$

则

$$a_1 = 2$$

当 $i=1$ 时,有

$$\frac{a_1}{a_2} \leqslant \frac{99}{100} - \frac{1}{a_1} < \frac{a_1}{a_2-1}$$

即

$$\frac{200}{49} \leqslant a_2 < \frac{200}{49} + 1$$

则

$$a_2 = 5$$

当 $i=2$ 时,有

$$\frac{1}{a_3} \leqslant \frac{1}{a_2}\left(\frac{99}{100} - \frac{1}{a_1} - \frac{a_1}{a_2}\right) < \frac{1}{a_3-1}$$

即

$$55\frac{5}{9} \leqslant a_3 < 55\frac{5}{9} + 1$$

则

$$a_3 = 56$$

当 $i=3$ 时,有

$$\frac{1}{a_4} \leqslant \frac{1}{a_1}\left(\frac{99}{100} - \frac{1}{a_1} - \frac{a_1}{a_2} - \frac{a_2}{a_3}\right) < \frac{1}{a_4-1}$$

即

$$56 \times 14 \times 100 \leqslant a_4 < 56 \times 14 \times 100 + 1$$

则

$$a_4 = 78\ 400$$

当 $i=4$ 时,有

$$\frac{1}{a_5} \leqslant \frac{1}{a_4}\left(\frac{99}{100} - \frac{1}{2} - \frac{2}{5} - \frac{5}{56} - \frac{56}{78\ 400}\right) = 0$$

不可能.

因此,$a_1=2, a_2=5, a_3=56, a_4=78\ 400$ 是唯一的解.

❻（韩国） 对所有正实数 a, b, c,证明

$$\frac{a}{\sqrt{a^2+8bc}} + \frac{b}{\sqrt{b^2+8ca}} + \frac{c}{\sqrt{c^2+8ab}} \geqslant 1$$

证明 记 $x = \dfrac{a}{\sqrt{a^2+8bc}}, y = \dfrac{b}{\sqrt{b^2+8ac}}, z = \dfrac{c}{\sqrt{c^2+8ab}}$,则 $x, y, z \in \mathbf{R}^+$,有

$$x^2 = \frac{a^2}{a^2 + 8bc}$$

即

$$\frac{1}{x^2} - 1 = \frac{8bc}{a^2}$$

类似地,有

$$\frac{1}{y^2} - 1 = \frac{8ac}{b^2}, \frac{1}{z^2} - 1 = \frac{8ab}{c^2}$$

于是

$$\left(\frac{1}{x^2} - 1\right)\left(\frac{1}{y^2} - 1\right)\left(\frac{1}{z^2} - 1\right) = 512$$

另一方面,若 $x + y + z < 1$,则

$$0 < x < 1, 0 < y < 1, 0 < z < 1$$

以及

$$\left(\frac{1}{x^2} - 1\right)\left(\frac{1}{y^2} - 1\right)\left(\frac{1}{z^2} - 1\right) = \frac{(1-x^2)(1-y^2)(1-z^2)}{x^2 y^2 z^2} >$$

$$\frac{[(x+y+z)^2 - x^2][(x+y+z)^2 - y^2][(x+y+z)^2 - z^2]}{x^2 y^2 z^2} =$$

$$\frac{(y+z)(2x+y+z)(x+z)(2y+x+z)(x+y)(x+y+2z)}{x^2 y^2 z^2} \geqslant$$

$$\frac{2\sqrt{yz} \cdot 4\sqrt[4]{x^2 yz} \cdot 2\sqrt{xz} \cdot 4\sqrt[4]{y^2 xz} \cdot 2\sqrt{xy} \cdot 4\sqrt[4]{xyz^2}}{x^2 y^2 z^2} =$$

$$\frac{512 x^2 y^2 z^2}{x^2 y^2 z^2} = 512$$

矛盾.

故 $x + y + z \geqslant 1$,即

$$\frac{a}{\sqrt{a^2 + 8bc}} + \frac{b}{\sqrt{b^2 + 8ac}} + \frac{c}{\sqrt{c^2 + 8ab}} \geqslant 1$$

组合部分

❶ (哥伦比亚) 设 $A = (a_1, a_2, \cdots, a_{2\,001})$ 是一个正整数序列,m 为三元子序列 (a_i, a_j, a_k) 的数目,其中 $1 \leqslant i < j < k \leqslant 2\,001$,且满足 $a_j = a_i + 1$ 及 $a_k = a_j + 1$,考虑所有这样的序列 A,求 m 的最大值.

解 在序列 A 中考虑下列两个操作.

(1) 如果 $a_1 > a_{i+1}$,交换这两项得到新的序列

$$(a_1, a_2, \cdots, a_{i+1}, a_i, \cdots, a_{2\,001})$$

(2) 如果 $a_{i+1} = a_i + 1 + d$,其中 $d > 0$,将 $a_1, a_2, \cdots, a_i$ 同时加

上 d，得到新的序列
$$(a_1+d, a_2+d, \cdots, a_i+d, a_{i+1}, \cdots, a_{2001})$$

显然，施行操作(1)，则 m 的值不减，重复操作(1)，能使序列重排为非减序列. 因此，可以假设 m 有最大值的序列是非减序列. 如果 A 是非减序列，施行操作(2)，则 m 的值不减，因此，任意有最大值 m 的集合 A 具有下列形式

$$(\underbrace{a, \cdots, a}_{t_1\uparrow}, \underbrace{a+1, \cdots, a+1}_{t_2\uparrow}, \cdots, \underbrace{a+s-1, \cdots, a+s-1}_{t_s\uparrow})$$

这里 $t_1, t_2, \cdots, t_s$ 是每个子序列的项数，且 $s \geq 3, t_1+t_2+\cdots+t_s = 2001$. 对于这样的序列 A，有

$$m = t_1 t_2 t_3 + t_2 t_3 t_4 + \cdots + t_{s-2} t_{s-1} t_s$$

当 $s > 4$ 时，可将 2 001 分成 $s-1$ 个部分，而使 m 增加，即
$$t_2 + t_3 + (t_1 + t_4) + t_5 + \cdots + t_s = 2001$$
则 $t_2 t_3 (t_1+t_4) + t_3(t_1+t_4)t_5 + (t_1+t_4)t_5 t_6 + \cdots >$
$t_1 t_2 t_3 + t_2 t_3 t_4 + t_3 t_4 t_5 + t_4 t_5 t_6 + \cdots$

当 $s = 4$ 时，做如上的变化 $t_2 + t_3 + (t_1+t_4) = 2001$，则 m 的值不改变.

于是，当 $s = 3$ 时，m 有最大值. 易知当 $t_1 = t_2 = t_3 = \dfrac{2001}{3} = 667$ 时，m 有最大值 $667^3 = 296\,740\,963$.

这个最大值当 $s = 4$ 时也能获得，设 $t_1 = a, t_2 = t_3 = 667, t_4 = 667-a$，其中 $1 \leq a \leq 666$，则 m 的最大值为 $667^3 = 296\,740\,963$.

> ❷ (加拿大) 设 n 为奇数，且大于 $1, k_1, k_2, \cdots, k_n$ 为给定的整数，对于 $1, 2, \cdots, n$ 的 $n!$ 个排列中的每一个排列 $a = (a_1, a_2, \cdots, a_n)$，记 $S(a) = \sum_{i=1}^{n} k_i a_i$，证明：有两个排列 b 和 c，$b \neq c$，使得 $S(b) - S(c)$ 能被 $n!$ 整除.

证明 假设对任意两个不同的 b 和 c，均有
$$S(b) - S(c) \not\equiv 0 \pmod{n!}$$

则当 a 取遍所有 $1, 2, \cdots, n$ 的 $n!$ 个排列时，$S(a)$ 遍历模 $n!$ 的一个完全剩余类，且每个剩余类恰经过一次，所以，有

$$\sum_a S(a) \equiv 1 + 2 + \cdots + n! = \frac{n!}{2}(n!+1) \pmod{n!} \quad ①$$

其中 $\sum_a$ 表示对 a 取遍 $n!$ 个排列求和.

另一方面
$$\sum_a S(a) = \sum_a \sum_{i=1}^{n} k_i a_i = \sum_{i=1}^{n} k_i \sum_a a_i =$$

$$\frac{n!(n+1)}{2}\sum_{i=1}^{n}k_i \quad ②$$

由于 n 为大于 1 的奇数,则由式 ① 有

$$\sum_{a}S(a)\equiv\frac{n!}{2}(\bmod\ n!)$$

由式 ② 有

$$\sum_{a}S(a)\equiv 0(\bmod\ n!)$$

矛盾. 故命题成立.

❸(俄罗斯) 定义一个"$k-$团"为一个 k 个人的集合,使得他们中的每一对都互相认识. 在某次集会上,每两个"$3-$团"中至少有一个人是公共的,且不存在"$5-$团". 证明:在这次集会上存在两个(或更少的)人,当他们离开后,不再有"$3-$团"出现.

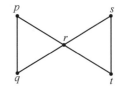

题 3(图 1)

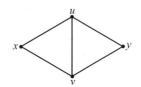

题 3(图 2)

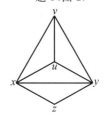

题 3(图 3)

证明 为了方便起见,我们采用图论的语言,将集会上的每个人用一个点来表示. 如果两个人相互认识,则在两个顶点之间连一条边. 于是,一个"$m-$团"对应着一个 m 个点的集合,每两个顶点之间连一条边. 换句话说,这样一个"$m-$团"存在,就意味着所给图中包含一个有 m 个点的子图为完全图 K_m. 特别地,一个"$3-$团"对应着一个三角形(K_3),我们需要证明:

在任意一个图 G 中,任意两个三角形至少有一个顶点是公共点,且不存在 K_5,则存在两个(或更少的)点,移去这些点之后,不再有三角形出现.

设 G 是满足上述条件的一个图,如果在 G 中最多有一个三角形,结论显然成立.

我们分两种情况讨论(如图 1,2):

(1) 设 $T_1=\{p,q,r\}, T_2=\{r,s,t\}$. 如果删去 r,则毁掉了所有的三角形.

如若不然,有第三个三角形 T_3,当删去 r 后没被毁掉,这个三角形一定与 T_1 和 T_2 均有公共点,则这样的三角形转化为情形 (2)(如图 2),且 $x=r,u\in T_1,v\in T_2$.

(2) 设 $T_1=\{u,v,x\}, T_2=\{u,v,y\}$. 如果删去 u,v,则毁掉了所有的三角形.

如若不然,则存在某个 $z\notin\{u,v,x,y\}$,且三角形 $\{x,y,z\}$ 出现. 特别地,xy 是一条边,此时 G 包含下列子图(如图 3). 我们证明删去 x,y 后,毁掉了所有的三角形.

假设没有全毁掉,则存在一个三角形 T 与 $\{x,y\}$ 无公共点. 因

为 T 与 $\{x,y,z\}$ 有一个公共点,则 T 包含 z,同理 T 也包含 u 和 v. 于是 $T=\{z,u,v\}$. 又因为 G 中没有 K_5,矛盾. 所以,存在两个(或更少的)点,移去之后不再有三角形出现.

❹（新西兰） 由三个非负整数构成的集合 $\{x,y,z\}$ ($x<y<z$) 被称为"历史"的,如果 $\{z-y,y-x\}=\{1\,776, 2\,001\}$. 证明:所有非负整数构成的集合可以分成两两不交的"历史"的集合的并.

证明 为方便起见,设 $a=1\,776, b=2\,001$. 实际上,只要满足 $0<a<b$ 即可.

定义 $A=\{0,a,a+b\}, B=\{0,b,a+b\}$,则 A 和 B 都是"历史"的,且集合 X 是"历史"的,当且仅当 $X=x+A$ 或 $x+B$,其中 x 是某个非负整数,而 $x+S=\{x+s \mid x\in S\}$.

实际上,若 $X=x+A$ 或 $x+B$,则 X 显然是"历史"的;反之,若 X 是"历史"的,设 $X=\{x,y,z\}$,且 $x<y<z$,则
$$\{z-y,y-x\}=\{a,b\}$$
若 $z-y=a, y-x=b$,则 $X=x+B$;
若 $z-y=b, y-x=a$,则 $X=x+A$.

我们将构造一个由两两不交的"历史"的集合组成的无限序列 $X_0, X_1, X_2, \cdots$,使得:如果 k 是在 X_0 到 X_m 中没有出现过的非负整数中最小的一个,则让 k 属于 X_{m+1}. 于是,这无限个集合的并包含了每个非负整数.

设 $X_0=A$,假设我们已经构造了 X_0 到 X_m,设 k 是在这些集合的并 $U=\bigcup_{i=0}^{m} X_i$ 中没出现过的最小的非负整数,若 $k+a\notin U$,则设 $X_{m+1}=k+A$;否则设 $X_{m+1}=k+B$.

假设构造到 X_m 就无法构造了,由于 X_0 到 X_m 中每一个集合中最小的元素都小于 k,所以元素 k 和 $k+a+b$ 均不在 U 中,故若构造失败,必有
$$k+b\in U$$
因为若 $k+a\notin U$,则可以继续构造 $X_{m+1}=k+A$,所以
$$k+a\in U$$
从而取 $X_{m+1}=k+B$. 因为构造失败,且 $k\notin U, k+a+b\notin U$,则必有 $k+b\in U$,且 $k+b$ 一定是某个 X_j 中最大的元素,其中 $j\leqslant m$,设 l 表示 X_j 中最小的元素,则
$$k+b=l+a+b$$
所以
$$k=l+a$$

因为 $k \notin U$，所以 $1+a \notin U$，于是有
$$X_j = l + B$$
但是我们前面已经约定，当 $l+a \notin U$ 时，$X_i = l + A$，矛盾.

因此，构造可以无限地进行下去.

❺ (芬兰) 求所有的有限序列 $\{x_0, x_1, \cdots, x_n\}$，使得对每个 j，$0 \leqslant j \leqslant n$，$x_j$ 等于 j 在序列中出现的次数.

解 设 $\{x_0, x_1, \cdots, x_n\}$ 是任意一个满足条件的序列，因为每一个 x_j 是 j 出现的次数，所以，数列中的每一项都是非负整数，且 $x_0 > 0$.

设 m 表示 $x_1, x_2, \cdots, x_n$ 中正整数项的数目，设 $x_0 = p \geqslant 1$，于是 $x_0 \geqslant 1$，从而有 $m \geqslant 1$，且
$$\sum_{i=1}^{n} x_i = m + 1$$
这是因为左边的和是这个序列全部正数项的数目(包括 $x_0 > 0$)(若对于某个 $x_i = j > 0$，则 x_i 一定存在，且至少有一个非 i 的值出现. 如果 $i \neq j$，则 j 即为非 i 的值；如果 $i = j$，0 即为非 i 的值).

因为和式 $\sum_{i=1}^{m} x_i$ 中有 m 个正项，所以只能是 $m-1$ 项为 1，1 项为 2，余下的为 0. 因此，只有 x_0 可以超过 2. 对于 $j > 2$，若 $x_j > 0$，j 只能是 x_0，由于 x_1 为 1 出现的次数，且 x_1 最大为 2，所以有 $m-1 \leqslant 2$，即 $m \leqslant 3$.

(1) $m = 1$，在 $x_1, x_2, \cdots, x_n$ 中有一个 2，没有 1，则 $x_1 = 0$，$x_2 = 2$，$x_n = 2$. 于是，所求序列为 $\{2, 0, 2, 0\}$.

(2) $m = 2$，在 $x_1, x_2, \cdots, x_n$ 中有一个 2，一个 1.

若 $x_1 = 2$，则 1 出现 2 次，而 $x_1, x_2, \cdots, x_n$ 中只有一个 1，故 $x_0 = 1$. 从而 0 出现 1 次，$x_2 = 1$，$x_3 = 0$. 于是，所求序列为 $\{1, 2, 1, 0\}$.

若 $x_2 = 2$，则 2 出现 2 次，所以 $x_0 = 2$，0 出现 2 次，共 5 项，且 $z_1 = 1$. 于是，所求序列为 $\{2, 1, 2, 0, 0\}$.

对于 $j > 2$，$x_j \neq 2$. 因为 j 最多出现 1 次.

(3) $m = 3$，在 $x_1, x_2, \cdots, x_n$ 中有一个 2，两个 1.

若 $x_0 = 1$，则 $x_1 = 3$，不可能.

若 $x_0 = 2$，则 $x_2 = 2$，$x_1 = 2$，不可能.

设 $x_0 = p$，其中 $p \geqslant 3$，则一定有 $x_p = 1$，$x_1 = 2$，$x_2 = 1$. 于是，所求序列为 $\{p, 2, 1, \underbrace{0, \cdots, 0}_{(p-3)\uparrow}, 1, 0, 0, 0\}$.

综上所述，满足条件的序列分别是

$$\{2,0,2,0|,|1,2,1,0|,|2,1,2,0,0|\}$$
$$\{p,2,1,\underbrace{0,\cdots,0}_{(p-3)\text{个}},1,0,0,0\}$$

❻（加拿大） 对于一个正整数 n，如果一个 $0-1$ 序列有 n 个 0，n 个 1，则称这个序列是"平衡"的. 对于两个平衡序列 a，b，如果你能移动 a 中的某一个数到其他位置后得到 b，则称 a 和 b 是"相邻"的. 例如，当 $n=4$ 时，平衡序列 $a=01101001$ 和 $b=00110101$ 是"相邻"的. 因为 a 中的第 3（或第 4）个 0 移到第 1（或第 2）个位置后即可得到 b. 证明：存在一个至多包含 $\dfrac{1}{n+1}C_{2n}^{n}$ 个平衡序列的集合 S，使得每一个平衡序列要么等于 S 中的一个序列，要么至少与 S 中的一个序列相邻.

证明 对于每个平衡序列 $a=\{a_1,a_2,\cdots,a_{2n}\}$，设 $f(a)$ 是 a 中 1 所在位置的序数的和. 例如，$f(01101001)=2+3+5+8=18$. 将 C_{2n}^{n} 个平衡序列根据 f 模 $n+1$ 的剩余分为 $n+1$ 类. 设 S 是包含元素最少的一类，则

$$|S| \leqslant \frac{1}{n+1}C_{2n}^{n}$$

我们证明：对于每一个平衡序列，要么等于 S 中的一个序列，要么至少与 S 中的一个序列相邻.

设 $a=\{a_1,a_2,\cdots,a_{2n}\}$ 是一个给定的平衡序列，分两种情况讨论：

(1) $a_1=1$. 将 a 中左边起第一个 1 移到第 k 个 0 的右边，得到的平衡序列 $b=\{b_1,b_2,\cdots,b_{2n}\}$ 满足 $f(b)=f(a)+k$（如果设 a_{m+1} 是 a 的第 k 个 0，在从 a 到 b 的过程中，最左边的 1 移动了 m 个位置，而 a_{m+1} 前面的 $m-k$ 个 1 向前移动了一个位置）. 于是得到了 n 个与 a 相邻的平衡序列，且这 n 个平衡序列与 a 共 $n+1$ 个平衡序列，其 f 值构成了 $n+1$ 个连续整数. 特别地，这 $n+1$ 个平衡序列中的一个属于 S.

(2) $a_t=0$. 将 a 中左边起第一个 0 移到第 k 个 1 的右边，得到的平衡序列 b 满足 $f(b)=f(a)-k$.

于是，每一个平衡序列要么等于 S 中的一个序列，要么至少与 S 中的一个序列相邻.

❼（法国） 以下两题选择一个.

(1) 将 n 块鹅卵石堆放成一竖直列,并根据下列规则进行操作. 如果有一块鹅卵石在某一列的顶部,且这一列鹅卵石的数目比其右边与其相邻的那列鹅卵石的数目至少多两块,则这块鹅卵石可以移动(如果其右边与其相邻的一列中没有鹅卵石,则认为这列中有 0 块鹅卵石),每一次操作是在可移动的鹅卵石中选择一块(如果有可移动的鹅卵石),将它放到其右边与其相邻的那列的顶部. 如果没有鹅卵石可以移动,这一状态称为"最终状态". 对于每一个正整数 n,证明:在每一次操作中,无论怎样选择鹅卵石,"最终状态"是唯一的,并描述"最终状态"鹅卵石的分布情况.

(2) 将 2 001 块鹅卵石堆放成一竖直列,并根据下列规则进行操作. 如果有一块鹅卵石在某一列的顶部,且这一列鹅卵石的数目比其右边与其相邻的那列鹅卵石的数目至少多两块,则这块鹅卵石可以移动(如果其右边与其相邻的一列中没有鹅卵石,则认为这列中有 0 块鹅卵石). 每一次操作是在可移动的鹅卵石中选择一块(如果有可移动的鹅卵石),将它放到其右边与其相邻的那列的顶部. 如果没有鹅卵石可以移动,这一状态称为"最终状态". 证明:在每一次操作中,无论怎样选择鹅卵石,"最终状态"是唯一的. 求非空的列数 c. 对于每一个 $i(i=1,2,\cdots,c)$,求在第 i 列中鹅卵石的数目 p_1,这里第一列是最左边的那列,第二列是在第一列右边与第一列相邻的那列,等.

证明 (1) 对于每一个状态,设 p_1 是第 i 列中鹅卵石的数目, $i=1,2,\cdots$,其中第一列表示最左边的那列,我们将证明在"最终状态",对于所有的 i,每一个 $p_i > 0$,除了最多一个 i^* 满足 $p_{i^*} = p_{i^*+1}$ 外,均有 $p_i = p_{i+1}+1$.

这一状态如图 4 所示($n=12$ 时的"最终状态"),共有 c 列非空,构成一个三角形状态. 特别地,设

$$t_k = 1+2+\cdots+k = \frac{k(k+1)}{2}$$

是第 k 个三角形内所包含的鹅卵石的数目,则 c 是满足 $t_{c-1} < n \leqslant t_c$ 的唯一整数.

设 $s = n - t_{c-1}$,则在最大的一个三角形的斜边上有 s 个鹅卵石,使得同样高的两列是第 $c-s$ 与 $c-s+1$ 列(如果 $s=c$,在这种情况中不存在两个非空列是等高的),且

题 7(图 4)

$$p_1 = \begin{cases} c-i, & i \leqslant c-s \\ c-i+1, & i > c-s \end{cases}$$

要证明这一结论,我们先证明如下的三个命题:

(i) 在每一个状态,均有 $p_1 \geqslant p_2 \geqslant \cdots$;

(ii) 在每一个状态,不可能存在 $i < j$,使得 $p_i = p_{i+1}, p_j = p_{j+1} > 0$,且 $p_{i+1} - p_j \leqslant j-i-1$(即从第 $i+1$ 列到第 j 列每列鹅卵石的数目平均下降 1 个或更少).

(iii) 在每一个"最终状态",$p_i - p_{i+1} = 0$ 或 1,最多有一个 i,满足 $p_i > 0$,且 $p_i - p_{i+1} = 0$.

在证明(i)～(iii)的过程中,我们引用下列定义:

将一个鹅卵石由第 k 列移动到第 $k+1$ 列,称为一次"$k-$转换". 对于任意一列,不妨设为第 i 列,称 $p_i - p_{i+1}$ 为第 i 列的"减少量".

证明 (i) 假设经过一系列有效的移动,在第 j 次移动后首次产生 $p_i < p_{i+1}$,则导致这一状态的移动必定是一个"$i-$转换",但这与已知条件第 i 列比第 $i+1$ 列至少多 2 个鹅卵石是矛盾的. 因此,命题(i)得证.

(ii) 假设在某一状态,存在 $i < j$,使得 $p_i = p_{i+1}, p_j = p_{j+1} > 0$,且 $p_{i+1} - p_j \leqslant j-i-1$,则在所有可能的满足如上条件的状态中,$j-i$ 将有最小值. 假设 $p_1, p_2, \cdots$ 是具有 $j-i$ 为最小值的状态.

若 $j = i+1$,则这一状态之前的一次移动一定是对于 $i-1 \leqslant k \leqslant i+2$ 的一次"$k-$转换". 如果是这样的话,转换之前的状态不满足命题(i). 因此,有 $j > i+1$. 考虑在这一系列的移动中,当第一次出现第 $i, i+1, j, j+1$ 列上鹅卵石的数目等于"最终状态"这四列上鹅卵石的数目时,记为状态 C.

注意到,在状态 C,从第 $i+1$ 列到第 j 列,每列只减少 1 个鹅卵石. 因为如果在某一列"减少量"大于等于 2,由 $p_{i+1} - p_j \leqslant j-i-1$,在这 $j-i$ 列中一定存在一列,其"减少量"为 0. 于是,$j-i$ 不是最小的. 因此,从第 $i+1$ 列到第 $j-1$ 列,每列的"减少量"为 1. 导致出现状态 C 的要么是一次"$i-$转换",要么是一次"$j-$转换".

若是"$i-$转换",这次移动之前,第 $i+1$ 列与第 $i+2$ 列上鹅卵石的数目相同,与 $j-i$ 为最小相矛盾;

若是"$j-$转换",这次移动之前,第 $j-1$ 列与第 j 列上鹅卵石的数目相同,也与 $j-i$ 为最小相矛盾. 因此,命题(ii)成立.

(iii) 如果某一列的"减少量"大于等于 2,则操作还没有结束. 于是,所有列的"减少量"都是 0 或 1. 如果有两非空列的"减少量"为 0,则与命题(ii)相违,于是"最终状态"满足命题(ii),也满足命题(iii).

(2) 与(1)相同,直接计算可得

$$2\,001 = t_{63} - 15$$

所以有 63 个非空列,"最终状态"满足

$$p_r = \begin{cases} 63-i, i \leqslant 15 \\ 64-i, 16 \leqslant i \leqslant 63 \end{cases}$$

> **❽**(德国) 21 个女孩和 21 个男孩参加一次数学竞赛.
> (1) 每一个参赛者至多解出了 6 道题;
> (2) 对于每一个女孩和每一个男孩,至少有一道题被这一对孩子都解出.
> 证明:有一道题,至少有 3 个女孩和至少有 3 个男孩都解出.

证明 假设每道题被至多 2 个男孩或至多 2 个女孩解出.

设 $A = \{A_1, A_2, \cdots, A_k\}$ 为所有至多 2 个女孩解出的题目的集合,$B = \{A_{k+1}, A_{k+2}, \cdots, A_{k+m}\}$ 为不在 A 中出现且至多 2 个男孩解出的题目的集合.

21 个男孩分别记为 $p_1, p_2, \cdots, p_{21}$,21 个女孩分别记为 $q_1, q_2, \cdots, q_{21}$,另设共有 x_j 个选手解出 A_j,$1 \leqslant j \leqslant k+m$,由已知,有

$$x_1 + x_2 + \cdots + x_{k+m} \leqslant 6 \times 42 = 252$$

不妨设每个题目至少被一个男孩和一个女孩解出,从而

$$x_j \geqslant 2, 1 \leqslant j \leqslant k+m$$

将解出同一个题目的 p_i, q_j 为一个组合,由已知,共有 21^2 个组合. 对 A_j 而言,至多有

$$\max\{(x_j-1) \times 1, (x_j-2) \times 2\} \leqslant 2x_j - 3$$

个组合同时解出 A_j. 所以

$$21^2 \leqslant (2x_1-3) + (2x_2-3) + \cdots + (2x_{k+m}-3) =$$
$$2(x_1 + x_2 + \cdots + x_{k+m}) - 3k \leqslant$$
$$2 \times 6 \times 42 - 3(k+m)$$

从而

$$k + m \leqslant 21 \qquad ①$$

另一方面,对任意 p_j,在 A 中至多做出 6 道题,故至多有 $2 \times 6 = 12$ 个女孩与 p_j 各共同解出了 A 中某个题. 所以,至少有 $21 - 12 = 9$ 个女孩与 p_j 各同时做出了 B 中某题,即 p_j 必解出了 B 中某个题. 而 B 中某个题至多被 2 个男孩解出,从而 $21 \leqslant 2m$,即 $m \geqslant 11$.

同理

$$k \geqslant 11$$

于是

$$m+k \geqslant 22$$
此与式 ① 矛盾,故命题成立.

几何部分

❶（乌克兰） 设 A_1 是锐角 $\triangle ABC$ 的内接正方形的中心,其中内接正方形的两个顶点在 BC 边上,一个顶点在 AB 边上,一个顶点在 AC 边上. 同样定义两个顶点分别在 AC 边和 AB 边上的内接正方形的中心分别为 B_1,C_1. 证明：直线 AA_1, BB_1, CC_1 交于一点.

证明 如图 5 所示,设直线 AA_1 交 BC 于点 X,直线 BB_1 交 CA 于点 Y,直线 CC_1 交 AB 于点 Z,由塞瓦(Ceva) 定理的逆定理,只要证明
$$\frac{BX}{XC} \cdot \frac{CY}{YA} \cdot \frac{AZ}{ZB} = 1$$

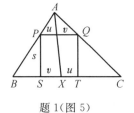

题1(图5)

设中心为 A_1 的正方形的边长为 a,顶点 P,Q 分别在边 AB 和 AC 上,顶点 S,T 在边 BC 上,且点 S 在点 B,T 之间. 因为 AX 经过正方形 $QPST$ 的中心,如果它截边 PQ 所得的两条线段的长度分别为 u,v,则它截边 ST 所得的两条线段的长度分别为 v,u. 从而,有
$$\frac{BX}{XC} = \frac{u}{v} = \frac{BX+u}{XC+v} = \frac{BT}{SC} = \frac{BS+a}{TC+a} = \frac{a\cot B + a}{a\cot C + a} = \frac{\cot B + 1}{\cot C + 1}$$

同理
$$\frac{CY}{YA} = \frac{\cot C + 1}{\cot A + 1}, \frac{AZ}{ZB} = \frac{\cot A + 1}{\cot B + 1}$$

故有
$$\frac{BX}{XC} \cdot \frac{CY}{YA} \cdot \frac{AZ}{ZB} = 1$$

❷（韩国） 设锐角 $\triangle ABC$ 的外心为 O,从点 A 作 BC 的高,垂足为 P,且 $\angle BCA \geqslant \angle ABC + 30°$. 证明
$$\angle CAB + \angle COP < 90°$$

证明 令 $\alpha = \angle CAB, \beta = \angle ABC, \gamma = \angle BCA, \delta = \angle COP$. 设 K,Q 为点 A,P 关于 BC 的垂直平分线的对称点,R 为 $\triangle ABC$ 的外接圆半径,则

$$OA = OB = OC = OK = R$$

由于 $KQPA$ 为矩形,则
$$QP = KA$$

以及
$$\angle AOK = \angle AOB - \angle KOB = \angle AOB - \angle AOC = 2\gamma - 2\beta \geqslant 60°$$

由此及 $OA = OK = R$,得 $KA \geqslant R, QP \geqslant R$.

利用三角不等式,有
$$OP + R = OQ + OC > QC = QP + PC \geqslant R + PC$$

因此
$$OP > PC$$

在 $\triangle COP$ 中,有
$$\angle PCO > \delta$$

由 $\alpha = \frac{1}{2} \angle BOC = \frac{1}{2}(180° - 2\angle PCO) = 90° - \angle PCO$,得
$$\alpha + \delta < 90°$$

❸(英国) 设 G 为 $\triangle ABC$ 的重心,在 $\triangle ABC$ 所在平面上确定点 P 的位置,使得 $AP \cdot AG + BP \cdot BG + CP \cdot CG$ 有最小值,并用 $\triangle ABC$ 的边长表示这个最小值.

解 设 a, b, c 分别为 $\triangle ABC$ 顶点 A, B, C 所对边的边长. 下面证明
$$AP \cdot AG + BP \cdot BG + CP \cdot CG$$
的最小值当 P 为重心 G 时取到,且最小值为
$$AG^2 + BG^2 + CG^2 = \frac{1}{9}\big[(2b^2 + 2c^2 - a^2) + (2c^2 + 2a^2 - b^2) + (2c^2 + 2a^2 - b^2)\big] = \frac{1}{3}(a^2 + b^2 + c^2)$$

设 S 是通过点 B, G, C 的圆,中线 AL 交 S 于点 G 和 K,如图 6 所示. 设 $\angle BGK = \theta, \angle AGN = \varphi, \angle BGN = \delta$,其中 N 为 AB 的中点. 由于 L 是 BC 的中点,所以点 B, C 到 GL 的距离相等,即
$$BG \sin\theta = CG \sin\varphi$$

从而,有
$$\frac{BG}{\sin\varphi} = \frac{CG}{\sin\theta}$$

同理可得
$$\frac{AG}{\sin\delta} = \frac{BG}{\sin\varphi}$$

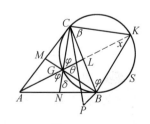

题 3(图 6)

因为
$$BK = 2R\sin\theta, CK = 2R\cdot\sin\varphi, BC = 2R\cdot\sin\delta$$
其中 R 为圆 S 的半径,于是有
$$\frac{AG}{BC} = \frac{BG}{CK} = \frac{CG}{BK} \qquad ①$$

设 P 是 $\triangle ABC$ 所在平面上任意一点,由广义托勒密(Ptolemy)定理,有
$$PK\cdot BC \leqslant BP\cdot CK + CP\cdot BK$$
等号当且仅当点 P 在圆 S 上成立.

由式 ①,有
$$PK\cdot AG \leqslant BP\cdot BG + CP\cdot CG$$
两边同时加上 $AP\cdot AG$,得
$$(AP + PK)\cdot AG \leqslant AP\cdot AG + BP\cdot BG + CP\cdot CG$$
等号当且仅当点 P 在线段 AK 上,且点 P 在圆 S 上成立,即等号当且仅当 $P = G$ 时成立.

❹(法国) 设 M 是 $\triangle ABC$ 内一点,$MA' \perp BC$,垂足为 A'. 同样在 CA 上定义点 B',在 AB 上定义点 C',设
$$P(M) = \frac{MA'\cdot MB'\cdot MC'}{MA\cdot MB\cdot MC}$$
试确定点 M 的位置,使得 $P(M)$ 有最大值. 设 $\mu(ABC)$ 表示这个最大值,问:使 $\mu(ABC)$ 有最大值的三角形满足什么条件?

解 设 $\angle MAB = \alpha_1$,$\angle MAC = \alpha_2$,$\angle MBC = \beta_1$,$\angle MBA = \beta_2$,$\angle MCA = \gamma_1$,$\angle MCB = \gamma_2$,则
$$\frac{MB'\cdot MC'}{MA^2} = \sin\alpha_1\cdot\sin\alpha_2 =$$
$$\frac{1}{2}[\cos(\alpha_1 - \alpha_2) - \cos(\alpha_1 + \alpha_2)] \leqslant$$
$$\frac{1}{2}(1 - \cos A) = \sin^2\frac{A}{2}$$

同理
$$\frac{MA'\cdot MC'}{MB^2} = \sin\beta_1\cdot\sin\beta_2 \leqslant \sin^2\frac{B}{2}$$
$$\frac{MB'\cdot MA'}{MC^2} = \sin\gamma_1\cdot\sin\gamma_2 \leqslant \sin^2\frac{C}{2}$$

则有
$$P^2(M) = \sin\alpha_1\cdot\sin\alpha_2\cdot\sin\beta_1\cdot\sin\beta_2\cdot\sin\gamma_1\cdot\sin\gamma_2 \leqslant$$
$$\sin^2\frac{A}{2}\cdot\sin^2\frac{B}{2}\cdot\sin^2\frac{C}{2}$$

等号当且仅当 $\alpha_1 = \alpha_2, \beta_1 = \beta_2, \gamma_1 = \gamma_2$ 时成立,即点 M 是 $\triangle ABC$ 的内心时,$P(M)$ 取得最大值,且最大值为

$$\mu(ABC) = \sin\frac{A}{2} \cdot \sin\frac{B}{2} \cdot \sin\frac{C}{2}$$

由均值不等式及琴生(Jensen)不等式得

$$\sin\frac{A}{2} \cdot \sin\frac{B}{2} \cdot \sin\frac{C}{2} \leqslant \left(\frac{\sin\frac{A}{2} + \sin\frac{B}{2} + \sin\frac{C}{2}}{3}\right)^3 \leqslant$$

$$\left(\sin\frac{\frac{A}{2} + \frac{B}{2} + \frac{C}{2}}{3}\right)^3 =$$

$$\sin^3\frac{\pi}{6} = \frac{1}{8}$$

等号当且仅当 $\triangle ABC$ 为正三角形时成立.

❺(英国) 设 $\triangle ABC$ 是锐角三角形,在 $\triangle ABC$ 的外侧作等腰 $\triangle DAC, \triangle EAB, \triangle FBC$,且 $DA = DC, EA = EB, FB = FC, \angle ADC = 2\angle BAC, \angle BEA = 2\angle ABC, \angle CFB = 2\angle ACB$. 设 D' 是直线 DB 与 EF 的交点,E' 是 EC 与 DF 的交点,F' 是 FA 与 DE 的交点. 求 $\dfrac{DB}{DD'} + \dfrac{EC}{EE'} + \dfrac{FA}{FF'}$ 的值.

解 由于 $\triangle ABC$ 是锐角三角形,则

$$\angle ADC, \angle BEA, \angle CFB < \pi$$

所以

$$\angle DAC = \frac{\pi}{2} - \frac{1}{2}\angle ADC = \frac{\pi}{2} - \angle BAC$$

$$\angle BAE = \frac{\pi}{2} - \frac{1}{2}\angle BEA = \frac{\pi}{2} - \angle ABC$$

于是

$$\angle DAE = \angle DAC + \angle BAC + \angle BAE = \pi - \angle ABC < \pi$$

同理可得

$$\angle EBF < \pi, \angle FCD < \pi$$

因此,六边形 $DAEBFC$ 是凸六边形,且

$$\angle ADC + \angle BEA + \angle CFB = 2(\angle BAC + \angle ABC + \angle ACB) = 2\pi$$

设 w_1, w_2, w_3 分别是 D, E, F 为圆心,DA, EB, FC 为半径的圆,由 $\angle ADC + \angle BEA + \angle CFB = 2\pi$,知这三个圆共点. 设该点为 O,如图 7 所示,则 O 是 C 关于 DF 的对称点.

类似地,O 也是 A 关于 DE,B 关于 EF 的对称点. 于是有

$$\frac{DB}{DD'} = \frac{DD' + D'B}{DD'} = 1 + \frac{D'B}{DD'} = 1 + \frac{S_{\triangle EFB}}{S_{\triangle EFD}} = 1 + \frac{S_{\triangle EFO}}{S_{\triangle DEF}}$$

同理可得

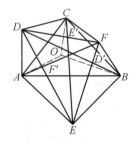

题 5(图 7)

$$\frac{EC}{EE'} = 1 + \frac{S_{\triangle DFO}}{S_{\triangle DEF}}, \frac{FA}{FF'} = 1 + \frac{S_{\triangle DEO}}{S_{\triangle DEF}}$$

则 $\dfrac{DB}{DD'} + \dfrac{EC}{EE'} + \dfrac{FA}{FF'} = 3 + \dfrac{S_{\triangle OEF} + S_{\triangle ODF} + S_{\triangle ODE}}{S_{\triangle DEF}} = 4$

❻（印度） 设 P 为 $\triangle ABC$ 所在平面上形外一点，假设 AP, BP, CP 与边 BC, CA, AB 或延长线分别交于点 D, E, F. 若 $\triangle PBD, \triangle PCE, \triangle PAF$ 的面积均相等，证明：这些面积等于 $\triangle ABC$ 的面积.

证明 如图 8 所示，设 $S_{\triangle PBD} = S_{\triangle PCE} = S_{\triangle PAF} = x, S_{\triangle ABE} = u, S_{\triangle PAE} = v, S_{\triangle BCE} = w$. 则

$$S_{\triangle BAD} = x - u - v$$

只要证明 $S_{\triangle ABC} = u + w = x$ 即可.

由于每一个比 $\dfrac{BD}{DC}, \dfrac{CE}{EA}, \dfrac{AF}{FB}$ 都可以用两种不同的方法计算，于是有

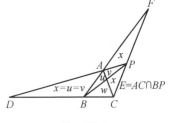

题 6（图 8）

$$\frac{x}{2x+w} = \frac{x-u-v}{x-v+w} \qquad ①$$

$$\frac{x}{v} = \frac{w}{u} \qquad ②$$

$$\frac{x}{x+u+v} = \frac{2x+v}{2x+u+v+w} \qquad ③$$

由式 ① 可得

$$\frac{x}{2x+w} = \frac{u+v}{x+v}$$

将由式 ② 所得的 $v = \dfrac{xu}{w}$ 代入，得

$$x^2(w-u) = uw(3x+w)$$

将由式 ② 所得的 $v = \dfrac{xu}{w}$ 代入式 ③，得

$$x = \frac{w(w^2 - uw - u^2)}{u(2w+u)}$$

消去 x，得

$$(w-u)(w+u)(w^3 - 3uw^2 - 4u^2w - u^3) = 0$$

若 $w = u$，由式 ② 可得

$$v = x$$

由式 ③ 得

$$\frac{x}{2x+u} = \frac{3x}{3x+2u}$$

即

$$2x + u = x + \frac{2u}{3}$$

显然,左端大于右端,矛盾.

又因为 $w+u \neq 0$,所以有
$$w^3 - 3uw^2 - 4u^2w - u^3 = 0$$
即
$$w^3 = u(3w+u)(w+u)$$
所以,有
$$x = \frac{w^3 - uw^2 - u^2w}{u(2w+u)} =$$
$$\frac{u(3w+u)(w+u) - uw(u+w)}{u(2w+u)} =$$
$$\frac{u(u+w)(2w+u)}{u(2w+u)} = u+w$$

❼(保加利亚) 设 O 是锐角 $\triangle ABC$ 内一点,$OA_1 \perp BC$,垂足为 A_1.同样,在 CA 边上定义点 B_1,在 AB 边上定义点 C_1.证明:O 是 $\triangle ABC$ 的外心的充分必要条件是 $\triangle A_1B_1C_1$ 的周长不小于 $\triangle AB_1C_1$,$\triangle BC_1A_1$,$\triangle CA_1B_1$ 中的任何一个周长.

证明 如果 O 是 $\triangle ABC$ 的外心,则 A_1,B_1,C_1 分别为 BC,CA,AB 的中点.于是
$$p_{A_1B_1C_1} = p_{AB_1C_1} = p_{BC_1A_1} = p_{CA_1B_1}$$
其中 p_{XYZ} 表示 $\triangle XYZ$ 的周长.

反之,假设 $p_{A_1B_1C_1} \geqslant p_{AB_1C_1}, p_{BC_1A_1}, p_{CA_1B_1}$,设
$$\angle CAB = \alpha, \angle CA_1B_1 = \alpha_1, \angle BA_1C_1 = \alpha_2$$
$$\angle ABC = \beta, \angle AB_1C_1 = \beta_1, \angle CB_1A_1 = \beta_2$$
$$\angle BCA = \gamma, \angle BC_1A_1 = \gamma_1, \angle AC_1B_1 = \gamma_2$$

过点 B_1 作直线 $B_1A_2 /\!/ AB$,过点 C_1 作直线 $C_1A_2 /\!/ AC$,且 B_1A_2 与 C_1A_2 交于点 A_2,如图 9 所示.

假设 $\gamma_1 \geqslant \alpha$,且 $\beta_2 \geqslant \alpha$.

如果这两个不等式有一个是严格的,则点 A_1 在 $\triangle B_1C_1A_2$ 的内部,且非顶点,则
$$p_{A_1B_1C_1} < p_{A_2B_1C_1} = p_{AB_1C_1}$$
矛盾.

如果 $\gamma_1 = \alpha$,$\beta_2 = \alpha$,则 $A_2 = A_1$.所以
$$B_1O \perp A_1C_1, C_1O \perp A_1B_1$$
于是,O 是 $\triangle A_1B_1C_1$ 的垂心,故
$$OA_1 \perp B_1C_1$$
于是
$$B_1C_1 /\!/ BC$$
这表明 $\triangle AB_1C_1, \triangle BC_1A_1, \triangle CA_1B_1$ 均与 $\triangle A_1B_1C_1$ 全等,从而

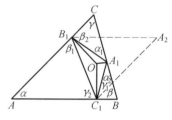

题 7(图 9)

A_1, B_1, C_1 分别为 BC, CA, AB 的中点. 所以, O 是 $\triangle ABC$ 的外心.

类似地, 如果 $\alpha_1 \geqslant \beta$ 且 $\gamma_2 \geqslant \beta$, 或 $\beta_1 \geqslant \gamma$ 且 $\alpha_2 \geqslant \gamma$, 可得同样的结论.

假设这些情况都不满足, 即 $\gamma_1 \geqslant \alpha$ 且 $\beta_2 \geqslant \alpha$, 或 $\alpha_1 \geqslant \beta$ 且 $\gamma_2 \geqslant \beta$, 或 $\beta_1 \geqslant \gamma$ 且 $\alpha_2 \geqslant \gamma$ 均不成立, 不失一般性, 假设 $\gamma_1 < \alpha$. 因为
$$\gamma_1 + \alpha_2 = \pi - \beta = \alpha + \gamma$$
则
$$\alpha_2 > \gamma$$
于是
$$\beta_1 < \gamma$$
同样, 由 $\beta_1 + \gamma_2 = \pi - \alpha = \beta + \gamma$, 得
$$\gamma_2 > \beta$$
于是
$$\alpha_1 < \beta$$
由 $\alpha_1 + \beta_2 = \pi - \gamma = \alpha + \beta$, 得
$$\beta_2 > \alpha$$

综上所述, 得
$$\gamma_1 < \alpha < \beta_2, \alpha_1 < \beta < \gamma_2, \beta_1 < \gamma < \alpha_2$$
因为 A, C_1, O, B_1 及 A_1, C, B_1, O 四点分别共圆, 则
$$\angle AOB_1 = \gamma_2, \angle COB_1 = \alpha_1$$

于是, 有
$$AO = \frac{OB_1}{\cos \gamma_2} > \frac{OB_1}{\cos \alpha_1} = CO$$

用同样的方法, 由 $\gamma_1 < \beta_2$ 及 $\beta_1 < \alpha_2$, 可得
$$CO > BO, BO > AO$$
矛盾.

❽ (以色列) 在 $\triangle ABC$ 中, AP 平分 $\angle BAC$, 交 BC 于点 P, BQ 平分 $\angle ABC$, 交 CA 于点 Q. 已知 $\angle BAC = 60°$ 且 $AB + BP = AQ + QB$. 问: $\triangle ABC$ 各角的度数的可能值是多少?

解 设 $A = \angle BAC, B = \angle ABC, C = \angle ACB$.

在 AQ 的延长线上作点 E, 使得 $QB = OE$, 连 BE 交直线 AP 于点 F, 在 AB 的延长线上作点 D, 使得 $BD = BP$, 则
$$\angle BDP = \frac{1}{2} \angle ABC = \angle ABQ$$
所以
$$BQ \parallel DP$$
于是 $AB + BP = AQ + QB$ 等价于

下面,对点 E 是否与点 C 重合分别讨论：

(i) $C = E$. 我们有 $BQ = QC$, 所以
$$\angle QBC = \angle QCB$$
于是
$$B = 2\angle QBC = 2\angle QCB = 2C$$
又因
$$B + C = 180° - A = 120°$$
所以
$$B = 80°, C = 40°$$
当 $B = 80°, C = 40°$ 时,有
$$\angle BDP = \frac{1}{2}\angle ABC = 40° = \angle ACP$$
$$\angle DAP = \angle PAC$$
$$AP = PA$$
所以
$$\triangle APD \cong \triangle APC$$
故
$$AD = AC$$
由式 ① 知
$$AB + BP = AQ + QB$$
故 $B = 80°, C = 40°, A = 60°$ 为解.

(ii) $C \neq E$, 若 $AB + BP = AQ + QB$, 则
$$AD = AE$$
又 PA 平分 $\angle DAE$,故点 D, E 关于直线 AP 对称.从而,有
$$\angle ADF = \angle AEB = \angle QBE \qquad ②$$
而
$$\angle BDP = \angle ABQ = \angle QBC \qquad ③$$
于是
$$\angle PDE = \angle PBF$$
所以, B, D, F, P 四点共圆,从而
$$\angle BDF = \angle BPA \qquad ④$$
由式 ②,有
$$\angle BDF = \angle AEF = \frac{1}{2}\angle AQB = \frac{1}{2}(\frac{B}{2} + C)$$
$$\angle APB = \frac{A}{2} + C = 30° + C$$
由式 ④ 得到
$$\frac{1}{2}(\frac{B}{2} + C) = 30° + C$$
所以

$$\frac{B}{4}=30°+\frac{C}{2}$$

因为 $B+C=120°$.

数论部分

❶（澳大利亚） 证明：不存在正整数 n，使得对于所有的 $k=1,2,\cdots,9$，$(n+k)!$ 的首次数字（十进制表示下最左端的数字）等于 k.

证明 对于每个正整数 m，定义

$$N(lm)=\frac{m}{10^{d(m)-1}}$$

其中 $d(m)$ 是 m 的位数，则

$$1\leqslant N(m)<10$$

对于任意正整数 l 和 m，由于 lm 至少有 $d(l)+d(m)-1$ 位数字，则有

$$d(l)-1+d(m)-1\leqslant d(lm)-1$$

所以

$$\frac{lm}{10^{d(lm)-1}}\leqslant\frac{l}{10^{d(l)-1}}\cdot\frac{m}{10^{d(m)-1}}$$

即

$$N(lm)\leqslant N(l)\cdot N(m)$$

假设 n 是一个正整数，对于 $k=1,2,\cdots,9$，$(n+k)!$ 的首位数字为 k.

如果 $2\leqslant k\leqslant 9$，则存在非负整数 $r(r=d((n+k)!)-1)$ 和实数 $a(a=N(n+k)!)$，使得 $(n+k)!=a\cdot 10^r$，且 $k<a<k+1$. 存在非负整数 $s(s=d((n+k-1)!)-1)$ 和实数 b $(b=N((n+k-1)!))$，使得 $(n+k-1)!=b\cdot 10^s$，且 $k-1<b<k$. 于是有

$$1<N(n+k)=N\left(\frac{(n+k)!}{(n+k-1)!}\right)=\frac{a}{b}<\frac{k+1}{k-1}\leqslant 3$$

由于 $N(m)\geqslant N(m+1)$ 只在 $N(m)\geqslant 9$ 时才有可能发生，于是，可得

$$1<N(n+2)<\cdots<N(n+9)<\frac{5}{4}$$

从而，可得

$$N((n+2)!)\leqslant N((n+1)!)N(n+2)<2\times\frac{5}{4}$$

$$N((n+3)!) \leqslant N((n+2)!)N(n+3) < 2 \times (\frac{5}{4})^2$$

$$N((n+4)!) \leqslant N((n+3)!)N(n+4) < 2 \times (\frac{5}{4})^3 < 4$$

与假设$(n+4)!$的首位数字为4矛盾. 所以, 不存在正整数n, 使得对于所有的$k=1,2,\cdots,9$, $(n+k)!$的首位数字等于k.

❷ (哥伦比亚) 考虑方程组

$$\begin{cases} x+y=z+u & ① \\ 2xy=zu & ② \end{cases}$$

求实常数m的最大值, 使得对于方程组的任意正整数解(x,y,z,u), 当$x \geqslant y$时, 有$m \leqslant \dfrac{x}{y}$.

解法1 由$①^2 - 4 \times ②$, 得

$$x^2 - 6xy + y^2 = (z-u)^2$$

即

$$(\frac{x}{y})^2 - 6(\frac{x}{y}) + 1 = (\frac{z-u}{y})^2 \quad ③$$

二次函数$\omega^2 - 6\omega + 1$当$\omega = 3 \pm 2\sqrt{2}$时为0. 当$\omega > 3 + 2\sqrt{2}$时, 二次函数为正. 因为$\dfrac{x}{y} \geqslant 1$是有理数, 式③的右端是非负实数, 所以式③的左端为正, 且$\dfrac{x}{y} > 3 + 2\sqrt{2}$. 我们证明$\dfrac{x}{y}$可以无限趋近于$3 + 2\sqrt{2}$, 从而可得$m = 3 + 2\sqrt{2}$.

要证明这一结论, 只需证明式③的右端$(\dfrac{z-u}{y})^2$可以任意地小, 即可以无限趋近于0.

如果p是z和u公共的素因子, 则p也是x和y公共的素因子. 因此, 可以假设$(z,u)=1$.

$①^2 - 2 \times ②$, 得

$$(x-y)^2 = z^2 + u^2$$

不妨假设u是偶数, 于是对于互素的正整数a,b, 有

$$z = a^2 - b^2, u = 2ab, x-y = a^2+b^2$$

结合方程$x+y=z+u$, 可得

$$x = a^2 + ab, y = ab - b^2$$

考察$z - u = a^2 - b^2 - 2ab = (a-b)^2 - 2b^2$. 当$z - u = 1$时, 可得佩尔(Pell)方程

$$(a-b)^2 - 2b^2 = 1$$

其中$a-b=3, b=2$即为其一组解. 由熟知的事实知, 这个方程有无穷多组正整数解, 且其解$a-b$和b的值可以任意地大. 因此, $y = ab - b^2 = (a-b)b$也可以任意地大. 于是, 式③的右端可以任意地

小,即可无限地趋近于 0. 从而,$\frac{x}{y}$ 可无限趋近于 $3+2\sqrt{2}$.

解法 2 由解法 1 可以得到
$$(x-y)^2 = u + z$$

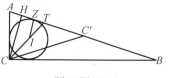

题 2(图 10)

构造 $\triangle ABC$,满足 $BC = a = u, CA = b = z, AB = c = x - y$. 设 I 为 $\triangle ABC$ 的内心,r 为内切圆半径,Z 为内切圆与 AB 的切点,连 CI 交 AB 于点 T,CH 为 AB 边上的高,C' 是 AB 边的中点,如图 10 所示.

因为 $\triangle ABC$ 是直角三角形,则
$$r = IZ = p - c$$
其中 $p = \frac{1}{2}(a+b+c)$ 为 $\triangle ABC$ 的半周长. 于是,有
$$a + b = 2r + c = 2r + x - y$$
由 $a + b = u + z = x + y$,可得
$$y = r, x = c + y = c + r = c + p - c = p$$

下面证明:对于任意 a, b,有
$$\frac{x}{y} = \frac{p}{r} \geqslant (\sqrt{2}+1)^2$$

由 $CC' \geqslant CT \geqslant CI + IZ$,有
$$\frac{p-r}{2} = \frac{c}{2} \geqslant (\sqrt{2}+1)r$$

于是
$$\frac{p}{r} \geqslant 3 + 2\sqrt{2} = (\sqrt{2}+1)^2$$

等号仅当三角形为等腰直角三角形时成立,但此时 $\triangle ABC$ 的三条边的边长不能都是整数,于是,有
$$\frac{p}{r} > 3 + 2\sqrt{2}$$

另一方面
$$CH \leqslant CI + IZ$$

由 $CH \cdot c = uz = 2xy = 2pr$,得
$$\frac{2pr}{c} \leqslant (\sqrt{2}+1)r$$

从而
$$\frac{x}{y} = \frac{p}{r} \leqslant (\sqrt{2}+1)^2 \cdot \frac{c^2}{4pr}$$

又因为
$$\frac{c^2}{4pr} = \frac{a^2+b^2}{2ab} = 1 + \frac{(a-b)^2}{2ab}$$

且对于方程 $a^2 + b^2 = c^2$,有无穷多个正整数 a, b 满足 $a - b = 1$,且

(a,b,c) 为该方程的解. 因此 $\dfrac{c^2}{4pr}$ 可以无限趋近于 1. 于是，m 的最大值为 $m = 3 + 2\sqrt{2}$.

❸（英国）设 $a_1 = 11^{11}, a_2 = 12^{12}, a_3 = 13^{13}$，且 $a_n = |a_{n-1} - a_{n-2}| + |a_{n-2} - a_{n-3}|$, $n \geqslant 4$. 求 a_{14}^{14}.

解 对于 $n \geqslant 2$，定义 $s_n = |a_n - a_{n-1}|$. 则对于 $n \geqslant 5$，有
$$a_n = s_{n-1} + s_{n-2}, a_{n-1} = s_{n-2} + s_{n-3}$$
于是
$$s_n = |s_{n-1} - s_{n-3}|$$

因为 $s_n \geqslant 0$，如果 $\max\{s_n, s_{n+1}, s_{n+2}\} \leqslant T$，则对于所有 $m \geqslant n$，有
$$s_m \leqslant T$$
特别地，有序列 $\{s_n\}$ 有界，下面证明如下命题：

如果对于某个 i，$\max\{s_i, s_{i+1}, s_{i+2}\} = T \geqslant 2$，则 $\max\{s_{i+6}, s_{i+7}, s_{i+8}\} \leqslant T - 1$.

用反证法，如果以上结论不成立，则对于 $j = i, i+1, \cdots, i+6$，均有 $\max\{s_j, s_{j+1}, s_{j+2}\} = T \geqslant 2$. 对于 s_i, s_{i+1} 或 $s_{i+2} = T$，相应地取 $j = i, i+1$ 或 $i+2$，于是序列 $s_j, s_{j+1}, s_{j+2}, \cdots$ 有 $T, x, y, T - y, \cdots$ 的形式，其中 $0 \leqslant x, y \leqslant T$，$\max\{x, y, T-y\} = T$. 因此，要么 $x = T$，要么 $y = T$，要么 $y = 0$.

(1) 如果 $x = T$，则序列有 $T, T, y, T - y, y, \cdots$ 的形式，因此 $\max\{y, T-y, y\} = T$，所以 $y = T$ 或 $y = 0$.

(2) 如果 $y = T$，则序列有 $T, x, T, 0, x, T - x, \cdots$ 的形式. 因为 $\max\{0, x, T-x\} = T$，所以 $x = 0$ 或 $x = T$.

(3) 如果 $y = 0$，则序列有 $T, x, 0, T - x, T - x, x, \cdots$ 的形式. 因为 $\max\{T-x, T-x, x\} = T$，所以 $x = 0$ 或 $x = T$.

在上述每一种情况中，x, y 要么是 0，要么是 T. 特别地，T 一定整除 s_j, s_{j+1} 和 s_{j+2} 中的每一项. 由 $\max\{s_2, s_3, s_4\} = s_3 = T$，则对于 $n \geqslant 4$，均有 T 整除 s_n. 但是 $s_4 = 11^{11} < 13^{13} - 12^{12} = s_3$，因此 s_3 不整除 s_4，矛盾. 所以，命题成立.

设 $M = 14^{14}, N = 13^{13}$，则 $\max\{s_2, s_3, s_4\} \leqslant N$. 由命题可知，$\max\{s_{6(N-1)+2}, s_{6(N-1)+3}, s_{6(N-1)+4}\} \leqslant 1$. 因为 a_1 为奇数，a_2 为偶数，a_3 为奇数，a_4 为偶数，a_5 为偶数，a_6 为奇数，a_7 为奇数，a_8 为奇数，a_9 为偶数，a_{10} 为奇数，$\cdots\cdots$ 因此
$$a_n \equiv a_{n+7} \pmod 2$$
所以，相邻的三个 s_i 不可能都是 0，于是有
$$\max\{s_{6(N-1)+2}, s_{6(N-1)+3}, s_{6(N-1)+4}\} = 1$$
特别地，当 $n \geqslant 6(N-1) + 2$ 时，有

$$s_n = 0 \text{ 或 } 1$$

故当 $n \geqslant M > 6(N-1) + 4$ 时,有

$$a_n = s_{n-1} + s_{n-2} = 0, 1 \text{ 或 } 2$$

特别地,$a_M = 0, 1$ 或 2. 由于 M 是 7 的倍数,所以

$$a_M \equiv a_7 \equiv 1 \pmod 2$$

故 $a_M = 1$.

❹ (越南) 设 $p \geqslant 5$ 是一个素数. 证明:存在一个整数 a,使得 $a^{p-1} - 1$ 与 $(a+1)^{p-1} - 1$ 都不能被 p^2 整除,其中 $1 \leqslant a \leqslant p - 2$.

证明 设
$$S = \{1, 2, \cdots, p-1\}$$
$$A = \{a \in S \mid a^{p-1} \not\equiv 1 \pmod{p^2}\}$$

我们证明:$|A| \geqslant \dfrac{p-1}{2}$,其中 $|A|$ 表示集合 A 中元素的个数.

实际上,如果 $1 \leqslant a \leqslant p-1$,由二项式定理,有

$$(p-a)^{p-1} - a^{p-1} \equiv -(p-1)a^{p-2} \cdot p \not\equiv 0 \pmod{p^2}$$

于是,a 和 $p-a$ 中至少有一项在集合 A 中,从而

$$|A| \geqslant \dfrac{p-1}{2}$$

特别地,因为 $1 \notin A$,则 $p-1 \in A$.

设 $p = 2k + 1, k \geqslant 2$. 考虑 $k-1$ 个数对

$$\{(2,3), (4,5), \cdots, (2k-2, 2k-1)\}$$

如果存在一个 $i, 1 \leqslant i \leqslant k-1$,使得 $2i \in A$,且 $2i + 1 \in A$,则原命题成立. 否则,对于 $1 \leqslant i \leqslant k-1$ 的每一个数对 $(2i, 2i+1)$,至少有一个数在 A 中. 现在先考虑 $(2k-2, 2k-1)$. 如果 $2k-1 = p - 2 \in A$,由 $p - 1 \in A$ 知原命题成立,否则 $2k - 1 = p - 2 \notin A$,则 $p - 3 = 2k - 2 \in A$. 如果 $2k - 3 \in A$,则原命题成立. 若 $2k - 3 \notin A$,由 $p - 2 \notin A$,有

$$1 \equiv (p-2)^{p-1} \equiv$$
$$-(p-1)p \cdot 2^{p-2} + 2^{p-1} \equiv$$
$$p \cdot 2^{p-2} + 2^{p-1} \pmod{p^2}$$

平方后可得

$$4^{p-1} + p \cdot 2^{2p-2} \equiv 1 \pmod{p^2}$$

因为 $p - 4 = 2k - 3 \notin A$,所以

$$1 \equiv (p-4)^{p-1} \equiv -(p-1)p \cdot 4^{p-2} + 4^{p-1} \equiv$$
$$p \cdot 4^{p-2} + 4^{p-1} \pmod{p^2}$$

则 $p \cdot 4^{p-1} - p \cdot 4^{p-2} = 3p \cdot 4^{p-2} \equiv 0 \pmod{p^2}$

矛盾. 当 $p \geqslant 7$ 时,如果 $p - 2 \notin A$,则 $p - 3$ 和 $p - 4$ 均属于 A.

综上所述,原命题成立.

❺（保加利亚） 设 a,b,c,d 为整数,$a>b>c>d>0$,且
$$ac+bd=(b+d+a-c)(b+d-a+c)$$
证明:$ab+cd$ 不是素数.

证明 反证,若 $p=ab+cd$ 为素数,则将导出矛盾.

由于
$$ac+bd=(b+d+a-c)(b+d-a+c)=(b+d)^2-(a-c)^2$$

则
$$a^2-ac+c^2=b^2+d^2+bd$$

将 $a=\dfrac{p-cd}{b}$ 代入上式,得

$$\dfrac{(p-cd)^2}{b^2}-\dfrac{p-cd}{b}\cdot c+c^2=b^2+d^2+bd$$

即
$$p(p-2cd-bc)=(b^2-c^2)(b^2+d^2+bd)$$

因为
$$p=ab+cd>ab>b^2>b^2-c^2>0$$

所以
$$(p,b^2-c^2)=1$$

于是
$$p\mid b^2+d^2+bd$$

但 $p=ab+cd>b^2+d^2$,从而,有
$$2p>2(b^2+d^2)>(b+d)^2>b^2+d^2+bd$$

所以
$$p=b^2+d^2+bd$$

于是
$$ab+cd=b^2+d^2+bd$$

即
$$d(c-d)=b(b+d-a)$$

由于 $b>c>d$,则 $b>c-d>0$.

这样 $(b,d)>1$,意味着 $(b,d)\mid p$,p 不是素数,矛盾.

故命题成立.

❻（俄罗斯） 能否找到 100 个不超过 25 000 的正整数,使得它们两两的和互不相同.

解 我们先证明一个引理.

引理 对任意奇素数 p,存在 $p-1$ 个不超过 $2p^2$ 的正整数,使得这些正整数两两的和互不相同.

引理证明 考虑 $f_n = 2pn + (n^2), n = 1, 2, \cdots, p-1$，其中 (a^2) 表示 a^2 被 p 除的余数，于是有
$$0 \leqslant (a^2) \leqslant p-1$$
从而，有
$$\left[\frac{f_m + f_n}{2p}\right] = \left[m + n + \frac{(m^2) + (n^2)}{2p}\right] = m+n$$

其中 $[x]$ 表示不超过 x 的最大整数.

假设 $f_m + f_n = f_k + f_l$，则由式 ① 得
$$m+n = k+l$$

于是
$$(m^2) + (n^2) = (k^2) + (l^2)$$
即
$$m^2 + n^2 \equiv k^2 + l^2 (\bmod\ p)$$

由 $m+n \equiv k+l (\bmod\ p), m^2+n^2 \equiv k^2+l^2 (\bmod\ p)$ 及 $0 \leqslant m, n, k, l \leqslant p-1$，可得 $\{m, n\}$ 与 $\{k, l\}$ 是两个相同的集合. 于是，如果 $\{m, n\} \neq \{k, l\}$，则 $f_m + f_n \neq f_k + f_l$，引理得证.

由引理，对于素数 $p = 101$，我们可以得到 100 个不超过 $2 \times 101^2 < 25\ 000$ 的正整数，使得这些正整数两两的和互不相同.

第三编
第43届国际数学奥林匹克

第43届国际数学奥林匹克题解

英国,2002

❶ 设 n 为任意给定的正整数,T 为平面上所有满足 $x+y<n$,x,y 为非负整数的点 (x,y) 所组成的集合,T 中每一点 (x,y) 均被染上红色或蓝色,满足:若 (x,y) 是红色,则 T 中所有满足 $x'\leqslant x,y'\leqslant y$ 的点 (x',y') 均为红色. 如果 n 个蓝点的横坐标各不相同,则称这 n 个蓝点所组成的集合为一个 $X-$集;如果 n 个蓝点纵坐标各不相同,则称这 n 个蓝点所组成的集合为一个 $Y-$集. 证明:$X-$集的个数和 $Y-$集的个数一样多.

哥伦比亚命题

证法 1 设红点个数为 m,$X-$集数目为 t,$Y-$集数目为 s. 对 m,$0\leqslant m\leqslant \dfrac{n(n+1)}{2}$,进行归纳证明.

(1) 当 $m=0$ 时,由乘法原理,$s=t=n!$,命题成立.

(2) 假设 $m=k\left(0\leqslant k<\dfrac{n(n+1)}{2}\right)$ 时命题成立.

对于 $m=k+1$,设点 $P(x_0,y_0)$ 是使 x_0+y_0 最大的红点之一. 那么,将点 P 改为蓝点. 由于不存在其他红点 (x,y),$x\geqslant x_0$,$y\geqslant y_0$,因此,这仍然是一个满足条件的集合,记为 T'. 对它类似地定义 t',s'.

对于 T',设它在 $x=i(0\leqslant i\leqslant n-1)$ 列上的蓝点有 a_i 个,在 $y=j(0\leqslant j\leqslant n-1)$ 行上的蓝点有 b_j 个. 那么
$$t'=\prod_{i=0}^{n-1}a_i,\ s'=\prod_{j=0}^{n-1}b_j.$$

由归纳假设,有
$$t'=s'$$

即
$$\prod_{i=0}^{n-1}a_i=\prod_{j=0}^{n-1}b_j.$$

对于改变前的集合 T,有
$$t=\Big(\prod_{\substack{i=0\\i\neq x_0}}^{n-1}a_i\Big)(a_{x_0}-1),\ s=\Big(\prod_{\substack{j=0\\j\neq y_0}}^{n-1}b_j\Big)(b_{y_0}-1).$$

在 $x=x_0$ 列上,纵坐标大于等于 y_0 的 T 中的点有 $n-x_0-y_0$

个,所以
$$a_{x_0} = n - x_0 - y_0$$
同理
$$b_{y_0} = n - x_0 - y_0$$
故
$$a_{x_0} = b_{y_0}$$
于是
$$\Big(\prod_{\substack{i=0\\i\neq x_0}}^{n-1} a_i\Big)(a_{x_0}-1) = \Big(\prod_{\substack{j=0\\j\neq y_0}}^{n-1} b_j\Big)(b_{y_0}-1)$$
即
$$t = s$$
故对 $m = k+1$ 时,命题也成立.

因此,对一切 $0 \leqslant m \leqslant \dfrac{n(n+1)}{2}$,命题成立.

证法 2 对 $0 \leqslant i \leqslant n-1$,记直线 $x = i$ 上的蓝点个数为 a_i,直线 $y = i$ 上的蓝点个数为 b_i,根据乘法原理,X - 集的个数为 $a_0 a_1 a_2 \cdots a_{n-1}$,$Y$ - 集的个数为 $b_0 b_1 b_2 \cdots b_{n-1}$.

我们对 n 归纳证明
$$T_n = \{(x,y) \mid x+y < n, x, y \in \mathbf{Z}^+\}$$
的符合本题条件的任一染色方案(以下简称合格的染色)所给出的无序数组 $A = (a_0, a_1, \cdots, a_{n-1})$ 与 $B = (b_0, b_1, \cdots, b_{n-1})$ 相同,从而 $a_1 a_2 \cdots a_{n-1} = b_1 b_2 \cdots b_{n-1}$.

当 $n = 1$ 时,$T_1 = \{(0,0)\}$,所以 $A = B = (0)$ 或 (1).

设 $n = k$ 时结论成立,令 T_{k+1} 的任一合格染色方案给出的数组为 $A = (a_0, a_1, \cdots, a_{k-1}, a_k)$ 和 $B = (b_0, b_1, \cdots, b_{k-1}, b_k)$,去掉 T_{k+1} 中底行(即直线 $y = 0$)上的 k 个点,余下的点可看成 T_k 的一种合格染色,设它给出的数组为 A', B'. 显然
$$B' = (b_1, b_2, \cdots, b_k)$$
当 $b_0 = 0$ 时,直线 $y = 0$ 上没有蓝点,所以
$$a_k = 0$$
且
$$A' = (a_0, a_1, \cdots, a_{k-1})$$
当 $1 \leqslant b_0 \leqslant k$ 时,由合格条件,直线 $y = 0$ 上的 b_0 个蓝点靠右边($k - b_0$ 个红点靠左边),而且每个蓝点的上方全是蓝点.因此,数组 A 的末尾 b_0 个元素为
$$b_0, b_0 - 1, \cdots, 1$$
从而
$$A' = (a_0, a_1, \cdots, a_{k-b_0}, b_0 - 1, \cdots, 1)$$
总之,A', B' 分别由 A, B 去掉同一个数 b_0 得到.由归纳假设,$A' = B'$,从而 $A = B$.

❷ BC 为圆 Γ 的直径,Γ 的圆心为 O,A 为 Γ 上的一点,$0° < \angle AOB < 120°$,D 是弧 AB(不含点 C 的弧)的中点,过点 O 平行于 DA 的直线交 AC 于点 I,OA 的垂直平分线交 Γ 于点 E,F. 证明:I 是 $\triangle CEF$ 的内心.

韩国命题

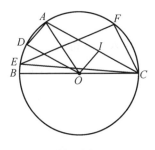

题 2(图 1)

证法 1　如图 1 所示,由题设 A 为 $\overset{\frown}{EAF}$ 的中点,于是,CA 为 $\angle ECF$ 的平分线. 又由于
$$OA = OC, \angle AOD = \frac{1}{2}\angle AOB = \angle OAC$$
则
$$OD \ /\!/ \ IA$$
而 $AD \ /\!/ \ IO$,因此,$ADOI$ 为平行四边形.

又 $OEAF$ 为菱形,有
$$AI = OD = OE = AF$$
所以
$$\angle IFE = \angle IFA - \angle EFA =$$
$$\angle AIF - \angle ECA =$$
$$\angle AIF - \angle ICF = \angle IFC$$
即 IF 为 $\angle EFC$ 的平分线. 故 I 是 $\triangle CEF$ 的内心.

注　条件 $\angle AOB < 120°$ 保证点 I 在 $\triangle CEF$ 的内部.

证法 2　半径 OA 垂直于弦 EF,所以 OA 平分 EF 及 $\overset{\frown}{EF}$,有
$$\angle ECA = \frac{1}{2}\overset{\frown}{AE} = \frac{1}{2}\overset{\frown}{AF} = \angle ACF$$
即 CJ 平分 $\angle ECF$.

因为 D 为 $\overset{\frown}{AB}$ 中点及 $OA = OC$,所以
$$\angle AOD = \frac{1}{2}\angle AOB = \angle OAC$$

又因为
$$AD \ /\!/ \ OJ$$
所以
$$\angle OAD = \angle AOJ$$
故
$$\triangle AOD \cong \triangle OAJ$$
$$AD = OJ$$
则 $AJOD$ 为平行四边形,DJ 与 OA 互相平分,但 OA 与 EF 也互相平分,所以 DJ 与 EF 亦互相平分,从而 $EJFD$ 也是平行四边形,故 $EJ \ /\!/ \ DF$.

此证法属于林常

$$\angle JEF = \angle EFD = \frac{1}{2}(\widehat{AE} + \widehat{AD})$$

$$\angle CEF = \frac{1}{2}\widehat{CBF} = \frac{1}{2}(180° + \widehat{AB} - \widehat{AF})$$

因为 OA 与 EF 互相垂直平分，所以 $AEOF$ 为菱形，则
$$AE = AF = OF$$
所以
$$\widehat{AE} = \widehat{AF} = 60°$$
代入上式得
$$\angle CEF = \frac{1}{2}(120° + 2\widehat{AD}) = 2\angle JEF$$

所以 EJ 平分 $\angle CEF$. 因此，J 是 $\triangle CEF$ 的内心.

注 当 $120° < \angle AOB < 180°$ 时，类似可证 J 是 $\triangle CEF$ 的旁切圆圆心.

证法 3 连 AE, OE, JE，由题设弦 EF 垂直平分半径 OA，故
$$\angle ECJ = \angle FCJ, AE = OE = AF$$
因为 D 为弦 AB 的中点，所以
$$\angle DOB = \angle ACB$$
即
$$AC \parallel OD$$
从而四边形 $AJOD$ 为平行四边形. 所以
$$AJ = OD = OE = AE$$
$$\angle AEJ = \angle AJE, \widehat{AE} = \widehat{AF} = 60°$$
因为
$$\angle AEJ = \angle AEF + \angle FEJ = 30° + \angle FEJ$$
$$\angle AJE = \angle ACE + \angle CEJ = 30° + \angle CEJ$$
所以
$$\angle FEJ = \angle CEJ$$
故 J 为 $\triangle CEF$ 的内心.

此证法属于程华

证法 4 如图 2 所示，过点 E 作 $EN \parallel CF$. 由 D 是 $\widehat{AB}$ 的中点，可知
$$AC \parallel OD$$
从而四边形 $AJOD$ 是平行四边形，所以点 D, J 关于 OA 的中点 M 对称. 由 EF 垂直平分半径 OA 知，OA 垂直平分 EF，所以直线 EN, CF 关于点 M 对称，从而点 J 到 EF 的距离等于点 D 到 EF 的距离，点 J 到 CF 的距离等于点 D 到 EN 的距离.

又由 EF 垂直平分半径 OA 知，$\widehat{AF}, \widehat{AE}$ 均等于 $60°$，设 $\angle AOB = 2\theta$，则

此证法属于程华

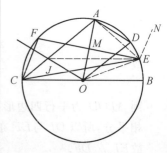

题 2(图 2)

$$\angle DEF = 30° + \frac{\theta}{2}$$
$$\angle CFE = 90° + \theta - 30° = 60° + \theta$$

又
$$\angle NEF = \angle CFE$$

CF 的方程为
$$\frac{y}{x+1} = \frac{\sin(2\theta + 60°)}{\cos(2\theta + 60°) + 1}$$
$$\frac{y}{x+1} = \frac{\sin(\theta + 30°)}{\cos(\theta + 30°)}$$

即 $x \cdot \sin(\theta + 30°) - y \cdot \cos(\theta + 30°) + \sin(\theta + 30°) = 0$

设点 J 到 EF,CF 的距离分别为 d_1,d_2,则

$d_1 = |(\cos 2\theta - \cos \theta)\cos 2\theta +$
$(\sin 2\theta - \sin \theta)\sin 2\theta - \frac{1}{2}| =$
$|\frac{1}{2} - \cos \theta|$

$d_2 = |(\cos 2\theta - \cos \theta)\sin(\theta + 30°) -$
$(\sin 2\theta - \sin \theta)\cos(\theta + 30°) + \sin(\theta + 30°)| =$
$|\sin[(\theta + 30°) - 2\theta] + \sin[\theta - (\theta + 30°)] +$
$\sin(\theta + 30°)| =$
$|\sin(\theta + 30°) - \sin(\theta - 30°) - \frac{1}{2}| =$
$|\cos \theta - \frac{1}{2}|$

所以
$$d_1 = d_2$$

即 FJ 为 $\angle CFE$ 平分线.

因为 $OA \perp EF$,所以
$$\angle ACE = \angle ACF$$

所以 J 为 $\triangle CEF$ 的内心,所以
$$\angle NEF = 60° + \theta$$

则 DE 为 $\angle NEF$ 的平分线.

从而点 D 到 EN 与 EF 的距离相等,即点 J 到 CF 与 EF 的距离也相等.

又因为 $\angle FCJ = \angle ECJ$,所以 J 为 $\triangle CEJ$ 的内心.

证法 5 如图 3 所示,建立直角坐标系,依题意可以设 $A(\cos 2\theta, \sin 2\theta)$,$D(\cos \theta, \sin \theta)$,$F(\cos(2\theta + 60°), \sin(2\theta + 60°))$.

由 D 是弧 AB 的中点,知

$$AC \parallel OD$$

所以
$$k_{OJ} = k_{DA} = \frac{\sin 2\theta - \sin\theta}{\cos 2\theta - \cos\theta}$$

$$k_{AC} = k_{OD} = \frac{\sin\theta}{\cos\theta}$$

直线 OJ 的方程为
$$y = \frac{\sin 2\theta - \sin\theta}{\sin 2\theta - \cos\theta}x \qquad ①$$

直线 AC 的方程为
$$y = \frac{\sin\theta}{\cos\theta}(x+1) \qquad ②$$

联立方程①,②,解得 J 的坐标为
$$x = \cos 2\theta - \cos\theta, y = \sin 2\theta - \sin\theta$$

因为
$$k_{EF} = -\frac{1}{k_{OA}} = -\frac{\cos 2\theta}{\sin 2\theta}$$

所以直线 EF 的方程为
$$\frac{y - \frac{1}{2}\sin 2\theta}{x - \frac{1}{2}\cos 2\theta} = -\frac{\cos 2\theta}{\sin 2\theta}$$

即
$$x \cdot \cos 2\theta + y \cdot \sin 2\theta - \frac{1}{2} = 0$$

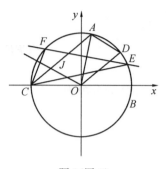

题 2(图 3)

罗马尼亚命题

❸ 找出所有的正整数对 $m, n \geqslant 3$,使得存在无穷多个正整数 a,有 $\dfrac{a^m + a - 1}{a^n + a^2 - 1}$ 为整数.

解法 1 假设 (m,n) 为所求,显然有 $n < m$.

(1) 首先有 $g(x) = x^n + x^2 - 1$ 整除 $f(x) = x^m + x - 1$.

实际上,由于 $g(x)$ 为本原多项式及除法定理,有
$$\frac{f(x)}{g(x)} = q(x) + \frac{r(x)}{g(x)}$$

其中
$$\deg(r(x)) < \deg(g(x))$$

余项 $\dfrac{r(x)}{g(x)}$ 当 $x \to \infty$ 时,趋于零.但另一方面,对无穷多个整数 a,它为整数.于是,有无穷多个整数 a,使得 $\dfrac{r(a)}{g(a)} = 0$,得出 $r \equiv 0$.

(2) 多项式 $f(x), g(x)$ 在 $(0,1)$ 中有唯一根.

由于 $f(x), g(x)$ 在 $[0,1]$ 中为增函数,且值域为 $[-1,1]$,从

而,在$(0,1)$中它们有唯一实根.又由于$g(x)$整除$f(x)$,所以,它们有相同的根,并记为α.

(3) 利用α,证明$m<2n$.

易得$\alpha>\beta,\beta=0.618\cdots$为$h(x)=x^2+x-1$的正根.因为$f(x)$在$(0,1)$单调递增,且
$$f(\beta)<h(\beta)=0=f(\alpha)$$
另一方面,若$m\geqslant 2n$,则
$$1-\alpha=\alpha^m\leqslant(\alpha^n)^2=(1-\alpha^2)^2$$
从而
$$\alpha(\alpha-1)(\alpha^2+\alpha-1)\geqslant 0$$
有$\alpha\leqslant\beta$,矛盾.

(4) 对$m<2n$,有唯一解$(m,n)=(5,3)$.

假设有解,考虑$a=2$,并记
$$d=g(2)=2^n+3$$
由(1)得
$$-2^m\equiv 1\pmod{d}$$
令
$$m=n+k,1\leqslant k<n$$
则
$$-2^m\equiv(d-2^n)2^k\equiv 3\cdot 2^k\pmod{d}$$
这表明,当$1\leqslant k\leqslant n-2$时,$-2^m\not\equiv 1\pmod{d}$.

当$k=n-1$,即$m=2n-1$时,则-2^m模d的最小正余数为
$$3\cdot 2^{n-1}-d=2^{n-1}-3$$
只有当$n=3$时,取值为1.因此,$m=5$.

最后
$$a^5+a-1=(a^3+a^2-1)(a^2-a+1)$$
表明$(m,n)=(5,3)$为一个解.

故$(m,n)=(5,3)$为唯一解.

解法2 由$a^m+a-1\geqslant a^n+a^2-1,a\in\mathbf{Z}^+$,可得$m>n$.

再根据综合除法,可求得整系数多项式$q(x),r(x)$($\deg r(x)<n$),使
$$\frac{x^m+x-1}{x^n+x^2-1}=q(x)+\frac{r(x)}{x^n+x^2-1}$$
由已知条件,存在无穷多个正整数a,使$\dfrac{r(a)}{a^n+a^2-1}\in\mathbf{Z}$,故必有
$$r(x)=0$$
所以
$$x^m+x-1=(x^n+x^2-1)q(x)$$
令$q(x)=\sum_{i=0}^{m-n}a_ix^i$,比较两边系数得到

此解法属于林常

$$a_0 = 1, a_1 = -1$$
且当 $2 \leqslant i \leqslant n-1$ 时,有
$$-a_i + a_{i-2} = 0$$
所以
$$a_i = a_{i-2}$$
故
$$a_i = (-1)^i, 0 \leqslant i \leqslant n-1$$
当 $n \leqslant i \leqslant m-1$ 时,有
$$-a_i + a_{i-2} + a_{i-n} = 0$$
所以
$$a_i = a_{i-2} + a_{i-n}$$
由于 $a_{m-n} = 1$,而 $m-n+1 \leqslant j \leqslant m-1$ 时 $a_j = 0$,故这个 n 阶递推序列应当出现接连的 n 项为
$$a_i = 1, a_{i+1} = a_{i+2} = \cdots = a_{i+n-1} = 0$$
反过来,如果出现这样的接连 n 项,那么 $m = n+i$ 和 n 就是一组解.

当 n 为偶数时,利用 $a_i = a_{i-2} + a_{i-n} (i \geqslant n)$ 归纳可证所有 $a_{2i} > 0, a_{2i+1} < 0$,不出现为 0 的项,故此时无解.

当 $n = 2k+1$ 时,写出数列的前 $2n+1$ 项,即
$$a_0 = 1, a_1 = -1, a_2 = 1, a_3 = -1$$
$$\vdots$$
$$a_{n-3} = 1, a_{n-2} = -1, a_{n-1} = 1, a_n = 0, a_{n+1} = 0, a_{n+2} = 1, a_{n+3} = -1$$
$$\vdots$$
$$a_{2n-3} = k-1, a_{2n-2} = -(k-1), a_{2n-1} = k, a_{2n} = -(k-1)$$
令 $s_i = a_i + a_{i+1}$,有
$$s_0 = s_1 = \cdots = s_{n-2} = 0, s_{n-1} = 1, s_n = 0, s_{n+1} = 1, s_{n+2} = 0, s_{n+3} = 1$$
$$\vdots$$
$$s_{2n-3} = 0, s_{2n-2} = s_{2n-1} = 1$$
由于 s_i 亦满足 $s_i = s_{i-2} + s_{i-n} (i \geqslant n)$,故归纳可证. 当 $i \geqslant 2n-2$ 时恒有 $s_i > 0$,从而 $i \geqslant 2n-2$ 时不会出现接连两项同时为 0,于是整个数列中出现接连若干项(至少两项)同时为 0 的只有一处
$$a_n = a_{n+1} = 0$$
所以
$$n - 1 = 2, n = 3, m = n - 1 + n = 5$$
故满足本题要求的正整数对只有一组: $m = 5, n = 3$. 此时
$$\frac{a^5 + a - 1}{a^3 + a^2 - 1} = a^2 - a + 1$$

❹ 设 n 为大于 1 的整数,全部正因数为 $d_1, d_2, \cdots, d_k$,其中 $1 = d_1 < d_2 < \cdots < d_k = n$,记
$$D = d_1 d_2 + d_2 d_3 + \cdots + d_{k-1} d_k$$
(1) 证明: $D < n^2$;
(2) 确定所有的 n,使得 D 能整除 n^2.

罗马尼亚命题

解 (1) 注意到,若 d 为 n 的因子,则 $\dfrac{n}{d}$ 也是 n 的因子. 于是
$$D = \sum_{1 \leqslant i \leqslant k-1} d_i d_{i+1} = n^2 \sum_{1 \leqslant i \leqslant k-1} \frac{1}{d_i d_{i+1}} \leqslant$$
$$n^2 \sum_{1 \leqslant i \leqslant k-1} \left(\frac{1}{d_i} - \frac{1}{d_{i+1}} \right) < \frac{n^2}{d_1} = n^2$$
故问题 (1) 成立.

(2) 设 p 为 n 的最小素因子,则有
$$d_2 = p, \quad d_{k-1} = \frac{n}{p}, \quad d_k = n$$
若 $n = p$,则
$$k = 2, D = p, D \mid n^2$$
若 n 为合数,则
$$k > 2, D > d_{k-1} d_k = \frac{n^2}{p}$$
如果 $D \mid n^2$,则 $\dfrac{n^2}{D}$ 为 n^2 的因子. 但
$$1 < \frac{n^2}{D} < p$$
由于 p 为 n^2 的最小素因子,上式不能成立. 故若 $D \mid n^2$,则 n 为素数.

❺ 找出所有从实数集 **R** 到 **R** 的函数 f,使得对所有 $x, y, z, t \in \mathbf{R}$,有
$$(f(x) + f(z))(f(y) + f(t)) = f(xy - zt) + f(xt + yz)$$

印度命题

解法 1 假设对所有 $x, y, z, t \in \mathbf{R}$,有
$$f(xy - zt) + f(xt + yz) = (f(x) + f(z))(f(y) + f(t)) \quad ①$$
令 $x = y = z = 0$,则
$$2f(0) = 2f(0)(f(0) + f(t))$$
特别地
$$2f(0) = 4f^2(0)$$
所以

$$f(0) = 0 \text{ 或 } f(0) = \frac{1}{2}$$

若 $f(0) = \frac{1}{2}$, 则

$$f(0) + f(t) = 1$$

可得到

$$f(x) = \frac{1}{2}$$

若 $f(0) = 0$, 在式 ① 中令 $z = t = 0$, 则

$$f(xy) = f(x)f(y)$$

特别地

$$f(1) = f^2(1)$$

所以

$$f(1) = 0 \text{ 或 } f(1) = 1$$

若 $f(1) = 0$, 则有

$$f(x) = f(x)f(1) = 0, x \in \mathbf{R}$$

于是,假设 $f(0) = 0, f(1) = 1$. 令 $x = 0, y = t = 1$, 式 ① 给出

$$f(-z) + f(z) = 2f(z)$$

即对 $z \in \mathbf{R}, f(-z) = f(z), f(x)$ 为偶函数.

由于 $f(x^2) = f^2(x) \geqslant 0$ 及 $f(x)$ 为偶函数, 则对 $y \in \mathbf{R}$, 有

$$f(y) \geqslant 0$$

在式 ① 中令 $t = x, z = y$, 则

$$f(x^2 + y^2) = (f(x) + f(y))^2$$

即

$$f(x^2 + y^2) \geqslant f^2(x) = f(x^2)$$

因此, 对 $u \geqslant v \geqslant 0, f(u) \geqslant f(v)$, 对 $x \in \mathbf{R}^+, f(x)$ 为增函数.

在式 ① 中, 令 $y = z = t = 1$, 则

$$f(x-1) + f(x+1) = 2(f(x) + 1)$$

可用归纳法证明 $f(n) = n^2$, 对非负整数 n 成立. 由于 $f(x)$ 为偶函数, 则 $f(n) = n^2$ 对所有整数成立. 由 $f(xy) = f(x)f(y)$, 可得

$$f(a) = a^2$$

对所有有理数成立.

假设对某个正数 $x, f(x) \neq x^2$. 若 $f(x) < x^2$, 取有理数 a, $x > a > \sqrt{f(x)}$, 则

$$f(a) = a^2 > f(x)$$

由 $f(x)$ 的增加性, 有 $f(a) \leqslant f(x)$, 矛盾.

对 $f(x) > x^2$, 可类似证明.

于是

$$f(x) = x^2, x \in \mathbf{R}^+$$

由于 $f(x)$ 为偶函数,所以
$$f(x) = x^2, x \in \mathbf{R}$$
经检验,$f(x) = 0, x \in \mathbf{R}$;$f(x) = \dfrac{1}{2}, x \in \mathbf{R}$;$f(x) = x^2, x \in \mathbf{R}$ 均满足条件. 故它们为所求的解.

解法 2 取 $y = t = 0, z = x$,得到
$$4f(0)f(x) = 2f(0)$$

(1) 若 $f(0) \neq 0$,则 $f(x) = \dfrac{1}{2}(x \in \mathbf{R})$,显然这是一个解.

(2) 若 $f(0) = 0$,取 $z = t = 0$,得到 $f(xy) = f(x)f(y)$. 如果有 $x_0 \neq 0$ 使 $f(x_0) = 0$,则
$$f(x) = f(x_0 \cdot \dfrac{x}{x_0}) = f(x_0)f(\dfrac{x}{x_0}) = 0, x \in \mathbf{R}$$
显然这也是一个解.

(3) $f(0) = 0$ 且 $x \neq 0$ 时,$f(x) \neq 0$. 取 $x = y = 0$,得
$$f(-zt) = f(z)f(t) = f(zt)$$
所以
$$\forall x \in \mathbf{R}, f(-x) = f(x)$$
上式中令 $z = t = 1$,得
$$f(1) = f(1)^2$$
因为 $f(1) \neq 0$,所以
$$f(1) = 1$$
当 $x > 0$ 时,有
$$f(x) = f(\sqrt{x} \cdot \sqrt{x}) = f(\sqrt{x})f(\sqrt{x}) > 0$$
取 $z = y, t = x, f(x^2 + y^2) = (f(x) + f(y))^2$
令 $\sqrt{f(x)} = g(x)$,则
$$g(0) = 0, g(1) = 1, g(-x) = g(x), g(xy) = g(x)g(y)$$
当 $x \neq 0$ 时,$g(x) > 0$,而且
$$g(x^2 + y^2) = g^2(x) + g^2(y) = g(x^2) + g(y^2)$$
也就是 $\forall x, y \geqslant 0$,有
$$g(x + y) = g(x) + g(y)$$
由此归纳可得 $\forall x \in \mathbf{R}^+, n \in \mathbf{Z}^+, g(nx) = ng(x)$. 由此分别取 $x = 1, x = \dfrac{1}{n}, x = \dfrac{1}{m}$,依次得到
$$g(n) = n, g(\dfrac{1}{n}) = \dfrac{1}{n}, g(\dfrac{n}{m}) = \dfrac{n}{m}$$
即 $\forall x \in \mathbf{Q}_+$,有 $g(x) = x$.

又 $\forall x > y > 0$,有

此解法属于林常

$$g(x) = g(y+x-y) = g(y) + g(x-y) > g(y)$$

g 在 $\mathbf{R}^+$ 上严格递增,对任意 $x \in \mathbf{R}^+$,可找到递增的有理数序列 $\{r_i\}$ 以 x 为极限,由 $x > r_i$ 得到

$$g(x) > g(r_i) = r_i$$

取极限,得

$$g(x) \geqslant x$$

再取递减的有理数序列以 x 为极限,同理可得

$$g(x) \leqslant x$$

所以

$$g(x) = x \quad (x \in \mathbf{R}^+)$$

所以

$$f(x) = g^2(x) = x^2, x \geqslant 0$$

再由偶性得到,当 $x < 0$ 时,有

$$f(x) = f(-x) = (-x)^2 = x^2$$

所以

$$f(x) = x^2 \quad (x \in \mathbf{R})$$

由恒等式

$$(x^2 + z^2)(y^2 + t^2) = (xy - zt)^2 + (xt + yz)^2$$

可知 $f(x) = x^2$ 是本题的解.

因此,满足本题条件的 $\mathbf{R} \to \mathbf{R}$ 函数共有三个:$f(x) = \dfrac{1}{2}$,$f(x) = 0$ 和 $f(x) = x^2$.

❻ 设 $n \geqslant 3$ 为整数,$\Gamma_1, \Gamma_2, \Gamma_3, \cdots, \Gamma_n$ 为平面上半径为 1 的圆,圆心分别为 $O_1, O_2, O_3, \cdots, O_n$.假设任一直线至多和两个圆相交或相切,证明

$$\sum_{1 \leqslant i < j \leqslant n} \frac{1}{O_i O_j} \leqslant \frac{(n-1)\pi}{4}$$

乌克兰命题

证法 1 如图 4 所示,对圆 $\Gamma_i, \Gamma_j, 1 \leqslant i < j \leqslant n$,过圆心 O_i 作 Γ_j 的两条切线,将平面分为 4 部分.将 Γ_i 上与 Γ_j 在同一部分的弧以及这段弧相对的另一段弧染色.

同样地,对 Γ_j 也有相同长度的两段弧被染色.

由于过 O_i 的直线至多过其他的一个圆,因此,Γ_i 上的每个点至多被染色一次(不考虑多个圆的点).

下面考虑,Γ_i 与 Γ_j 之间染色的弧的总长度.

如图 5 所示,设 $O_i P$ 为 Γ_j 的一条切线,与 Γ_j 切于点 P,线段 $O_i O_j$ 与 Γ_i 交于点 Q,射线 $O_i P$ 与 Γ_i 交于点 N,$QM \perp O_i P$ 于点 M.则有

$$\triangle O_i QM \backsim \triangle O_i O_j P$$

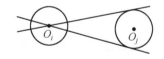

题 6(图 4)

又 $O_iQ = O_jP = 1$,所以
$$\frac{MQ}{O_iQ} = \frac{PO_j}{O_iO_j}$$
即
$$MQ = \frac{1}{O_iO_j}$$
则
$$\widehat{NQ} \geqslant MQ = \frac{1}{O_iO_j}$$
由对称性,Γ_i,Γ_j 相互之间染色的弧的总长度为
$$8\widehat{NQ} \geqslant \frac{8}{O_iO_j}$$

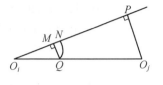

题6(图5)

因此,对这 n 个圆,两两之间染色的弧的总长度大于等于 $\sum_{1 \leqslant i < j \leqslant n} \frac{8}{O_iO_j}$. 然而这些圆的周长之和为 $2n\pi$.

如图 6 所示,考虑 $O_1,O_2,\cdots,O_n$ 这 n 个点的凸包多边形 $O_{k_1}O_{k_2}\cdots O_{k_r}$ 以及 Γ_{k_i} 在 $\angle O_{k_{i-1}}O_{k_i}O_{k_{i+1}}$ 外角部分的弧.此多边形外角和为 2π,因此,这些弧的总长为 4π.

下面证明,每一段弧至多有一半被染色.

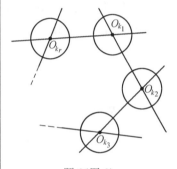

题6(图6)

如图 7 所示,任取多边形上相邻的三个顶点,不妨设依次为 O_1,O_2,O_3.连 O_1O_2 并延长与 Γ_2 交于点 A,线段 O_2O_3 与 Γ_2 交于点 B.设 l_1 为 Γ_1,Γ_3 距 Γ_2 较近的一条外公切线,并过点 O_2 作 $l_2 \parallel l_1$,l_2 与 $\widehat{AB}$ 交于点 C,过点 O_2 作 O_2D 与 Γ_3 相切于点 D,且点 D 与 C 在 O_2O_3 同侧(O_2D 经过 $\widehat{AB}$).

因为 l_1 不与 Γ_2 相交,Γ_2,Γ_3 在 l_1 两侧,Γ_2 半径为 1,则 l_1 到 l_2 的距离大于等于 1.所以点 D 到 l_2 的距离大于等于 1.

又因 $DO_3 = 1$,则点 D 到 O_2O_3 的距离小于等于 1.

因为点 D 在 $\angle O_3O_2C$ 中,所以
$$\angle DO_2O_3 \leqslant \angle DO_2C$$

因此,$\widehat{BC}$ 上被染色的部分长度小于等于 $\frac{1}{2}\widehat{BC}$.同样,$\widehat{AC}$ 上

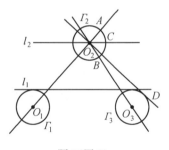

题6(图7)

被染色的长度小于等于 $\frac{1}{2}\widehat{AC}$.于是,$\widehat{AB}$ 上至多有一半被染色.对其他这样的弧也有同样的结论.凸包多边形所有外角部分内至少有长为 2π 的弧未被染色,因此,染色的弧长总和小于等于 $2n\pi - 2\pi$.从而
$$\sum_{1 \leqslant i < j \leqslant n} \frac{8}{O_iO_j} \leqslant 2n\pi - 2\pi$$
故
$$\sum_{1 \leqslant i < j \leqslant n} \frac{1}{O_iO_j} \leqslant \frac{(n-1)\pi}{4}$$

证法 2 由题目条件,每两个圆无公共点,特别地,$i \neq j$ 时,

点 O_i 在圆 Γ_j 外,由点 O_i 引 Γ_j 的两条切线夹成一个对顶角区域,记这个夹角为 α_{ij}(由于各圆相等,$\alpha_{ij} = \alpha_{ji}$). 如图 8 所示,有

$$\frac{1}{O_iO_j} = \sin\frac{\alpha_{ij}}{2} < \frac{\alpha_{ij}}{2}$$

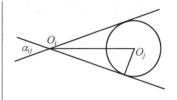

题 6(图 8)

取定 i,对 $n-1$ 个 j 求和,即

$$S_i = \sum_{j \neq i} \frac{1}{O_iO_j} < \frac{1}{2}\sum_{j \neq i} \alpha_{ij} = \frac{1}{2}A_i$$

(A_i 是 O_i 对另外 $n-1$ 个圆张角的和). 由题给条件,O_i 处的 $n-1$ 个对顶角区域除公共顶点 O_i 外两两无公共点,故

$$2A_i < 2\pi, A_i < \pi$$

设 n 个点 $O_1, O_2, \cdots, O_n$ 的凸包为凸 k 边形(由于 O_i 每三点不共线,所以 $k \geq 3$). 考虑这个 k 边形的三个相邻顶点 O_k, O_i, O_l,Γ_i 与 Γ_l 的两条内公切线相交于 O_iO_l 的中点 M_{il},记内公切线与 O_iO_l 之夹角为 β_{il},则

$$\sin\beta_{il} = \frac{1}{\frac{1}{2}O_iO_l} = 2\sin\frac{\alpha_{il}}{2} > \sin\alpha_{il}$$

因为 $\beta_{il} < \frac{\pi}{2}$,所以

$$\beta_{il} > \alpha_{il}$$

同理

$$\beta_{ik} > \alpha_{ik}$$

由题目条件,点 M_{ik} 在 Γ_i 与 Γ_l 的两条内公切线所夹的对顶角区域外,如图 9 所示,故

$$\beta_{ik} + \beta_{il} < \angle O_iM_{ik}M_{il} + \angle O_iM_{il}M_{ik} = \pi - \varphi_i$$

其中,φ_i 为 k 边形在 O_i 处的内角.

由于其他点 O_j 都在 $\angle O_kO_iO_l$ 内,故对于 k 边形的顶点 O_i 有

$$A_i < \varphi_i + \frac{\alpha_{ik} + \alpha_{il}}{2} < \varphi_i + \frac{1}{2}(\beta_{ik} + \beta_{il}) < \frac{\pi + \varphi_i}{2}$$

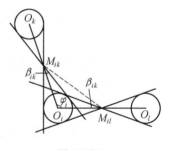

题 6(图 9)

最后,将所有 n 个 S_i 求和,注意到每个 $\frac{1}{O_iO_j}$ 在 S_i 和 S_j 中各出现一次,对于凸包 k 边形内的每个 O_i,有

$$A_i < \pi$$

每个顶点 O_i,有

$$A_i < \frac{\pi + \varphi_i}{2}$$

而且 k 个 φ_i 之和为 $(k-2)\pi$,从而得到

$$\sum_{1 \leq i < j \leq n} \frac{1}{O_iO_j} = \frac{1}{2}\sum_{i=1}^{n} S_i < \frac{1}{4}\left((n-k)\pi + \frac{k\pi + (k-2)\pi}{2}\right) = \frac{(n-1)\pi}{4}$$

第 43 届国际数学奥林匹克英文原题

The forty-third IMO was hosted by the United Kingdom in Glasgow on 19—30 July, 2002.

❶ Let n be a positive integer. Let T be the set of points (x, y) in the plane where x and y are non-negative integers and $x+y < n$. Each point of T is coloured red or blue. If a point (x, y) is red, then so are all points (x', y') of T with both $x' \leqslant x$ and $y' \leqslant y$. Define an X-set to be a set of n blue points having distinct x-coordinates, and a Y-set to be a set of n blue points having distinct y-coordinates. Prove that the number of X-sets is equal to the number of Y-sets. (Colombia)

❷ Let BC be a diameter of the circle Γ with centre O. Let A be a point on Γ such that $0° < \angle AOB < 120°$. Let D be the midpoint of the arc AB not containing C. The line through O parallel to DA meets the line AC at J. The perpendicular bisector of OA meets Γ at E and at F. Prove that J is the incentre of the triangle CEF. (Korea)

❸ Find all pairs of integers $m, n \geqslant 3$ such that there exist infinitely many positive integers a for which
$$\frac{a^m + a - 1}{a^n + a^2 - 1}$$
is an integer. (Romania)

❹ Let n be an integer greater than 1. The positive divisors of n are $d_1, d_2, \cdots, d_k$ where $1 = d_1 < d_2 < \cdots < d_k = n$. Define $D = d_1 d_2 + d_2 d_3 + \cdots + d_{k-1} d_k$. (Romania)

(a) Prove that $D < n^2$.

(b) Determine all n for which D is a divisor of n^2.

5 Find all functions f from the set r of real numbers to itself such that
$$(f(x)+f(z))(f(y)+f(t))=f(xy-zt)+f(xt+yz)$$
for all x,y,z,t in r.

(India)

6 Let $\Gamma_1, \Gamma_2, \cdots, \Gamma_n$ be circles of radius 1 in the plane, where $n \geq 3$. Denote their centres by $O_1, O_2, \cdots, O_n$ respectively. Suppose that no line meets more than two of the circles. Prove that
$$\sum_{1 \leq i < j \leq n} \frac{1}{O_i O_j} \leq \frac{(n-1)\pi}{4}$$

(Ukraine)

第43届国际数学奥林匹克各国成绩表

2002,英国

名次	国家或地区	分数（满分252）	金牌	银牌	铜牌	参赛队人数
1.	中国	212	6	—	—	6
2.	俄国	204	6	—	—	6
3.	美国	171	4	1	—	6
4.	保加利亚	167	3	2	1	6
5.	越南	166	3	1	2	6
6.	韩国	163	1	5	—	6
7.	中国台湾	161	1	4	1	6
8.	罗马尼亚	157	2	3	1	6
9.	印度	156	1	3	2	6
10.	德国	144	2	1	2	6
11.	伊朗	143	—	4	2	6
12.	加拿大	142	1	3	1	6
12.	匈牙利	142	1	2	3	6
14.	白俄罗斯	135	1	2	3	6
14.	土耳其	135	1	1	4	6
16.	日本	133	1	3	1	6
16.	哈萨克斯坦	133	—	3	3	6
18.	以色列	130	—	3	3	6
19.	法国	127	—	2	3	6
20.	乌克兰	124	1	3	—	6
21.	巴西	123	—	1	5	6
21.	波兰	123	—	4	1	6
21.	泰国	123	—	2	2	6
24.	中国香港	120	1	2	2	6
25.	斯洛伐克	119	—	2	4	6
26.	澳大利亚	117	1	2	1	6
27.	英国	116	—	2	2	6
28.	捷克	115	—	2	3	6
29.	南斯拉夫	114	—	1	5	6
30.	新加坡	112	—	2	2	6

续表

名次	国家或地区	分数（满分252）	金牌	银牌	铜牌	人数
31.	阿根廷	96	—	—	5	6
32.	南非	90	—	1	3	6
33.	意大利	88	—	—	5	6
34.	格鲁吉亚	84	—	—	2	6
35.	蒙古	82	—	—	3	6
36.	新西兰	82	1	—	—	6
37.	哥伦比亚	81	—	—	3	6
38.	芬兰	79	—	—	3	6
39.	古巴	78	—	—	2	6
40.	爱沙尼亚	75	—	2	—	6
40.	拉脱维亚	75	—	1	2	6
42.	立陶宛	74	—	1	2	6
43.	马其顿	73	—	1	1	6
44.	挪威	72	1	—	1	6
45.	克罗地亚	70	—	—	2	6
46.	墨西哥	67	—	—	3	6
47.	希腊	62	—	—	2	6
48.	摩尔多瓦	60	—	—	2	6
49.	瑞典	60	—	—	2	6
50.	乌兹别克斯坦	60	—	—	—	6
51.	秘鲁	59	—	—	2	5
52.	比利时	58	—	—	1	6
52.	委内瑞拉	58	—	1	1	5
54.	荷兰	55	—	—	1	6
55.	丹麦	53	—	—	—	6
56.	奥地利	50	—	—	1	6
56.	中国澳门	50	—	—	3	6
58.	斯洛文尼亚	46	—	—	1	6
59.	土库曼斯坦	45	—	—	1	6
60.	西班牙	44	—	—	1	6
61.	瑞士	44	—	—	1	6
62.	波斯尼亚－黑塞哥维那	42	—	—	1	6
63.	摩洛哥	39	—	—	1	6
64.	印尼	38	—	—	—	6
65.	阿塞拜疆	37	—	—	1	6
66.	冰岛	36	—	—	—	6
67.	亚美尼亚	33	—	—	—	6

续表

名次	国家或地区	分数（满分252）	金牌	银牌	铜牌	参赛队人数
68.	塞浦路斯	29	—	—	—	6
69.	马来西亚	26	—	—	—	6
70.	阿尔巴尼亚	25	—	—	1	6
70.	爱尔兰	25	—	—	—	6
72.	特立尼达－多巴哥	22	—	—	—	6
72.	突尼斯	22	—	—	—	6
74.	菲律宾	18	—	—	—	6
75.	吉尔吉斯斯坦	17	—	—	—	6
75.	波多黎各	17	—	—	—	6
77.	斯里兰卡	16	—	—	—	6
78.	葡萄牙	15	—	—	—	6
79.	卢森堡	12	—	—	—	6
80.	巴拉圭	11	—	—	—	6
81.	危地马拉	4	—	—	—	3
82.	厄瓜多尔	3	—	—	—	6
83.	科威特	2	—	—	—	4
84.	乌拉圭	1	—	—	—	1

第 43 届国际数学奥林匹克预选题解答

英国,2002

数论部分

❶ 求最小正整数 n,使得
$$x_1^3 + x_2^3 + \cdots + x_n^3 = 2\,002^{2\,002}$$
有整数解.

解 因为
$$2\,002 \equiv 4(\bmod 9), 4^3 \equiv 1(\bmod 9), 2\,002 = 667 \times 3 + 1$$
所以
$$2\,002^{2\,002} \equiv 4^{2\,002} \equiv 4(\bmod 9)$$
又 $x^3 \equiv 0, \pm 1(\bmod 9)$,其中 x 是整数,于是
$$x_1^3, x_1^3 + x_2^3, x_1^3 + x_2^3 + x_3^3 \not\equiv 4(\bmod 9)$$
由于
$$2\,002 = 10^3 + 10^3 + 1^3 + 1^3$$
则有
$$2\,002^{2\,002} = 2\,002 \times (2\,002^{667})^3 = $$
$$(10 \times 2\,002^{667})^3 + (10 \times 2\,002^{667})^3 + $$
$$(2\,002^{667})^3 + (2\,002^{667})^3$$
所以,$n = 4$.

❷ 本届 IMO 第 4 题.

解 本届 IMO 第 4 题.

❸ 设 $p_1, p_2, \cdots, p_n$ 是大于 3 的 n 个互不相同的素数. 证明:$2^{p_1 p_2 \cdots p_n} + 1$ 至少有 4^n 个因数.

解 若奇数 u, v 满足 $(u, v) = 1$,则 $2^u + 1$ 和 $2^v + 1$ 可以被 3 整除. 设 $(2^u + 1, 2^v + 1) = t$. 若 $t > 3$,则
$$2^u \equiv -1(\bmod t), 2^v \equiv -1(\bmod t)$$

于是,有
$$(-2)^u \equiv 1(\bmod t), (-2)^v \equiv 1(\bmod t)$$
考虑同余方程
$$(-2)^x \equiv 1(\bmod t)$$
因为 u, v 是该同余方程的解,所以,一定存在最小正整数 r 是该方程的解,即
$$(-2)^r \equiv 1(\bmod t), r > 2$$
若该方程的解为 $x = rp + q, 0 < q < r$,则
$$1 \equiv (-2)^x \equiv (-2)^{rp+q} \equiv (-2)^q (\bmod t)$$
于是,q 也是该方程的解,与 r 是最小正整数矛盾. 所以 $q = 0$,即
$$r \mid x$$
从而,有
$$r \mid u, r \mid v$$
与 $(u, v) = 1$ 矛盾. 因此
$$(2^u + 1, 2^v + 1) = 3$$
因为
$$2^{uv} + 1 = (2^u + 1)(2^{u(v-1)} - 2^{u(v-2)} + \cdots + 2^{2u} - 2^u + 1)$$
所以
$$(2^u + 1) \mid (2^{uv} + 1)$$
同理,有
$$(2^v + 1) \mid (2^{uv} + 1)$$
由于 $(2^u + 1, 2^v + 1) = 3$,所以
$$\frac{1}{3}(2^u + 1)(2^v + 1) \mid (2^{uv} + 1)$$

当 $n = 1$ 时,$2^{p_1} + 1$ 至少有 4 个因数,即 $1, 3, \frac{1}{3}(2^{p_1} + 1), 2^{p_1} + 1$,由于 $p_1 \geqslant 5$,则
$$3 \neq \frac{1}{3}(2^{p_1} + 1)$$
假设 $2^{p_1 p_2 \cdots p_{n-1}} + 1$ 至少有 4^{n-1} 个因数,对于 $2^{p_1 p_2 \cdots p_n} + 1$,设
$$u = p_1 p_2 \cdots p_{n-1}, v = p_n$$
由于 $\left(2^u + 1, \frac{2^v + 1}{3}\right) = 1$,于是,有
$$m = \frac{1}{3}(2^u + 1)(2^v + 1)$$
至少有 $2 \cdot 4^{n-1}$ 个因数.

因为 $m \mid (2^{uv} + 1)$,由 $uv > 2(u + v)$,其中 $u, v \geqslant 5$,可得
$$2^{uv} + 1 > 2^{2(u+v)} + 1 > m^2$$
因此,$2^{uv} + 1$ 的因数个数不少于 m 因数个数的 2 倍,即 $2^{uv} + 1$ 的因数个数不少于 4^n.

故结论成立.

❹ 是否存在正整数 m，使得方程
$$\frac{1}{a}+\frac{1}{b}+\frac{1}{c}+\frac{1}{abc}=\frac{m}{a+b+c}$$
有无穷多组正整数解 (a,b,c)？

解 存在.

如果 $a=b=c=1$，则 $m=12$. 令
$$\frac{1}{a}+\frac{1}{b}+\frac{1}{c}+\frac{1}{abc}-\frac{12}{a+b+c}=\frac{p(a,b,c)}{abc(a+b+c)}$$

其中
$$p(a,b,c)=a^2(b+c)+b^2(c+a)+c^2(a+b)+a+b+c-9abc.$$

假设 (x,a,b) 是满足 $p(x,a,b)=0$ 的一组解，且 $x\leqslant a\leqslant b$.

由于 $p(x,a,b)=0$ 是关于 x 的二次方程，所以，$y=\dfrac{ab+1}{x}>b$ 是其另外的一个解.

设 $a_0=a_1=a_2=1$，定义
$$a_{n+2}=\frac{a_n a_{n+1}+1}{a_{n-1}}\quad(n\geqslant 1)$$

我们证明下面的结论：

(1) $a_{n-1}\mid(a_n a_{n+1}+1)$；

(2) $a_n\mid(a_{n-1}+a_{n+1})$；

(3) $a_{n+1}\mid(a_{n-1}a_n+1)$.

其中 a_{n-1},a_n,a_{n+1} 均为正整数.

当 $n=1$ 时，以上 3 个结论显然成立.

假设 $n=k$ 时，以上 3 个结论也成立.

由(1) 得
$$a_{k-1}\mid(a_k a_{k+1}+1)$$

即 a_{k-1} 与 a_k 互素，且
$$a_{k-1}\mid[(a_k a_{k+1}+1)a_{k+1}+a_{k-1}]$$

由(2) 得
$$a_k\mid(a_{k-1}+a_{k+1})$$

且
$$a_k\mid(a_k a_{k+1}^2+a_{k+1}+a_{k-1})$$

所以
$$a_k a_{k-1}\mid(a_k a_{k+1}^2+a_{k+1}+a_{k-1})$$

即
$$a_k\mid\left(a_{k+1}\frac{a_k a_{k+1}+1}{a_{k-1}}+1\right)=a_{k+1}a_{k+2}+1$$

于是,当 $n=k+1$ 时(1)也成立.

同理,由于 a_{k-1} 与 a_{k+1} 也互素,且 $a_{k-1} \mid (a_k a_{k+1}+1+a_k a_{k-1})$,由(3)得
$$a_{k+1} \mid (a_{k-1} a_k + 1)$$
且
$$a_{k+1} \mid (a_{k-1} a_k + 1 + a_k a_{k+1})$$
所以,有
$$a_{k-1} a_{k+1} \mid [a_k(a_{k-1}+a_{k+1})+1]$$
即
$$a_{k+1} \mid \left(a_k + \frac{a_k a_{k+1}+1}{a_{k-1}}\right) = a_k + a_{k+2}$$

于是,当 $n=k+1$ 时(2)也成立.

由 a_{k+2} 的定义及(1)知 a_{k+2} 是整数,且
$$a_{k+2} \mid (a_k a_{k+1} + 1)$$
于是,当 $n=k+1$ 时(3)也成立.

从而可得数列 $\{a_n\}$,当 $n \geqslant 2$ 时严格递增,且 $p(a_n, a_{n+1}, a_{n+2}) = 0$,即 (a_n, a_{n+1}, a_{n+2}) 是原方程的解,$\{a_n\} = \{1, 1, 1, 2, 3, 7, 11, 26, 41, 97, 153, \cdots\}$.

❺ 已知正整数 $m, n \geqslant 2, a_1, a_2, \cdots, a_n$ 是整数,且其中任何一个都不是 m^{n-1} 的倍数. 证明:存在不全为零的整数 $e_1, e_2, \cdots, e_n$,使得 $e_1 a_1 + e_2 a_2 + \cdots + e_n a_n$ 是 m^n 的倍数. 其中,对于所有的 $i=1, 2, \cdots, n$,$|e_i| < m$.

证明 设 B 是所有 $b=(b_1, b_2, \cdots, b_n)$ 构成的集合,其中所有 b_i 满足 $0 \leqslant b_i < m$. 对于 $b \in B$,令
$$f(b) = b_1 a_1 + b_2 a_2 + \cdots + b_n a_n$$

若存在不同的 $b, b' \in B$,满足 $f(b) \equiv f(b') \pmod{m^n}$,则令 $e_i = b_i - b'_i$. 于是,有
$$e_1 a_1 + e_2 a_2 + \cdots + e_n a_n \equiv 0 \pmod{m^n}$$

若所有的 $f(b)$ 均模 m^n 不同余,由于 $|B| = m^n$,则 $f(b)$ 模 m^n 的余数分别为 $0, 1, 2, \cdots, m^n - 1$.

考虑多项式 $\sum_{b \in B} x^{f(b)}$. 令 $x = e^{\frac{2\pi i}{m^n}}$,则
$$\sum_{b \in B} x^{f(b)} = 1 + x + x^2 + \cdots + x^{m^n - 1} = \frac{1 - x^{m^n}}{1 - x} = 0$$

另一方面
$$\sum_{b \in B} x^{f(b)} = \prod_{i=1}^{n}(1 + x^{a_i} + x^{2a_i} + \cdots + x^{(m-1)a_i}) = \prod_{i=1}^{n} \frac{1 - x^{m a_i}}{1 - x}$$

由于 ma_i 不是 m^n 的倍数,所以,当 $x = e^{\frac{2\pi i}{m^n}}$ 时,$\sum_{b \in B} x^{f(b)} \neq 0$,矛盾.

❻ 本届 IMO 第 3 题.

解 本届 IMO 第 3 题.

组合部分

❶ 本届 IMO 第 1 题.

解 本届 IMO 第 1 题.

❷ 已知 $n \times n$(n 是奇数)的棋盘上的每个单位正方形被黑白相间地染了色,且 4 个角上的单位正方形染的是黑色. 将 3 个连在一起的单位正方形组成的一个 L 形图称为一块"多米诺". 问:n 为何值时,所有的黑格可以用互不重叠的"多米诺"覆盖?若能覆盖,最少需要多少块"多米诺"?

解 设 $n = 2m + 1$,考虑奇数行,则每行有 $m + 1$ 个黑格,共有 $(m+1)^2$ 个黑格. 而任意两个黑格均不可能被一块"多米诺"覆盖,因此,至少需要 $(m+1)^2$ 块"多米诺",才能覆盖棋盘上的所有黑格. 由于当 $n = 1, 3, 5$ 时,均有 $3(m+1)^2 > n^2$,所以,$n \geq 7$.

下面用数学归纳法证明:当 $n \geq 7$ 时,$(m+1)^2$ 块"多米诺"可以覆盖棋盘上的所有黑格.

当 $n = 7$ 时,由于两块"多米诺"可组成一个 2×3 的矩形,两个 2×3 的矩形又可组成一个 4×3 的矩形,则可将这 4 个 4×3 的矩形放在 7×7 的棋盘上,使得除了中间的一个黑格外,覆盖了棋盘上的所有方格(如图 1).

调整与中间的这个黑格相邻的一块"多米诺",使得用这块"多米诺"盖住中间的这个黑格,而且也能盖住原来那块"多米诺"所覆盖的唯一的一个黑格.

从而,用 16 块"多米诺"覆盖了棋盘上除一个白格外的所有方格(如图 1).

假设当 $n = 2m - 1$ 时,在 $(2m-1) \times (2m-1)$ 的棋盘上可以用 m^2 块"多米诺"覆盖棋盘上的所有黑格. 当 $n = 2m + 1$ 时,将 $(2m+1) \times (2m+1)$ 的棋盘分成 $(2m-1) \times (2m-1)$,

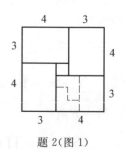

题 2(图 1)

$(2m-1) \times 2$ 和 $(2m+1) \times 2$ 的 3 部分,由于 $(2m-1) \times 2$ 的矩形又可以分成 $m-2$ 个 2×2 的正方形和一个 2×3 的矩形,于是, $(2m-1) \times 2$ 的矩形中的黑格可以用 $(m-2)+2$ 块"多米诺"覆盖.

同理,$(2m+1) \times 2$ 的矩形可以用 $(m-1)+2$ 块"多米诺"覆盖(如图 2).

因此,$(2m+1) \times (2m+1)$ 的棋盘可用 $m^2+m+(m+1)=(m+1)^2$ 块"多米诺"覆盖.

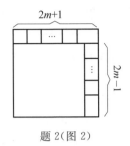

题 2(图 2)

❸ 设 n 是正整数,若由 n 个正整数组成的数列(可以相同)称为"满的",则这个数列应满足条件:对于每个正整数 $k(k \geqslant 2)$,如果 k 在这个数列中,则 $k-1$ 也在这个数列中,且 $k-1$ 第一次出现的位置在 k 最后一次出现的位置的前面.问:对于每个 n,有多少个"满的"数列?

解 有 $n!$ 个"满的"数列.

为证明此结论,我们构造一个与集合 $\{1,2,\cdots,n\}$ 的排列之间满足双射的"满的"数列.

设 $a_1,a_2,\cdots,a_n$ 是一个"满的"数列,$r=\max\{a_1,a_2,\cdots,a_n\}$. 于是,从 1 至 r 的整数都出现在这个数列中.

设 $S_i = \{k \mid a_k = i\}$, $1 \leqslant i \leqslant r$,则所有的 S_i 非空,且它是集合 $\{1,2,\cdots,n\}$ 的一个分割. 对于 $2 \leqslant k \leqslant r$,"满的"数列还满足 $\min S_{k-1} < \max S_k$. 于是,先将 S_1 中的元素按照递减的次序写下来,再将 S_2 中的元素按照递减的次序写下来,……最后将 S_r 中的元素按照递减的次序写下来,从而,得到集合 $\{1,2,\cdots,n\}$ 的一个排列 $b_1,b_2,\cdots,b_n$. 所以,我们得到了从"满的"数列到集合 $\{1,2,\cdots,n\}$ 的排列之间的一个映射.

这个映射也是可逆的. 实际上,设 $b_1,b_2,\cdots,b_n$ 是集合 $\{1,2,\cdots,n\}$ 的一个排列. 设
$$S_1 = \{b_1,b_2,\cdots,b_{k_1}\}$$
其中 $b_1 > b_2 > \cdots > b_{k_1}$,且 $b_{k_1} < b_{k_1+1}$;
$$S_2 = \{b_{k_1+1},b_{k_1+2},\cdots,b_{k_2}\}$$
其中 $b_{k_1+1} > b_{k_1+2} > \cdots > b_{k_2}$,且 $b_{k_2} < b_{k_2+1}$;
$$\vdots$$
$$S_t = \{b_{k_{t-1}+1},b_{k_{t-1}+2} > \cdots > b_n\}$$
其中 $b_{k_{t-1}+1} > b_{k_{t-1}+2} > \cdots > b_n$.

当 $j \in S_i$, $1 \leqslant i \leqslant t$ 时,令 $a_j = i$,则数列 $a_1,a_2,\cdots,a_n$ 是一个"满的"数列.

综上所述,"满的"数列同集合 $\{1,2,\cdots,n\}$ 的排列所构成的集

合是双射.

> **4** 设 T 是由有序三元数组 (x,y,z) 组成的集合,其中 x,y,z 是整数,且 $0 \leqslant x,y,z \leqslant 9$.甲、乙两人玩下面的游戏:甲在 T 中选一个三元数组 (x,y,z),乙不得不用几次"运动"来猜甲所选的三元数组.一次"运动"为:乙给甲一个 T 中的三元数组 (a,b,c),甲回答乙的数是 $|x+y-a-b|+|y+z-b-c|+|z+x-c-a|$.求"运动"次数的最小值,使得乙能知道甲所选的三元数组.

解 两次"运动"是不够的.因为每次回答的数是 0 至 54 之间的偶数,即每次回答的数有 28 种可能的值.两次"运动"回答的可能结果最多为 28^2 种,小于 (x,y,z) 有 1 000 种的可能.

下面证明 3 次"运动"即可以知道甲所选的三元数组.

第一次"运动"乙给甲的三元数组为 $(0,0,0)$,甲回答的数为 $2(x+y+z)$,于是,乙可以知道 $s=x+y+z$ 的值.显然 $0 \leqslant s \leqslant 27$,不妨假设 $s \leqslant 13$.实际上,若 $s \geqslant 14$,则可将下面的过程中乙给甲的 (a,b,c) 改为 $(9-a,9-b,9-c)$,同样可得 (x,y,z).

若 $s \leqslant 9$,第二次"运动"乙给甲的是 $(9,0,0)$,甲回答的数为 $(9-x-y)+y+z+(9-x-z)=18-2x$.于是可得 x 的值.同理,第三次"运动"乙给甲的是 $(0,9,0)$,可得 y 的值.所以,由 $z=s-x-y$ 可得 z 的值.

若 $9<s \leqslant 13$,第二次"运动"乙给甲的是 $(9,s-9,0)$,甲回答的次数为 $z+(9-x)+|9-x-z|$,设其为 $2k$.若 $x+z \geqslant 9$,则 $k=z$;若 $x+z<9$,则 $k=9-x$.无论 k 是哪种情况,均有 $z \leqslant k \leqslant s$.

若 $s-k \leqslant 9$,第三次"运动"乙给甲的是 $(s-k,0,k)$,甲回答的数为 $(k-z)+|k-y-z|+y$.因为 $k \leqslant y+z$,则 $(k-z)+|k-y-z|+y=k-z+(y+z-k)+y=2y$(令 $k=z,k=9-x$ 仍可得到同样的值 $2y$).于是,可得 y 的值.从而可知 $x+z$ 的值.考察 $x+z \geqslant 9$ 或 $x+z<9$,均可由 k 的值得到 z 或 $9-x$ 的值,从而可得 x,z 的值.

若 $s-k>9$,第三次"运动"乙给甲的是 $(9,s-k-9,k)$,甲回答的数为
$$|s-k-x-y|+|s-9-y-z|+|9+k-x-z|=$$
$$(k-z)+(9-x)+(9-x+k-z)=$$
$$18+2k-2(x+z)$$
于是,可得 $x+z$ 的值.同理,可得 x,z 的值.从而可得 y 的值.

综上所述,所求最小值为 3.

❺ 设 $r(r \geqslant 2)$ 是一个固定的正整数,F 是一个无限集合族,且每个集合中有 r 个元素. 若 F 中任意两个集合的交集非空,证明:存在一个具有 $r-1$ 个元素的集合与 F 中的每一个集合的交集均非空.

证明 我们证明下列命题:

如果集合 A 是一个元素个数小于 r,且包含于 F 的无穷多个集合中,则要么 A 与 F 中所有集合的交集非空,要么存在一个 $x \notin A$,使得 $A \cup \{x\}$ 包含于 F 的无穷多个集合中.

当然,这样的集合 A(如空集)是存在的. 我们可以重复运用上面的命题 r 次,即得所要证明的结论.

因为,具有 r 个元素的集合不可能包含于 F 的无穷多个集合中.

假设 F 中的某个集合 $R = \{x_1, x_2, \cdots, x_r\}$ 与集合 A 的交集是空集,由于 F 中有无穷多个集合包含 A,且每一个集合与 R 的交集非空,于是,存在某个 x_i 属于无穷多个集合. 设 $x = x_i$,则 $A \cup \{x\}$ 包含于 F 的无穷多个集合中.

❻ 已知 n 是正偶数. 证明:存在 $1, 2, \cdots, n$ 的一个排列 $x_1, x_2, \cdots, x_n$,使得对于每一个 $1 \leqslant i \leqslant n$,$x_{i+1}$ 是 4 个数 $2x_i, 2x_i - 1, 2x_i - n, 2x_i - n - 1$ 中的一个,其中 $x_{n+1} = x_1$.

解 设 $n = 2m$,我们定义一个有向图 G:G 中有 m 个顶点,标号分别为 $1, 2, \cdots, m$;有 $2m$ 条边,标号分别为 $1, 2, \cdots, 2m$. 由顶点 i 引出的边的标号为 $2i-1$ 和 $2i$;引入的边的标号为 i 和 $i+m$.

对第 j 条边进行归纳定义,其中 $j = 1, 2, \cdots, 2m$. 由于 $j = 2k - 1$ 或 $2k$,$k \geqslant 1$,当 $j = 2k - 1$ 或 $2k \leqslant m$ 时,则确定一条由顶点 k 到顶点 j 的边,定义为第 j 条边;当 $j = 2k - 1$ 或 $2k > m$ 时,则定义第 j 条边为由顶点 k 到顶点 $j - m$ 的边. 如此定义的有向图满足 G 所要求的条件. 于是,每个顶点引出的边和引入的边的条数都是 2. 因此,图 G 是欧拉(Euler)图. 设 x_i 是这个欧拉回路中第 i 条边的标号,且边 x_i 由顶点 j 引入,边 x_{i+1} 由顶点 j 引出,则
$$x_i \equiv j \pmod{m}, x_{i+1} = 2j - 1 \text{ 或 } 2j$$
于是
$$2x_i \equiv 2j \pmod{2m}$$
所以
$$x_{i+1} \equiv 2x_i - 1 \text{ 或 } 2x_i \pmod{n}$$
即为所证结论.

❼ 有 120 个人，任意两个人要么是朋友，要么不是朋友. 只包含一对朋友的四人集合称为一个"弱四人组". 求"弱四人组"数目的最大值.

解 设 120 个人为图 G 中的 120 个点. 若两个人认识，则将这两个人对应的点之间连一线段. 设 $Q(G)$ 为图 G 中"弱四人组"的数目. 若 x,y 是 G 中的两点，且 x,y 之间有连线段，设 G' 满足如下条件：

G' 是 G "由 y 到 x 的拷贝"，对于每一个点 z（异于 x,y），如果 yz 是图 G 中的一条边，则在图 G' 中再加上 xz 这条边；如果 yz 不是图 G 中的一条边，则在图 G' 中去掉 xz 这条边.

同理，定义 G'' 满足如下条件：

G'' 是 G "由 x 到 y 的拷贝"，对于每一个点 z（异于 x,y），如果 xz 是图 G 中的一条边，则在图 G'' 中再加上 yz 这条边；如果 xz 不是图 G 中的一条边，则在图 G'' 中去掉 yz 这条边.

下面证明 $Q(G) \leqslant \dfrac{1}{2}[Q(G') + Q(G'')]$.

若"弱四人组"中既不含有 x，也不含有 y，则 G, G', G'' 中的"弱四人组"的数目相同；G' 和 G'' 中包含 x 和 y 的"弱四人组"的数目都不小于 G 中包含 x 和 y 的"弱四人组"的数目；G' 中包含 y 而不包含 x 或包含 x 而不包含 y 的"弱四人组"的数目，至少是 G 中包含 y 而不包含 x 的"弱四人组"的数目的 2 倍；G'' 中包含 x 而不包含 y 或包含 y 而不包含 x 的"弱四人组"的数目，至少是 G 中包含 x 而不包含 y 的"弱四人组"的数目的 2 倍. 于是，有

$$Q(G) \leqslant \dfrac{1}{2}[Q(G') + Q(G'')]$$

下面考虑一种极端情况，使得

$$Q(G) = Q(G') = Q(G'')$$

我们一对一对地重复将 G 进行"拷贝". 如果 x 与 y 之间有边，则做"由 y 到 x 的拷贝"和"由 x 到 y 的拷贝". 在"由 y 到 x 的拷贝"中，对于与 x 相邻的任意一点 z，做"由 x 到 z 的拷贝"，等. 最后可得图 G 为若干个不连通的完全图. 此时，有

$$Q(G) = Q(G') = Q(G'')$$

因此，"弱四人组"数目的最大值是在由若干个不连通的完全图组成的图 G 中取得的.

设图 G 中包含 n 个完全图，每个完全图中分别有 $a_1, a_2, \cdots, a_n$ 个点，且 $a_i \geqslant 0, i = 1, 2, \cdots, n$，则

$$Q(G) = \sum_{i=1}^{n} C_{a_i}^2 \sum_{\substack{j<k \\ j,k\neq i}} a_j a_k \qquad ①$$

其中
$$C_a^2 = \frac{1}{2}a(a-1)$$

对于 $\{a_i\}$ 中的两个数,不妨设为 a_1 和 a_2,当改变 a_1 和 a_2 的值,并保持 $a_1 + a_2 = s$ 的值不变时,将 $Q(G)$ 写成 a_1 和 a_2 的表达式为

$$Q(G) = C_{a_1}^2 (a_2 \sum_{j=3}^{n} a_j + \sum_{\substack{i,j=3 \\ i<j}}^{n} a_i a_j) + C_{a_2}^2 (a_1 \sum_{j=3}^{n} a_j + \sum_{\substack{i,j=3 \\ i<j}}^{n} a_i a_j) +$$

$$\sum_{j=3}^{n} [C_{a_j}^2 (a_1 a_2 + a_1 \sum_{\substack{k=3 \\ k\neq j}}^{n} a_k + a_2 \sum_{\substack{k=3 \\ k\neq j}}^{n} a_k + \sum_{\substack{k,i=3 \\ k,i\neq j \\ k<i}}^{n} a_k a_i)] =$$

$$A(C_{a_1}^2 + C_{a_2}^2) + B(a_1 + a_2) + C(a_1 C_{a_2}^2 + a_2 C_{a_1}^2) + D a_1 a_2 + E$$

其中 $A = \sum_{\substack{i,j=3 \\ i<j}}^{n} a_i a_j, B = \sum_{j=3}^{n} C_{a_j}^2 \sum_{\substack{k=3 \\ k\neq j}}^{n} a_k, C = \sum_{j=3}^{n} a_j, D = \sum_{j=3}^{n} C_{a_j}^2, E =$
$\sum_{j=3}^{n} C_{a_j}^2 \sum_{\substack{k,i=3 \\ k,i\neq j \\ k<i}}^{n} a_k a_i.$

将 $a_2 = s - a_1$ 代入,则 $Q(G)$ 化为关于 a_1 的二次函数. 由于 a_1 与 a_2 交换 $Q(G)$ 的值不变,且 $0 \leqslant a_1 \leqslant s$,则 $Q(G)$ 的最大值在 $a_1 = 0$ 或 s 或 $\frac{s}{2}$ 时取得. 又由于 a_1 必须是整数,因此,$Q(G)$ 的最大值要么在 $a_1 = 0$ 或 s 取得,要么在 $a_1 = a_2$ 或 $a_1 = a_2 \pm 1$ 时取得.

重复这一过程,可得:若 $a_i > 0$,则任意 a_i, a_j 的值要么相等,要么相差为 1.

不妨假设所有的 $a_i > 0$,当 n 能整除 120 时,有
$$Q(G) = n C_{\frac{120}{n}}^2 C_{n-1}^2 \left(\frac{120}{n}\right)^2 = \frac{120^3 (120-n)(n-1)(n-2)}{4n^3}$$

当 $n \leqslant 6$ 时,易知 $n = 5$ 时 $Q(G)$ 取得最大值,且其最大值为 4 769 280.

又因为在式 ① 中考虑所有 $a_i \in \mathbf{R}$ 的情况,则当所有 a_i 相等时,$Q(G)$ 取得最大值. 故当 $n \geqslant 6$ 时,有
$$Q(G) \leqslant \frac{120^3 (120-n)(n-1)(n-2)}{4n^3}$$

且关于 n 的函数 $\frac{120^3 (120-n)(n-1)(n-2)}{4n^3}$ 单调下降.

综上所述,$Q(G)$ 的最大值为 4 769 280.

几何部分

1 如图1,设 B 是圆 S_1 上的点,过点 B 作圆 S_1 的切线,A 为该切线上异于 B 的点,又 C 不是圆 S_1 上的点,且线段 AC 交圆 S_1 于两个不同的点.圆 S_2 与 AC 相切于点 C,与圆 S_1 相切于点 D,且点 D 与 B 在直线 AC 的两侧.证明:$\triangle BCD$ 的外心在 $\triangle ABC$ 的外接圆上.

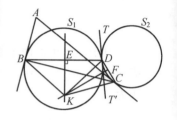

题1(图1)

证法1 设 E, F 分别是 BD, CD 的中点,K 是 $\triangle BCD$ 的外心,TDT' 是圆 S_1 与圆 S_2 的内公切线,则 EK 是 BD 的中垂线,且平分 BA 与 DT 所构成的角.于是,点 K 到 BA, DT 的距离相等.

同理,FK 是 CD 的中垂线,且点 K 到 AC, DT 的距离相等.于是,点 K 是与 BA, AC, DT 均相切的圆的圆心.所以,AK 是 $\angle BAC$ 的角平分线.

又因为点 K 也在 BC 的中垂线上,则这条中垂线与 $\angle BAC$ 的角平分线的交点在 $\triangle ABC$ 的外接圆上.

证法2 因 $\angle TDB = \angle ABD, \angle T'DC = \angle DCA$,则
$$\angle BDC = 180° - \angle TDB + \angle T'DC =$$
$$180° - \angle ABD + \angle DCA =$$
$$180° - (\angle ABC - \angle DBC) +$$
$$(\angle DCB - \angle ACB) =$$
$$180° - \angle ABC - \angle ACB +$$
$$\angle DBC + \angle DCB =$$
$$\angle BAC + 180° - \angle BDC$$

于是
$$2\angle BDC = 180° + \angle BAC$$
故 $\angle BKC = \angle BKD + \angle DKC =$
$$2(\angle EKD + \angle DKF) =$$
$$2\angle EKF = 2(\angle EKD + \angle DKF) =$$
$$2\angle EKF = 2(180° - \angle BDC) =$$
$$180° - \angle BAC$$

因此,K 在 $\triangle ABC$ 的外接圆上.

❷ 如图 2 所示，设 △ABC 内存在一点 F，使得 ∠AFB = ∠BFC = ∠CFA，直线 BF，CF 分别交 AC，AB 于点 D，E. 证明：$AB + AC \geqslant 4DE$.

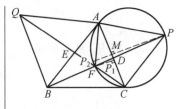

题 2(图 2)

证法 1 先证明一个引理：

已知 △DEF，点 P，Q 分别在直线 FD，FE 上，使得 $PF \geqslant \lambda DF$，$QF \geqslant \lambda EF$，$\lambda > 0$. 若 $\angle PFQ \geqslant 90°$，则
$$PQ \geqslant \lambda DE$$

设 $\angle PFQ = \theta$. 因 $\theta \geqslant 90°$，则
$$\cos \theta \leqslant 0$$

所以
$$PQ^2 = PF^2 + QF^2 - 2PF \cdot QF \cos \theta \geqslant$$
$$(\lambda DF)^2 + (\lambda EF)^2 - 2\lambda DF \cdot \lambda EF \cos \theta =$$
$$(\lambda DE)^2$$

从而
$$PQ \geqslant \lambda DE$$

下面证明原题.

因为
$$\angle AFE = \angle BFE = \angle CFD = \angle AFD = 60°$$

设 BF，CF 分别交 △CFA，△AFB 的外接圆于点 P，Q，则 △CPA 和 △ABQ 均为正三角形. 由引理，令 $\lambda = 4$，$\theta = 120°$，设 P_1 为 F 在直线 AC 上的投影，AC 的中垂线交 △CFA 的外接圆于点 P 和 P_2，M 为 AC 的中点，则
$$\frac{PD}{DF} = \frac{PM}{FP_1} \geqslant \frac{PM}{MP_2} = 3$$

所以
$$PF \geqslant 4DF$$

同理
$$QF \geqslant 4EF$$

因为 $\angle DFE = 120°$，由引理可得
$$PQ \geqslant 4DE$$

故
$$AB + AC = AQ + AP \geqslant PQ \geqslant 4DE$$

证法 2 设 $AF = x$，$BF = y$，$CF = z$. 由 $S_{\triangle ACF} = S_{\triangle ADF} + S_{\triangle CDF}$，得
$$DF = \frac{xz}{x+z}$$

同理

$$EF = \frac{xy}{x+y}$$

于是,只要证明

$$\sqrt{x^2+xy+y^2} + \sqrt{x^2+xz+z^2} \geqslant$$
$$4\sqrt{\left(\frac{xy}{x+y}\right)^2 + \left(\frac{xz}{x+z}\right)^2 + \left(\frac{xy}{x+y}\right)\left(\frac{xz}{x+z}\right)}$$

因为 $x+y \geqslant \frac{4xy}{x+y}, x+z \geqslant \frac{4xz}{x+z}$,所以,只要证

$$\sqrt{x^2+xy+y^2} + \sqrt{x^2+xz+z^2} \geqslant$$
$$\sqrt{(x+y)^2+(x+z)^2+(x+y)(x+z)}$$

平方化简后得

$$2\sqrt{(x^2+xy+y^2)(x^2+xz+z^2)} \geqslant x^2 + 2(y+z)x + yz$$

再平方化简后得

$$3(x^2-yz)^2 \geqslant 0$$

即原不等式成立.

❸ 本届 IMO 第 2 题.

解 本届 IMO 第 2 题.

❹ 如图 3,已知圆 S_1 与圆 S_2 交于 P,Q 两点,A_1,B_1 为圆 S_1 上不同于 P,Q 的两个点,直线 A_1P,B_1P 分别交圆 S_2 于点 A_2,B_2,直线 A_1B_1 和 A_2B_2 交于点 C.证明:当点 A_1 和点 B_1 变化时,$\triangle A_1A_2C$ 的外心总在一个定圆周上.

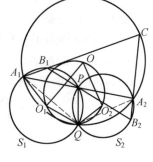

题 4(图 3)

证明 因为

$$\angle A_1CA_2 + \angle A_1QA_2 = \angle A_1CA_2 + \angle A_1QP + \angle PQA_2 =$$
$$\angle B_1CB_2 + \angle CB_1B_2 + \angle CB_2B_1 = 180°$$

则 A_1,C,A_2,Q 四点共圆. 设 O 是 $\triangle A_1A_2C$ 的外心,O_1,O_2 分别为圆 S_1 和圆 S_2 的圆心,则

$$\angle OO_1Q = \frac{1}{2}\angle A_1O_1Q = 180° - \angle A_1PQ$$

同理

$$\angle OO_2Q = 180° - \angle A_2PQ$$

所以

$$\angle OO_1Q + \angle OO_2Q = 180°$$

因此,$\triangle A_1A_2C$ 的外心总在一个过点 O_1,O_2 和 Q 的定圆上.

❺ 对于由平面上任意5个点构成的集合S,满足S中的任意三点不共线,设$M(S)$和$m(S)$分别为由S中的3个点构成的三角形的面积的最大值和最小值. 求$\dfrac{M(S)}{m(S)}$的最小值.

解 当这5个点是正五边形的顶点时,易知$\dfrac{M(S)}{m(S)}$等于黄金比$\tau=\dfrac{1+\sqrt{5}}{2}$.

设S中的5个点分别为A,B,C,D,E,且$\triangle ABC$的面积为$M(S)$,我们证明,存在某个三角形其面积小于等于$\dfrac{M(S)}{\tau}$.

如图4,构造$\triangle A'B'C'$,使得各边与$\triangle ABC$的对应边平行,且A,B,C分别为$B'C',C'A',A'B'$的中点,则点D,E在$\triangle A'B'C'$的内部或边界上.

由于$\triangle A'BC,\triangle AB'C,\triangle ABC'$中至少有一个三角形既不包含点$D$也不包含点$E$,不妨假设点$D,E$在四边形$BCB'C'$内.

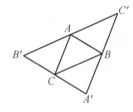

题5(图4)

如图5,由于将图形S作仿射变换其比值$\dfrac{M(S)}{m(S)}$不变,故假设A,B,C是正五边形$APBCQ$的顶点. 因为我们可以先将A,B,C经仿射变换使其满足要求,于是
$$\angle ABP=\angle BAC=36°$$
所以,点P在BC'上. 同理,Q在CB'上.

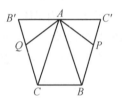

题5(图5)

如果点D或E在五边形$APBCQ$中,不妨设为D. 因为
$$S_{\triangle APB}=\dfrac{M(S)}{\tau}$$
若点D在$\triangle APB$的内部,则
$$S_{\triangle DAB}\leqslant S_{\triangle APB}$$
同理,若点D在$\triangle AQC$内部,则
$$S_{\triangle DAC}\leqslant S_{\triangle QAC}=S_{\triangle APB}$$
若点D在$\triangle ABC$内部,则$S_{\triangle DAB},S_{\triangle DBC},S_{\triangle DCA}$中至少有一个不超过$\dfrac{M(S)}{3}<\dfrac{M(S)}{\tau}$.

若点D和E在$\triangle APC'$和$\triangle AQB'$中,则
$$\max\{AE,AD\}\leqslant AP=AQ$$
又因为$0°<\angle DAE<36°$(D和E两点在同一个三角形中)或$108°\leqslant\angle DAE<180°$($D$和$E$两点在两个三角形中),所以
$$S_{\triangle ADE}=\dfrac{1}{2}AD\cdot AE\sin\angle DAE\leqslant$$

$$\frac{1}{2} AP \cdot AQ \sin 108° =$$

$$S_{\triangle APQ} = \frac{M(S)}{\tau}$$

因此，所求最小值为 τ.

❻ 本届 IMO 第 6 题.

解 本届 IMO 第 6 题.

❼ 已知锐角 $\triangle ABC$ 的内切圆圆 I 与边 BC 切于点 K, AD 是 $\triangle ABC$ 的高，M 是 AD 的中点. 如果 N 是圆 I 与 KM 的交点，证明：圆 I 与 $\triangle BCN$ 的外接圆相切于点 N.

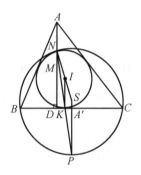

题 7(图 6)

证明 当 $AB = AC$ 时，显然，这两个圆的圆心距等于这两个圆的半径之差.

不妨假设 $AB < AC$. 如图 6 所示，设 BC 的中垂线交 NK 于点 P，交 BC 于点 A'. 这 $\triangle BCN$ 的外心为 S，设 $\triangle ABC$ 的三边长分别为 a, b, c，且 $p = \frac{1}{2}(a+b+c)$，则

$$BK = p - b, \quad KC = p - c$$

于是

$$BK \cdot KC = (p-b)(p-c)$$

又因为

$$BD = c\cos B = \frac{1}{2a}(c^2 + a^2 - b^2)$$

$$KA' = BA' - BK = \frac{1}{2}(b-c)$$

$$DK = BK - BD = \frac{1}{a}(b-c)(p-a)$$

设 $\angle MKD = \varphi$，则

$$\tan \varphi = \frac{MD}{DK} = \frac{\frac{1}{2}aAD}{(b-c)(p-a)} = \frac{S_{\triangle ABC}}{(b-c)(p-a)}$$

设 r 为 $\triangle ABC$ 的内切圆半径，则

$$NK = 2r\sin \varphi, \quad KP = KA' \sec \varphi$$

于是

$$NK \cdot KP = 2r\tan \varphi \cdot KA' =$$

$$\frac{rS_{\triangle ABC}}{p-a} = \frac{S^2_{\triangle ABC}}{p(p-a)} =$$

$$(p-b)(p-c) = BK \cdot KC$$

因此,点 P 在 $\triangle BCN$ 的外接圆上.

因为 $IK \parallel SP$,则
$$\angle PNS = \angle NPS = \angle NKI = \angle PNI$$
所以,N,I,S 三点共线.

因此,圆 I 与 $\triangle BCN$ 的外接圆相切于点 N.

❽ 如图7,设圆 S_1 和圆 S_2 相交于 A,B 两点,经过点 A 的直线交圆 S_1 于点 C,交圆 S_2 于点 D,点 M,N,K 分别在线段 CD,BC,BD 上,且 $MN \parallel BD$,$MK \parallel BC$. 分别过点 N,K 作 BC,BD 的垂线,分别交圆 S_1、圆 S_2 于点 E,F,且点 E,A 在直线 BC 的异侧,点 F,A 在直线 BD 的异侧. 证明: $\angle EMF = 90°$.

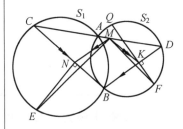

题 8(图 7)

证明 先证明引理:

已知 $\angle P_1 Q_1 R_1 = \angle P_2 Q_2 R_2$,$T_1,T_2$ 是 Q_1,Q_2 分别在 $P_1 R_1$,$P_2 R_2$ 上的投影. 若 $\dfrac{P_1 T_1}{T_1 R_1} = \dfrac{P_2 T_2}{T_2 R_2}$,则
$$\triangle P_1 Q_1 R_1 \sim \triangle P_2 Q_2 R_2$$

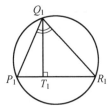

题 8(图 8)

如图8,9,事实上,设 Q'_2 是 $\triangle P_2 Q_2 R_2$ 的外接圆上一点,且与点 Q_2 均在 $P_2 R_2$ 同侧,满足 $\triangle P_2 Q'_2 R_2 \sim \triangle P_1 Q_1 R_1$,$T'_2$ 是 Q'_2 在 $P_2 R_2$ 上的投影,则
$$\frac{P_2 T'_2}{T'_2 R_2} = \frac{P_1 T_1}{T_1 R_1} = \frac{P_2 T_2}{T_2 R_2}$$

故 $T'_2 = T_2$,$Q'_2 = Q_2$.

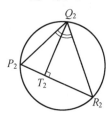

题 8(图 9)

由于 $MN \parallel DB$,$MK \parallel BC$,所以
$$\frac{BN}{NC} = \frac{DM}{MC} = \frac{DK}{KB}$$

设 FK 交圆 S_2 于点 Q,则
$$\angle BQD = \angle BAD = \angle BEC$$

由引理知
$$\triangle BEC \sim \triangle DQB$$

于是
$$\angle EBC = \angle QDB = \angle QFB$$

故有
$$\text{Rt}\triangle BNE \sim \text{Rt}\triangle FKB$$

由于 $\angle MNB = \angle MKB$,所以
$$\angle ENM = \angle MKF$$

$$\frac{MN}{KF} = \frac{BK}{KF} = \frac{EN}{NB} = \frac{EN}{MK}$$

故
$$\triangle ENM \backsim \triangle MKF$$
且有
$$\angle NME = \angle KFM$$
因为对应边 $MN \perp KF$,所以
$$EM \perp FM$$

代数部分

❶ 求函数 $f:\mathbf{R} \to \mathbf{R}$,使得对于任意实数 x,y,有
$$f(f(x)+y) = 2x + f(f(y)-x)$$

解 设 $y = -f(x)$,则
$$f(0) = 2x + f(f(-f(x))-x)$$
故 $f(0) - 2x = f(f(-f(x))-x)$,对所有 x 成立.

从而,对任意实数 $f(0) - 2x = y$,存在实数 z,使得 $y = f(z)$,即函数 f 是满射.

因此,存在实数 a,使得 $f(a) = 0$.

设 $x = a$,则原函数方程化为
$$f(y) = 2a + f(f(y) - a)$$
即
$$f(y) - a = f(f(y) - a) + a$$

由于 f 是满射,对于每个实数 x,存在一个实数 y,使得 $x = f(y) - a$.所以,$x = f(x) + a$,即 $f(x) = x - a$ 对所有实数 x 成立.

经验证 a 为任意实数,$f(x) = x - a$ 均满足原函数方程.

❷ 设 $a_1, a_2, \cdots$ 是一个有无穷项的实数列,对于所有正整数 i,存在一个实数 c,使得 $0 \leqslant a_i \leqslant c$,且 $|a_i - a_j| \geqslant \dfrac{1}{i+j}$ 对所有正整数 $i, j (i \neq j)$ 成立.证明:$c \geqslant 1$.

证明 对于 $n \geqslant 2$,设 $\sigma(1), \sigma(2), \cdots, \sigma(n)$ 是 $1, 2, \cdots, n$ 的一个排列,且满足
$$0 \leqslant a_{\sigma(1)} < a_{\sigma(2)} < \cdots < a_{\sigma(n)} \leqslant c$$
则 $c \geqslant a_{\sigma(n)} - a_{\sigma(1)} =$
$$(a_{\sigma(n)} - a_{\sigma(n-1)}) + (a_{\sigma(n-1)} - a_{\sigma(n-2)}) + \cdots + (a_{\sigma(2)} - a_{\sigma(1)}) \geqslant$$
$$\frac{1}{\sigma(n) + \sigma(n-1)} + \frac{1}{\sigma(n-1) + \sigma(n-2)} + \cdots +$$

$$\frac{1}{\sigma(2)+\sigma(1)}$$

由柯西不等式

$$\left[\frac{1}{\sigma(n)+\sigma(n-1)}+\frac{1}{\sigma(n-1)+\sigma(n-2)}+\cdots+\frac{1}{\sigma(2)+\sigma(1)}\right] \cdot$$
$$\left[(\sigma(n)+\sigma(n-1))+(\sigma(n-1)+\sigma(n-2))+\cdots+(\sigma(2)+\sigma(1))\right] \geqslant (n-1)^2$$

可得

$$c \geqslant \frac{1}{\sigma(n)+\sigma(n-1)}+\frac{1}{\sigma(n-1)+\sigma(n-2)}+\cdots+\frac{1}{\sigma(2)+\sigma(1)} \geqslant$$
$$\frac{(n-1)^2}{2[\sigma(1)+\sigma(2)+\cdots+\sigma(n)]-\sigma(1)-\sigma(n)} =$$
$$\frac{(n-1)^2}{n(n+1)-\sigma(1)-\sigma(n)} \geqslant$$
$$\frac{(n-1)^2}{n^2+n-3} \geqslant \frac{n-1}{n+3} =$$
$$1-\frac{4}{n+3}$$

对所有正整数 $n \geqslant 2$ 成立. 故一定有 $c \geqslant 1$.

❸ 设 $P(x)=ax^2+bx^2+cx+d$，其中 a,b,c,d 是整数，且 $a \neq 0$. 若有无穷多对整数 $x, y (x \neq y)$，满足 $xP(x)=yP(y)$，证明：方程 $P(x)=0$ 有整数根.

证明 设 x, y 是不同的整数，满足 $xP(x)=yP(y)$，则
$$x(ax^3+bx^2+cx+d)=y(ay^3+by^2+cy+d)$$
即 $a(x^4-y^4)+b(x^3-y^3)+c(x^2-y^2)+d(x-y)=0$

因为 $x-y \neq 0$，所以
$$a(x^3+x^2y+xy^2+y^3)+b(x^2+xy+y^2)+$$
$$c(x+y)+d=0 \qquad ①$$

设 $s=x+y, t=xy$. 由于
$$x^3+x^2y+xy^2+y^3=(x+y)(x^2+y^2)=s(s^2-2t)$$
$$x^2+xy+y^2=s^2-t$$

所以，式 ① 化为
$$as(s^2-2t)+b(s^2-t)+cs+d=0$$
即 $P(s)=(2as+b)t$ ②

因为
$$s^2-4t=(x-y)^2>0$$

所以

$$|t| < \frac{s^2}{4}$$

于是,有
$$|P(s)| = |as^3 + bs^2 + cs + d| =$$
$$|(2as+b)t| \leq \left|\frac{a}{2}s^3 + \frac{b}{4}s^2\right|$$

因此,只有有限个 s 满足式 ②.

设 $Q(x) = xP(x)$,则方程 $xP(x) = yP(y)$ 变为 $Q(x) = Q(y)$ 关于无穷多对 x, y 成立,且等价于 $Q(r) = Q(s-r)$ 关于无穷多对 s, r 成立. 但 s 只有有限个值,于是,存在一个 s 使得方程 $Q(r) = Q(s-r)$ 关于无穷多个 r 成立.

由于 $Q(x)$ 和 $Q(s-x)$ 是四次多项式,$Q(x) = Q(s-x)$ 对无穷多个 x 成立,从而,对所有的实数 x 成立.

当 $s \neq 0$ 时,由 $xP(x) = (s-x)P(s-x)$ 对所有实数 x 成立,设 $x = s$,则 $sP(s) = 0$,故 $P(s) = 0$. 于是,$x = s$ 是 $P(x) = 0$ 的一个整数根.

当 $s = 0$ 时,$Q(x) = Q(-x)$,则 $Q(x)$ 是偶函数. 因为 $Q(x)$ 有因式 x,所以,$Q(x)$ 有因式 x^2,即
$$Q(x) = xP(x) = x^2 R(x)$$
$R(x)$ 为某个多项式. 于是
$$P(x) = xR(x), P(0) = 0$$
故 $x = 0$ 是 $P(x) = 0$ 的一个整数根.

❹ 本届 IMO 第 5 题.

解 本届 IMO 第 5 题.

❺ 已知非完全立方数的正整数 n,定义 $a = \sqrt[3]{n}, b = \dfrac{1}{a-[a]}$,$c = \dfrac{1}{b-[b]}$,其中 $[x]$ 表示不超过 x 的最大整数. 证明:有无穷多个这样的整数 n,存在不全为零的整数 r, s, t,使得 $ra + sb + tc = 0$.

解 只要证明存在不全为零的有理数 r, s, t 满足 $ra + sb + tc = 0$ 即可.

设 $m = [a], k = n - m^3$,则
$$1 \leq k \leq [(m+1)^3 - 1] - m^3 = 3m(m+1)$$
由 $a^3 - m^3 = (a-m)(a^2 + am + m^2)$,得

$$b = \frac{1}{a-m} = \frac{a^2 + am + m^2}{k}$$

因为 $m < a < m+1$, 所以
$$3m^2 < a^2 + am + m^2 <$$
$$(m+1)^2 + (m+1)m + m^2 =$$
$$3m^2 + 3m + 1$$

为了计算方便, 假设 $[b] = 1$.

由 $\frac{3m^2}{k} < \frac{a^2 + am + m^2}{k} = b < 2$, 得
$$3m^2 < 2k$$

由于 $b - [b] = b - 1 = \frac{a^2 + am + m^2 - k}{k}$, 令 $a^2 + am + m^2 - k = (a-x)(a-y)$, 则
$$x + y = -m, xy = m^2 - k$$

由于判别式 $\Delta = m^2 - 4(m^2 - k) = 4k - 3m^2 > 0$, 所以, x, y 为实数. 于是, 有
$$c = \frac{1}{b-1} = \frac{k}{(a-x)(a-y)} = \frac{k(a^2 + ax + x^2)(a^2 + ay + y^2)}{(a^3 - x^3)(a^3 - y^3)}$$

且
$$a^2 + ax + x^2 > 0, a^2 + ay + y^2 > 0$$

因为
$$x^3 + y^3 = (x+y)[(x+y)^2 - 3xy] =$$
$$-m[m^2 - 3(m^2 - k)] =$$
$$m(2m^2 - 3k)$$
$$x^3 y^3 = (xy)^3 = (m^2 - k)^3$$

都是整数, 所以
$$l = (a^3 - x^3)(a^3 - y^3) = n^2 - (x^3 + y^3)n + x^3 y^3$$

也是整数. 于是, 有
$$c = \frac{k}{l}(a^2 + ax + x^2)(a^2 + ay + y^2) =$$
$$\frac{k}{l}[a^4 + (x+y)a^3 + (x^2 + xy + y^2)a^2 + xy(x+y)a + x^2 y^2] =$$
$$\frac{k}{l}[a^4 - ma^3 + ka^2 + m(k - m^2)a + (m^2 - k)^2] =$$
$$\frac{k}{l}\{ka^2 + [m(k - m^2) + n]a + (m^2 - k)^2 - mn\}$$

要使 $ra + sb + tc = 0$, 将 b 和 c 关于 a 的表达式代入 $sb + tc$, 并令 a^2 项系数及常数项为零, 即
$$\frac{s}{k} + \frac{tk^2}{l} = 0 \qquad ①$$

以及

$$\frac{sm^2}{k} + \frac{tk}{l}[(m^2-k)^2 - mn] = 0 \qquad ②$$

由式 ① 得
$$s = -\frac{tk^3}{l}$$

代入式 ② 得
$$-\frac{tk^2 m^2}{l} + \frac{tk}{l}[(m^2-k)^2 - mn] = 0$$

即
$$\frac{tk}{l}[(m^2-k)^2 - mn - km^2] = 0$$

而
$$(m^2-k)^2 - mn - km^2 = m(m^3 - n) - 3km^2 + k^2 = -mk - 3km^2 + k^2 = k(k - 3m^2 - m)$$

取 $k = 3m^2 + m$,则 k 满足 $3m^2 < 2k$ 及 $1 \leqslant k \leqslant 3m(m+1)$.

于是,对于形如 $m^3 + 3m^2 + m$ 的整数 n,存在非零有理数 s, t,使得 $sb + tc$ 是 a 的有理数倍,因此结论成立.

---

❻ 设 A 是由正整数组成的非空集合,假设存在正整数 $b_1, b_2, \cdots, b_n$ 和 $c_1, c_2, \cdots, c_n$,使得:

(1) 对于每个 $i \in \{1, 2, \cdots, n\}$,集合 $b_i A + c_i = \{b_i a + c_i \mid a \in A\}$ 是 A 的一个子集;

(2) 当 $i \neq j$ 时,集合 $b_i A + c_i$ 和 $b_j A + c_j$ 的交集是空集,其中 $i, j \in \{1, 2, \cdots, n\}$.

证明:$\dfrac{1}{b_1} + \dfrac{1}{b_2} + \cdots + \dfrac{1}{b_n} \leqslant 1$.

证明 假设 $\dfrac{1}{b_1} + \dfrac{1}{b_2} + \cdots + \dfrac{1}{b_n} > 1$,易知 $n \geqslant 2$,且 A 是无限的正整数集. 对于每个 $i \in \{1, 2, \cdots, n\}$,定义 $f_i(x) = b_i x + c_i$,则每个函数 f_i 都是从 A 到 A 的映射.

由条件(2),如果对于 $a, a' \in A$,有 $f_i(a) = f_j(a')$,则 $i = j$,且 $a = a'$. 重复这一结论可得,若 $a, a' \in A$,且
$$f_{i_1}(f_{i_2}(\cdots f_{i_r}(a)\cdots)) = f_{j_1}(f_{j_2}(\cdots f_{j_r}(a')\cdots))$$
则
$$i_k = j_k \quad (k = 1, 2, \cdots, r)$$
且
$$a = a'$$

在证明题设命题之前,先以一种特殊情况作一说明,即 $b_1 = b_2 = b_3 = 2$. 对于足够大的 $a \in A$,对任意的 $i_k \in \{1, 2, 3\}$,有
$$f_{i_1}(f_{i_2}(\cdots f_{i_r}(a)\cdots)) = 2^r a + \sum_{j=1}^{r} 2^{j-1} c_{i_j} \leqslant (2.01)^r a$$

但 $f_{i_1}(f_{i_2}(\cdots f_{i_r}(a)\cdots))$ 却有 3^r 个不同的值，当 r 足够大时是不可能的.

利用类似的思路,对一般情况进行证明. b_i 不全相等时,我们将选择一列长度为 N 的由 f_i 复合而成的函数,每个 f_i 出现的比例与 i 有关.选取 n 个有理数 $p_1,p_2,\cdots,p_n$,使得 $p_1+p_2+\cdots+p_n=1$,设 N_0 是 p_j 分母的最小公倍数,整数 N 是 N_0 的倍数,则 $p_i N$ 是整数.

设 $a\in A$,考虑形如 $f_{i_1}(f_{i_2}(\cdots f_{i_N}(a)\cdots))$ 的数所构成的集合 $\Phi(N)$,其中 $i_1,i_2,\cdots,i_N$ 中有 $p_k N$ 个 k, $k=1,2,\cdots,n$. 于是, $\Phi(N)$ 中任意两个值均不相同,且 $\Phi(N)$ 中有 $|\Phi(N)|=\dfrac{N!}{(p_1 N)!\cdots(p_n N)!}$ 个元素.

选取有理数 $d_i>b_i$,且仍有
$$\frac{1}{d_1}+\frac{1}{d_2}+\cdots+\frac{1}{d_n}>1$$
则存在 k,当 $x\geqslant k$ 时,对所有的 $i\in\{1,2,\cdots,n\}$,有
$$k\leqslant b_i k+c_i\leqslant b_i x+c_i=f_i(x)\leqslant d_i x$$
由于 A 是无限的正整数集,取 $a\in A$,使得 $a\geqslant k$,于是
$$f_{i_1}(f_{i_2}(\cdots f_{i_N}(a)\cdots))\leqslant d_{i_1}d_{i_2}\cdots d_{i_N}a=d_1^{p_1 N}d_2^{p_2 N}\cdots d_n^{p_n N}a$$
而
$$\frac{|\Phi(N+N_0)|}{|\Phi(N)|}=$$
$$\frac{(N+N_0)(N+N_0-1)\cdots(N+1)}{[(p_1 N+p_1 N_0)\cdots(p_1 N+1)]\cdots[(p_n N+p_n N_0)\cdots(p_n N+1)]}=$$
$$\frac{\left(1+\dfrac{N_0}{N}\right)\left(1+\dfrac{N_0-1}{N}\right)\cdots\left(1+\dfrac{1}{N}\right)}{\left[\left(p_1+\dfrac{p_1 N_0}{N}\right)\cdots\left(p_1+\dfrac{1}{N}\right)\right]\cdots\left[\left(p_n+\dfrac{p_n N_0}{N}\right)\cdots\left(p_n+\dfrac{1}{N}\right)\right]}$$

对于有理数 $q>2p_1^{p_1}p_2^{p_2}\cdots p_n^{p_n}$,当 $N\geqslant N_0$,有
$$\frac{|\Phi(N+N_0)|}{|\Phi(N)|}>\frac{1}{q^{N_0}}$$

对于所有 N_0 的倍数 $N=tN_0$,有
$$\frac{|\Phi(tN_0)|}{|\Phi((t-1)N_0)|}\cdot\frac{|\Phi((t-1)N_0)|}{|\Phi((t-2)N_0)|}\cdots\frac{|\Phi(2N_0)|}{|\Phi(N_0)|}>\frac{1}{(q^{N_0})^{t-1}}$$
即
$$|\Phi(N)|>\frac{|\Phi(N_0)|}{(q^{N_0})^{t-1}}=\frac{q^{N_0}|\Phi(N_0)|}{q^{N_0 t}}$$

所以,存在常数 U,使得
$$|\Phi(N)|>\frac{U}{q^N}$$
其中 N 为 N_0 的倍数.

但 $\Phi(N)$ 中元素均不超过 $a(d_1^{p_1}d_2^{p_2}\cdots d_n^{p_n})^N$,因此

$$|\Phi(N)| \leqslant a(d_1^{p_1} d_2^{p_2} \cdots d_n^{p_n})^N$$

我们只要选取 $p_1, p_2, \cdots, p_n$ 与 $\dfrac{1}{d_1}, \dfrac{1}{d_2}, \cdots, \dfrac{1}{d_n}$ 成比例，且 $2p_1^{p_1} p_2^{p_2} \cdots p_n^{p_n} < q < \dfrac{1}{d_1^{p_1} d_2^{p_2} \cdots d_n^{p_n}}$，则当 N 足够大时，关于 $|\Phi(N)|$ 的上下界产生矛盾.

因此，原命题成立.

第四编
第 44 届国际数学奥林匹克

# 第 44 届国际数学奥林匹克题解

日本,2003

❶ 设 A 是集合 $S=\{1,2,\cdots,1\,000\,000\}$ 的一个恰有 101 个元素的子集. 证明:在 S 中存在数 $t_1,t_2,\cdots,t_{100}$,使得集合
$$A_j=\{x+t_j\mid x\in A\},j=1,2,\cdots,100$$
中,每两个的交集为空集.

巴西命题

证明 考虑集合
$$D=\{x-y\mid x,y\in A\}$$
则 D 中至多有 $101\times 100+1=10\,101$ 个不同元素. 两个集合 A_i 与 A_j 有公共元的充要条件是 $t_i-t_j\in D$. 于是,我们只需在集合 S 中取出 100 个元素,使得其中任意两个的差不属于 D.

下面用递推方式说明可以取出这样的 100 个元素.

任取 S 中的一个元素作为递推的基础,假设已经取出 k 个满足要求的元素,$k\leqslant 99$. 我们需要在 S 中取数 x,使得已选出的 k 个数都不属于 $x+D$(其中,$x+D=\{x+y\mid y\in D\}$). 由于 k 个数取定后,至多有 $10\,101k\leqslant 999\,999$ 个 S 中的数不能取,故存在上面要求的 x. 命题获证.

注 条件 $|S|=10^6$ 可以改小一些. 事实上,我们有下面一般的结论:若 A 是 $S=\{1,2,\cdots,n\}$ 的一个 k 元子集,m 为正整数,满足 $n>(m-1)\left(\binom{k}{2}+1\right)$,则存在 S 中的元素 $t_1,\cdots,t_m$,使得 $A_j=\{x+t_j\mid x\in A\},j=1,\cdots,m$ 中任意两个的交集为空集.

请读者证明上述命题.

❷ 求所有的正整数数对 (a,b),使得
$$\frac{a^2}{2ab^2-b^3+1}$$
是一个正整数.

保加利亚命题

解法 1 设 (a,b) 为满足条件的正整数数对,由于
$$k=\frac{a^2}{2ab^2-b^3+1}>0$$

故
$$2ab^2 - b^3 + 1 > 0, a > \frac{b}{2} - \frac{1}{2b^2}$$

因此
$$a \geqslant \frac{b}{2}$$

由此结合 $k \geqslant 1$，即
$$a^2 \geqslant b^2(2a-b) + 1$$

可知
$$a^2 > b^2(2a-b) \geqslant 0$$

所以
$$a > b \text{ 或 } 2a = b \qquad ①$$

现设 a_1, a_2 为关于 a 的方程（k, b 固定）
$$a^2 - 2kb^2 a + k(b^3 - 1) = 0 \qquad ②$$

的两个解，且其中之一是一个整数. 则由 $a_1 + a_2 = 2kb^2$ 可知另一个解也是整数. 不妨设 $a_1 \geqslant a_2$，则
$$a_1 \geqslant kb^2 > 0$$

进一步，由 $a_1 a_2 = k(b^3 - 1)$，得
$$0 \leqslant a_2 = \frac{k(b^3-1)}{a_1} \leqslant \frac{k(b^3-1)}{kb^2} < b$$

利用式 ① 可知
$$a_2 = 0 \text{ 或者 } a_2 = \frac{b}{2}$$

（此时 b 为偶数）.

若 $a_2 = 0$，则 $b^3 - 1 = 0$，因此 $a_1 = 2k, b = 1$.

若 $a_2 = \frac{b}{2}$，则 $k = \frac{b^2}{4}, a_1 = \frac{b^4}{2} - \frac{b}{2}$.

综上可知，只能是 $(a, b) = (2l, 1), (l, 2l)$ 或者 $(8l^4 - l, 2l)$.
其中，l 为正整数. 直接验证，可知上述形式的 (a, b) 都符合题意.

解法 2 当 $b = 1$ 时，由条件知 a 为偶数.

当 $b > 1$ 时，我们记
$$\frac{a^2}{2ab^2 - b^3 + 1} = k$$

则关于 a 的一元二次方程 ② 有正整数解，从而关于 a 的判别式为完全平方数，即
$$\Delta = 4k^2 b^4 - 4k(b^3 - 1)$$

是完全平方数.

注意到，当 $b \geqslant 2$ 时，我们有
$$(2kb^2 - b - 1)^2 < \Delta < (2kb^2 - b + 1)^2 \qquad ③$$

上述式子可以这样来证明，即

$$\Delta - (2kb^2 - b - 1)^2 = 4kb^2 - b^2 - 2b + 4k - 1 =$$
$$(4k-1)(b^2+1) - 2b \geq$$
$$2(4k-1)b - 2b > 0$$
$$(2kb^2 - b + 1)^2 - \Delta = 4kb^2 - 4k - (b-1)^2 =$$
$$4k(b^2 - 1) - (b-1)^2 >$$
$$(4k-1)(b^2-1) > 0$$

所以,式 ③ 成立.

利用 Δ 为完全平方数及式 ③,可知
$$\Delta = 4k^2 b^4 - 4k(b^3 - 1) = (2kb^2 - b)^2$$

于是
$$4k = b^2$$

进而 b 为偶数,设 $b = 2l$,则 $k = l^2$. 利用式 ② 可求得
$$a = l \ \text{或} \ 8l^4 - l$$

综上,满足条件的 $(a,b) = (2l,1), (l,2l)$ 或 $(8l^4 - l, 2l)$,其中 l 为正整数. 直接验证,可知它们符合要求.

❸ 给定一个凸六边形,其任意两条对边具有如下性质:它们的中点之间的距离等于它们的长度和的 $\frac{\sqrt{3}}{2}$ 倍. 证明:该六边形的所有内角相等(一个凸六边形 $ABCDEF$ 有 3 组对边:AB 和 DE,BC 和 EF,CD 和 FA).

波兰命题

证法 1 先证一个引理:

引理 在 $\triangle PQR$ 中,$\angle QPR \geq 60°$,L 为 QR 的中点. 则 $PL \leq \frac{\sqrt{3}}{2} QR$,等号当且仅当 $\triangle PQR$ 为正三角形时取到.

引理的证明 设 S 为平面上一点,使得点 P 与 S 在 QR 的同侧,而 $\triangle QRS$ 为正三角形. 则由于 $\angle QPR \geq 60°$,故点 P 在 $\triangle QRS$ 的外接圆的内部(包括边界). 而 $\triangle QRS$ 的外接圆落在以 L 为圆心,$\frac{\sqrt{3}}{2} QR$ 为半径的圆内. 所以引理获证.

回到原题.

如图 1 所示,三条主对角线形成一个三角形(或退化为一点),从中可选出两条,它们的夹角大于等于 $60°$. 不妨设 AD 与 BE 的夹角大于等于 $60°$,即有
$$\angle APB \geq 60°$$

其中 P 为 AD 与 BE 的交点. 利用引理的结论,可知
$$MN = \frac{\sqrt{3}}{2}(AB + DE) \geq PM + PN \geq MN$$

其中,M, N 分别为 AB 和 DE 的中点. 上述不等式只能都取等号.

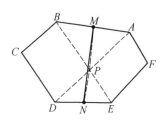

题 3(图 1)

于是,由引理知 $\triangle ABP$ 和 $\triangle DEP$ 都是正三角形.

此时,CF 与 AD,BE 中某一条线的夹角大于等于 $60°$,不妨设 $\angle AQF \geqslant 60°$,其中 Q 为 AD 和 CF 的交点. 同上类似讨论,可知 $\triangle AQF$ 和 $\triangle CQD$ 都是正三角形. 从而
$$\angle BRC = 60°$$
其中 R 为 BE 和 CF 的交点. 再次利用引理,可知 $\triangle BCR$ 和 $\triangle EFR$ 都是正三角形. 这样就完成了我们的证明.

证法 2 如图 2 所示,设 $ABCDEF$ 为给定的凸六边形,记
$$\boldsymbol{a} = \overrightarrow{AB}, \boldsymbol{b} = \overrightarrow{BC}, \cdots, \boldsymbol{f} = \overrightarrow{FA}$$

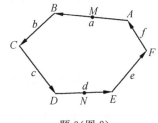

题 3(图 2)

并设 M,N 分别为 AB 和 DE 的中点. 则
$$\overrightarrow{MN} = \frac{1}{2}\boldsymbol{a} + \boldsymbol{b} + \boldsymbol{c} + \frac{1}{2}\boldsymbol{d}$$
$$\overrightarrow{MN} = -\frac{1}{2}\boldsymbol{a} - \boldsymbol{f} - \boldsymbol{e} - \frac{1}{2}\boldsymbol{d}$$

于是
$$\overrightarrow{MN} = \frac{1}{2}(\boldsymbol{b} + \boldsymbol{c} - \boldsymbol{e} - \boldsymbol{f}) \qquad ①$$

由条件,我们有
$$|\overrightarrow{MN}| = \frac{\sqrt{3}}{2}(|\boldsymbol{a}| + |\boldsymbol{d}|) \geqslant \frac{\sqrt{3}}{2}|\boldsymbol{a} - \boldsymbol{d}| \qquad ②$$

记 $\boldsymbol{x} = \boldsymbol{a} - \boldsymbol{d}, \boldsymbol{y} = \boldsymbol{c} - \boldsymbol{f}, \boldsymbol{z} = \boldsymbol{e} - \boldsymbol{b}$,由式①与②可得
$$|\boldsymbol{y} - \boldsymbol{z}| \geqslant \sqrt{3}|\boldsymbol{x}| \qquad ③$$

同理可知
$$|\boldsymbol{z} - \boldsymbol{x}| \geqslant \sqrt{3}|\boldsymbol{y}| \qquad ④$$
$$|\boldsymbol{x} - \boldsymbol{y}| \geqslant \sqrt{3}|\boldsymbol{z}| \qquad ⑤$$

注意到
$$③ \Leftrightarrow |\boldsymbol{y}|^2 - 2\boldsymbol{y} \cdot \boldsymbol{z} + |\boldsymbol{z}|^2 \geqslant 3|\boldsymbol{x}|^2$$
$$④ \Leftrightarrow |\boldsymbol{z}|^2 - 2\boldsymbol{z} \cdot \boldsymbol{x} + |\boldsymbol{x}|^2 \geqslant 3|\boldsymbol{y}|^2$$
$$⑤ \Leftrightarrow |\boldsymbol{x}|^2 - 2\boldsymbol{x} \cdot \boldsymbol{y} + |\boldsymbol{y}|^2 \geqslant 3|\boldsymbol{z}|^2$$

上述三式相加,得
$$-|\boldsymbol{x}|^2 - |\boldsymbol{y}|^2 - |\boldsymbol{z}|^2 - 2\boldsymbol{y} \cdot \boldsymbol{z} - 2\boldsymbol{z} \cdot \boldsymbol{x} - 2\boldsymbol{x} \cdot \boldsymbol{y} \geqslant 0$$
即
$$-|\boldsymbol{x} + \boldsymbol{y} + \boldsymbol{z}|^2 \geqslant 0$$
因此
$$\boldsymbol{x} + \boldsymbol{y} + \boldsymbol{z} = 0$$
并且上述所有不等式全部取等号. 于是
$$\boldsymbol{x} + \boldsymbol{y} + \boldsymbol{z} = 0$$
$$|\boldsymbol{y} - \boldsymbol{z}| = \sqrt{3}|\boldsymbol{x}|, \boldsymbol{a} /\!/ \boldsymbol{d} /\!/ \boldsymbol{x}$$
$$|\boldsymbol{z} - \boldsymbol{x}| = \sqrt{3}|\boldsymbol{y}|, \boldsymbol{c} /\!/ \boldsymbol{f} /\!/ \boldsymbol{y}$$

$$|x-y|=\sqrt{3}|z|, e \mathbin{/\mkern-5mu/} b \mathbin{/\mkern-5mu/} z$$

现在设 $\triangle PQR$ 中，$\overrightarrow{PQ}=x$，$\overrightarrow{QR}=y$，$\overrightarrow{RP}=z$，并不妨设 $\angle QPR \geqslant 60°$。L 为 QR 的中点，则

$$PL = \frac{1}{2}|z-x| = \frac{\sqrt{3}}{2}|y| = \frac{\sqrt{3}}{2}QR$$

利用证法 1 中引理可知 $\triangle PQR$ 为正三角形. 于是

$$\angle ABC = \angle BCD = \cdots = \angle FAB = 120°$$

❹ 设 $ABCD$ 是一个圆内接四边形，点 P,Q 和 R 分别是 D 到直线 BC, CA 和 AB 的射影. 证明：$PQ=QR$ 的充要条件是 $\angle ABC$ 和 $\angle ADC$ 的角平分线的交点在 AC 上.

芬兰命题

证明 如图 3 所示，由西姆松（Simson）定理，可知 P,Q,R 三点共线. 而 $\angle DPC = \angle DQC = 90°$，故 D, P, C, Q 四点共圆，于是

$$\angle DCA = \angle DPQ = \angle DPR$$

类似地，由于 D, Q, R, A 四点共圆，可知

$$\angle DAC = \angle DRP$$

因此

$$\triangle DCA \backsim \triangle DPR$$

类似地

$$\triangle DAB \backsim \triangle DQP$$
$$\triangle DBC \backsim \triangle DRQ$$

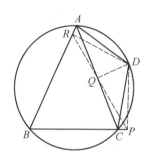

题 4（图 3）

因此

$$\frac{DA}{DC} = \frac{DR}{DP} = \frac{DB \cdot \frac{QR}{BC}}{DB \cdot \frac{PQ}{BA}} = \frac{QR}{PQ} \cdot \frac{BA}{BC}$$

从而 $PQ=QR$ 的充要条件是 $\dfrac{DA}{DC} = \dfrac{BA}{BC}$.

而 $\angle ABC$ 和 $\angle ADC$ 的角平分线分 AC 的比分别为 $\dfrac{BA}{BC}$ 和 $\dfrac{DA}{DC}$. 所以，命题成立.

❺ 设 n 为正整数，实数 $x_1, x_2, \cdots, x_n$ 满足 $x_1 \leqslant x_2 \leqslant \cdots \leqslant x_n$.

爱尔兰命题

(1) 证明

$$\left(\sum_{i=1}^{n}\sum_{j=1}^{n}|x_i-x_j|\right)^2 \leqslant \frac{2(n^2-1)}{3}\sum_{i=1}^{n}\sum_{j=1}^{n}(x_i-x_j)^2$$

(2) 证明等号成立的充要条件是 $x_1, \cdots, x_n$ 成等差数列.

证明 (1) 由于将所有 x_i 减去一个相同的数,不等式两边不变,因此,我们不妨设 $\sum_{i=1}^{n} x_i = 0$.

由条件,我们有
$$\sum_{i,j=1}^{n} |x_i - x_j| = 2\sum_{i<j}(x_j - x_i) = 2\sum_{i=1}^{n}(2i-n-1)x_i$$

由柯西不等式,得
$$(\sum_{i,j=1}^{n} |x_i - x_j|)^2 \leqslant 4\sum_{i=1}^{n}(2i-n-1)^2 \sum_{i=1}^{n} x_i^2 = \frac{4n(n+1)(n-1)}{3}\sum_{i=1}^{n} x_i^2$$

另一方面
$$\sum_{i,j=1}^{n}(x_i-x_j)^2 = n\sum_{i=1}^{n}x_i^2 - \sum_{i=1}^{n}x_i\sum_{j=1}^{n}x_j + n\sum_{j=1}^{n}x_j^2 = 2n\sum_{i=1}^{n}x_i^2$$

所以
$$(\sum_{i,j=1}^{n}|x_i-x_j|)^2 \leqslant \frac{2(n^2-1)}{3}\sum_{i,j=1}^{n}(x_i-x_j)^2$$

(2) 由柯西不等式成立的条件,可知若等号成立,则存在实数 k,使得 $x_i = k(2i-n-1)$,这表明 $x_1, \cdots, x_n$ 成等差数列.

反过来,若 $x_1, \cdots, x_n$ 是一个公差为 d 的等差数列,则
$$x_i = \frac{d}{2}(2i-n-1) + \frac{x_1+x_n}{2}$$

将每个 x_i 减去 $\frac{x_1+x_n}{2}$,就有
$$x_i = \frac{d}{2}(2i-n-1)$$

且
$$\sum_{i=1}^{n}x_i = 0$$

此时不等式取等号.

❻ 设 p 是素数. 证明:存在一个素数 q,使得对任意整数 n,数 $n^p - p$ 不是 q 的倍数.

法国命题

证明 注意到
$$\frac{p^p-1}{p-1} = 1 + p + p^2 + \cdots + p^{p-1} \equiv p+1 \pmod{p^2}$$

我们可以取 $\frac{p^p-1}{p-1}$ 的一个素因子 q,使得 $q \not\equiv 1 \pmod{p^2}$.

下证 q 是一个符合要求的素数.

事实上,若存在整数 n,使得 $n^p \equiv p \pmod{q}$,则

$$n^{p^2} \equiv p^p \equiv 1 \pmod{q}$$

而由费马小定理,可知
$$n^{q-1} \equiv 1 \pmod{q}$$

由于 $p^2 \nmid q-1$,故 $(p^2, q-1) \mid p$,因此
$$n^p \equiv 1 \pmod{q}$$

从而
$$p \equiv 1 \pmod{q}$$

但是,这要求
$$0 \equiv \frac{p^p - 1}{p - 1} = 1 + p + \cdots + p^{p-1} \equiv p \pmod{q}$$

矛盾.

所以,命题成立.

第 44 届国际数学奥林匹克英文原题

The forty-fourth IMO was hosted by Japan in Tokyo on 7—19 July, 2003. Submission deadline for problems was 15 Feb. 2003.

❶ Let A be a subset of the set $S=\{1,2,\cdots,1\,000\,000\}$ containing exactly 101 elements. Prove that there exist numbers $t_1, t_2, \cdots, t_{100}$ in S such that the sets
$$A_j = \{x+t_j \mid x \in A\} \text{ for } j=1,2,\cdots,100$$
are pairwise disjoint. (Brazil)

❷ Determine all pairs of positive integers (a,b) such that
$$\frac{a^2}{2ab^2-b^3+1}$$
is a positive integer. (Bulgaria)

❸ A convex hexagon is given in which any two opposite sides have the following property: the distance between their midpoints is $\frac{\sqrt{3}}{2}$ times the sum of their lengths. Prove that all the angles of the hexagon are equal.

(A convex hexagon $ABCDEF$ has three pairs of opposite sides: AB and DE, BC and EF, CD and FA.) (Poland)

❹ Let $ABCD$ be a cyclic quadrilateral. Let P, Q and R be the feet of the perpendiculars from D to the lines BC, CA and AB respectively. Show that $PQ=QR$ if and only if the bisectors of $\angle ABC$ and $\angle ADC$ meet on AC. (Finland)

❺ Let n be a positive integer and $x_1, x_2, \cdots, x_n$ be real numbers with $x_1 \leqslant x_2 \leqslant \cdots \leqslant x_n$.

(Ireland)

(a) Prove that
$$\left(\sum_{i=1}^{n}\sum_{j=1}^{n}|x_i-x_j|\right)^2 \leq \frac{2(n^2-1)}{3}\sum_{i=1}^{n}\sum_{j=1}^{n}(x_i-x_j)^2$$

(b) Show that equality holds if and only if $x_1, x_2, \cdots, x_n$ is an arithmetic sequence.

6 Let p be a prime number. Prove that there exists a prime number q such that for every integer n, the number $n^p - p$ is not divisible by q.

(France)

第44届国际数学奥林匹克各国成绩表

2003，日本

名次	国家或地区	分数（满分252）	奖牌			参赛队人数
			金牌	银牌	铜牌	
1.	保加利亚	227	6	—	—	6
2.	中国	211	5	1	—	6
3.	美国	188	4	2	—	6
4.	越南	172	2	3	1	6
5.	俄罗斯	167	3	2	1	6
6.	韩国	157	2	4	—	6
7.	罗马尼亚	143	1	4	1	6
8.	土耳其	133	1	3	1	6
9.	日本	131	1	3	2	6
10.	匈牙利	128	1	3	1	6
10.	英国	128	1	2	3	6
12.	加拿大	119	2	—	3	6
12.	哈萨克斯坦	119	1	2	2	6
14.	乌克兰	118	1	2	3	6
15.	印度	115	—	4	1	6
16.	中国台湾	114	1	2	2	6
17.	德国	112	1	2	1	6
17.	伊朗	112	—	3	2	6
19.	白俄罗斯	111	1	2	2	6
19.	泰国	111	1	1	3	6
21.	以色列	103	—	2	3	6
22.	波兰	102	1	2	—	6
23.	塞尔维亚－黑山	101	—	3	1	6
24.	法国	95	—	2	2	6
25.	蒙古	93	—	1	3	6
26.	澳大利亚	92	—	2	2	6
26.	巴西	92	—	1	3	6
28.	阿根廷	91	1	1	2	6
28.	中国香港	91	—	2	2	6
30.	希腊	88	—	1	4	6

续表

名次	国家或地区	分数（满分252）	金牌	银牌	铜牌	参赛队人数
30.	摩尔多瓦	88	—	1	2	6
32.	格鲁吉亚	86	—	1	2	6
33.	克罗地亚	80	—	—	3	6
34.	捷克	79	—	1	2	6
35.	斯洛伐克	77	—	—	4	6
36.	新加坡	71	—	—	2	6
37.	比利时	70	—	1	1	6
37.	印尼	70	—	—	2	6
39.	哥伦比亚	67	—	—	3	6
40.	阿塞拜疆	66	—	1	1	6
41.	墨西哥	64	—	—	3	6
42.	挪威	62	—	1	—	6
43.	亚美尼亚	61	—	—	3	6
43.	波斯尼亚－黑塞哥维那	61	—	—	2	6
45.	南非	60	—	—	3	6
46.	西班牙	59	—	—	1	6
47.	马其顿	54	—	—	2	6
48.	瑞典	52	—	—	1	6
49.	意大利	50	—	—	1	6
49.	吉尔吉斯斯坦	50	—	—	2	6
49.	拉脱维亚	50	—	—	1	6
52.	立陶宛	49	—	—	2	6
52.	乌兹别克斯坦	49	—	1	1	6
54.	爱沙尼亚	47	—	—	—	6
55.	芬兰	43	—	—	1	6
55.	摩洛哥	43	—	—	—	6
55.	新西兰	43	—	—	—	6
58.	中国澳门	40	—	—	2	6
59.	奥地利	38	—	—	—	6
60.	秘鲁	37	—	—	1	6
60.	土库曼斯坦	37	—	—	1	6
62.	冰岛	33	—	—	1	6
62.	特立尼达－多巴哥	33	—	—	—	6
64.	荷兰	30	—	—	—	6
65.	乌拉圭	29	—	—	—	5
66.	丹麦	27	—	—	—	5
67.	马来西亚	26	—	—	—	5

续表

名次	国家或地区	分数（满分252）	金牌	银牌	铜牌	参赛队人数
67.	瑞士	26	—	—	—	6
69.	卢森堡	25	—	—	1	2
70.	阿尔巴尼亚	23	—	—	—	4
70.	塞浦路斯	23	—	—	—	6
70.	波多黎各	23	—	—	1	3
73.	葡萄牙	22	—	—	—	6
74.	爱尔兰	21	—	—	—	6
75.	斯洛文尼亚	18	—	—	—	6
76.	古巴	14	—	—	1	1
77.	厄瓜多尔	11	—	—	—	6
78.	委内瑞拉	10	—	—	—	3
79.	菲律宾	9	—	—	—	6
80.	科威特	8	—	—	—	3
81.	斯里兰卡	4	—	—	—	4
82.	巴拉圭	0	—	—	—	1

第 44 届国际数学奥林匹克预选题解答

日本,2003

代数部分

1（美国） 设实数 a_{ij} 满足：
(1) 当 $i=j$ 时,a_{ij} 为正数；
(2) 当 $i \neq j$ 时,a_{ij} 为负数.
其中 $i=1,2,3,j=1,2,3$.证明:存在正实数 c_1,c_2,c_3,使得下列三个数
$$a_{11}c_1 + a_{12}c_2 + a_{13}c_3$$
$$a_{21}c_1 + a_{22}c_2 + a_{23}c_3$$
$$a_{31}c_1 + a_{32}c_2 + a_{33}c_3$$
要么都是负数,要么都是正数,要么都是零.

解 设在空间直角坐标系中,$O(0,0,0)$,$P(a_{11},a_{21},a_{31})$,$Q(a_{12},a_{22},a_{32})$,$R(a_{13},a_{23},a_{33})$. 只要证明,在 $\triangle PQR$ 中存在一点,其坐标要么都是负数,要么都是正数,要么都是零.

设点 P,Q,R 在 xOy 平面上的投影分别为 P',Q',R',则 P',Q',R' 分别在第四象限、第二象限、第三象限.

如图1,若点 O 在 $\triangle P'Q'R'$ 的外部或边界上,设 $P'Q'$ 与 OR' 交于点 S',S 是线段 PQ 上的点,其在 xOy 平面上的投影为 S'. 因为点 P,Q 在 z 轴上的坐标均为负数,所以,点 S 在 z 轴上的坐标也为负数.于是,在线段 SR 上,且足够接近点 S 的任意一点的坐标都是负数.

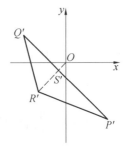

题1(图1)

如图2,若点 O 在 $\triangle P'Q'R'$ 的内部,设 T 是平面 PQR 上的一点,点 T 在 xOy 平面上的投影为 O. 若 $T=O$,则点 T 的坐标都是 0;若点 T 在 z 轴上的坐标为负数(或正数),那么,在 $\triangle PQR$ 内取一点 U,且足够接近点 T,使得其在 x 轴和 y 轴上的坐标均为负数(或正数).于是,点 U 的坐标全为负数(或正数).

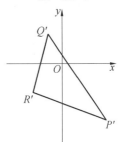

题1(图2)

❷（澳大利亚） 求所有非减函数 $f:\mathbf{R} \to \mathbf{R}$，使得
(1) $f(0)=0, f(1)=1$；
(2) 对于所有满足 $a<1<b$ 的实数 a,b，有
$$f(a)+f(b)=f(a)f(b)+f(a+b-ab)$$

解 设 $g(x)=f(x+1)-1$，则 $g(x)$ 也是非减函数，且 $g(0)=0, g(-1)=-1$.

当 $a<1<b$ 时，有
$$g(-(a-1)(b-1))=-g(a-1)g(b-1)$$
于是，对于所有实数 x,y，若 $x<0<y$，则有
$$g(-xy)=-g(x)g(y)$$
或对于所有 $y,z>0$，有
$$g(yz)=-g(y)g(-z)$$
反之，若 g 满足这个条件，则 $f(x)$ 满足原条件.

若 $g(1)=0$，则对任意 $z>0$，有 $g(z)=0$.

设 $g:\mathbf{R}\to\mathbf{R}$ 是任意一个非减函数，且满足 $g(-1)=-1$，$g(x)=0 (x\geqslant 0)$.

于是，g 满足条件. 从而可得满足条件的函数
$$f(x)=g(x-1)+1$$

若 $g(1)>0$，令 $y=1$，则有
$$g(-z)=-\frac{g(z)}{g(1)}$$
其中 $z>0$. 于是
$$g(yz)=\frac{g(y)g(z)}{g(1)}, y,z>0$$

设 $h(x)=\frac{g(x)}{g(1)}$，则 $h(x)$ 也是非减函数，且
$$h(0)=0, h(1)=1, h(xy)=h(x)h(y), x,y>0$$
于是，对于任意正整数 n，有
$$h(x^n)=h^n(x)$$
令 $x=y^{\frac{1}{n}}$，则 $h(y)=h^n(y^{\frac{1}{n}})$，即
$$h(y^{\frac{1}{n}})=h^{\frac{1}{n}}(y)$$
又因为
$$h\left(\frac{1}{x}\right)=\frac{1}{h(x)}=h^{-1}(x)$$
因此，对于任意有理数 q，有
$$h(x^q)=h^q(x)$$
因为 $h(x)$ 是非减函数，所以，存在非负数 k，对于所有 $x>0$，

有
$$h(x) = x^k$$
设 $g(1) = c$,则
$$g(x) = cx^k, x > 0$$
于是,当 $x > 0$ 时,有
$$g(-x) = -\frac{g(x)}{g(1)} = -x^k$$
故对于 $k \geqslant 0, c > 0$,有
$$g(x) = \begin{cases} cx^k, & x > 0 \\ 0, & x = 0 \\ -(-x)^k, & x < 0 \end{cases}$$

因此,$g(x)$ 是非减函数,$g(0) = 0, g(-1) = -1$,且 $g(-xy) = -g(x)g(y)$ 对所有 $x < 0 < y$ 成立,故 g 满足条件.

综上所述,满足条件的非减函数 $f(x) = g(x-1) + 1$ 为
$$f(x) = \begin{cases} 1, & x \geqslant 1 \\ 0, & x = 0 \end{cases}$$

和
$$f(x) = \begin{cases} c(x-1)^k + 1, & x > 1 \\ 1, & x = 1, c > 0, k \geqslant 0 \\ -(1-x)^k + 1, & x < 1 \end{cases}$$

> **❸**(格鲁吉亚) 考虑两个正实数列 $a_1 \geqslant a_2 \geqslant a_3 \geqslant \cdots$, $b_1 \geqslant b_2 \geqslant b_3 \geqslant \cdots$.
>
> 记 $A_n = a_1 + a_2 + \cdots + a_n, B_n = b_1 + b_2 + \cdots + b_n, n = 1, 2, 3, \cdots$.
>
> 设 $c_i = \min\{a_i, b_i\}, C_n = c_1 + c_2 + \cdots + c_n, n = 1, 2, 3, \cdots$.
>
> (1) 是否存在数列 $\{a_i\}, \{b_i\}$,使得数列 $\{A_n\}, \{B_n\}$ 无界,而数列 $\{C_n\}$ 有界?
>
> (2) 若 $b_i = \frac{1}{i}, i = 1, 2, \cdots$,则(1)的结论是否改变?
>
> 证明你的结论.

证明 (1) 存在.

设 $\{c_i\}$ 是任意正数列,且满足 $c_i \geqslant c_{i+1}$ 及 $\sum_{i=1}^{+\infty} c_i < +\infty$,又设整数列 $\{k_m\}$ 满足 $1 = k_1 < k_2 < k_3 < \cdots$,且 $(k_{m+1} - k_m)c_{k_m} \geqslant 1$.

定义数列 $\{a_i\}, \{b_i\}$ 如下:

当 n 为奇数,且 $k_n \leqslant i < k_{n+1}$ 时,定义 $a_i = c_{k_n}, b_i = c_i$,则
$$A_{k_{n+1}-1} = A_{k_n-1} + (k_{n+1} - k_n)c_{k_n} \geqslant A_{k_n-1} + 1$$

当 n 为偶数,且 $k_n \leqslant i < k_{n+1}$ 时,定义 $a_i = c_i, b_i = c_{k_n}$,则
$$B_{k_{n+1}-1} \geqslant B_{k_n-1} + 1$$

于是,数列$\{A_n\}$,$\{B_n\}$无界,且$c_i = \min\{a_i, b_i\}$.

(2) 假设结论不改变.

若只有有限个i满足$b_i = c_i$,则存在一个足够大的I,使得当$i \geq I$时,有$c_i = a_i$. 所以,$\sum_{i \geq I} c_i = \sum_{i \geq I} a_i = +\infty$,矛盾.

若有无穷多个i满足$b_i = c_i$,设整数列$\{k_m\}$满足$k_{m+1} \geq 2k_m$,且$b_{k_m} = c_{k_m}$. 由于数列$\{c_i\}$也单调下降,所以,有

$$\sum_{k=k_i+1}^{k_{i+1}} c_k \geq (k_{i+1} - k_i) c_{k_{i+1}} = (k_{i+1} - k_i) \frac{1}{k_{i+1}} \geq \frac{1}{2}$$

于是,$\sum_{i=1}^{+\infty} c_i = +\infty$,矛盾.

综上所述,(1) 的结论改变.

❹(爱尔兰) 设n为正整数,实数$x_1, x_2, \cdots, x_n$满足$x_1 \leq x_2 \leq \cdots \leq x_n$.

(a) 证明:$\left(\sum_{i=1}^{n} \sum_{j=1}^{n} |x_i - x_j|\right)^2 \leq \frac{2(n^2 - 1)}{3} \sum_{i=1}^{n} \sum_{j=1}^{n} (x_i - x_j)^2$.

(b) 证明:上式等号成立的充分必要条件是$x_1, x_2, \cdots, x_n$为等差数列.

证明 (a) 由于将x_i作变换(都减去某一定值)不等式两边不变,不失一般性,设$\sum_{i=1}^{n} x_i = 0$,则

$$\sum_{i,j=1}^{n} |x_i - x_j| = 2 \sum_{1 \leq i < j \leq n} (x_j - x_i) = 2 \sum_{i=1}^{n} (2i - n - 1) x_i$$

由柯西不等式有

$$\left(\sum_{i,j=1}^{n} |x_i - x_j|\right)^2 \leq 4 \sum_{i=1}^{n} (2i - n - 1)^2 \sum_{i=1}^{n} x_i^2 = 4 \cdot \frac{n(n+1)(n-1)}{3} \sum_{i=1}^{n} x_i^2$$

另一方面

$$\sum_{i,j=1}^{n} (x_i - x_j)^2 = n \sum_{i=1}^{n} x_i^2 - 2 \sum_{i=1}^{n} x_i \sum_{j=1}^{n} x_j + n \sum_{j=1}^{n} x_j^2 = 2n \sum_{i=1}^{n} x_i^2$$

所以

$$\left(\sum_{i,j=1}^{n} |x_i - x_j|\right)^2 \leq \frac{2(n^2 - 1)}{3} \sum_{i,j=1}^{n} (x_i - x_j)^2$$

(b) 若等号成立,则存在某个k,$x_i = k(2i - n - 1)$,$i = 1, 2, \cdots, n$. 从而,$\{x_i\}$为等差数列.

反之,设$\{x_i\}$的公差为d,则

$$x_i = \frac{d}{2}(2i-n-1) + \frac{x_1+x_n}{2}$$

将 $x_i - \frac{x_1+x_n}{2}$ 变换成 x'_i，则

$$x'_i = \frac{d}{2}(2i-n-1), \quad \sum_{i=1}^{n} x'_i = 0$$

且等号成立.

❺（韩国） 设 $\mathbf{R}_+$ 为正实数集，求所有函数 $f:\mathbf{R}_+ \to \mathbf{R}_+$，满足条件：

(1) 对于所有 $x,y,z \in \mathbf{R}_+$，有
$$f(xyz) + f(x) + f(y) + f(z) = f(\sqrt{xy})f(\sqrt{yz})f(\sqrt{zx})$$
(2) 对于所有 $1 \leqslant x < y$，有 $f(x) < f(y)$.

解 我们证明 $f(x) = x^\lambda + x^{-\lambda}$ 满足条件，其中 λ 是任意正实数. 为此，先证明一个引理.

引理 存在唯一的函数 $g:[1,+\infty) \to [1,+\infty)$，使得 $f(x) = g(x) + \frac{1}{g(x)}$.

引理的证明 设 $x=y=z=1$，则条件(1) 化为
$$4f(1) = f^3(1)$$
因为 $f(1) > 0$，所以
$$f(1) = 2$$

定义函数 $A:[1,+\infty) \to [2,+\infty)$ 为 $A(x) = x + \frac{1}{x}$.

因为 $f(x)$（$x \in [1,+\infty)$）是严格递增函数，且 A 是双射，所以，函数 $g(x)$ 是唯一确定的.

因为 A 是严格递增的，所以，g 也严格递增. 由 $f(1) = 2$ 知
$$g(1) = 1$$

设 $(x,y,z) = \left(t, t, \frac{1}{t}\right)$，则
$$f(t) = f\left(\frac{1}{t}\right)$$

设 $(x,y,z) = (t^2, 1, 1)$，则
$$f(t^2) = f^2(t) - 2$$

设 $(x,y,z) = \left(\frac{s}{t}, \frac{t}{s}, st\right)$，则
$$f(st) + f\left(\frac{t}{s}\right) = f(s)f(t)$$

设 $(x,y,z) = \left(s^2, \frac{1}{s^2}, t^2\right)$，则

$$f(st)f\left(\frac{t}{s}\right) = f(s^2) + f(t^2) = f^2(s) + f^2(t) - 4$$

设 $1 \leqslant x \leqslant y$,下面证明 $g(xy) = g(x)g(y)$. 因为

$$f(xy) + f\left(\frac{y}{x}\right) = \left(g(x) + \frac{1}{g(x)}\right)\left(g(y) + \frac{1}{g(y)}\right) =$$
$$\left(g(x)g(y) + \frac{1}{g(x)g(y)}\right) + \left(\frac{g(x)}{g(y)} + \frac{g(y)}{g(x)}\right)$$
$$f(xy)f\left(\frac{y}{x}\right) = \left(g(x) + \frac{1}{g(x)}\right)^2 + \left(g(y) + \frac{1}{g(y)}\right)^2 - 4 =$$
$$\left(g(x)g(y) + \frac{1}{g(x)g(y)}\right)\left(\frac{g(x)}{g(y)} + \frac{g(y)}{g(x)}\right)$$

于是,有

$$\left\{f(xy), f\left(\frac{y}{x}\right)\right\} = \left\{g(x)g(y) + \frac{1}{g(x)g(y)}, \frac{g(x)}{g(y)} + \frac{g(y)}{g(x)}\right\} =$$
$$\left\{A(g(x)g(y)), A\left(\frac{g(y)}{g(x)}\right)\right\}$$

因为

$$f(xy) = A(g(xy))$$

且 A 是双射,于是

$$g(xy) = g(x)g(y) \text{ 或 } g(xy) = \frac{g(y)}{g(x)}$$

又因为

$$xy \geqslant y$$

且 g 是递增的,所以

$$g(xy) = g(x)g(y)$$

对于一个确定的实数 $\varepsilon > 1$,假设 $g(\varepsilon) = \varepsilon^\lambda$.

因为 $g(\varepsilon) > 1$,所以,$\lambda > 0$.

于是,对所有有理数 $q(q \in [0, +\infty))$,有

$$g(\varepsilon^q) = g^q(\varepsilon) = \varepsilon^{q\lambda}$$

因为 g 是严格递增的,所以,对所有 $t \in [0, +\infty)$,有

$$g(\varepsilon^t) = \varepsilon^{t\lambda}$$

从而,当 $x \geqslant 1$ 时,有

$$g(x) = x^\lambda$$

于是,当 $x \geqslant 1$ 时,有

$$f(x) = x^\lambda + x^{-\lambda}$$

由 $f(t) = f\left(\frac{1}{t}\right)$,有:

当 $0 < x < 1$ 时,$f(x) = x^\lambda + x^{-\lambda}$.

下面验证对于所有的 $\lambda(\lambda > 0)$,函数 $f(x) = x^\lambda + x^{-\lambda}$ 满足两个给定的条件. 因为

$$f(\sqrt{xy})f(\sqrt{yz})f(\sqrt{zx}) =$$

$$[(xy)^{\frac{\lambda}{2}}+(xy)^{-\frac{\lambda}{2}}][(yz)^{\frac{\lambda}{2}}+(yz)^{-\frac{\lambda}{2}}] \cdot [(zx)^{\frac{\lambda}{2}}+(zx)^{-\frac{\lambda}{2}}]=$$
$$(xyz)^{\lambda}+x^{\lambda}+y^{\lambda}+z^{\lambda}+x^{-\lambda}+y^{-\lambda}+z^{-\lambda}+(xyz)^{-\lambda}=$$
$$f(xyz)+f(x)+f(y)+f(z)$$

❻（美国） 已知 n 是正整数，$\{x_1,x_2,\cdots,x_n\}$ 和 $\{y_1,y_2,\cdots,y_n\}$ 是两个正实数列. 若 $\{z_1,z_2,\cdots,z_{2n}\}$ 是满足 $z_{i+j}^2 \geqslant x_i y_j$ 的正实数列，其中 $1 \leqslant i,j \leqslant n$，设 $M = \max\{z_2,z_3,\cdots,z_{2n}\}$. 证明
$$\left(\frac{M+z_2+z_3+\cdots+z_{2n}}{2n}\right)^2 \geqslant \left(\frac{x_1+x_2+\cdots+x_n}{n}\right)\left(\frac{y_1+y_2+\cdots+y_n}{n}\right)$$

证明 设 $X=\max\{x_1,x_2,\cdots,x_n\}$，$Y=\max\{y_1,y_2,\cdots,y_n\}$.

用 $x'_i = \dfrac{x_i}{X}$ 代替 x_i，$y'_i = \dfrac{y_i}{Y}$ 代替 y_i，$z'_i = \dfrac{z_i}{\sqrt{XY}}$ 代替 z_i，则原不等式不变.

不妨假设 $X=Y=1$. 下面证明
$$M+z_2+z_3+\cdots+z_{2n} \geqslant x_1+x_2+\cdots+x_n+y_1+y_2+\cdots+y_n \quad ①$$

只要证明对于任意 $r \geqslant 0$，或式①左边大于 r 的项的数目不少于右边大于 r 的项的数目.

若 $r \geqslant 1$，则右边没有比 r 大的项，故假设 $r<1$.

设 $A = \{i \mid x_i > r, 1 \leqslant i \leqslant n\}$，$a = |A|$，$B = \{i \mid y_i > r, 1 \leqslant i \leqslant n\}$，$b = |B|$.

因为
$$\max\{x_1,x_2,\cdots,x_n\} = \max\{y_1,y_2,\cdots,y_n\} = 1$$
于是，a,b 至少为 1. 由 $x_i > r$，$y_i > r$，可得
$$z_{i+j} \geqslant \sqrt{x_i y_j} > r$$
所以
$$C = \{i \mid z_i > r, 2 \leqslant i \leqslant 2n\} \supset (A+B) = \{\alpha+\beta \mid \alpha \in A, \beta \in B\}$$

设 $A = \{i_1,i_2,\cdots,i_a\}$，$i_1 < i_2 < \cdots < i_a$
$B = \{j_1,j_2,\cdots,j_b\}$，$j_1 < j_2 < \cdots < j_b$

则 $i_1+j_1, i_1+j_2, \cdots, i_1+j_b, i_2+j_b, \cdots, i_a+j_b$ 是 $a+b-1$ 个不同的数，且属于 $A+B$. 所以
$$|A+B| \geqslant |A|+|B|-1 = a+b-1$$

故有
$$|C| \geqslant |A+B| \geqslant a+b-1$$

特别地，$|C| \geqslant 1$，且对于一些 k，有 $z_k > r$.

因为 $M>r$，所以，式①左边至少有 $a+b$ 项比 r 大。由于 $a+b$ 是右边比 r 大的项的数目，所以，结论成立。因此

$$\left(\frac{M+z_2+z_3+\cdots+z_{2n}}{2n}\right)^2 \geqslant$$

$$\left[\frac{1}{2}\left(\frac{x_1+x_2+\cdots+x_n}{n}+\frac{y_1+y_2+\cdots+y_n}{n}\right)\right]^2 \geqslant$$

$$\left(\frac{x_1+x_2+\cdots+x_n}{n}\right)\left(\frac{y_1+y_2+\cdots+y_n}{n}\right)$$

组合部分

❶（巴西） 设 $S=\{1,2,\cdots,1\,000\,000\}$，$A$ 为 S 的一个恰包含 101 个元素的子集合。证明：在 S 中存在数 $t_1,t_2,\cdots,t_{100}$，使得下列集合

$$A_j=\{x+t_j\mid x\in A\},j=1,2,\cdots,100$$

中的任意两个都不相交。

解 考虑集合 $D=\{x-y\mid x,y\in A\}$，D 中至多有 $101\times 100+1=10\,101$ 个元素。易知两个集合 A_i 与 A_j 有非空的交集的充要条件为 $t_i-t_j\in D$。于是，只要选取 S 中的 100 个元素，其差不属于 D。

归纳选取：首先任取一个元素 x，则 $x+D$ 中的元素不能再被选取。假设已选取 k 个元素，$k\leqslant 99$。此时至多有 $10\,101k\leqslant 999\,999$ 个元素不能选取。因此，至少还有一个元素可以选取，则选取第 $k+1$ 个元素。如此下去，直至选取出 100 个满足条件的元素。

❷（格鲁吉亚） 设 $D_1,D_2,\cdots,D_n$ 是平面上的闭圆盘，假设平面上的每一点最多属于 2 003 个圆盘 D_i。证明：存在一个圆盘 D_k，使得 D_k 最多与 $7\times 2\,003-1$ 个其他圆盘 D_i 相交。

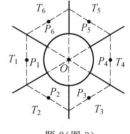

题 2（图 3）

解 设圆盘 S 有最小的半径 s。如图 3，将平面分成 7 个区域：其中 S 为一个区域，其他 6 个区域为 S 外全等的 6 个区域。

因为 s 是最小的半径，所以，任意圆心在 S 内且不同于 S 的圆盘包含圆盘 S 的圆心 O，且这样的圆盘的数目小于或等于 2 002。

下面证明，若一个圆盘 D_j 的圆心在 T_i 内，且与圆盘 S 相交，则 D_j 包含点 P_i，其中 P_i 在区域 T_i 的两条射线所成角的角平分线上，且满足 $OP_i=\sqrt{3}\,s$。

过点 P_i 作这条角平分线的垂线,将 T_i 又分为 2 个区域 U_i 和 V_i,如图 4,则区域 U_i 包含在以 P_i 为圆心, s 为半径的圆盘中. 于是,若 D_j 的圆心在 U_i 内,则 D_j 包含点 P_i.

假设 D_j 的圆心在 V_i 内,如图 5,设 D_j 的圆心为 Q, OQ 与 S 的边界交于点 R. 因为 D_j 与 S 相交, D_j 的半径大于 QR. 又因为
$$\angle QP_iR \geqslant \angle CP_iB = 60°, \angle P_iRO \geqslant \angle P_iBO = 120°$$
所以
$$\angle QP_iR \geqslant \angle P_iRQ$$
于是
$$QR \geqslant QP_i$$
故有 D_j 包含点 P_i.

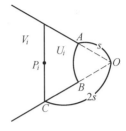

题 2(图 4)

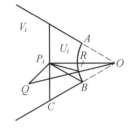

题 2(图 5)

对于 $i=1,2,\cdots,6$,圆心在 T_i 内且与 S 相交的圆盘 D_j 的数目小于或等于 2 003,所以,与 S 相交的圆盘 D_j 的数目小于或等于
$$2\,002 + 6 \times 2\,003 = 7 \times 2\,003 - 1$$
因此, S 即为所求的 D_k.

❸(立陶宛) 设整数 $n(n \geqslant 5)$. 求最大整数 k,使得存在一个 n 边形(凸或凹,只要边界不能自相交)有 k 个内角是直角.

解 我们证明当 $n=5$ 时,满足条件的 k 等于 3;当 $n \geqslant 6$ 时, k 等于 $\left[\dfrac{2n}{3}\right]+1$ (其中 $[x]$ 表示不超过 x 的最大整数).

假设存在一个 n 边形有 k 个内角是直角,因为其他所有的角小于 $360°$,于是,有
$$(n-k) \cdot 360° + k \cdot 90° > (n-2) \cdot 180°$$
即
$$k < \frac{2n+4}{3}$$
因为 k 和 n 是整数,所以
$$k \leqslant \left[\frac{2n}{3}\right] + 1$$
如果 $n=5$,则
$$\left[\frac{2n}{3}\right] + 1 = 4$$
可是,如果一个五边形有 4 个内角是直角,则另外一个角为 $180°$,矛盾.

图 6 中给出的五边形有三个内角是直角,所以,最大整数 $k=3$.

对于 $n \geqslant 6$,我们构造一个有 $\left[\dfrac{2n}{3}\right]+1$ 个内角是直角的 n 边形.

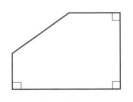

题 3(图 6)

图 7 是 $n=6,7,8$ 时的例子.

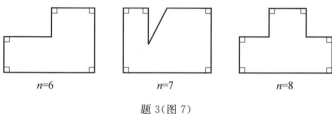

题 3(图 7)

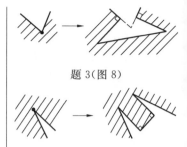

题 3(图 8)

题 3(图 9)

对于 $n \geqslant 9$,我们将归纳构造例子.

对于所有大于 $180°$ 的内角,我们可以割出一个"少一个顶点的三角形",使得多出三个顶点,多出两个内角为直角的角,如图 8. 图 9 为另一种构造法.

❹(伊朗) 设 $x_1, x_2, \cdots, x_n$ 和 $y_1, y_2, \cdots, y_n$ 是实数,矩阵 $\boldsymbol{A} = (a_{ij})_{1 \leqslant i,j \leqslant n}$ 满足
$$a_{ij} = \begin{cases} 1, & \text{当 } x_i + y_j \geqslant 0 \text{ 时} \\ 0, & \text{当 } x_i + y_j < 0 \text{ 时} \end{cases}$$
若 $n \times n$ 阶矩阵 $\boldsymbol{B}$ 的元素为 0 或 1,使得 $\boldsymbol{B}$ 的每一行和每一列的元素之和与 $\boldsymbol{A}$ 的对应的和相等,证明:$\boldsymbol{A} = \boldsymbol{B}$.

证明 设 $\boldsymbol{B} = (b_{ij})_{1 \leqslant i,j \leqslant n}$,定义
$$S = \sum_{1 \leqslant i,j \leqslant n} (x_i + y_j)(a_{ij} - b_{ij})$$

一方面,我们有
$$S = \sum_{i=1}^{n} x_i \left(\sum_{j=1}^{n} a_{ij} - \sum_{j=1}^{n} b_{ij} \right) + \sum_{j=1}^{n} y_j \left(\sum_{i=1}^{n} a_{ij} - \sum_{i=1}^{n} b_{ij} \right) = 0$$

另一方面,如果 $x_i + y_j \geqslant 0$,则
$$a_{ij} = 1$$
于是,有
$$a_{ij} - b_{ij} \geqslant 0$$
如果 $x_i + y_j < 0$,则
$$a_{ij} = 0$$
于是,有
$$a_{ij} - b_{ij} \leqslant 0$$
所以,$(x_i + y_j)(a_{ij} - b_{ij}) \geqslant 0$ 对于每个 i 和 j 均成立.
因此
$$(x_i + y_j)(a_{ij} - b_{ij}) = 0$$
其中 $1 \leqslant i, j \leqslant n$.

特别地,若 $a_{ij} = 0$,则 $x_i + y_j < 0$.
所以,$a_{ij} - b_{ij} = 0$,即 $b_{ij} = 0$.

因此,对于所有的 $1 \leqslant i,j \leqslant n, a_{ij} \geqslant b_{ij}$.

因为 $\boldsymbol{B}$ 的每一行元素的和等于 $\boldsymbol{A}$ 对应的那行元素的和,从而,有
$$a_{ij} = b_{ij}$$
对所有 i,j 成立,即有 $\boldsymbol{A} = \boldsymbol{B}$.

❺(罗马尼亚) 已知直角坐标平面上的每个整点都是一个半径为 $\dfrac{1}{1\,000}$ 的圆盘的圆心.证明:

(1) 存在一个正三角形,其三个顶点分别在三个不同的圆盘内;

(2) 每一个满足三个顶点分别在三个不同的圆盘内的正三角形的边长大于 96.

证明 (1) 定义 $f:\mathbf{Z} \to [0,1)$ 为 $f(x) = \sqrt{3}x - [\sqrt{3}x]$.

由抽屉原则,一定存在两个不同的整数 x_1 和 x_2,使得
$$|f(x_1) - f(x_2)| < 0.001$$

设 $a = |x_1 - x_2|$,则要么点 $(a, \sqrt{3}a)$ 与点 $(a, [\sqrt{3}a])$ 的距离小于 0.001,要么点 $(a, \sqrt{3}a)$ 与点 $(a, [\sqrt{3}a]+1)$ 的距离小于 0.001.于是点 $(0,0)$,$(2a,0)$,$(a,\sqrt{3}a)$ 在三个不同的圆盘内,且这三个点构成一个等边三角形.

(2) 假设 $\triangle P'Q'R'$ 的三个顶点 P',Q',R' 分别在三个圆心为 P,Q,R,半径为 0.001 的圆盘内,且满足 $P'Q' = Q'R' = R'P' = l \leqslant 96$,则
$$l - 0.002 \leqslant PQ, QR, RP \leqslant l + 0.002$$
因为 $\triangle PQR$ 不是等边三角形,不妨假设 $PQ \neq QR$,所以
$$|PQ^2 - QR^2| = (PQ + QR)|PQ - QR| \leqslant$$
$$(2l + 0.004)[(l + 0.002) -$$
$$(l - 0.002)] \leqslant$$
$$(2 \times 96 + 0.004) \times 0.004 =$$
$$0.768\,016 < 1$$
但是 $PQ^2 - QR^2 \in \mathbf{Z}$,矛盾.

因此,满足条件的正三角形的边长大于 96.

❻ (南非) 设 $f(k)$ 是满足下列条件的整数 n 的个数:

(1) $0 \leqslant n < 10^k$, n 在十进制下恰有 k 个数码,且首位数码可以是 0;

(2) 将 n 的数码用某种方式重新排序,使得产生的这个数可以被 11 整除.

证明:对于每个正整数 m,有
$$f(2m) = 10 f(2m-1)$$

证明 对于固定的正整数 m,定义集合 A_0 和 B_0 如下:

A_0 是具有下列性质的所有整数 n 的集合:

(i) $0 \leqslant 0 < 10^{2m}$,即 n 有 $2m$ 个数码;

(ii) 将 n 左边的 $2m-1$ 个数码重新排序后得到的 $2m$ 位整数可被 11 整除.

B_0 是具有下列性质的所有整数 n 的集合:

(i) $0 \leqslant n < 10^{2m-1}$,即 n 有 $2m-1$ 个数码;

(ii) n 的数码重新排序后得到的整数可被 11 整除.

显然有
$$f(2m) = |A_0|, f(2m-1) = |B_0|$$

对于由 $2m$ 个数码组成的整数 $(a_0, a_1, \cdots, a_{2m-1})$,我们考虑下列性质:

可将 $(a_0, a_1, \cdots, a_{2m-1})$ 的数码重新排序,使得
$$\sum_{l=0}^{2m-1} (-1)^l a_l \equiv 0 \pmod{11} \qquad ①$$

于是,有 $(a_0, a_1, \cdots, a_{2m-1})$ 满足式 ①,即 $(a_0 + k, a_1 + k, \cdots, a_{2m-1} + k)$ 满足式 ①.

上述结论对所有整数 k 成立.同时,还有:

$(a_0, a_1, \cdots, a_{2m-1})$ 满足式 ①,即 $(ka_0, ka_1, \cdots, ka_{2m-1})$ 满足式 ①.

上述结论对所有整数 $k \not\equiv 0 \pmod{11}$ 成立.

对于整数 k,将 k 模 11 的余数记为 $<k>$,则 $<k> \in \{0, 1, \cdots, 10\}$.

对于一个固定的 $j \in \{0, 1, \cdots, 9\}$,设 k 是使得 $(j+1)k \equiv 1 \pmod{11}$ 成立的唯一整数,其中 $k \in \{0, 1, \cdots, 10\}$.

假设 $(a_{2m-1}, \cdots, a_1, j) \in A_0$,则有 $(a_{2m-1}, \cdots, a_1, j)$ 满足式 ①.由前面的结论可得
$$((a_{2m-1}+1)k - 1, \cdots, (a_1+1)k - 1, 0)$$
也满足式 ①.

设 $b_i = <(a_i+1)k> - 1$,则有 $(b_{2m-1}, \cdots, b_1) \in B_0$.

对于任意的 $j \in \{0,1,\cdots,9\}$，我们也能由 $(b_{2m-1},\cdots,b_1)$ 重新得到 $(a_{2m-1},\cdots,a_1,j)$. 于是,有
$$|A_0| = 10|B_0|$$
即
$$f(2m) = 10f(2m-1)$$

几何部分

❶（芬兰） 设 $ABCD$ 是一个圆内接四边形. 从点 D 向直线 BC, CA 和 AB 作垂线,其垂足分别为 P, Q 和 R. 证明: $PQ = QR$ 的充分必要条件是 $\angle ABC$ 的平分线、$\angle ADC$ 的平分线和 AC 这三条直线相交于一点.

证明 如图 10 所示,由 Simson 定理,知 P, Q, R 三点共线. 此外,由于

$$\angle DPC = \angle DQC = 90°$$

则 D, P, Q, C 四点共圆,从而得到

$$\angle DCA = \angle DPQ = \angle DPR$$

又由于 D, Q, R, A 四点共圆,则

$$\angle DAC = \angle DRP$$

从而

$$\triangle DCA \backsim \triangle DPR$$

同理

$$\triangle DAB \backsim \triangle DQP$$
$$\triangle DBC \backsim \triangle DRQ$$

则

$$\frac{DA}{DC} = \frac{DR}{DP} = \frac{DB \cdot \dfrac{QR}{BC}}{DB \cdot \dfrac{PQ}{BA}} = \frac{QR}{PQ} \cdot \frac{BA}{BC}$$

于是

$$PQ = QR \Leftrightarrow \frac{DA}{DC} = \frac{BA}{BC}$$

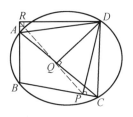

题 1（图 10）

由于 $\angle ABC$ 和 $\angle ADC$ 的平分线将 AC 分成 $\dfrac{BA}{BC}$ 和 $\dfrac{DA}{DC}$,故命题成立.

❷（希腊） 已知直线上的三个定点依次为 A, B, C, Γ 为过 A, C 两点且圆心不在 AC 上的圆. 分别过 A, C 两点且与圆 Γ 相切的直线交于点 P, PB 与圆 Γ 交于点 Q. 证明: $\angle AQC$ 的平分线与 AC 的交点不依赖于圆 Γ 的选取.

证明 如图 11 所示，假设 $\angle AQC$ 的平分线交 AC 于点 R，交圆 Γ 于点 S，其中 S 与 Q 是不同的两点.

因为 $\triangle PAC$ 是等腰三角形，所以
$$\frac{AB}{BC} = \frac{\sin\angle APB}{\sin\angle CPB}$$

同理，在 $\triangle ASC$ 中，有
$$\frac{AR}{RC} = \frac{\sin\angle ASQ}{\sin\angle CSQ}$$

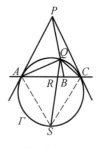

题 2（图 11）

在 $\triangle PAC$ 中，视 Q 为其塞瓦点. 由塞瓦定理的三角（正弦）表示，有
$$\frac{\sin\angle APB}{\sin\angle CPB} \cdot \frac{\sin\angle QAC}{\sin\angle QAP} \cdot \frac{\sin\angle QCP}{\sin\angle QCA} = 1$$

因为
$$\angle PAQ = \angle ASQ = \angle QCA,\ \angle PCQ = \angle CSQ = \angle QAC$$

所以
$$\frac{\sin\angle APB}{\sin\angle CPB} = \frac{\sin\angle PAQ \cdot \sin\angle QCA}{\sin\angle QAC \cdot \sin\angle PCQ} = \frac{\sin^2\angle ASQ}{\sin^2\angle CSQ}$$

故
$$\frac{AB}{BC} = \frac{AR^2}{RC^2}$$

因此，点 R 不依赖于圆 Γ 的选取.

---

❸（印度） 如图 12 所示，已知 $\triangle ABC$ 内一点 P，设 D, E, F 分别为点 P 在边 BC, CA, AB 上的投影. 假设 $AP^2 + PD^2 = BP^2 + PE^2 = CP^2 + PF^2$，且 $\triangle ABC$ 的三个旁心分别为 I_A, I_B, I_C. 证明：点 P 是 $\triangle I_A I_B I_C$ 的外心.

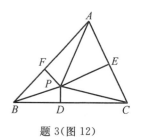

题 3（图 12）

证明 由已知条件可得
$$BF^2 - CE^2 = (BP^2 - PF^2) - (CP^2 - PE^2) =$$
$$(BP^2 + PE^2) - (CP^2 + PF^2) = 0$$

从而
$$BF = CE$$

设 $x = BF = CE$. 同理可设 $y = CD = AF, z = AE = BD$.

若 D, E, F 中有一个点在三边的延长线上，如点 D 在 BC 的延长线上，则有
$$AB + BC = (x+y) + (z-y) = x+z = AC$$

矛盾. 因此，D, E, F 三个点都在 $\triangle ABC$ 的三边上.

设 $a = BC, b = CA, c = AB, p = \frac{1}{2}(a+b+c)$，则
$$x = p-a, y = p-b, z = p-c$$

因为

$$BD = p-c, CD = p-b$$

所以, D 是 $\triangle ABC$ 中 $\angle BAC$ 内的旁切圆与边 BC 的切点.

同理, E, F 分别是 $\angle ABC, \angle ACB$ 内的旁切圆与边 CA, AB 的切点.

由于 PD 和 $I_A D$ 均垂直于 BC, 所以, P, D, I_A 三点共线.

同理, P, E, I_B 和 P, F, I_C 均三点共线.

因为 I_A, C, I_B 三点共线, 且

$$\angle PI_A C = \angle PI_B C = \frac{\angle ACB}{2}$$

所以

$$PI_A = PI_C$$

同理可得

$$PI_A = PI_B = PI_C$$

因此, 点 P 是 $\triangle I_A I_B I_C$ 的外心.

---

❹ (亚美尼亚) $\Gamma_1, \Gamma_2, \Gamma_3, \Gamma_4$ 分别为四个不同的圆, 且 Γ_1 与 Γ_3 外切于点 P, Γ_2 与 Γ_4 也外切于点 P. 假设 Γ_1 与 Γ_2, Γ_2 与 Γ_3, Γ_3 与 Γ_4, Γ_4 与 Γ_1 分别交于异于点 P 的点 A, B, C, D. 证明

$$\frac{AB \cdot BC}{AD \cdot DC} = \frac{PB^2}{PD^2}$$

证明 如图 13 所示, 设 AB 与圆 Γ_1 和圆 Γ_3 的内公切线的交点为 Q, 则

$$\angle APB = \angle APQ + \angle BPQ = \angle PDA + \angle PCB$$

故 $\theta_2 + \theta_3 + \angle APB = \theta_2 + \theta_3 + \theta_5 + \theta_8 = 180°$

同理, 由 $\angle BPC = \angle PAB + \angle PDC$, 有

$$\theta_2 + \theta_4 + \theta_5 + \theta_7 = 180°$$

将 $\triangle PAB, \triangle PBC, \triangle PCD, \triangle PDA$ 分别放大为 $\triangle PB'A'$, $\triangle PC'B'$, $\triangle PD'C'$, $\triangle PA'D'$, 相似比分别为 $PC \cdot PD, PD \cdot PA$, $PA \cdot PB, PB \cdot PC$, 于是, 得到一个新四边形 $A'B'C'D'$, 如图 14 所示. 其中

$$A'B' = AB \cdot PC \cdot PD, B'C' = BC \cdot PD \cdot PA$$
$$C'D' = CD \cdot PA \cdot PB, D'A' = DA \cdot PB \cdot PC$$

由于

$$\theta_2 + \theta_3 + \theta_5 + \theta_8 = 180°, \theta_2 + \theta_4 + \theta_5 + \theta_7 = 180°$$

所以

$$A'D' \parallel B'C', A'B' \parallel C'D'$$

于是, 四边形 $A'B'C'D'$ 是平行四边形.

从而

$$A'B' = C'D', A'D' = C'B'$$

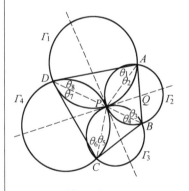

题 4 (图 13)

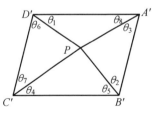

题 4 (图 14)

即
$$AB \cdot PC \cdot PD = CD \cdot PA \cdot PB$$
$$AD \cdot PB \cdot PC = BC \cdot PD \cdot PA$$

故
$$\frac{AB \cdot BC}{AD \cdot DC} = \frac{PB^2}{PD^2}$$

❺（韩国） 在等腰 $\triangle ABC$ 中，$AC=BC$，I 为其内心．设 P 是 $\triangle AIB$ 的外接圆在 $\triangle ABC$ 内部的圆弧上一点，过点 P 分别平行于 CA 和 CB 的直线交 AB 于点 D 和 E，过点 P 平行于 AB 的直线交 CA 于点 F，交 CB 于点 G．证明：直线 DF 与直线 EG 的交点在 $\triangle ABC$ 的外接圆上．

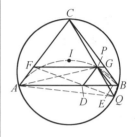

题 5（图 15）

证明 因为 $\triangle PDE$ 与 $\triangle CFG$ 的对应边互相平行，且 DF 与 EG 不平行，所以，这两个三角形是位似的．故 DF，EG，CP 交于一点，即位似中心．

下面证明：若 CP 交 $\triangle ABC$ 外接圆于点 Q，则 Q 是 DF 与 EG 的交点．

如图 15 所示，因为
$$\angle AQP = \angle ABC = \angle BAC = \angle PFC$$
所以，A，Q，P，F 四点共圆．于是，有
$$\angle FQP = \angle FAP$$
又 $\quad \angle IBA = \frac{1}{2}\angle CBA = \frac{1}{2}\angle CAB = \angle IAC$

因此，CA 与 $\triangle AIB$ 的外接圆切于点 A．所以，有
$$\angle PAF = \angle DBP$$
由 $\angle QBD = \angle QCA = \angle QPD$，所以，$D$，$Q$，$B$，$P$ 四点共圆．于是，有
$$\angle DBP = \angle DQP$$
从而
$$\angle FQP = \angle PAF = \angle DBP = \angle DQP$$

故 F，D，Q 三点共线．

同理，G，E，Q 三点共线．

因此，DF，EG，CP 与 $\triangle ABC$ 的外接圆交于同一点 Q．

❻（波兰） 给定一个凸六边形，其中的每一组对边都具有如下性质：这两条边的中点之间的距离等于它们的长度之和的 $\frac{\sqrt{3}}{2}$ 倍．证明：该六边形的所有内角相等（一个凸六边形 $ABCDEF$ 共有三组对边：AB 和 DE；BC 和 EF；CD 和 FA）．

证明 首先,证明一个引理:

在 $\triangle PQR$ 中,$\angle QPR \geqslant 60°$,L 为 QR 的中点,则
$$PL \leqslant \frac{\sqrt{3}}{2}QR$$
当且仅当 $\triangle PQR$ 为等边三角形时等号成立.

证明如下:设 S 为使 $\triangle QRS$ 为等边三角形的一点,点 P 和点 S 位于直线 QR 同侧,则点 P 在 $\triangle QRS$ 的外接圆之内,也在以 L 为中心、$\frac{\sqrt{3}}{2}QR$ 为半径的圆之内(含圆周).故引理成立.

原题的证明:凸六边形的主对角线围成三角形,可能有退化的三角形.于是,可以选取三条对角线中的两条,形成一个大于或等于 $60°$ 的角.

如图 16 所示,不妨设凸六边形 $ABCDEF$ 的对角线 AD,BE 满足 $\angle APB \geqslant 60°$,P 为两对角线的交点.由引理有
$$MN = \frac{\sqrt{3}}{2}(AB + DE) \geqslant PM + PN \geqslant MN$$
其中 M,N 为 AB,DE 的中点.

所以,$\triangle ABP$,$\triangle DEP$ 为等边三角形.

若对角线 CF 与 AD 或 BE 形成一个大于或等于 $60°$ 的角,不妨设 $\angle AQF \geqslant 60°$,Q 为 AD 与 CF 的交点.同上述论证,得到 $\triangle AQF$,$\triangle CQD$ 为等边三角形.推出 $\angle BRC = 60°$,R 是 BE 与 CF 的交点.再次按上述的论证,得到 $\triangle BCR$ 与 $\triangle EFR$ 为等边三角形.

故命题成立.

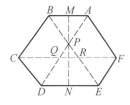

题 6(图 16)

---

❼(南非) 设 $\triangle ABC$ 的半周长为 p,内切圆半径为 r,分别以 BC,CA,AB 为直径在 $\triangle ABC$ 的外侧作半圆,设与这三个半圆均相切的圆 Γ 的半径为 t.证明
$$\frac{p}{2} < t \leqslant \frac{p}{2} + \left(1 - \frac{\sqrt{3}}{2}\right)r$$

证明 如图 17 所示,设圆 Γ 的圆心为 O,D,E,F 分别为边 BC,CA,AB 的中点,圆 Γ 与三个半圆的切点分别为 D',E',F'.又设这三个半圆的半径分别为 d',e',f',则 DD',EE',FF' 均过点 O,且
$$p = d' + e' + f'$$
设 $d = \frac{p}{2} - d' = \frac{-d' + e' + f'}{2}$,$e = \frac{p}{2} - e' = \frac{d' - e' + f'}{2}$,

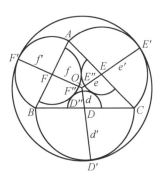

题 7(图 17)

$$f = \frac{p}{2} - f' = \frac{d' + e' - f'}{2}, 则$$

$$d + e + f = \frac{p}{2}$$

在 $\triangle ABC$ 的内部,分别以 D, E, F 为圆心,d, e, f 为半径作三个较小的半圆. 因为

$$d + e = f' = \frac{1}{2}AB = DE, e + f = d' = \frac{1}{2}BC = EF$$

$$f + d = e' = \frac{1}{2}AC = FD$$

所以,这三个较小的半圆两两互切,且这些切点分别为 $\triangle DEF$ 的内切圆与其三边的切点.

假设 DD', EE', FF' 与较小的半圆分别交于点 D'', E'', F''. 因为这些半圆不互相重叠,且 O 为这些半圆外部的点,所以

$$D'O > D'D''$$

即

$$t > \frac{p}{2}$$

设 $g = t - \frac{p}{2}$,则

$$OD'' = OE'' = OF'' = g$$

因此,以 O 为圆心、g 为半径的圆与这三个互切的半圆均相切.

下面证明

$$\frac{1}{d^2} + \frac{1}{e^2} + \frac{1}{f^2} + \frac{1}{g^2} = \frac{1}{2}\left(\frac{1}{d} + \frac{1}{e} + \frac{1}{f} + \frac{1}{g}\right)^2$$

设 $\triangle UVW$ 的三边分别为 $u = VW, v = WU, w = UV$. 则

$$\cos \angle VUW = \frac{-u^2 + v^2 + w^2}{2vw}$$

$$\sin \angle VUW = \frac{\sqrt{(u+v+w)(-u+v+w)(u-v+w)(u+v-w)}}{2vw}$$

因为

$$\cos \angle EDF = \cos(\angle ODE + \angle ODF) =$$
$$\cos \angle ODE \cdot \cos \angle ODF -$$
$$\sin \angle ODE \cdot \sin \angle ODF$$

则

$$\frac{d^2 + de + df - ef}{(d+e)(d+f)} =$$

$$\frac{(d^2 + de + dg - eg)(d^2 + df + dg - fg)}{(d+g)^2(d+e)(d+f)} -$$

$$\frac{4dg\sqrt{(d+e+g)(d+f+g)ef}}{(d+g)^2(d+e)(d+f)}$$

即 $(d+g)\left(\dfrac{1}{d}+\dfrac{1}{e}+\dfrac{1}{f}+\dfrac{1}{g}\right)-2\left(\dfrac{d}{g}+1+\dfrac{g}{d}\right)=$
$$-2\sqrt{\dfrac{(d+e+g)(d+f+g)}{ef}}$$

平方并化简,可得
$$\left(\dfrac{1}{d}+\dfrac{1}{e}+\dfrac{1}{f}+\dfrac{1}{g}\right)^2=4\left(\dfrac{1}{de}+\dfrac{1}{df}+\dfrac{1}{dg}+\dfrac{1}{ef}+\dfrac{1}{eg}+\dfrac{1}{fg}\right)=$$
$$2\left[\left(\dfrac{1}{d}+\dfrac{1}{e}+\dfrac{1}{f}+\dfrac{1}{g}\right)^2-\right.$$
$$\left.\left(\dfrac{1}{d^2}+\dfrac{1}{e^2}+\dfrac{1}{f^2}+\dfrac{1}{g^2}\right)\right]$$

从而
$$\dfrac{1}{d^2}+\dfrac{1}{e^2}+\dfrac{1}{f^2}+\dfrac{1}{g^2}=\dfrac{1}{2}\left(\dfrac{1}{d}+\dfrac{1}{e}+\dfrac{1}{f}+\dfrac{1}{g}\right)^2$$

故 $\dfrac{1}{g}=\dfrac{1}{d}+\dfrac{1}{e}+\dfrac{1}{f}+\sqrt{2\left(\dfrac{1}{d}+\dfrac{1}{e}+\dfrac{1}{f}\right)^2-2\left(\dfrac{1}{d^2}+\dfrac{1}{e^2}+\dfrac{1}{f^2}\right)}=$
$$\dfrac{1}{d}+\dfrac{1}{e}+\dfrac{1}{f}+2\sqrt{\dfrac{d+e+f}{def}}$$

因为
$$S_{\triangle DEF}=\dfrac{1}{4}S_{\triangle ABC}=\dfrac{pr}{4}, S_{\triangle DEF}=\sqrt{(d+e+f)def}$$

则 $\dfrac{r}{2}=\dfrac{2}{p}\sqrt{(d+e+f)def}=\sqrt{\dfrac{def}{d+e+f}}$

故要证明的不等式 $t\leqslant\dfrac{p}{2}+\left(1-\dfrac{\sqrt{3}}{2}\right)r$ 等价于 $\dfrac{r}{2g}\geqslant\dfrac{1}{2-\sqrt{3}}=2+\sqrt{3}$.

因为
$$\dfrac{r}{2g}=\sqrt{\dfrac{def}{d+e+f}}\left(\dfrac{1}{d}+\dfrac{1}{e}+\dfrac{1}{f}+2\sqrt{\dfrac{d+e+f}{def}}\right)=$$
$$\dfrac{x+y+z}{\sqrt{xy+yz+zx}}+2$$

其中
$$x=\dfrac{1}{d}, y=\dfrac{1}{e}, z=\dfrac{1}{f}$$

则只要证明
$$\dfrac{(x+y+z)^2}{xy+yz+zx}\geqslant 3$$

由于 $(x+y+z)^2-3(xy+yz+zx)=\dfrac{1}{2}[(x-y)^2+(y-z)^2+(z-x)^2]\geqslant 0$,所以,原不等式成立.

数论部分

❶（波兰） 设 m 是一个大于 1 的固定整数，数列 $x_0, x_1, x_2, \cdots$ 定义如下
$$x_i = \begin{cases} 2^i, & 0 \leq i \leq m-1 \\ \sum_{j=1}^{m} x_{i-j}, & i \geq m \end{cases}$$
求 k 的最大值，使得数列中有连续的 k 项均能被 m 整除.

解 设 r_i 是 x_i 模 m 的余数，在数列中按照连续的 m 项分成块，则余数最多有 m^m 种情况出现. 由抽屉原则，有一种类型的情况会重复出现. 因为定义的递推式可以向后递推，也可以向前递推，所以数列 $\{r_i\}$ 是周期数列.

由已知条件可得向前的递推公式为
$$x_i = x_{i+m} - \sum_{j=1}^{m-1} x_{i+j}$$
由其中的 m 项组成的余数分别为
$$r_0 = 1, r_1 = 2, \cdots, r_{m-1} = 2^{m-1}$$
求这 m 项前面的 m 项模 m 的余数，由向前的递推公式可得，前 m 项模 m 的余数分别为
$$\underbrace{0, 0, \cdots, 0}_{m-1 \text{项}}, 1$$
结合余数数列的周期性，可得
$$k \geq m-1$$

另一方面，若在余数数列 $\{r_i\}$ 中有连续的 m 项均为 0，则由向前的递推公式和向后的递推公式可得，对于所有的 $i \geq 0$，均有 $r_i = 0$，矛盾.

所以，k 的最大值为 $m-1$.

❷（美国） 每一个正整数 a 遵循下面的过程得到数 $d = d(a)$.
(1) 将 a 的最后一位数字移到第一位得到数 b；
(2) 将 b 平方得到数 c；
(3) 将 c 的第一位数字移到最后一位得到数 d.
例如
$$a = 2\,003, b = 3\,200, c = 10\,240\,000$$
$$d = 02\,400\,001 = 2\,400\,001 = d(2\,003)$$
求所有的正整数 a，使得 $d(a) = a^2$.

解 设正整数 a 满足 $d = d(a) = a^2$, 且 a 有 $n+1$ 位数字, $n \geqslant 0$. 又设 a 的最后一位数字为 s, c 的第一位数字为 f. 因为
$$(* \cdots * s)^2 = a^2 = d = * \cdots * f$$
$$(s * \cdots *)^2 = b^2 = c = f * \cdots *$$
其中 $*$ 表示一位数字, 所以, f 既是末位数字为 s 的一个数的平方的最后一位数字, 又是首位数字为 s 的一个数的平方的第一位数字.

完全平方数 $a^2 = d$ 要么是 $2n+1$ 位数, 要么是 $2n+2$ 位数.

若 $s = 0$, 则 $n \neq 0$. b 有 n 位数字, 其平方 c 最多有 $2n$ 位数字. 所以, d 也最多有 $2n$ 位数字, 矛盾.

因此, a 的最后一位数字不是 0.

若 $s = 4$, 则 $f = 6$. 因为首位数字为 4 的数的平方的首位数字为 1 或 2, 即
$$160 \cdots 0 = (40 \cdots 0)^2 \leqslant (4 * \cdots *)^2 < (50 \cdots 0)^2 = 250 \cdots 0$$
所以, $s \neq 4$.

表 1 给出了 s 所有可能的情况下对应的 f 的取值情况.

表 1

s	1	2	3	4	5	6	7	8	9
$f = (\cdots s)^2$ 的末位数字	1	4	9	6	5	6	9	4	1
$f = (\cdots s)^2$ 的首位数字	1,2,3	4,5,6,7,8	9,1	1,2	2,3	3,4	4,5,6	6,7,8	8,9

从表 1 可看出, 当 $s = 1, s = 2, s = 3$ 时, 均有 $f = s^2$.

当 $s = 1$ 或 $s = 2$ 时, $n+1$ 位且首位数字为 s 的数 b 的平方 $c = b^2$ 是 $2n+1$ 位数; 当 $s = 3$ 时, $c = b^2$ 要么是首位数字是 9 的 $2n+1$ 位数, 要么是首位数字是 1 的 $2n+2$ 位数. 由 $f = s^2 = 9$ 知首位数字不可能是 1. 所以, c 一定是 $2n+1$ 位数.

设 $a = 10x + s$, 其中 x 是 n 位数 (特别地, $x = 0$, 设 $n = 0$), 则
$$b = 10^n s + x, \quad c = 10^{2n} s^2 + 2 \cdot 10^n sx + x^2$$
$$d = 10(c - 10^{m-1} f) + f =$$
$$10^{2n+1} s^2 + 20 \cdot 10^n sx +$$
$$10 x^2 - 10^m f + f$$
其中 m 是数 c 的位数, 且已知 $m = 2n+1$, $f = s^2$. 故
$$d = 20 \cdot 10^n sx + 10 x^2 + s^2$$
由 $a^2 = d$, 解得
$$x = 2s \cdot \frac{10^n - 1}{9}$$
于是

$$a = \underbrace{6\cdots 63}_{n\text{个}}, a = \underbrace{4\cdots 42}_{n\text{个}} \text{ 或 } a = \underbrace{2\cdots 21}_{n\text{个}}$$

其中 $n \geqslant 0$.

对于前两种可能的情况,若 $n \geqslant 1$,由 $a^2 = d$,得 d 有 $2n+2$ 位数字,这表明 c 也有 $2n+2$ 位数字.这与 c 有 $2n+1$ 位数字矛盾,因此,$n = 0$.

综上所述,满足条件的数 a 分别为

$$a = 3, a = 2, a = \underbrace{2\cdots 21}_{n\text{个}}$$

其中 $n \geqslant 0$.

❸(保加利亚) 求所有的正整数对 (a, b),使得 $\dfrac{a^2}{2ab^2 - b^3 + 1}$ 为正整数.

解 设 (a, b) 为满足条件的解.

因 $k = \dfrac{a^2}{2ab^2 - b^3 + 1} > 0$,有 $2ab^2 - b^3 + 1 > 0$,即

$$a > \frac{b}{2} - \frac{1}{2b^2}$$

因此

$$a \geqslant \frac{b}{2}$$

由 $k \geqslant 1$,即 $a^2 \geqslant b^2(2a - b) + 1$,则

$$a^2 > b^2(2a - b) \geqslant 0$$

因此

$$a > b \text{ 或 } 2a = b \qquad ①$$

假设 a_1, a_2 为 $a^2 - 2kb^2 a + k(b^3 - 1) = 0$ 的两个解,对固定的正整数 k 和 b,假设其中之一为整数.由于 $a_1 + a_2 = 2kb^2$,则另一个也为整数.

不妨设 $a_1 \geqslant a_2$,则

$$a_1 \geqslant kb^2 > 0$$

又由 $a_1 a_2 = k(b^3 - 1)$,则

$$0 \leqslant a_2 = \frac{k(b^3 - 1)}{a_1} \leqslant \frac{k(b^3 - 1)}{kb^2} < b$$

结合式 ① 得到

$$a_2 = 0 \text{ 或 } a_2 = \frac{b}{2} (b \text{ 必为偶数})$$

如果 $a_2 = 0$,则 $b^3 - 1 = 0$.因此

$$a_1 = 2k, b = 1$$

如果 $a_2 = \dfrac{b}{2}$,则
$$k = \dfrac{b^2}{4}, a_1 = \dfrac{b^4}{2} - \dfrac{b}{2}$$

从而,所有可能的解为
$$(a,b) = (2l,1) \text{ 或}(l,2l) \text{ 或}(8l^4 - l, 2l)$$

其中 l 为某个正整数.

验证可知,所有这些数对满足题设条件.

❹(罗马尼亚) 设 b 是大于 5 的整数,对于每一个正整数 n,考虑 b 进制下的数
$$x_n = \underbrace{11\cdots1}_{n-1 \text{ 个}} \underbrace{22\cdots2}_{n \text{ 个}} 5.$$

证明:"存在一个正整数 M,使得对于任意大于 M 的整数 n,数 x_n 是一个完全平方数" 的充分必要条件是 $b = 10$.

证明 对于 $b = 6, 7, 8, 9$,将 x 模 b 进行分类,直接验证可知 $x^2 \equiv 5 (\bmod\ b)$ 无解.

由于 $x_n \equiv 5 (\bmod\ b)$,所以,x_n 不是完全平方数.

对于 $b = 10$,直接计算可得
$$x_n = \dfrac{1}{b-1}(b^{2n} + b^{n+1} + 3b - 5) = \left(\dfrac{10^n + 5}{3}\right)^2$$

其中 $10^n + 5 \equiv 0 (\bmod\ 3)$.

对于 $b \geq 11$,设 $y_n = (b-1)x_n$. 假设存在一个正整数 M,当 $n > M$ 时,x_n 是完全平方数,则对于 $n > M$,$y_n y_{n+1}$ 也是完全平方数.

因为
$$b^{2n} + b^{n+1} + 3b - 5 < \left(b^n + \dfrac{b}{2}\right)^2$$

所以
$$y_n y_{n+1} < \left(b^n + \dfrac{b}{2}\right)^2 \left(b^{n+1} + \dfrac{b}{2}\right)^2 = \left(b^{2n+1} + \dfrac{b^{n+1}(b+1)}{2} + \dfrac{b^2}{4}\right)^2$$

另一方面,经直接计算可证明
$$y_n y_{n+1} > \left(b^{2n+1} + \dfrac{b^{n+1}(b+1)}{2} - b^3\right)^2$$

因此,对于任意整数 $n > M$,存在一个整数 a_n,使得
$$-b^3 < a_n < \dfrac{b^2}{4}$$

且有

$$y_n y_{n+1} = \left(b^{2n+1} + \frac{b^{n+1}(b+1)}{2} + a_n\right)^2 \qquad ①$$

将 y_n, y_{n+1} 的表达式代入式①,可得
$$b^n \mid [a_n^2 - (3b-5)^2]$$

当 n 足够大时,一定有 $a_n^2 - (3b-5)^2 = 0$,即
$$a_n = \pm(3b-5)$$

将 y_n, y_{n+1} 及 a_n 代入式①,当 $a_n = -(3b-5)$,在 n 足够大时式①不成立,所以
$$a_n = 3b-5$$

于是,式①化为
$$8(3b-5)b + b^2(b+1)^2 = 4b^3 + 4(3b-5)(b^2+1)$$

上式的左端可以被 b 整除,右端是一个常数项为 -20 的关于 b 的整系数多项式,所以
$$b \mid 20$$

因为 $b \geqslant 11$,所以
$$b = 20$$

此时
$$x_n \equiv 5 \pmod{8}$$

由前面的结论知,x_n 不是完全平方数.

综上所述,当 $b = 10$ 时,x_n 是完全平方数.

反之,x_n 是完全平方数时必有 $b = 10$.

❺（韩国） 一个整数 n 若满足 $|n|$ 不是一个完全平方数,则称这个数是"好"数.求满足下列性质的所有整数 m:整数 m 可以用无穷多种方法表示成三个不同的"好"数的和,且这三个"好"数的积是一个奇数的平方.

解 假设 m 可以表示为 $m = u + v + w$,且 uvw 是一个奇数的平方,于是,u, v, w 均为奇数,且
$$uvw \equiv 1 \pmod{4}$$

所以,u, v, w 中要么有两个数模 4 余 3,要么没有一个数模 4 余 3. 无论哪种情况,均有
$$m = u + v + w \equiv 3 \pmod 4$$

下面证明,当 $m = 4k+3$ 时,满足条件要求的性质. 为此,我们寻求形如
$$4k + 3 = xy + yz + zx$$

的表达式. 在这样的表达式中,三个被加数的积是一个完全平方数.

设 $x = 2l+1, y = 1-2l$,从而,可推出

$$z = 2l^2 + 2k + 1$$

于是,有
$$xy = 1 - 4l^2 = f(l)$$
$$yz = -4l^3 + 2l^2 - (4k+2)l + 2k + 1 = g(l)$$
$$zx = 4l^3 + 2l^2 + (4k+2)l + 2k + 1 = h(l)$$

由上面的表达式可知,$f(l), g(l), h(l)$ 均为奇数,且乘积是一个奇数的平方.同时易知,除了有限个 l 外,$f(l), g(l), h(l)$ 是互不相同的.

下面证明对于无穷多个 l,使 $|f(l)|, |g(l)|, |h(l)|$ 不是完全平方数.

当 $l \neq 0$ 时 $|f(l)|$ 不是完全平方数.

选取两个不同的质数 p, q,使得
$$p > 4k + 3, q > 4k + 3$$

选取 l,使得 l 满足
$$1 + 2l \equiv 0 \pmod{p}, 1 + 2l \not\equiv 0 \pmod{p^2}$$
$$1 - 2l \equiv 0 \pmod{q}, 1 - 2l \not\equiv 0 \pmod{q^2}$$

由孙子定理知,如上的 l 是存在的.

由于 $p > 4k + 3$,且
$$2(2l^2 + 2k + 1) = (2l+1)(2l-1) + 4k + 3 \equiv$$
$$4k + 3 \pmod{p}$$

所以,$2(2l^2 + 2k + 1)$ 不能被 p 整除.

从而,$2l^2 + 2k + 1$ 也不能被 p 整除.

于是,$|h(l)| = |(2l+1)(2l^2 + 2k + 1)|$ 能被 p 整除,但不能被 p^2 整除.

因此,$|h(l)|$ 不是完全平方数.

类似地,可得 $|g(l)|$ 也不是完全平方数.

❻(法国) 设 p 为质数.证明:存在质数 q,使得对任意整数 n,数 $n^p - p$ 都不能被 q 整除.

证明 由于
$$\frac{p^p - 1}{p - 1} = 1 + p + p^2 + \cdots + p^{p-1} \equiv p + 1 \pmod{p^2}$$

则 $\frac{p^p - 1}{p - 1}$ 中至少有一个质因子 q,满足 $q \not\equiv 1 \pmod{p^2}$.

下面证明 q 为所求.

假设存在整数 n,使得 $n^p \equiv p \pmod{q}$.则由 q 的选取,有
$$n^{p^2} \equiv p^p \equiv 1 \pmod{q}$$

另一方面,由费马小定理知

$$n^{q-1} \equiv 1 \pmod{q}$$

（由于 q 为质数且 $(n,q)=1$）.

由于 $p^2 \nmid (q-1)$，有 $(p^2, q-1) \mid p$，则

$$n^p \equiv 1 \pmod{q}$$

因此

$$p \equiv 1 \pmod{q}$$

从而，导出

$$1 + p + \cdots + p^{p-1} \equiv p \pmod{q}$$

由 q 的选取，有 $p \equiv 0 \pmod{q}$，矛盾.

❼（巴西） 数列 $a_0, a_1, a_2, \cdots$ 定义如下：对于所有的 $k(k \geq 0)$，$a_0 = 2$，$a_{k+1} = 2a_k^2 - 1$.

证明：如果奇质数 p 整除 a_n，则 2^{n+3} 整除 $p^2 - 1$.

证明 由数学归纳法可以证明

$$a_n = \frac{(2+\sqrt{3})^{2^n} + (2-\sqrt{3})^{2^n}}{2}$$

若 $x^2 \equiv 3 \pmod{p}$ 有整数解，设整数 m 满足 $m^2 \equiv 3 \pmod{p}$.

由 $p \mid a_n$，有

$$(2+\sqrt{3})^{2^n} + (2-\sqrt{3})^{2^n} \equiv 0 \pmod{p}$$

从而

$$(2+m)^{2^n} + (2-m)^{2^n} \equiv 0 \pmod{p}$$

因为

$$(2+m)(2-m) \equiv 1 \pmod{p}$$

所以

$$(2+m)^{2^n}[(2+m)^{2^n} + (2-m)^{2^n}] \equiv 0 \pmod{p}$$

故

$$(2+m)^{2^{n+1}} \equiv -1 \pmod{p}$$

于是

$$(2+m)^{2^{n+2}} \equiv 1 \pmod{p}$$

所以，$2+m$ 对模 p 的阶[1] 为 2^{n+2}.

因为

$$(2+m, p) = 1$$

由费尔马小定理有

$$(2+m)^{p-1} \equiv 1 \pmod{p}$$

所以，有

$$2^{n+2} \mid (p-1)$$

由于 p 是奇质数，因此

$$2^{n+3} \mid (p^2 - 1)$$

若 $x^2 \equiv 3 \pmod{p}$ 无整数解,同样有
$$(2+\sqrt{3})^{2^n} + (2-\sqrt{3})^{2^n} \equiv 0 \pmod{p}$$
即存在整数 q,使得
$$(2+\sqrt{3})^{2^n} + (2-\sqrt{3})^{2^n} = qp$$
两端同乘以 $(2+\sqrt{3})^{2^n}$,得
$$(2+\sqrt{3})^{2^{n+1}} + 1 = qp(2+\sqrt{3})^{2^n}$$
因此,存在整数 a, b,使得
$$(2+\sqrt{3})^{2^{n+1}} = -1 + pa + pb\sqrt{3}$$
因为 $[(1+\sqrt{3})a_{n-1}]^2 = (a_n+1)(2+\sqrt{3})$,且 $p \mid a_n$,不妨设 $a_n = tp$,于是,有
$$[(1+\sqrt{3})a_{n-1}]^{2^{n+2}} = (a_n+1)^{2^{n+1}}(2+\sqrt{3})^{2^{n+1}} = (tp+1)^{2^{n+1}}(-1 + pa + pb\sqrt{3})$$
所以,存在整数 a', b',使得
$$[(1+\sqrt{3})a_{n-1}]^{2^{n+2}} = -1 + pa' + pb'\sqrt{3}$$
设集合
$$S = \{i + j\sqrt{3} \mid 0 \leqslant i, j \leqslant p-1, (i,j) \neq (0,0)\}$$
$$I = \{a + b\sqrt{3} \mid a \equiv b \equiv 0 \pmod{p}\}$$
下面证明对于每个 $(i+j\sqrt{3}) \in S$,不存在一个 $(i'+j'\sqrt{3}) \in S$,满足
$$(i+j\sqrt{3})(i'+j'\sqrt{3}) \in I$$
实际上,若 $i^2 - 3j^2 \equiv 0 \pmod{p}$,因为 $0 \leqslant i, j \leqslant p-1$,且 $(i, j) \neq (0, 0)$,则 $j \neq 0$. 于是,存在整数 u,使得 $uj \equiv 1 \pmod{p}$. 因,而有
$$(ui)^2 \equiv 3(uj)^2 \equiv 3 \pmod{p}$$
与 $x^2 \equiv 3 \pmod{p}$ 无整数解矛盾. 因此
$$i^2 - 3j^2 \not\equiv 0 \pmod{p}$$
若 $(i+j\sqrt{3})(i'+j'\sqrt{3}) \in I$,则
$$ii' \equiv -3jj' \pmod{p}, ij' \equiv -i'j \pmod{p}$$
故
$$i^2 i'j' \equiv 3j^2 i'j' \pmod{p}$$
所以
$$i'j' \equiv 0 \pmod{p}$$
推出 $i = j = 0$ 或 $i' = j' = 0$,矛盾.

因为 $(1+\sqrt{3})a_{n-1} \in S$,所以,对于任意 $(i+j\sqrt{3}) \in S$,存在映射 $f: S \to S$,满足:
$$[(i+j\sqrt{3})(1+\sqrt{3})a_{n-1} - f(i+j\sqrt{3})] \in I, 且是双射.$$
于是,有

$$\prod_{x \in S} x = \prod_{x \in S} f(x)$$

所以

$$(\prod_{x \in S} x)[((1+\sqrt{3})a_{n-1})^{p^2-1} - 1] \in I$$

因此

$$[((1+\sqrt{3})a_{n-1})^{p^2-1} - 1] \in I$$

由前面结论知满足 $[((1+\sqrt{3})a_{n-1})^r - 1] \in I$ 的 r 最小值为 2^{n+3}. 从而

$$2^{n+3} \mid (p^2 - 1)$$

---

❽（伊朗） 设 p 是一个质数，A 是一个正整数集合，且满足下列条件：

(1) 集合 A 中的元素的质因数的集合中包含 $p-1$ 个元素；

(2) 对于 A 的任意非空子集，其元素之积不是一个整数的 p 次幂．

求 A 中元素个数的最大值．

解 最大值为 $(p-1)^2$.

设 $r = p-1$，假设互不相同的质数分别为 $p_1, p_2, \cdots, p_r$，定义 $B_i = \{p_i, p_i^{p+1}, p_i^{2p+1}, \cdots, p_i^{(r-1)p+1}\}$.

设 $B = \bigcup_{i=1}^{r} B_i$，则 B 中有 r^2 个元素，且满足条件(1),(2).

假设 $|A| \geq r^2 + 1$，且 A 满足条件(1),(2).

下面证明，A 的一个非空子集中的元素之积是一个整数的 p 次幂，从而，导致矛盾．

设 $p_1, p_2, \cdots, p_r$ 是 r 个不同的质数，使得每一个 $t \in A$ 均可表示为 $t = p_1^{\alpha_1} p_2^{\alpha_2} \cdots p_r^{\alpha_r}$. 设 $t_1, t_2, \cdots, t_{r^2+1} \in A$，对于每个 i，记 t_i 的质因数的幂构成的向量为 $v_i = (\alpha_{i1}, \alpha_{i2}, \cdots, \alpha_{ir})$.

下面证明，若干个向量 v_i 的和模 p 是零向量，从而可知结论成立．

为此，我们只要证明下列同余方程组有非零解．

$$F_1 = \sum_{i=1}^{r^2+1} a_{i1} x_i^r \equiv 0 \pmod{p}$$

$$F_2 = \sum_{i=1}^{r^2+1} a_{i2} x_i^r \equiv 0 \pmod{p}$$

$$\vdots$$

$$F_r = \sum_{i=1}^{r^2+1} a_{ir} x_i^r \equiv 0 \pmod{p}$$

实际上，如果 $(x_1, x_2, \cdots, x_{r^2+1})$ 是上述同余方程组的非零解，因为 $x_i^r \equiv 0$ 或 $1 \pmod{p}$，所以，一定有若干个向量 v_i（满足 $x_i^r \equiv 1 \pmod{p}$ 的 i）的和模 p 是零向量。

为证明上面的同余方程组有非零解，只要证明同余方程
$$F = F_1^r + F_2^r + \cdots + F_r^r \equiv 0 \pmod{p} \qquad ①$$
有非零解即可。

因为第一个 $F_i^r \equiv 0$ 或 $1 \pmod{p}$，所以，同余方程 ① 等价于 $F_i^r \equiv 0 \pmod{p}$，$1 \leqslant i \leqslant r$。

由于 p 为质数，所以，$F_i^r \equiv 0 \pmod{p}$ 又等价于
$$F_i \equiv 0 \pmod{p}, 1 \leqslant i \leqslant r$$

下面证明同余方程 ① 解的个数可以被 p 整除。为此，只要证明
$$\sum F^r(x_1, x_2, \cdots, x_{r^2+1}) \equiv 0 \pmod{p}$$
这里 $\sum$ 表示对所有可能的 $(x_1, x_2, \cdots, x_{r^2+1})$ 的取值求和。

实际上，由于 x_i 模 p 有 p 种取值方法，因此，共有 p^{r^2+1} 项。

因为 $F^r \equiv 0$ 或 $1 \pmod{p}$，所以，F^r 模 p 余 1 的项能被 p 整除。从而，$F^r \equiv 0 \pmod{p}$ 的项也能被 p 整除。于是，$F \equiv 0 \pmod{p}$ 的项同样能被 p 整除。因为 p 是质数，平凡解 $(0, 0, \cdots, 0)$ 只有一个，因此，一定有非零解。

考虑 F^r 的每一个单项式。由于 F_i^r 的单项式最多有 r 个变量，因此，F^r 的每一个单项式最多有 r^2 个变量，所以，每一个单项式至少缺少一个变量。

假设单项式形如 $b x_{j_1}^{a_1} x_{j_2}^{a_2} \cdots x_{j_k}^{a_k}$，其中 $1 \leqslant k \leqslant r^2$。当其他 $r^2 + 1 - k$ 个变量变化时，形如 $b x_{j_1}^{a_1} x_{j_2}^{a_2} \cdots x_{j_k}^{a_k}$ 的单项式出现 p^{r^2+1-k} 次，所以，$\sum F^r(x_1, x_2, \cdots, x_{r^2+1})$ 的每一个单项式均能被 p 整除。

因此，$\sum F^r(x_1, x_2, \cdots, x_{r^2+1}) \equiv 0 \pmod{p}$。

综上所述，所求最大值为 $(p-1)^2$。

第五编
第45届国际数学奥林匹克

第 45 届国际数学奥林匹克题解

希腊,2004

❶ 已知 $\triangle ABC$ 为锐角三角形,$AB \neq AC$,以 BC 为直径的圆分别交边 AB,AC 于点 M,N,记 BC 的中点为 O,$\angle BAC$ 的平分线和 $\angle MON$ 的平分线相交于点 R.

求证:$\triangle BMR$ 的外接圆和 $\triangle CNR$ 的外接圆有一个交点在边 BC 上.

罗马尼亚命题

证法 1 如图 1 所示,首先证 A,M,R,N 四点共圆.因为 $\triangle ABC$ 为锐角三角形,故点 M,N 分别在线段 AB,AC 内.在射线 AR 上取一点 R_1,使 A,M,R_1,N 四点共圆.因为 AR_1 平分 $\angle BAC$,故

$$R_1M = R_1N$$

而点 M,N 在以 O 为圆心的圆上,故

$$OM = ON$$

由 $OM = ON, R_1M = R_1N$ 知点 R_1 在 $\angle MON$ 的平分线上,而 $AB \neq AC$,则 $\angle MON$ 的平分线与 $\angle BAC$ 的平分线不重合、不平行,且有唯一交点 R,从而

$$R_1 = R$$

即 A,M,R,N 四点共圆.

其次,设 AR 的延长线交 BC 于点 K,则点 K 在 BC 边上.因为 B,C,N,M 四点共圆,故

$$\angle MBC = \angle ANM$$

又因为 A,M,R,N 四点共圆,故

$$\angle ANM = \angle MRA$$

从而

$$\angle MBK = \angle MRA$$

所以 B,M,R,K 四点共圆.

同理可证 C,N,R,K 四点共圆.

此解法属于彭闽昱

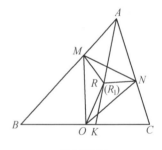

题 1(图 1)

证法 2 如图 2 所示,由于

$$OM = ON, \angle MOR = \angle NOR$$

OR 为公共边,因此

此证法属于李潜

$$\triangle MOR \cong \triangle NOR$$

于是
$$MR = NR$$

分别在 $\triangle AMR$ 和 $\triangle ANR$ 中应用正弦定理,得
$$\frac{\sin \angle BAR}{\sin \angle AMR} = \frac{MR}{AR} = \frac{NR}{AR} = \frac{\sin \angle CAR}{\sin \angle ANR}$$

由于 $\angle BAR = \angle CAR$,所以
$$\sin \angle AMR = \sin \angle ANR$$

知 $\angle AMR$ 与 $\angle ANR$ 相等或互补.

若 $\angle AMR$ 与 $\angle ANR$ 相等,则由 $MR = NR$ 知
$$\triangle ARM \cong \triangle ARN$$

则
$$AM = AN$$

由圆幂定理,得
$$AM \cdot AB = AN \cdot AC$$

从而 $AB = AC$,矛盾. 故只有 $\angle AMR$ 与 $\angle ANR$ 互补,即 A, M, R, N 四点共圆.

连 MN,延长 AR 交边 BC 于点 L,则点 L 在 BC 边上.

由 A, M, R, N 四点共圆,知
$$\angle ARM = \angle ANM$$

由 B, M, N, C 四点共圆,知
$$\angle ABC = \angle ANM$$

于是
$$\angle ARM = \angle ABC$$

从而 B, L, R, M 四点共圆. 同理,C, L, R, N 四点共圆,所以 $\triangle BMR$ 和 $\triangle CNR$ 的外接圆的另一个交点为点 L,故结论成立.

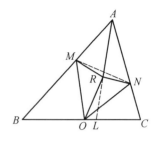

题 1(图 2)

❷ 试求出所有的实系数多项式 $P(x)$,使得对满足 $ab+bc+ca=0$ 的所有实数 a,b,c,都有
$$P(a-b)+P(b-c)+P(c-a)=2P(a+b+c)$$

韩国命题

解 对任给的 $a,b,c \in \mathbf{R}, ab+bc+ca=0$,有
$$P(a-b)+P(b-c)+P(c-a)=2P(a+b+c) \quad ①$$

在式 ① 中令 $a=b=c=0$,有 $P(0)=0$.

在式 ① 中令 $b=c=0$,有
$$P(-a)=P(a)$$

对任给实数 a 成立. 因此 $P(x)$ 的所有奇次项系数为 0. 不妨设
$$P(x) = a_n x^{2n} + \cdots + a_1 x^2, a_n \neq 0$$

在式 ① 中令 $b=2a, c=-\frac{2}{3}a$,有

此解法属于黄志毅

$$P(-a) + P\left(\frac{8}{3}a\right) + P\left(-\frac{5}{3}a\right) = 2P\left(\frac{7}{3}a\right)$$

即
$$a_n\left(1 + \left(\frac{8}{3}\right)^{2n} + \left(\frac{5}{3}\right)^{2n} - 2\left(\frac{7}{3}\right)^{2n}\right)a^{2n} + \cdots +$$
$$a_1\left(1 + \left(\frac{8}{3}\right)^2 + \left(\frac{5}{3}\right)^2 - 2\left(\frac{7}{3}\right)^2\right)a^2 = 0$$

对所有 $a \in \mathbf{R}$ 成立,故关于 a 的多项式的所有系数为 0.

当 $n \geqslant 3$ 时,由 $8^6 = 262\,144 > 235\,298 = 2 \times 7^6$ 知
$$\left(\frac{8}{7}\right)^{2n} \geqslant \left(\frac{8}{7}\right)^6 > 2$$

从而
$$1 + \left(\frac{8}{3}\right)^{2n} + \left(\frac{5}{3}\right)^{2n} - 2\left(\frac{7}{3}\right)^{2n} > 0$$

因此 $n \leqslant 2$,设 $P(x) = \alpha x^4 + \beta x^2, \alpha, \beta \in \mathbf{R}$.

下面验证 $P(x) = \alpha x^4 + \beta x^2$ 满足要求.

设 $a, b, c \in \mathbf{R}, ab + bc + ca = 0$,则
$(a-b)^4 + (b-c)^4 + (c-a)^4 - 2(a+b+c)^4 =$
$\sum(a^4 - 4a^3b + 6a^2b^2 - 4ab^3 + b^4) - 2(a^2 + b^2 + c^2)^2 =$
$\sum(a^4 - 4a^3b + 6a^2b^2 - 4ab^3 + b^4) - 2a^4 - 2b^4 - 2c^4 -$
$4a^2b^2 - 4a^2c^2 - 4b^2c^2 =$
$\sum(-4a^3b + 2a^2b^2 - 4ab^3) =$
$-4a^2(ab+ca) - 4b^2(bc+ab) - 4c^2(ca+bc) +$
$2(a^2b^2 + b^2c^2 + c^2a^2) =$
$4a^2bc + 4b^2ca + 4c^2ab + 2a^2b^2 + 2b^2c^2 + 2c^2a^2 =$
$2(ab+bc+ca)^2 = 0$
$(a-b)^2 + (b-c)^2 + (c-a)^2 - 2(a+b+c)^2 =$
$\sum(a^2 - 2ab + b^2) - 2\sum a^2 - 4\sum ab = 0$

因此 $P(x) = \alpha x^4 + \beta x^2$ 满足要求.

❸ 由 6 个单位正方形构成的,图形如图 3 所示,以及它的旋转或翻转所得到的图形统称为钩形.

试确定所有 $m \times n$ 的矩形,使其能被钩形所覆盖,要求:

(1) 覆盖矩形时,不能有空隙,钩形之间不重叠;

(2) 钩形不能覆盖到矩形外.

爱沙尼亚命题

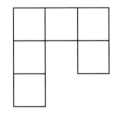

题 3(图 3)

解法 1 所求的 m,n 为满足 $3\mid m,4\mid n$ 或 $3\mid n,4\mid m$ 或 12 整除 m,n 之一而另一个不小于 7 的正整数.

以下图形经过旋转或轴对称变换,视为等价.

如图 4(a) 所示,给钩形的 6 个格子编上号.图中阴影部分的格子必属于另一个钩形,且这个格子仅与该钩形中一个格子相邻,故只能是 1 或 6 这样的格子.

(i) 如果是 6,则两个钩形形成一个 3×4 的方形,如图 4(b) 所示.

(ii) 如果是 1,则有两种情形.

若为前者,则阴影部分的方格不被覆盖,矛盾.因此只能是后者,如图 5 所示.

这样,图中的钩形就被两两配对,每对构成图 4 或图 5.

由于图 4、图 5 均有 12 个方格,故
$$12\mid mn$$

下面分三种情形讨论:

(i) $3\mid m,4\mid n$ 或 $3\mid n,4\mid m$.

不妨设 $m=3m_0,n=4n_0$.将图 4 视为一个整体,用 $m_0 n_0$ 个图 4 排成一个 $m_0\times n_0$ 的方阵即可,故这时 $m\times n$ 矩形能被钩形所覆盖(每个 3×4 均可被两个钩形覆盖).

(ii) $12\mid m$ 或 $12\mid n$,不妨设 $12\mid m$.

当 $3\mid n$ 或 $4\mid n$ 时,可化为(i).

当 $3\nmid n$ 且 $4\nmid n$ 时,由于图中至少有一个图 4 或图 5,故 $n\geqslant 3$.从而 $n\geqslant 5$(因为 $3\nmid n,4\nmid n$).由于角上方格只能属于一个图 4 或图 5,而 $n\geqslant 5$ 说明相邻的两个角上的方格不能同属于一个图 4 或图 5,故 $n\geqslant 6$.又 $3\nmid n,4\nmid n$,故 $n\geqslant 7$.

下面说明 $n\geqslant 7(3\nmid n,4\nmid n)$ 时一定能被钩形覆盖.

若 $n\equiv 1\pmod 3$,则 $n=4+3t(t\in \mathbf{N}_+)$.由(i)知 $12\mid m$ 时,$x\times 3t,m\times 4$ 均可被钩形覆盖.因此 $m\times n$ 可被钩形覆盖.

若 $n\equiv 2\pmod 3$,则 $n=8+3t(t\in \mathbf{N}_+)$.由(i)知 $12\mid m$ 时,$m\times 8,m\times 3t$ 均可被钩形覆盖.故 $m\times n$ 可被钩形覆盖.

(iii) $12\mid mn$ 但 $4\nmid m,4\nmid n$.这时 $2\mid m,2\mid n$.不妨设 $m=6m_0,n=2n_0,2\nmid m_0,2\nmid n_0$.

下面证明这时 $m\times n$ 矩形不能被钩形覆盖.

考虑将 $m\times n$ 矩形一列黑一列白地染色,则图中黑白格一样多,对于一个图 5,无论如何摆放,总盖住 6 个黑格;对于一个横置的图 4,无论如何摆放,总盖住 6 个黑格;而对于一个竖置的图 4,要么盖住 8 个黑格 4 个白格,要么盖住 4 个黑格 8 个白格.由于黑白格一样多,故盖住 8 黑 4 白的和盖住 4 黑 8 白的一样多.从而竖置的图 4 有偶数个.同理可得(对行相间染色):横置的图 4 有偶数

此解法属于黄志毅

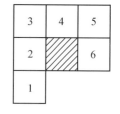

(a)

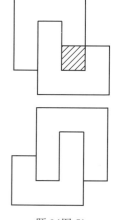

(b)

题 3(图 4)

题 3(图 5)

个.

考虑如图 6 将 $m\times n$ 方形的格子分为 4 类,4 类的格子一样多,均为 $\frac{mn}{4}$ 个.

1	2	3	4	1	2	⋯	1	2
3	4	1	2	3	4	⋯	3	4
1	2	3	4	1	2	⋯	1	2
						⋯		
						⋯		
⋮	⋮	⋮	⋮	⋮	⋮		⋮	⋮
3	4	1	2	3	4	⋯	3	4

题 3(图 6)

对于一个图 4:

a	b	c	d
c	d	a	b
a	b	c	d

a	b	c
c	d	a
a	b	c
c	d	a

题 3(图 7)

它盖住的 a,c 一样多,b,d 一样多,从而一个图 4 盖住的 1,3 类格子一样多.

对于一个图 5:

如图 8 所示,可以看出(a),(b) 两种盖住的 1,3 类格子一样多,而(c),(d) 两种 1,3 类格子个数正好差图 5,但 $m\times n$ 中 1,3 类一样多. 因此 1 类比 3 类多 2 的和 3 类比 1 类多 2 的一样多. 从而(c),(d) 两种的总数为偶数. 若用

1	3	1	
2	4	2	
3	1	3	
4	2	4	

分类,类似可得(a),(b) 两种共有偶数个,从而图 5 有偶数个. 所

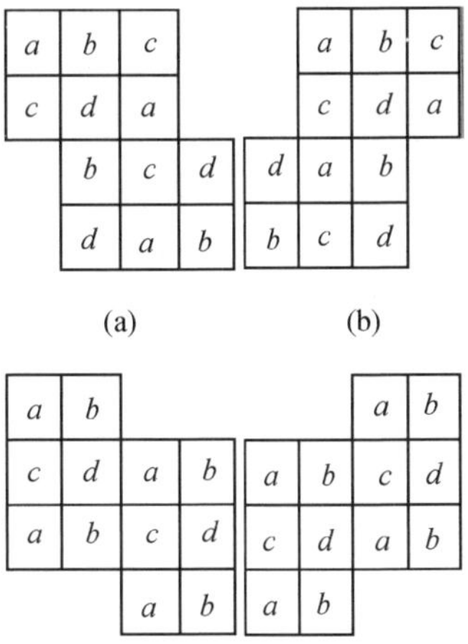

题 3(图 8)

以共有偶数个图 4 和图 5. 因而 $24 \mid m \times n$, 与 $4 \nmid m, 4 \nmid n$ 矛盾.

解法 2 所有符合要求的数对 m,n 是满足 $3 \mid m, 4 \mid n$ 或 $3 \mid n, 4 \mid m$ 或 $12 \mid m, n \neq 1, 2, 5$ 或 $12 \mid n, m \neq 1, 2, 5$ 的所有正整数对.

假设一个 $m \times n$ 的方形能被钩形所覆盖. 对任何钩形 A, 存在唯一的钩形 B, 使得它的"末端"的一个正方形覆盖 A 的"内部"的一个正方形. 同时, B 的"内部"的正方形必须被 A 的"末端"的一个正方形覆盖. 这样, 在 $m \times n$ 的一种覆盖中, 所有的钩形两两配对, 只有两种可能的方法放置 B, 使得它与 A 既不重叠也没有空隙. 一种是 A 和 B 形成一个 3×4 的矩形, 另一种是形成一个八边形, 边长依次为 $3, 2, 1, 2, 3, 2, 1, 2$.

因此, 一个 $m \times n$ 的矩形能被钩形覆盖当且仅当它能被如上两种 12 个方形的块所覆盖. 假定这样覆盖存在, 则 $12 \mid mn$. 现在我们证明 m, n 中至少有一个能被 4 整除.

用反证法. 假设 m, n 均不能被 4 整除, 则由 $4 \mid mn$ 知 m, n 均为偶数. 将 $m \times n$ 的矩形分成单位正方形, 将行和列分别标上号码 $1, 2, \cdots, m$ 及 $1, 2, \cdots, n$. 给单位正方形 (i, j) 按如下方式赋值: 值为 i, j 中能被 4 整除的数的个数(因此值可以为 $0, 1, 2$). 由于每一行和每一列的单位正方形的数目均为偶数, 故所有赋值之和为偶数. 每一个 3×4 的矩形覆盖的数的和为 3 或 7, 另一种 12 个方形的块覆盖的数的和为 5 或 7. 因此 12 个方形的块的总数是偶数, 从而 mn 能被 24 整除, 因而能被 8 整除, 与 m, n 均不能被 4 整除矛盾.

注意到 m, n 均不能为 $1, 2, 5$. 因此, 若一个覆盖可能, 则 3 能整除 m, n 之一, 4 能整除 m, n 之一, 且 $m, n \notin \{1, 2, 5\}$. 下面证明满足这些条件的 $m, n, m \times n$ 的矩形可被钩形所覆盖. 事实上, 只用 3×4 的矩形即可. 若 $3 \mid m, 4 \mid n$ 或 $3 \mid n, 4 \mid m$, 则 $m \times n$ 可用 3×4 的矩形覆盖. 现设 $12 \mid m, n \notin \{1, 2, 5\}$ ($12 \mid n, m \notin \{1, 2, 5\}$ 的情形一样), 不妨设 $3 \nmid n, 4 \nmid n$ (否则归为前一情形). 由于 $3 \nmid n, 4 \nmid n$, 故 $n \geq 7$ 且 $n-4, n-8$ 中至少有一个能被 3 整除. 因此 $m \times n$ 可被 $m \times 3, m \times 4$ 的矩形覆盖, 从而能被 3×4 的矩形覆盖.

韩国命题

❹ 设 $n \geqslant 3$ 为整数，$t_1, t_2, \cdots, t_n$ 为正实数，满足
$$n^2 + 1 > (t_1 + t_2 + \cdots + t_n)\left(\frac{1}{t_1} + \frac{1}{t_2} + \cdots + \frac{1}{t_n}\right)$$
证明：对满足 $1 \leqslant i < j < k \leqslant n$ 的所有整数 i, j, k，正实数 t_i, t_j, t_k 总能构成三角形的三边长.

证法 1 反设 $t_1, t_2, \cdots, t_n$ 中有三个不构成三角形的三边长，不妨设为 t_1, t_2, t_3 且 $t_1 + t_2 \leqslant t_3$. 因为

此证法属于朱庆三

$$(t_1 + \cdots + t_n)\left(\frac{1}{t_1} + \cdots + \frac{1}{t_n}\right) = \sum_{1 \leqslant i < j \leqslant n}\left(\frac{t_i}{t_j} + \frac{t_j}{t_i}\right) + n =$$

$$\frac{t_1}{t_3} + \frac{t_3}{t_1} + \frac{t_2}{t_3} + \frac{t_3}{t_2} + \sum_{\substack{1 \leqslant i < j \leqslant n \\ (i,j) \notin \{(1,3),(2,3)\}}}\left(\frac{t_i}{t_j} + \frac{t_j}{t_i}\right) + n \geqslant$$

$$\frac{t_1 + t_2}{t_3} + t_3\left(\frac{1}{t_1} + \frac{1}{t_2}\right) + \sum_{\substack{1 \leqslant i < j \leqslant n \\ (i,j) \notin \{(1,3),(2,3)\}}} 2 + n \geqslant$$

$$\frac{t_1 + t_2}{t_3} + \frac{4t_3}{t_1 + t_2} + 2(C_n^2 - 2) + n =$$

$$4\frac{t_3}{t_1 + t_2} + \frac{t_1 + t_2}{t_3} + n^2 - 4 \qquad\qquad ①$$

设 $x = \frac{t_3}{t_1 + t_2}$，则

$$x \geqslant 1, 4x + \frac{1}{x} - 5 = \frac{(x-1)(4x-1)}{x} \geqslant 0$$

由式 ① 得

$$(t_1 + \cdots + t_n)\left(\frac{1}{t_1} + \cdots + \frac{1}{t_n}\right) \geqslant 5 + n^2 - 4 = n^2 + 1$$

矛盾. 所以反设不成立，原命题成立.

注 由平均值不等式

$$\left(\frac{1}{t_1} + \frac{1}{t_2}\right)(t_1 + t_2) \geqslant 2\sqrt{\frac{1}{t_1 t_2}} \cdot 2\sqrt{t_1 t_2} = 4$$

故

$$\frac{1}{t_1} + \frac{1}{t_2} \geqslant \frac{4}{t_1 + t_2}$$

证法 2 假设在 $t_1, t_2, \cdots, t_n (n \geqslant 3)$ 中，存在 $i, j, k (1 \leqslant i < j < k \leqslant n, i, j, k \in \mathbf{N})$，使得 t_i, t_j, t_k 不构成三角形的三边长. 不妨设 t_1, t_2, t_3 不构成三角形三边长，且 $t_1 + t_2 \leqslant t_3$.

此证法属于李潜

下面对 n 应用数学归纳法证明在此假设下

$$(t_1 + t_2 + \cdots + t_n)\left(\frac{1}{t_1} + \frac{1}{t_2} + \cdots + \frac{1}{t_n}\right) \geqslant n^2 + 1$$

当 $n = 3$ 时，我们有

$$(t_1+t_2+t_3)\left(\frac{1}{t_1}+\frac{1}{t_2}+\frac{1}{t_3}\right) \geqslant (t_1+t_2+t_3)\left(\frac{4}{t_1+t_2}+\frac{1}{t_3}\right) =$$
$$5+\frac{4t_3}{t_1+t_2}+\frac{t_1+t_2}{t_3}$$

易知函数 $f(x)=4x+\dfrac{1}{x}+5$ 在 $[1,+\infty)$ 上单调递增,所以由 $\dfrac{t_3}{t_1+t_2}\geqslant 1$,得

$$(t_1+t_2+t_3)\left(\frac{1}{t_1}+\frac{1}{t_2}+\frac{1}{t_3}\right)\geqslant f\left(\frac{t_3}{t_1+t_2}\right)\geqslant f(1)=10$$

从而当 $n=3$ 时结论成立.

假设当 $n=l$ 时结论成立,即

$$(t_1+t_2+\cdots+t_l)\left(\frac{1}{t_1}+\frac{1}{t_2}+\cdots+\frac{1}{t_l}\right)\geqslant l^2+1$$

则当 $n=l+1$ 时,有

$$(t_1+t_2+\cdots+t_l)\left(\frac{1}{t_1}+\frac{1}{t_2}+\cdots+\frac{1}{t_l}\right)\geqslant$$
$$(t_1+t_2+\cdots+t_l)\left(\frac{1}{t_1}+\frac{1}{t_2}+\cdots+\frac{1}{t_l}\right)+$$
$$t_{l+1}\left(\frac{1}{t_1}+\frac{1}{t_2}+\cdots+\frac{1}{t_l}\right)+\frac{1}{t_{l+1}}(t_1+t_2+\cdots+t_l)+1\geqslant$$
$$l^2+1+2\sqrt{t_{l+1}\left(\frac{1}{t_1}+\frac{1}{t_2}+\cdots+\frac{1}{t_l}\right)\cdot\frac{1}{t_{l+1}}(t_1+t_2+\cdots+t_l)}+1\geqslant$$
$$l^2+1+2l+1=(l+1)^2+1$$

即结论对 $n=l+1$ 也成立,从而对一切正整数 $n\geqslant 3$,均有

$$(t_1+t_2+\cdots+t_n)\left(\frac{1}{t_1}+\frac{1}{t_2}+\cdots+\frac{1}{t_n}\right)\geqslant n^2+1$$

这与已知矛盾,故结论成立.

---

❺ 在凸四边形 $ABCD$ 中,对角线 BD 既不是 $\angle ABC$ 的平分线,也不是 $\angle CDA$ 的平分线,点 P 在四边形 $ABCD$ 内部,满足 $\angle PBC=\angle DBA$,$\angle PDC=\angle BDA$.

证明:$ABCD$ 为圆内接四边形的充分必要条件是 $AP=CP$.

波兰命题

证法 1 (1) 必要性.

设四边形 $ABCD$ 内接于圆 Γ. 延长 BP,DP 交四边形 $ABCD$ 的外接圆圆 Γ 于点 X,Y.

由 $\angle PBC=\angle DBA$,DB 不平分 $\angle ABC$ 及点 P 在 $ABCD$ 内可知

$$\overset{\frown}{CX}=\overset{\frown}{AD}$$

且 $D\neq X$. 点 D,X 在直线 AC 同侧,因此

此证法属于林运成

$$DX \mathbin{/\mkern-5mu/} AC$$

同理
$$B \neq Y, BY \mathbin{/\mkern-5mu/} AC$$

由 $DX \mathbin{/\mkern-5mu/} AC, AC \mathbin{/\mkern-5mu/} BY, D \neq X, B \neq Y$,点 D,X,A,C,B,Y 均在圆 Γ 上知以下三个点对均关于 AC 的垂直平分线 l 对称:$(D,X),(A,C),(B,Y)$.

而 $P = DY \cap BX$,故点 P 在 l 上,即
$$AP = CP$$

必要性得证.

(2) 充分性.

引理 设 l, A, B, C 分别为定直线及三个定点,点 A 与 B, C 分别位于 l 的两侧. 如果点 $X \in l$,并且直线 XA 逆时针转到直线 l 所需最小角度 $\alpha(X)$ 等于直线 XC 逆时针转到直线 XB 所需最小角度 $\beta(X)$,则称 X 为好点.

好点至多有两个.

引理的证明 以 l 为 x 轴,垂直于 l 的直线为 y 轴建立坐标系. 设
$$A(a,b), B(c,d), C(e,f), X(x,0)$$

则 A, B, C, X 对应的复数为
$$A = a + bi, B = c + di, C = e + fi, X = x$$

从而
$$A - X = a - x + bi$$
$$(a - x + bi)(\cos \alpha(X) + i \cdot \sin \alpha(X)) =$$
$$(a - x)\cos \alpha(X) - b \cdot \sin \alpha(X) +$$
$$((a - x)\sin \alpha(X) + b \cdot \cos \alpha(X))i$$

因为直线 XA 逆时针转角度 $\alpha(X)$ 后与 l 重合,故
$$(a - x)\sin \alpha(X) + b \cdot \cos \alpha(X) = 0 \qquad ①$$

又
$$\overrightarrow{XC} = e - x + fi, \overrightarrow{XB} = c - x + di$$

故 $\overrightarrow{XC}$ 逆时针转 $\beta(X)$ 角度后变为
$$(e - x + fi)[\cos \beta(X) + i \cdot \sin \beta(X)] =$$
$$(e - x)\cos \beta(X) - f \cdot \sin \beta(X) +$$
$$[(e - x)\sin \beta(X) + f \cdot \cos \beta(X)]i$$

它应与 $\overrightarrow{XB}$ 平行,即
$$(c - x)((e - x)\sin \beta(X) + f \cdot \cos \beta(X)) -$$
$$d((e - x)\cos \beta(X) - f \cdot \sin \beta(X)) = 0$$

即
$$[(c - x)(e - x) + df]\sin \beta(X) +$$
$$[(c - x)f - d(e - x)]\cos \beta(X) = 0 \qquad ②$$

由于 $\sin \theta, \cos \theta$ 不全为 0,故 X 为好点 $\Leftrightarrow \alpha(X) = \beta(X) \overset{①②}{\Leftrightarrow}$ 关

于 u,v 的线性方程组
$$\begin{cases}(a-x)u+bv=0\\((c-x)(e-x)+df)u+((c-x)f-d(e-x))v=0\end{cases}$$
有非零解 $\Leftrightarrow b((c-x)(e-x)+df)+(a-x)((c-x)f-d(e-x))=0\Leftrightarrow$
$$(b+d-f)x^2+(af+cf-bc-be-ad-ed)x+bce+bdf+ade-acf=0$$
令 $g(x)=(b+d-f)x^2+(af+cf-bc-be-ad-ed)x+bce+bdf+ade-acf$.

若 $b+d-f=0$,则由 $b\neq 0$ 知 $d\neq f$. 从而 BC 与 l 不平行,设 BC 与 l 相交于点 $T(t,0)$,则 $\beta(T)=0, \alpha(T)>0$. 因此 T 不是好点, 从而 $g(t)\neq 0$. 所以 $g(x)=0$ 至多有两个根. 因而至多有两个好点.

引理得证.

下面回到原题. 设 A,B,C,D 顺时针排列,$AP=CP$. 在射线 BD 上取点 D^*,使 A,D^*,C,B 四点共圆. 由于 BD 不平分 $\angle ABC, \angle ADC$ 及 $AP=CP$ 知 P 是直线 BP 与 AC 的垂直平分线的唯一交点.

设射线 D^*R 使 $\angle CD^*R=\angle AD^*B$,并设 $D^*R\cap BP=P^*$. 由(1)知
$$P^*A=P^*C$$
即 P^* 也是 l 与 AC 垂直平分线的交点. 从而
$$P^*=P$$
由此及 $\angle CD^*R=\angle AD^*B$ 知
$$\angle AD^*B=\angle CD^*P$$
用 BD,A,C,P 分别代替引理中的 l,A,B,C,则 B,D,D^* 均为好点. 又 $B\neq D, B\neq D^*$,故
$$D=D^*$$
由此知 A,B,C,D 四点共圆,充分性得证.

综合(1)(2)结论成立.

证法 2 不妨设点 P 在 $\triangle ABC$ 和 $\triangle BCD$ 内,如图 9 所示.

设 $ABCD$ 为圆内接四边形,直线 BP,DP 分别交 AC 于点 K 和 L. 因为
$$\angle PBC=\angle DBA, \angle PDC=\angle BDA$$
$$\angle ACB=\angle ADB, \angle ABD=\angle ACD$$
故 $\triangle DAB, \triangle DLC, \triangle CKB$ 两两相似.

从而
$$\angle DLC=\angle CKB$$

此证法属于付云皓

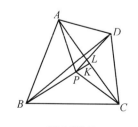

题 5(图 9)

因而
$$\angle PLK = \angle PKL$$
所以
$$PK = PL$$
因为 $\angle BDA = \angle PDC$,故
$$\angle ADL = \angle BDC$$
又 $\angle DAL = \angle DBC$,故
$$\triangle ADL \backsim \triangle BDC$$
因此
$$\frac{AL}{BC} = \frac{AD}{BD} = \frac{KC}{BC}$$

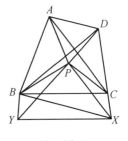

题 5(图 10)

（后一等号用到 $\triangle DAB \backsim \triangle CKB$）. 由此知
$$AL = KC$$
因为 $\angle DLC = \angle CKB$,故
$$\angle ALP = \angle CKP$$
又因为 $PK = PL, AL = KC$,故
$$\triangle ALP \cong \triangle CKP$$
所以
$$AP = CP$$
反过来,设 $AP = CP$. 设 $\triangle BCP$ 的外接圆分别交直线 CD, DP 于点 X 和 Y, 如图 10 所示.

因为
$$\angle ADB = \angle PDX, \angle ABD = \angle PBC = \angle PXC$$
故
$$\triangle ADB \backsim \triangle PDX$$
从而
$$\frac{AD}{PD} = \frac{BD}{XD}$$
又
$$\angle ADP = \angle ADB + \angle BDP = \angle PDX + \angle BDP = \angle BDX$$
故
$$\triangle ADP \backsim \triangle BDX$$
因此
$$\frac{BX}{AP} = \frac{BD}{AD} = \frac{XD}{PD} \qquad ③$$
因为 P, C, X, Y 四点共圆,故
$$\angle DPC = \angle DXY, \angle DCP = \angle DYX$$
从而
$$\triangle DPC \backsim \triangle DXY$$
这样

$$\frac{YX}{CP}=\frac{XD}{PD} \qquad ④$$

由 $AP=CP$,式 ③ 和 ④ 得
$$BX=YX$$

因此
$$\angle DCB=\angle XYB=\angle XBY=\angle XPY=\angle PDX+\angle PXD=$$
$$\angle ADB+\angle ABD=180°-\angle BAD$$

所以四边形 $ABCD$ 为圆内接四边形.

---

❻ 如果一个正整数的十进制表示中,任何两个相邻数字的奇偶性不同,则称这个正整数为交替数.

试求出所有的正整数 n,使得 n 至少有一个倍数为交替数.

伊朗命题

解法 1 通过下述引理 1,2 来证明.

此解法属于杨诗武

引理 1 对正整数 k,存在 $0\leqslant a_1,a_2,\cdots,a_{2k}\leqslant 9$,使得 a_1, $a_3,\cdots,a_{2k-1}$ 是奇数,$a_2,a_4,\cdots,a_{2k}$ 是偶数,且
$$2^{2k+1}\mid \overline{a_1a_2\cdots a_{2k}}\quad(\text{表示十进制数})$$

引理 1 的证明 对 k 用数学归纳法.

$k=1$ 时,由 $8\mid 16$ 知命题成立.

假设 $k=n-1$ 时结论成立. 当 $k=n$ 时,设
$$\overline{a_1a_2\cdots a_{2n-2}}=2^{2n-1}t \quad(\text{归纳假设})$$

只要证存在 $1\leqslant a,b\leqslant 9$,$a$ 为奇数,b 为偶数,且
$$2^{2n+1}\mid \overline{ab}\cdot 10^{2n-2}+2^{2n-1}t$$

即
$$8\mid \overline{ab}\cdot 5^{2n-2}+2t$$

因为
$$5^{2n-2}\equiv 1(\bmod 8)$$

即
$$8\mid \overline{ab}+2t$$

由 $8\mid 12+4,8\mid 14+2,8\mid 16+0,8\mid 50+6$,可知引理 1 成立.

引理 2 对正整数 k,存在一个 $2k$ 位的交替数 $\overline{a_1a_2\cdots a_{2k}}$,其末位为奇数,且
$$5^{2k}\mid \overline{a_1a_2\cdots a_{2k}}$$

其中,a_1 可以为 0 但 $a_2\neq 0$.

引理 2 的证明 对 k 用数学归纳法.

当 $k=1$ 时,由 $25\mid 25$ 即知命题成立.

假设 $k-1$ 时命题成立,即存在交替数 $\overline{a_1a_2\cdots a_{2k-2}}$ 满足
$$5^{2k-2}\mid \overline{a_1a_2\cdots a_{2k-2}}$$

设 $\overline{a_1a_2\cdots a_{2k-2}}=t\cdot 5^{2k-2}$,此时只需证存在 $0\leqslant a,b\leqslant 9$,$a$ 为偶数,b 为奇数,设 $\overline{a_1a_2\cdots a_{2k-2}}=t\cdot 5^{2k-2}$,且
$$5^{2k}\mid \overline{ab}\cdot 10^{2k-2}+t\cdot 5^{2k-2}$$
即 $$25\mid \overline{ab}\cdot 2^{2k-2}+t.$$

由 $(2^{2k-2},25)=1$ 知存在 $0<\overline{ab}\leqslant 25$,使 $25\mid \overline{ab}\cdot 2^{2k-2}+t$. 若此时 b 为奇数,则 $\overline{ab},\overline{ab}+50$ 中至少有一个满足首位为偶数. 若 b 为偶数,则 $\overline{ab}+25,\overline{ab}+75$ 中至少有一个成立.

引理 2 得证.

下面考虑本题.

设 $n=2^\alpha 5^\beta t$,$(t,10)=1$,$\alpha,\beta\in\mathbf{N}$.

若 $\alpha\geqslant 2,\beta\geqslant 1$,则对 n 的任一个倍数 l,l 的末位数为 0,且十位数是偶数. 因此 n 不满足要求.

(i) 当 $\alpha=\beta=0$ 时,考虑数
$$21,2\,121,212\,121,\cdots,\underbrace{2\,121\cdots 21}_{k\text{个}21},\cdots$$

其中必有两个模 n 同余,不妨设 $t_1>t_2$ 且
$$\underbrace{2\,121\cdots 21}_{t_1\text{个}21}\equiv \underbrace{2\,121\cdots 21}_{t_2\text{个}21}(\bmod\ n)$$

则 $$\underbrace{2\,121\cdots 21}_{t_1-t_2\text{个}21}\underbrace{00\cdots 0}_{2t_2\text{个}0}\equiv 0(\bmod\ n)$$

因为 $$(n,10)=1$$

因此 $$\underbrace{2\,121\cdots 21}_{t_1-t_2\text{个}21}\equiv 0(\bmod\ n)$$

此时 n 满足要求.

(ii) $\beta=0,\alpha\geqslant 1$. 由引理 1 知存在交替数 $\overline{a_1a_2\cdots a_{2k}}$ 满足 $2^\alpha\mid \overline{a_1a_2\cdots a_{2k}}$. 考查
$$\overline{a_1a_2\cdots a_{2k}},\overline{a_1a_2\cdots a_{2k}a_1a_2\cdots a_{2k}},\cdots,$$
$$\underbrace{\overline{a_1a_2\cdots a_{2k}a_1a_2\cdots a_{2k}\cdots a_1a_2\cdots a_{2k}}}_{l\text{段}},\cdots$$

其中,必有两个模 t 同余,不妨设 $t_1>t_2$,且
$$\underbrace{\overline{a_1a_2\cdots a_{2k}\cdots a_1a_2\cdots a_{2k}}}_{t_1\text{段}}\equiv \underbrace{\overline{a_1a_2\cdots a_{2k}\cdots a_1a_2\cdots a_{2k}}}_{t_2\text{段}}(\bmod\ t)$$

因为 $$(t,10)=1$$

故 $$\overline{a_1a_2\cdots a_{2k}\cdots a_1a_2\cdots a_{2k}}\equiv 0(\bmod\ t)$$

因为

所以
$$2^\alpha t \mid \overline{a_1 a_2 \cdots a_{2k} \underbrace{\cdots a_1 a_2 \cdots}_{t_1-t_2 \text{段}} a_{2k}}$$
且此数为交替数.

(iii) $\alpha=0, \beta \geqslant 1$. 由引理 2 可知存在交替数 $\overline{a_1 a_2 \cdots a_{2k}}$ 满足 $5^\beta \mid \overline{a_1 a_2 \cdots a_{2k}}$ 且 a_{2k} 是奇数. 同(ii)可得存在 $t_1 > t_2$ 满足
$$t \mid \overline{a_1 a_2 \cdots a_{2k} \underbrace{\cdots a_1 a_2 \cdots}_{t_1-t_2 \text{段}} a_{2k}}$$
因 $(5, t) = 1$,故
$$5^\beta t \mid \overline{a_1 a_2 \cdots a_{2k} \underbrace{\cdots a_1 a_2 \cdots}_{t_1-t_2 \text{段}} a_{2k}}$$
且此数为交替数,末位数 a_{2k} 为奇数.

(iv) $\alpha=1, \beta \geqslant 1$. 由(iii)知存在交替数 $\overline{a_1 a_2 \cdots a_{2k} \cdots a_1 a_2 \cdots a_{2k}}$ 满足 a_{2k} 是奇数且
$$5^\beta \mid \overline{a_1 a_2 \cdots a_{2k} \cdots a_1 a_2 \cdots a_{2k}}$$
从而
$$2 \cdot 5^\beta t \mid \overline{a_1 a_2 \cdots a_{2k} \cdots a_1 a_2 \cdots a_{2k} 0}$$
且此数为交替数.

综上可知满足条件的 n 为 $20 \nmid n, n \in \mathbf{N}_+$.

解法 2 所求的所有 n 为:满足 $20 \nmid n$ 的所有正整数 n. *此解法属于李先颖*

(1) 若 $20 \mid n$,则对 n 的任何倍数 $(a_k a_{k-1} \cdots a_1)_{10}, a_k \neq 0$,有
$$20 \mid (a_k a_{k-1} \cdots a_1)_{10}$$
因此 $a_2=0, 2 \mid (a_k a_{k-1} \cdots a_2)_{10}$. 从而 a_2 为偶数, a_2 和 a_1 同为偶数,所以 $(a_k a_{k-1} \cdots a_1)_{10}$ 不是交替数.

(2) 现在我们来证明对任何正整数 $n, 20 \nmid n$,则 n 一定有一个倍数是交替数.

先建立 3 个引理,再分 4 种情况来证明上述结论.

引理 3 对正整数 n, 若 $(n, 10) = 1$, 则对任何 $l \in \mathbf{N}_+$, 存在 $k \in \mathbf{N}_+$, 使得数
$$\underbrace{1\underbrace{00\cdots0}_{l\text{个}0}1\underbrace{00\cdots0}_{l\text{个}0}1\cdots 1\underbrace{00\cdots0}_{l\text{个}0}1}_{\text{一共}k\text{个}1}$$
是 n 的倍数.

引理 3 的证明 考虑数
$$x_1=1, x_2=1\underbrace{00\cdots0}_{l\text{个}0}1, \cdots, x_m=\underbrace{1\underbrace{00\cdots0}_{l\text{个}0}1\cdots1\underbrace{00\cdots0}_{l\text{个}0}1}_{m\text{个}1}, \cdots$$

在这无穷多个数中,一定有 2 个数模 n 同余. 不妨设
$$x_s \equiv x_t (\mod n), s > t \geqslant 1$$
则
$$n \mid x_s - x_t$$
又
$$x_s - x_t = x_{s-t} 10^{t(l+1)}, (n, 10) = 1$$
故 $n \mid x_{s-t}, s-t > 0$ 为正整数,引理 3 获证.

引理 4 对任给的 $m \in \mathbf{N}_+$,总存在 m 位的交替数 s_m(s_m 的首位可以是 0),s_m 的个位是 5,且 $5^m \mid s_m$.

引理 4 的证明 归纳构造. 定义 $s_1 = 5$,假设 $s_m = (a_m a_{m-1} \cdots a_1)_{10}$,$a_m$ 可能为 0,是交替数,$a_1 = 5$ 且 $5^m \mid s_m$. 设 $s_m = 5^m l$,记

$$A = \begin{cases} \{0, 2, 4, 6, 8\}, \text{若 } a_m \text{ 为奇数} \\ \{1, 3, 5, 7, 9\}, \text{若 } a_m \text{ 为偶数} \end{cases}$$

因为 A 中的数模 5 互不同余,且 $(2^m, 5) = 1$,故 $\{2^m x \mid x \in A\}$ 中这 5 个数模 5 互不同余. 取 $x \in A$,使
$$2^m x \equiv -l (\mod 5)$$
则
$$5 \mid 2^m x + l$$
令 $s_{m+1} = (x a_m a_{m-1} \cdots a_1)_{10}$,则 s_{m+1} 是 $m+1$ 位的交替数,$a_1 = 5$,首位可以为 0,且
$$s_{m+1} = x 10^m + s_m = 5^m (2^m x + l)$$
是 5^{m+1} 的倍数. 这样,引理 4 获证.

引理 5 对任给整数 $m \in \mathbf{N}_+$,总存在 m 位的交替数 t_m,t_m 的个位是 2,且
$$2^{2k+1} \parallel t_{2k+1}, 2^{2k+3} \parallel t_{2k+2}$$

引理 5 的证明 归纳构造. 定义 $t_1 = 2$. 假设交替数 $t_{2k+1} = (a_{2k+1} a_{2k} \cdots a_1)_{10}$,使 $a_1 = 2$ 且 $2^{2k+1} \parallel t_{2k+1}$. 则
$$a_{2k+1} \equiv a_1 \equiv 0 (\mod 2)$$
(交替数的性质).

记 $A = \{1, 3, 5, 7\}$. 因为 A 中的数模 8 互不同余,且 $(5^{2k+1}, 8) = 1$,所以 $\{5^{2k+1} x \mid x \in A\}$ 中这 4 个数模 8 互不同余,又 $5^{2k+1} x (x \in A)$ 是奇数,故这 4 个数模 8 的余数遍历 1, 3, 5, 7.

设 $t_{2k+1} = 2^{2k+1} l, l$ 为奇数,取 $x \in A$,使
$$5^{2k+1} x \equiv -l + 4 (\mod 8)$$
则
$$2^2 \parallel 5^{2k+1} x + l$$
令 $t_{2k+2} = (x a_{2k+1} \cdots a_1)_{10}$,则 t_{2k+2} 是 $2k+2$ 位交替数,$a_1 = 2$ 且
$$t_{2k+2} = x 10^{2k+1} + t_{2k+1} = 2^{2k+1} (5^{2k+1} x + l)$$
由 $2^2 \parallel 5^{2k+1} x + l$ 知
$$2^{2k+3} \parallel t_{2k+2}$$

又假设交替数

令
$$t_{2k+2} = (a_{2k+2}\cdots a_1)_{10}, a_1 = 2, 2^{2k+3} \| t_{2k+2}$$
$$t_{2k+3} = (4a_{2k+2}\cdots a_1)_{10}$$

则 t_{2k+3} 是 $2k+3$ 位的交替数,且
$$t_{2k+3} = 5^{2k+2} 2^{2k+4} + t_{2k+2}$$

而 $2^{2k+3} \| t_{2k+2}$,故
$$2^{2k+3} \| t_{2k+3}$$

这样,引理 5 获证.

现在回到原题.

(i) 若 $(n,10)=1$,则由引理 3 知存在 $k \in \mathbf{N}_+$,使得 $\underbrace{10101\cdots101}_{k\uparrow 1}$
是 n 的倍数(相当于引理 3 中取 $l=1$).

(ii) 若 $5 \nmid n, 2 \mid n$,设 $n = 2^m n_0, 2 \nmid n_0$,则
$$(n_0, 10) = 1$$

取 $m_0 > m, m_0$ 为偶数. 由引理 5 知存在 m_0 位的交替数 $t_{m_0} = (a_{m_0}\cdots a_1)_{10}, a_1 = 2$ 且 $2^{m_0+1} \| t_{m_0}$,因而 $2^m \mid t_{m_0}$. 由引理 3 知存在 $k \in \mathbf{N}_+$,使

$$\underbrace{1\underbrace{00\cdots 01}_{m_0-1\uparrow 0}\underbrace{00\cdots 01}_{m_0-1\uparrow 0}\cdots 1\underbrace{00\cdots 01}_{m_0-1\uparrow 0}}_{k\uparrow 1}$$

是 n_0 的倍数. 令
$$P = (\underbrace{a_{m_0}a_{m_0-1}\cdots a_1 a_{m_0}\cdots a_1 \cdots a_{m_0}\cdots a_1}_{\text{一共}k\text{段}``a_{m_0}\cdots a_1"})_{10}$$

则 P 是交替数,且
$$P = t_{m_0} \cdot \underbrace{1\underbrace{00\cdots 01}_{m_0-1\uparrow 0}\cdots 1 00\cdots 01}_{k\uparrow 1}$$

能被 $2^m n_0$ 整除,即
$$n \mid P$$

(iii) 若 $5 \mid n, 2 \nmid n$,设 $n = 5^m n_0, 5 \nmid n_0$,则
$$(n_0, 10) = 1$$

取 $m_0 > m, m_0$ 为偶数,由引理 2 知存在 m_0 位的交替数 $s_{m_0} = (a_{m_0}\cdots a_1)_{10}, a_1 = 5, a_{m_0}$ 可以为 0,使 $5^{m_0} \mid s_{m_0}$,因而
$$5^m \mid s_{m_0}$$

类似于(ii),存在交替数 P,使 $5^m n_0 \mid P$,且 P 的末位为 $a_1 = 5$.

(iv) 若 $10 \mid n, 20 \nmid n$,设 $n = 10 n_0, n_0$ 为奇数,则 n_0 必属于情况 (i) 或情况 (iii). 由 (i),(iii) 知存在交替数 $(a_k\cdots a_1)_{10}$ 是 n_0 的倍数,且 $a_1 = 1$ 或 5. 现令 $P = (a_k\cdots a_1 0)_{10}$,则交替数 P 是 n 的倍数.

综上所述,所有满足要求的 n 为满足 $20 \nmid n$ 的所有正整数.

第45届国际数学奥林匹克英文原题

The forty-fifth IMO was hosted by Greece in Athens on 6—18 July, 2004.

❶ Let ABC be an acute-angled triangle with $AB \neq AC$. The circle with diameter BC intersects the sides AB and AC at M and N, respectively. Denote by O the midpoint of the side BC. The bisectors of the angles BAC and MON intersect at R. Prove that the circumcircles of the triangles BMR and CNR have a common point lying on the side BC. (Romania)

❷ Find all polynomials $P(x)$ with real coefficients which satisfy the equality
$$P(a-b)+P(b-c)+P(c-a)=2P(a+b+c)$$
for all real numbers a,b,c such that $ab+bc+ca=0$. (Korea)

❸ Define a *hook* to be a figure made up of six unit squares as shown in the diagram or any of the figures obtained by applying rotations and reflections to this figure.

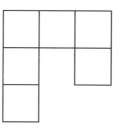

Determine all $m \times n$ rectangles that can be covered with hooks so that

• the rectangle is covered without gaps and without overlaps;

• no part of a hook covers area outside the rectangle. (Estonia)

❹ Let $n \geqslant 3$ be an integer. Let $t_1, t_2, \cdots, t_n$ be positive real numbers such that
$$n^2+1 > (t_1+t_2+\cdots+t_n)\left(\frac{1}{t_1}+\frac{1}{t_2}+\cdots+\frac{1}{t_n}\right)$$
(Korea)

Show that t_i, t_j, t_k are side lengths of a triangle for all i, j, k with $1 \leqslant i < j < k \leqslant n$.

❺ In a convex quadrilateral $ABCD$ the diagonal BD bisects neither the angle ABC nor the angle CDA. A point P lies inside $ABCD$ and satisfies
$$\angle PBC = \angle DBA \text{ and } \angle PDC = \angle BDA$$
Prove that $ABCD$ is a cyclic quadrilateral if and only if $AP = CP$.

(Poland)

❻ We call a positive integer *alternating* if every two consecutive digits in its decimal representation are of different parity.

Find all positive integers n such that n has a multiple which is alternating.

(Iran)

第45届国际数学奥林匹克各国成绩表

2004,希腊

名次	国家或地区	分数（满分252）	金牌	奖牌 银牌	铜牌	参赛队人数
1.	中国	220	6	—	—	6
2.	美国	212	5	1	—	6
3.	俄罗斯	205	4	1	1	6
4.	越南	196	4	2	—	6
5.	保加利亚	194	3	3	—	6
6.	中国台湾	190	3	3	—	6
7.	匈牙利	187	2	3	1	6
8.	日本	182	2	4	—	6
9.	伊朗	178	1	5	—	6
10.	罗马尼亚	176	1	4	1	6
11.	乌克兰	174	1	5	—	6
12.	韩国	166	2	2	2	6
13.	白俄罗斯	154	—	4	2	6
14.	印度	151	—	4	2	6
15.	以色列	147	1	1	4	6
16.	波兰	142	2	1	1	6
17.	摩尔多瓦	140	2	—	4	6
18.	新加坡	139	—	3	3	6
19.	蒙古	135	—	3	2	6
20.	英国	134	1	1	4	6
21.	巴西	132	—	2	4	6
21.	加拿大	132	1	—	3	6
21.	哈萨克斯坦	132	2	—	2	6
21.	塞尔维亚—黑山	132	—	2	3	6
25.	德国	130	—	3	1	6
26.	希腊	126	—	2	3	6
27.	澳大利亚	125	1	1	2	6
28.	格鲁吉亚	123	—	—	5	6
29.	哥伦比亚	122	—	2	2	6
30.	中国香港	120	—	2	2	6

续表

名次	国家或地区	分数（满分252）	金牌	银牌	铜牌	参赛队人数
31.	斯洛伐克	119	—	3	—	6
32.	土耳其	118	—	2	3	6
33.	南非	110	—	3	1	6
34.	捷克	109	—	2	2	6
35.	泰国	99	—	—	4	6
36.	亚美尼亚	98	—	—	4	6
37.	墨西哥	96	—	—	3	6
38.	法国	94	—	—	4	6
39.	阿根廷	92	1	—	2	6
40.	克罗地亚	89	—	—	3	6
41.	摩洛哥	88	—	—	3	6
42.	比利时	86	—	1	2	6
42.	中国澳门	86	—	—	2	6
44.	爱沙尼亚	85	—	—	2	6
45.	乌兹别克斯坦	79	—	—	3	6
46.	瑞典	75	—	—	3	6
47.	阿塞拜疆	72	—	1	—	6
48.	马其顿	71	—	—	1	6
49.	意大利	69	—	—	2	6
49.	斯洛文尼亚	69	—	—	2	6
51.	立陶宛	65	—	—	—	6
52.	吉尔吉斯斯坦	63	—	—	1	6
52.	拉脱维亚	63	—	—	1	6
54.	印尼	61	—	—	1	6
55.	阿尔巴尼亚	57	—	—	1	6
55.	西班牙	57	—	—	1	6
55.	瑞士	57	—	—	2	6
58.	新西兰	56	—	—	2	6
59.	奥地利	55	—	—	1	6
59.	挪威	55	—	—	—	6
61.	荷兰	53	—	—	—	6
62.	土库曼斯坦	52	—	—	2	6
63.	塞浦路斯	49	—	—	1	6
63.	芬兰	49	—	—	1	6
63.	秘鲁	49	—	—	2	3
66.	爱尔兰	48	—	—	1	6
67.	乌拉圭	47	—	—	—	6

续表

名次	国家或地区	分数（满分252）	金牌	银牌	铜牌	参赛队人数
68.	丹麦	46	—	—	1	6
69.	波多黎各	43	—	1	—	5
70.	波斯尼亚－黑塞哥维那	40	—	—	—	6
71.	卢森堡	36	—	1	—	3
72.	冰岛	35	—	—	—	6
73.	马来西亚	34	—	—	1	6
74.	斯里兰卡	33	—	—	—	6
75.	突尼斯	31	—	—	—	6
76.	特立尼达－多巴哥	29	—	—	—	5
77.	葡萄牙	26	—	—	—	6
78.	古巴	17	—	—	1	1
79.	菲律宾	16	—	—	—	5
80.	委内瑞拉	15	—	—	—	2
81.	厄瓜多尔	14	—	—	—	6
82.	莫桑比克	13	—	—	—	3
82.	巴拉圭	13	—	—	—	3
84.	科威特	5	—	—	—	6
85.	沙特阿拉伯	4	—	—	—	6

第 45 届国际数学奥林匹克预选题解答

希腊, 2004

代数部分

1 本届 IMO 第 4 题.

解 本届 IMO 第 4 题.

2 已知无穷实数列 $a_0, a_1, a_2, \cdots$ 满足条件 $a_n = |a_{n+1} - a_{n+2}|$, $n \geq 0$, 其中 a_0, a_1 是两个不同的正数. 问: 这个数列是否有界?

解 这个数列无界.

显然, 数列 $\{a_n\}$ 的每一项都是非负的.

若存在 $a_n = a_{n+1} = c$, 则

$$a_{n-1} = 0, a_{n-2} = a_{n-3} = c, \cdots$$

最后得到的 a_0 和 a_1 要么都等于 c, 要么一个等于 c, 一个等于 0. 矛盾.

所以, 对所有的 $n \geq 0$, 有 $a_n > 0$.

由定义, 对于 $n = 0, 1, 2, \cdots$, 有

$$a_{n+2} = \begin{cases} a_{n+1} + a_n, & a_{n+2} > a_{n+1} \\ a_{n+1} - a_n, & a_{n+2} < a_{n+1} \end{cases}$$

如果对于所有足够大的 n, 第一个递推式总成立, 则 $\{a_n\}$ 无界.

如果无穷多项出现在第二个递推式中, 则不可能是连续出现的, 因为

$$a_{n+2} = a_{n+1} - a_n, a_{n+3} = a_{n+2} - a_{n+1}$$

所以

$$a_{n+3} = -a_n < 0$$

矛盾.

如果 $a_{p+1} = a_p - a_{p-1}$ 和 $a_{p+k+1} = a_{p+k} - a_{p+k-1}$ 是两个连续出现在第二个递推式中的表达式, 则有 $k \geq 2$, 且满足

$$a_p > a_{p+1}, a_{p+1} < a_{p+2} < \cdots < a_{p+k-1} < a_{p+k}$$
$$a_{p+k} > a_{p+k+1}$$

设 $a_p = \alpha, a_{p+1} = \beta$. 由归纳法可得
$$a_{p+j} = F_{j-1}\alpha + F_j\beta, j = 1, 2, \cdots, k$$

其中
$$F_0 = 0, F_1 = 1, F_{i+2} = F_{i+1} + F_i$$

特别地,有
$$a_{p+k} = F_{k-1}\alpha + F_k\beta$$
$$a_{p+k+1} = a_{p+k} - a_{p+k-1} =$$
$$(F_{k-1}\alpha + F_k\beta) - (F_{k-2}\alpha + F_{k-1}\beta) =$$
$$\begin{cases} F_{k-3}\alpha + F_{k-2}\beta, k \geqslant 3 \\ \qquad \alpha \qquad , k = 2 \end{cases}$$

无论哪种情况,均有
$$a_{p+k+1} \geqslant \beta$$

由此,对于所有的 $n \geqslant p$,均有
$$a_n \geqslant a_{p+1}$$

于是,存在一个正常数 c,使得对于所有的 n,有
$$a_n \geqslant c$$

最后可得
$$a_{p+k} = F_{k-1}\alpha + F_k\beta \geqslant \alpha + \beta \geqslant \alpha + c$$

这表明 $\{a_n\}$ 是无界的.

❸ 是否存在一个函数 $f: \mathbf{Q} \to \{-1, 1\}$,使得如果 x, y 是两个不同的有理数,且满足 $xy = 1$ 或 $x + y \in \{0, 1\}$,则 $f(x)f(y) = -1$? 证明你的结论.

解 存在.

设 $x = \dfrac{a}{b}$ 是一个正实数, a, b 是互质的正整数. 考虑对数对 (a, b) 使用辗转相除法得到的连续的剩余构成的序列.

设 $(u \bmod v)$ 表示 u 模 v 的最小非负剩余,这个序列可写为
$$r_0 = a, r_1 = b, r_2 = (a \bmod b)$$
$$\vdots$$
$$r_{i+1} = (r_{i-1} \bmod r_i)$$
$$\vdots$$
$$r_n = 1, r_{n+1} = 0$$

最后一个非零剩余 $r_n = 1$ 的下标 $n = n(x)$ 是由 x 唯一确定的,记 $g(x) = (-1)^{n(x)}$,它是由正实数到 $\{-1, 1\}$ 的函数.

定义 $f: \mathbf{Q} \to \{-1, 1\}$ 如下:

$$f(x)=\begin{cases} g(x), & x\in \mathbf{Q}, x>0 \\ -g(-x), & x\in \mathbf{Q}, x<0 \\ 1, & x=0 \end{cases}$$

下面证明 $f(x)$ 满足要求.

设 x,y 是不同的有理数.

若 $x+y=0$, 不妨假设 $x>0, y<0$. 由定义可得
$$f(x)=g(x), f(y)=-g(-y)=-g(x)$$
于是
$$f(x)f(y)=-1$$

若 $xy=1$, 则 x,y 同号.

假设 $x=\dfrac{a}{b}>0, y=\dfrac{b}{a}>0$, 其中 a,b 是互质的正整数. 不妨设 $a>b$. 由辗转相除法, 数对 (a,b) 得到的序列为
$$a,b,(a\bmod b),\cdots$$

另外, 数对 (b,a) 得到的序列为
$$b,a,b,(a\bmod b),\cdots$$

这是因为 $a>b$, 这表明
$$r_2=(b\bmod a)=b$$

由于序列只依赖于前两项, 所以, x 对应的序列的长度比 y 对应的序列的长度小 1, 即
$$n(y)=n(x)+1$$
于是
$$g(y)=-g(x), f(y)=-f(x)$$
即
$$f(x)f(y)=-1$$

同理, 可证 x,y 同是负有理数的情形.

若 $x+y=1$, 则 x,y 中至少有一个是正的, 且均不等于 $\dfrac{1}{2}$. 假设 $x=\dfrac{a}{b}>0$, 其中 a,b 是互质的正整数, $y=\dfrac{b-a}{b}$.

如果 $y<0$, 则
$$f(y)=-g(-y)=-g\left(\dfrac{a-b}{b}\right)$$

数对 (a,b) 得到的序列为
$$a,b,(a\bmod b),\cdots$$

数对 $(a-b,b)$ 得到的序列为
$$a-b,b,((a-b)\bmod b),\cdots.$$

由 $a>b$, 可得
$$((a-b)\bmod b)=(a\bmod b)$$

于是, 这两个数列从第二项开始相同, 所以, 长度相同, 故有

$$g\left(\frac{b}{a}\right) = g\left(\frac{a-b}{b}\right)$$

这表明
$$f(x)f(y) = -1$$

如果 $y > 0$,不妨设 $0 < x < \frac{1}{2} < y < 1$,则有
$$2a < b$$

因为 $a < b, b-a < b$,所以,数对 (a,b) 得到的序列为
$$a, b, a, (b \bmod a), \cdots$$

数对 $(b-a, b)$ 得到的序列为
$$b-a, b, b-a, (b \bmod (b-a)), \cdots$$

由于 $(b \bmod (b-a)) = a$,且 $a < b-a$,则第二个序列
$$r_3 = a, r_4 = ((b-a) \bmod a) = (b \bmod a)$$

于是,y 对应的序列为
$$b-a, b, b-a, a, (b \bmod a), \cdots$$

从而
$$n(y) = n(x) + 1$$

因此
$$f(x)f(y) = -1$$

❹ 本届 IMO 第 2 题.

解 本届 IMO 第 2 题.

❺ 设 $a,b,c > 0$,且 $ab+bc+ca = 1$. 证明:不等式
$$\sqrt[3]{\frac{1}{a}+6b} + \sqrt[3]{\frac{1}{b}+6c} + \sqrt[3]{\frac{1}{c}+6a} \leqslant \frac{1}{abc}$$

解 由琴生不等式,有
$$\left(\frac{u+v+w}{3}\right)^3 \leqslant \frac{u^3+v^3+w^3}{3}$$

其中 u, v, w 均为正实数.

令 $u = \sqrt[3]{\frac{1}{a}+6b}, v = \sqrt[3]{\frac{1}{b}+6c}, w = \sqrt[3]{\frac{1}{c}+6a}$,则有
$$\sqrt[3]{\frac{1}{a}+6b} + \sqrt[3]{\frac{1}{b}+6c} + \sqrt[3]{\frac{1}{c}+6a} \leqslant$$
$$\frac{3}{\sqrt[3]{3}} \sqrt[3]{\frac{1}{a}+6b+\frac{1}{b}+6c+\frac{1}{c}+6a} \leqslant$$

$$\frac{3}{\sqrt[3]{3}} \sqrt[3]{\frac{ab+bc+ca}{abc} + 6(a+b+c)}$$

由于

$$a+b = \frac{1-ab}{c} = \frac{ab-(ab)^2}{abc}$$

$$b+c = \frac{1-bc}{a} = \frac{bc-(bc)^2}{abc}$$

$$c+a = \frac{1-ca}{b} = \frac{ca-(ca)^2}{abc}$$

于是,有

$$\frac{ab+bc+ca}{abc} + 6(a+b+c) =$$

$$\frac{1}{abc} + 3[(a+b)+(b+c)+(c+a)] =$$

$$\frac{1}{abc}\{4 - 3[(ab)^2 + (bc)^2 + (ca)^2]\}$$

由柯西不等式,有

$$3[(ab)^2 + (bc)^2 + (ca)^2] \geqslant (ab+bc+ca)^2 = 1$$

故

$$\frac{3}{\sqrt[3]{3}} \sqrt[3]{\frac{ab+bc+ca}{abc} + 6(a+b+c)} \leqslant \frac{3}{\sqrt[3]{abc}}$$

于是,只要证 $\frac{3}{\sqrt[3]{abc}} \leqslant \frac{1}{abc}$,即证

$$a^2 b^2 c^2 \leqslant \frac{1}{27}$$

由平均值不等式可得

$$a^2 b^2 c^2 = (ab)(bc)(ca) \leqslant \left(\frac{ab+bc+ca}{3}\right)^3 = \left(\frac{1}{3}\right)^3 = \frac{1}{27}$$

因此,结论成立.

当且仅当 $a=b=c=\frac{1}{\sqrt{3}}$ 时等号成立.

❻ 求所有函数 $f: \mathbf{R} \to \mathbf{R}$,满足方程
$$f(x^2 + y^2 + 2f(xy)) = (f(x+y))^2$$
其中 x, y 为任意实数.

解 设 $z = x+y, t = xy$,则有
$$z^2 \geqslant 4t$$

设 $g(t) = 2f(t) - 2t$,有
$$f(z^2 + g(t)) = (f(z))^2, t, z \in \mathbf{R}, z^2 \geqslant 4t \qquad ①$$

设 $g(0) = c$,在式 ① 中令 $t=0$,可得

$$f(z^2+c) = (f(z))^2, z \in \mathbf{R} \qquad ②$$

于是,有
$$f(x) \geqslant 0, x \geqslant c \qquad ③$$

由式 ③,若 $c<0$,则 $f(0) \geqslant 0$,即
$$c = g(0) = 2f(0) \geqslant 0$$

矛盾. 所以, $c \geqslant 0$.

若 g 是一个常值函数,则对于所有的 t,有
$$g(t) = g(0) = c$$

于是
$$f(t) = t + \frac{c}{2}$$

代入式 ② 可得
$$c = 0$$

所以, $f(x) = x$ 是原函数方程的一个解.

若 g 不是常值函数,那么,关键的一步就是证明当 x 大于或等于某个值时, f 是常数,即证明存在正数 δ 和 m,使得在区间 $[\delta, 2\delta]$ 内的每一个数都能表示为 $g(u) - g(v)$ 的形式,其中 $u, v \leqslant m$.

实际上,假设如上的结论成立,对于 $y > x \geqslant 2\sqrt{m}$,且 $y^2 - x^2 \in [\delta, 2\delta]$,由于存在 $u, v \leqslant m$,使得 $y^2 - x^2 = g(u) - g(v)$,则
$$x^2 + g(u) = y^2 + g(v)$$

因为 $x^2 \geqslant 4m \geqslant 4u, y^2 \geqslant 4m \geqslant 4v$,由式 ① 可得
$$(f(x))^2 = (f(y))^2$$

注意到, m 可以从每个起始点被加大,有必要的话,可以增加条件 $m \geqslant \frac{c^2}{4}$,于是, $x, y \geqslant c$.

由式 ③ 可得
$$f(x) = f(y)$$

因此,函数 $f(\sqrt{x})$ 在 $[4m, +\infty)$ 上是周期函数,周期是区间 $[\delta, 2\delta]$ 内的任何数. 这就意味着 $f(\sqrt{x})$ 在 $[4m, +\infty)$ 内是常数,即 $f(x)$ 在 $[2\sqrt{m}, +\infty)$ 内是常数.

由于 g 不是常值函数,可选取 a, b,使得
$$g(a) - g(b) = d > 0$$

对于 $u \geqslant \max\{2\sqrt{|a|}, 2\sqrt{|b|}, c\} = k$,设 $v = \sqrt{u^2 + d}$,则
$$u^2 + g(a) = v^2 + g(b)$$
$$u^2 \geqslant 4a, v^2 \geqslant 4b, v > u \geqslant c$$

由式 ①,③ 可得
$$f(u) = f(v)$$

于是,有

$$g(u) - g(v) = 2(f(u) - u) - 2(f(v) - v) =$$
$$2(v-u) = \frac{2(v^2 - u^2)}{v+u} =$$
$$\frac{2(g(a) - g(b))}{v+u} =$$
$$\frac{2d}{u + \sqrt{u^2 + d}}$$

设 $h(u) = \dfrac{2d}{u + \sqrt{u^2 + d}}$,其是定义域为$[k, +\infty)$,值域为$(0, h(k)]$ 的严格递减函数.

设 $h(k) = 2\delta$,则存在 $l > k$,使得 $h(l) = \delta$. 对于每一个 $t \in [\delta, 2\delta]$,存在一个 $u \in [k, l]$,使得 $h(u) = t$. 于是, t 可以被表示为 $g(u) - g(v)$ 的形式,其中 $k \leqslant u < v = \sqrt{u^2 + d}, u \in [k, l]$.

因为 $\sqrt{u^2 + d} < u + \sqrt{d}$,可以取 $m = l + \sqrt{d}$ 以保证 $u, v \leqslant m$,所以,要求的 δ 和 m 存在.

于是,存在 $n > 0$ 和 $\lambda \in \mathbf{R}$,使得当 $x \geqslant n$ 时,有
$$f(x) = \lambda$$

在式 ② 中,设 z 足够大,可得 $\lambda = \lambda^2$,所以,$\lambda = 0$ 或 $\lambda = 1$.

由式 ② 还可得到 $f(-z) = \pm f(z)$ 对所有的 $z \in \mathbf{R}$ 成立.

因此,在区间 $(-\infty, -n]$ 内,有
$$|f| = \lambda \leqslant 1, g(s) = 2f(s) - 2s \geqslant -2 - 2s$$
其中 $s \leqslant -n$.

这意味着在区间 $(-\infty, -n]$ 内 $g(s)$ 可以取任意大的值,所以,对于每一个 $z \in \mathbf{R}$,存在 $s \leqslant -n < 0$,使得
$$z^2 + g(s) \geqslant n$$

故有
$$f(z^2 + g(t)) = \lambda$$

另一方面,由式 ① 有
$$f(z^2 + g(t)) = (f(z))^2$$

这表明 $(f(z))^2 = \lambda = \lambda^2$. 于是,对所有的 $z \in \mathbf{R}$,均有
$$|f(z)| = \lambda$$

如果 $\lambda = 0$,可得 $f(x) \equiv 0$ 是原函数方程的一个解. 设 $\lambda = 1$,则有
$$c = 2f(0) = 2$$
(这是因为 $c \geqslant 0$). 假设对于某些 s,有
$$f(s) = -1$$
若存在 $z \in \mathbf{R}$,使得 $z^2 = s - g(s) \geqslant 4s$,由式 ① 可得
$$(f(z))^2 = f(z^2 + g(s)) = f(s) = -1$$
矛盾.

于是,要么有 $s-g(s)<0$,要么有 $0 \leqslant s-g(s)<4s$. 此时
$$g(s)=-2-2s$$
因此
$$s<-\frac{2}{3} \text{ 或 } s>2$$
其中第二种情况是不可能的.

因为 $c=2$,由式 ③ 可知当 $x \geqslant 2$ 时,$f(x) \geqslant 0$.

所以,f 在区间 $\left(-\infty,-\frac{2}{3}\right)$ 的一个子集上的取值为 -1,即

对于每一个集合 $X \subset \left(-\infty,-\frac{2}{3}\right)$,函数 f 满足:

当 $x \in X$ 时,$f(x)=-1$;

当 $x \notin X$ 时,$f(x)=1$,这样的 f 也是原函数方程的解.

综上所述,原函数方程的解为 $f(x)=x$,$f(x) \equiv 0$ 及无穷多个前面刚定义的函数.

> **❼** 设 $a_1,a_2,\cdots,a_n$ 是正实数,$n>1$,用 g_n 表示它们的几何平均. 用 $A_1,A_2,\cdots,A_n$ 表示的算术平均为
> $$A_k=\frac{a_1+a_2+\cdots+a_k}{k},k=1,2,\cdots,n$$
> 用 G_n 表示 $A_1,A_2,\cdots,A_n$ 的几何平均. 证明:不等式
> $$n\sqrt[n]{\frac{G_n}{A_n}}+\frac{g_n}{G_n} \leqslant n+1$$
> 并确定等号成立的条件.

解 为方便起见,设 $A_0=0$,则对于 $k=1,2,\cdots,n$,有
$$\frac{a_k}{A_k}=\frac{kA_k-(k-1)A_{k-1}}{A_k}=k-(k-1)\frac{A_{k-1}}{A_k}$$
设 $x_1=1,x_k=\frac{A_{k-1}}{A_k},k=2,3,\cdots,n$,则有
$$\sqrt[n]{\frac{G_n}{A_n}}=\sqrt[n^2]{\frac{A_1 A_2 \cdots A_n}{A_n^n}}=\sqrt[n^2]{x_2 x_3^2 \cdots x_n^{n-1}}$$
$$\frac{g_n}{G_n}=\sqrt[n]{\prod_{k=1}^{n}\frac{a_k}{A_k}}=\sqrt[n]{\prod_{k=1}^{n}[k-(k-1)x_k]}$$
所以,有
$$n\sqrt[n]{\frac{G_n}{A_n}}+\frac{g_n}{G_n}=n\sqrt[n^2]{x_2 x_3^2 \cdots x_n^{n-1}}+\sqrt[n]{\prod_{k=1}^{n}[k-(k-1)x_k]} \quad ①$$
对式 ① 等号后边的第一项用平均值不等式,可得
$$n\sqrt[n^2]{x_2 x_3^2 \cdots x_n^{n-1}}=n\sqrt[n^2]{x_1^{\frac{n(n+1)}{2}} x_2 x_3^2 \cdots x_n^{n-1}} \leqslant$$

$$\frac{1}{n}\left[\frac{n(n+1)}{2}x_1 + \sum_{k=2}^{n}(k-1)x_k\right] =$$
$$\frac{n+1}{2} + \frac{1}{n}\sum_{k=1}^{n}(k-1)x_k$$

当且仅当 $x_k = 1$ 时等号成立,其中 $k = 1, 2, \cdots, n$.

对式 ① 等号后边的第二项用平均值不等式,可得
$$\sqrt[n]{\prod_{k=1}^{n}[k-(k-1)x_k]} \leqslant \frac{1}{n}\sum_{k=1}^{n}[k-(k-1)x_k] =$$
$$\frac{n+1}{2} - \frac{1}{n}\sum_{k=1}^{n}(k-1)x_k$$

当且仅当 $k-(k-1)x_k = 1$,即 $x_k = 1$ 时等号成立,其中 $k = 1, 2, \cdots, n$.

结合以上两个结论,可得
$$n\sqrt[n]{\frac{G_n}{A_n}} + \frac{g_n}{G_n} \leqslant n+1$$

当且仅当 $a_1 = a_2 = \cdots = a_n$ 时等号成立.

几何部分

❶ 本届 IMO 第 1 题.

解 本届 IMO 第 1 题.

❷ 设圆 Γ 和直线 l 不相交,AB 是圆 Γ 的直径,且垂直于直线 l,点 B 比点 A 更靠近直线 l. 在圆 Γ 上任意取一点 C($C \neq A, B$),直线 AC 交直线 l 于点 D,直线 DE 与圆 Γ 切于点 E,且点 B, E 在 AC 的同一侧. 设 BE 交直线 l 于点 F,AF 交圆 Γ 于点 G($G \neq A$). 证明:点 G 关于 AB 的对称点在直线 CF 上.

解 如图 1,设 CF 交圆 Γ 于点 H. 因为直径 $AB \perp l$,所以,问题等价于证明
$$GH \parallel l$$

设 $AB \perp l$,垂足为点 X,则
$$\angle AXF = \angle AEF = 90°$$

所以,A, F, X, E 四点共圆. 于是,有
$$\angle EFD = \angle EAB = \angle FED$$

从而

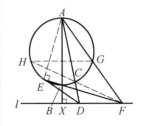

题 2(图 1)

又因为
$$DF = DE$$
$$DF^2 = DE^2 = DC \cdot DA$$
所以
$$\triangle DCF \backsim \triangle DFA$$
于是
$$\angle AFD = \angle FCD = \angle ACH = \angle AGH$$
故
$$GH \parallel l$$

❸ 设点 O 是锐角 $\triangle ABC$ 的外心，$\angle B < \angle C$，直线 AO 交边 BC 于点 D，$\triangle ABD$，$\triangle ACD$ 的外心分别为点 E，F. 延长 BA 和 CA，在延长线上分别取点 G，H，使得 $AG = AC$，$AH = AB$. 证明：四边形 $EFGH$ 是矩形的充分必要条件是 $\angle ACB - \angle ABC = 60°$.

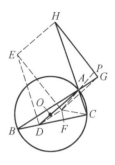

题 3 (图 2)

解 如图 2 所示，设 $\angle ABC = \beta$，$\angle ACB = \gamma$，则 $\beta < \gamma$. 因为 $\triangle ABC$ 是锐角三角形，点 O 在 $\triangle ABC$ 的内部，所以
$$\angle OAC = 90° - \beta$$
于是，有
$$\angle ADB = \angle DAC + \angle ACD = 90° - \beta + \gamma > 90°$$
故 $\triangle ABD$ 是钝角三角形，$\triangle ACD$ 是锐角三角形，点 E 在 $\triangle ABD$ 的外部，点 F 在 $\triangle ACD$ 的内部，点 O，E 在 AB 的异侧.

因为点 F，O 分别是 $\triangle ACD$，$\triangle ABC$ 的外心，则
$$\angle FAC = 90° - \angle ADC = \angle ADB - 90° = \gamma - \beta$$
$$\angle FDC = 90° - \angle OAC = \beta$$
于是
$$FD \parallel AB$$
同理
$$ED \parallel AC$$
设 DA 与 GH 的交点为 P，则
$$\angle PAH = \angle OAC = 90° - \beta$$
另一方面
$$\angle PHA = \angle ABC = \beta$$
（因为 $\triangle ABC \cong \triangle AHG$），所以，$\angle APH = 90°$，即
$$AD \perp GH$$
又因为 EF 是 AD 的中垂线，所以
$$AD \perp EF$$
因此
$$GH \parallel EF$$

故 $\triangle AGH$ 和 $\triangle DFE$ 的对应边平行,则要么 HE 和 GF 的交点在 AD 上,要么 HE 和 GF 均平行于 AD.

由于 EF 和 GH 均垂直于 AD,所以,四边形 $EFGH$ 是矩形的充分必要条件是后一种情形成立,此时,等价于 $\triangle AGH \cong \triangle DFE$,即等价于 $DF = AG$.

又由于点 F 是 $\triangle ACD$ 的外心,$AG = AC$,所以
$$AC = AG = DF = AF = CF$$

故 $\triangle ACF$ 是正三角形,等价于 $DF = AG$.

因为 $\triangle ACF$ 是以 AC 为底边的等腰三角形,所以,$\triangle ACF$ 是正三角形的充分必要条件是 $\angle FAC = 60°$,即
$$\gamma - \beta = 60°$$

❹ 本届 IMO 第 5 题.

解 本届 IMO 第 5 题.

❺ 已知正 n 边形 $A_1 A_2 \cdots A_n$,定义点 $B_1, B_2, \cdots, B_{n-1}$ 如下:

(1) 如果 $i = 1$ 或 $i = n - 1$,则 B_i 是边 $A_i A_{i+1}$ 的中点;

(2) 如果 $i \neq 1, i \neq n - 1$,S_i 是 $A_1 A_{i+1}$ 和 $A_n A_i$ 的交点,则 B_i 是 $\angle A_i S_i A_{i+1}$ 的角平分线与 $A_i A_{i+1}$ 的交点.

证明:$\angle A_1 B_1 A_n + \angle A_1 B_2 A_n + \cdots + \angle A_1 B_{n-1} A_n = 180°$.

证明 先证明下面的引理.

引理 1 设四边形 $ABCD$ 是上下底分别为 AB 和 CD 的等腰梯形,对角线 AC 和 BD 交于点 S,M 是边 BC 的中点,$\angle BSC$ 的角平分线交 BC 于点 N(如图 3),则
$$\angle AMD = \angle AND$$

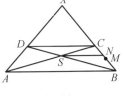

题 5(图 3)

引理的证明 只需证明 A, D, M, N 四点共圆. 如图 3 所示,设 AD 与 BC 不平行,且交于点 X. 设 $XA = XB = a$,$XC = XD = b$. 于是,有
$$\frac{BN}{CN} = \frac{BS}{CS} = \frac{AB}{CD} = \frac{XA}{XD} = \frac{a}{b}$$

所以
$$\frac{BN + CN}{CN} = \frac{a + b}{b}$$

又因为
$$BN + CN = BC = a - b$$

所以

$$CN = \frac{(a-b)b}{a+b}, XN = \frac{2ab}{a+b}$$

由于
$$XM = \frac{a+b}{2}$$

因此
$$XM \cdot XN = ab = XA \cdot XD$$

故 A, D, M, N 四点共圆.

现在证明原命题.

设 C_i 是边 A_iA_{i+1} 的中点,其中 $i = 1, 2, \cdots, n-1$. 对于 $1 < i < n-1$, 四边形 $A_1A_iA_{i+1}A_n$ 要么是一个以 A_1A_n 和 A_iA_{i+1} 为腰的等腰梯形,要么是一个矩形. 第一种情况,由引理可得
$$\angle A_1B_iA_n = \angle A_1C_iA_n$$

第二种情况
$$B_i = C_i$$

结论仍然正确. 于是,有
$$\angle A_1B_1A_n + \angle A_1B_2A_n + \cdots + \angle A_1B_{n-1}A_n =$$
$$\angle A_1C_1A_n + \angle A_1C_2A_n + \cdots + \angle A_1C_{n-1}A_n$$

因为 $A_1A_2\cdots A_n$ 是正 n 边形,所以,对于每一个 $i, i = 2, 3, \cdots, n-1$,都有
$$\triangle A_1C_iA_n \cong \triangle A_{n+2-i}C_1A_{n+1-i}$$

故 $\quad \angle A_1C_iA_n = \angle A_{n+2-i}C_1A_{n+1-i}, i = 2, 3, \cdots, n$

于是,有
$$\angle A_1C_1A_n + \angle A_1C_2A_n + \cdots + \angle A_1C_{n-1}A_n =$$
$$\angle A_1C_1A_n + \angle A_nC_1A_{n-1} + \cdots + \angle A_3C_1A_2 = 180°$$

因此,原命题成立.

❻ 设 P 是一个凸多边形. 证明:在 P 内存在一个凸六边形,其面积至少是 P 的面积的 $\frac{3}{4}$.

解 任取两条互相平行的凸多边形 P 的支撑线 s, t(即凸多边形 P 在直线 s, t 的同一侧,P 与直线 s, t 有公共点),设 S, T 分别为凸多边形 P 与直线 s, t 的交点. 于是,线段 ST 将 P 分成两部分,分别设为 P' 和 P''. 设 K, L 是凸多边形 P' 边界上的点,满足 $KL \parallel ST$,且 $KL = \frac{ST}{2}$.

下面只需证明梯形 $SKLT$ 的面积至少是凸多边形 P' 面积的 $\frac{3}{4}$ 即可.

因为同理在 P'' 中产生的梯形的面积也至少是 P'' 面积的 $\dfrac{3}{4}$, 这两个梯形合起来就是一个凸六边形.

过点 K,L 分别作 P' 的支撑线,且这两条支撑线交于点 Z. 假设点 K 到直线 s 的距离小于点 L 到直线 s 的距离. 设 ZK 交直线 s 于点 X, ZL 交直线 t 于点 Y. 过点 Z 且平行于 ST 的直线分别交直线 s,t 于点 A,B. 显然, P' 包含在五边形 $SXZYT$ 中.

于是, 只要证明
$$S_{梯形SKLT} \geqslant \dfrac{3}{4} S_{五边形SXZYT} \qquad ①$$

设 $AZ=a, BZ=b$, 设点 K,X,Y,S 到直线 AB 的距离分别为 k,x,y,d. 分别过点 K,L 作直线 $KU \parallel LV \parallel s \parallel t$, 交 AB 于点 U,V. 则有
$$\dfrac{a+b}{2} = KL = UZ + ZV = \dfrac{ak}{x} + \dfrac{bk}{y} \qquad ②$$

由于
$$S_{梯形SKLT} = \dfrac{3}{4}(a+b)(d-k)$$
$$S_{五边形SXZYT} = S_{\square SABT} - S_{\triangle AXZ} - S_{\triangle BYZ} = (a+b)d - \dfrac{ax}{2} - \dfrac{by}{2}$$

代入式 ①, 即只要证
$$ax + by - 2(a+b)k \geqslant 0 \qquad ③$$

由式 ② 得
$$k = \dfrac{(a+b)xy}{2(ay+bx)}$$

代入式 ③ 的左端, 可得
$$ax + by - 2(a+b)k = \dfrac{ab(x-y)^2}{ay+bx} \geqslant 0$$

因此, 原命题成立.

❼ 已知 $\triangle ABC$, 点 X 是直线 BC 上的动点, 且点 C 在点 B, X 之间. 又 $\triangle ABX$, $\triangle ACX$ 的内切圆有两个不同的交点 P, Q. 证明: PQ 经过一个不依赖于点 X 的定点.

证明 先证明一个引理.

引理 2 已知 L,K 分别是 $\triangle ABC$ 的边 AB,AC 的中点, $\triangle ABC$ 的内切圆分别与边 BC,CA 切于点 D、E. 则 KL 和 DE 的交点在 $\angle ABC$ 的角平分线上.

引理的证明 如图 4 所示, 假设 $AB \neq BC$, 否则结论显然成立. 设 KL 与 $\angle ABC$ 的角平分线交于点 S. 因为

所以
$$KL \parallel BC$$
$$\angle LSB = \angle CBS = \angle LBS$$
于是
$$LB = LS$$
又因为
$$LA = LB$$
所以,点 S 在以 AB 为直径的圆上,故有
$$\angle ASB = 90°$$

设 DE 与 $\angle ABC$ 的角平分线交于点 T,则 $\triangle ABC$ 的内心 I 在点 B, T 之间. 又因为 $AB \neq BC$,则有 $T \neq E$,且
$$\angle DEC = 90° - \frac{\angle C}{2}, \angle AIB = 90° + \frac{\angle C}{2}$$

如果点 T 在线段 DE 的内部,则有
$$\angle AIT + \angle AET = 180°$$
所以,A, I, T, E 四点共圆.

如果点 I 和 E 在 AT 的同侧,则有
$$\angle AIT = 90° - \frac{\angle C}{2} = \angle AET$$
所以也有 A, I, T, E 四点共圆.

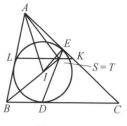

题 7(图 4)

因为
$$\angle AEI = 90°$$
所以
$$\angle ATI = 90°$$
由于
$$\angle ASB = \angle ATB$$
则 S 和 T 两点重合,即 KL, DE 和 $\angle ABC$ 的角平分线交于一点.

下面证明原命题.

如图 5 所示,设 $\triangle ABX, \triangle ACX$ 的内切圆与 BX 分别切于点 D, F,与 AX 分别切于点 E, G,则有
$$DE \parallel FG$$
且 DE, FG 均与 $\angle AXB$ 的角平分线垂直.

若 PQ 分别交 BX, AX 于点 M, N,则有
$$MD^2 = MP \cdot MQ = MF^2$$
$$NE^2 = NP \cdot NQ = NG^2$$
于是,有
$$MD = MF, NE = NG$$
因此,PQ 平行于 DE 和 FG,且与它们是等距的.

由于 AB, AC 和 AX 的中点共线,设为 m,则直线 m 平行于 BC. 在

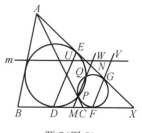

题 7(图 5)

△ABX 中应用引理 2,知 DE 过直线 m 与 ∠ABX 的角平分线的交点 U.

同理,FG 过直线 m 与 ∠ACX 的角平分线的交点 V.

由于 PQ 平行于 DE 和 FG,且与它们是等距的,因此,PQ 过线段 UV 的中点 W.

又因为点 U,V 不依赖于点 X,所以,点 W 也不依赖于点 X.

❽ 已知圆内接四边形 ABCD,直线 AD 和 BC 交于点 E,且点 C 在点 B,E 之间. 对角线 AC 和 BD 交于点 F. 设点 M 是边 CD 的中点,点 N 是 △ABM 的外接圆上的不同于点 M 的点,且满足 $\frac{AN}{BN}=\frac{AM}{BM}$. 证明:点 E,F,N 在一条直线上.

解 先证明在 △ABM 的外接圆上,有唯一的一点 N ≠ M,使得 $\frac{AN}{BN}=\frac{AM}{BM}$.

若 $\lambda=\frac{AM}{BM} \neq 1$,则 M,N 是 △ABM 的外接圆与满足 $\frac{AX}{BX}=\lambda$ 的点 X 的轨迹的交点. 于是,点 X 的轨迹是一个与线段 AB 相交的圆,即线段 AB 关于定比 λ 的阿波罗尼斯圆. 因此,点 N 是存在的,且唯一.

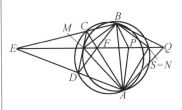

题 8(图 6)

若 $\frac{AM}{BM}=1$,易知点 N 也是唯一存在的,且点 M,N 在 AB 的异侧.

设 △ABE,△ABF 的外接圆分别与 EF 的第二个交点为 P,Q,于是,原命题等价于证明点 N 在直线 PQ 上. 下面证明点 N 就是线段 PQ 的中点 S.

设点 E,F,P,S,Q 是按照如图 6 的次序排列在一条直线 PQ 上的,且 PQ 与边 AB 相交.

由于四边形 APBE、四边形 AQBF 和四边形 ABCD 均为圆内接四边形,所以

$$\angle APE = \angle ABE = \angle ABC = 180° - \angle ADC$$

$$\angle AQP = \angle AQF = \angle ABF = \angle ABD = \angle ACD$$

因此

$$\triangle APQ \backsim \triangle ADC$$

由于 AS 和 AM 分别是这两个三角形对应边上的中线,所以

$$\frac{AS}{AM}=\frac{PQ}{DC}$$

同理

$$\triangle BPQ \backsim \triangle BCD$$

有
$$\frac{BS}{BM} = \frac{PQ}{CD}$$

因此
$$\frac{AS}{BS} = \frac{AM}{BM}$$

又因为
$$\angle ASP = \angle AMD, \angle BSP = \angle BMC$$

所以
$$\angle ASB = \angle ASP + \angle BSP =$$
$$\angle AMD + \angle BMC =$$
$$180° - \angle AMB$$

因此,点 S 在 $\triangle ABM$ 的外接圆上,且 $S \neq M$.

由于 $N \neq M, S \neq M$,且点 N, S 均在 $\triangle ABM$ 的外接圆上,同时,还满足
$$\frac{AN}{BN} = \frac{AM}{BM}, \frac{AS}{BS} = \frac{AM}{BM}$$

由点 N 的唯一性,可得
$$S = N$$

即 N 为 PQ 的中点.

组合部分

❶ 一所大学有 10 001 名学生,一些学生一起参加并成立了几个俱乐部(一个学生可以属于不同的俱乐部),有些俱乐部一起加入并成立了几个社团(一个俱乐部可以属于不同的社团).已知共有 k 个社团.假设满足下列条件:

(1) 每一对学生(即任意两个学生)都恰属于一个俱乐部;

(2) 对于每个学生和每个社团,这个学生恰属于这个社团的一个俱乐部;

(3) 每个俱乐部有奇数个学生,且有 $2m+1$ 个学生的俱乐部恰属于 m 个社团,其中 m 是正整数.

求 k 的所有可能的值.

解 用 n 代替 10 001,且用两种方法计算有序三元组 (a, R, S) 的个数,其中 a, R, S 分别表示一个学生、一个俱乐部、一个社团,且满足 $a \in R, R \in S$.我们称这样的三元组为"可接受的".

固定一个学生 a 和一个社团 S,由条件(2),有唯一的俱乐部 R

使得(a,R,S)是可接受的三元组. 又因为有序二元组(a,S)有nk种取法, 所以, 可接受的三元组共有nk个.

固定一个俱乐部R, 且记该俱乐部有$|R|$名学生, 由条件(3)知, R恰属于$\frac{|R|-1}{2}$个社团. 因此, 包含俱乐部R的可接受的三元组共有$\frac{|R|(|R|-1)}{2}$个. 若设M为所有俱乐部的集合, 那么, 共有$\sum\limits_{R\in M}\frac{|R|(|R|-1)}{2}$个可接受的三元组. 因此

$$nk=\sum_{R\in M}\frac{|R|(|R|-1)}{2}$$

因为

$$\sum_{R\in M}\frac{|R|(|R|-1)}{2}=\sum_{R\in M}C_{|R|}^2$$

由条件(1)得

$$\sum_{R\in M}C_{|R|}^2=C_n^2$$

故有$nk=\frac{n(n-1)}{2}$, 即

$$k=\frac{n-1}{2}$$

当$n=10\,001$时, $k=5\,000$.

> **❷** 设n,k是正整数. 已知平面上有n个圆, 每两个圆有两个不同的交点, 它们确定的所有交点是两两不同的. 每个交点必须被染上n种不同的颜色之一, 使得每种颜色至少用一次, 每个圆上恰用k种不同的颜色. 求所有的$n(n\geqslant 2),k$的值, 使得这样的染色是可以实现的.

解 k,n应该满足$2\leqslant k\leqslant n\leqslant 3$和$3\leqslant k\leqslant n$.

将n种颜色与n个圆分别编号为$1,2,\cdots,n$. 对于交点任意的染色方式, 设$F(i,j)$为第i个圆与第j个圆的公共点的染色的集合, 则$F(i,j)$中可以有1个或2个元素. 显然, $k\leqslant n, k\geqslant 2$. 如果$k=1$, 则所有交点都同色, 与颜色的种数$n\geqslant 2$矛盾.

首先证明, $k=2$时, n可以为2和3.

如果$n=2$, 则

$$F(1,2)=\{1,2\}$$

满足条件. 设当$k=2$时, 对于某个$n\geqslant 3$, 存在满足条件的一种染色方式. 则每个圆上恰出现n种颜色中的两种颜色, 这n种颜色的每一种至少出现在两个这样的由两种颜色构成的集合中(这是因为每个被染色的点在2个圆上). 于是, 每种颜色恰属于2个集合,

即它恰在 2 个圆上.

对于 $i(i=2,3,\cdots,n)$,选择第 1 个圆和第 i 个圆的 1 个交点,则这 $n-1$ 个点的颜色两两不同,否则,同一种颜色会出现在多于 2 个圆上. 所以
$$n-1 \leqslant 2$$
因为 $n \geqslant 3$,于是,有
$$n=3$$
当 $k=2, n=3$ 时,有
$$F(1,2)=\{3\}, F(2,3)=\{1\}, F(3,1)=\{2\}$$
即为满足条件的一种染色方式.

其次证明,当 $3 \leqslant k \leqslant n$ 时,存在满足条件的一种染色方式.

对 k 用数学归纳法,且稍微加强一些,使之满足对于 $3 \leqslant k \leqslant n$,存在满足条件的一种染色方式且有颜色 i 在第 i 个圆上出现,其中 $i=1,2,\cdots,n$.

下面是奠基的情形,即 $k=3, n \geqslant 3$.

当 $n=3$ 时,$F(1,2)=\{1,2\}, F(2,3)=\{2,3\}, F(3,1)=\{3,1\}$.

若 $n>3$,$F(1,2)=\{1,2\}, F(i,i+1)=\{i\}(i=2,3,\cdots,n-2), F(n-1,n)=\{n-2,n-1\}$,对于满足 $1 \leqslant i < j \leqslant n$ 的其他数对 (i,j),$F(i,j)=\{n\}$,这样染色满足条件. 这是因为颜色 $1,2,n$ 在第 1 和第 2 个圆上,颜色 $i-1,i,n$ 出现在第 $i(i=2,3,\cdots,n-2)$ 个圆上,颜色 $n-2,n-1,n$ 出现在第 $n-1$ 和第 n 个圆上. 另外,颜色 i 出现在第 $i(1 \leqslant i \leqslant n)$ 个圆上.

假设 $k \geqslant 3$ 时,结论成立.

设 $n \geqslant k+1$,因为 $n-1 \geqslant k \geqslant 3$,由归纳假设,存在一种染色方式,使得对于第 $1,2,\cdots,n-1$ 个圆和颜色 $1,2,\cdots,n-1$,在每个圆上恰有 k 种颜色出现,且颜色 i 出现在第 $i(i=1,2,\cdots,n-1)$ 个圆上.

下面对第 n 个圆与其他圆的交点进行染色.

对于每一个 $i(i=1,2,\cdots,n-1)$,选择第 i 个圆和第 n 个圆的两个交点中的一个将其染为颜色 n. 于是,对于每一个 $i(i=1,2,\cdots,n-1)$,第 i 个圆上恰有 $k+1$ 种颜色出现,且颜色 i 和 n 分别在第 i 和第 n 个圆上出现.

对于 $i(i=1,2,\cdots,k)$,将第 i 和第 n 个圆的第二个交点染为颜色 i(因为 $n \geqslant k+1$),则在第 n 个圆上恰有 $k+1$ 种颜色,即颜色 $1,2,\cdots,k$ 和 n,且前 $n-1$ 个圆中的任何一个圆上均没有新增颜色.

最后将第 n 个圆与前 $n-1$ 个圆剩下的所有的交点都染为颜色 n,在这最后一步之前,颜色 n 已经出现在每一个圆上,于是,每

个圆上颜色构成的集合没有发生改变,这样染法满足条件的要求,完成了归纳证明.

❸ 对一个有限图可以进行如下操作:选择任意一个长度为 4 的回路,任意选择这个回路中的一条边,并将其从图中删掉. 对于固定的整数 $n(n \geqslant 4)$,若将 n 个顶点的完全图重复进行如上的操作,求所得图 q 的边的数目的最小值.

解 最小值为 n.

如果一个图可以由 n 个顶点的完全图经过操作得到,则称这个图是"允许的";

如果一个图中的任意两点都存在一条通路相连,则称这个图是"连通的";

如果一个图的顶点可以分成两个集合 V_1 和 V_2,使得每条边都是 V_1 中的一个顶点与 V_2 中的一个顶点所连的边,则称这个图是"两派的".

假设在图 G 上进行操作,G 包含一条长度为 4 的回路 $ABCD$,删掉边 AB,记新得到的图为 H,则有:

(1) 如果 G 是连通的,则 H 也是连通的;

(2) 如果 G 不是两派的,则 H 也不是两派的.

实际上,对于结论(1),假设在图 G 中的点 X,Y 有一条通路 Π 相连,若 Π 不包含删去的边 AB,则点 X,Y 在 H 中仍然有通路 Π 相连. 若 Π 包含 AB,则在 H 中联结 X,Y 的通路可以由 Π 经三条边 AD,DC,CB 替代 AB 得到,所以,H 也是连通的.

对于结论(2),考虑其逆否命题. 如果图 H 是两派的,即其顶点可以分成两个集合 V_1 和 V_2,使得每条边都是 V_1 中的一个顶点与 V_2 中的一个顶点所连的边. 因为 BC,CD,DA 是 H 中的边,则点 A,C 属于 V_1 和 V_2 中的一个集合,点 B,D 属于另一个集合. 在图 G 中将顶点按照与图 H 同样的方式分成同样的两个集合 V_1 和 V_2,则边 AB 满足是 V_1 中的一个顶点与 V_2 中的一个顶点所连的边. 所以,图 G 也是两派的.

因为完全图 K_n 是连通的,且 K_n 不是两派的(因为它包含三角形),于是,任何允许的图 H 都是连通的且不是两派的. 特别地,H 包含一个圈,因为没有圈的图是两派的.

下面容易得到一个允许的图至少有 n 条边.

实际上,一方面,一个 n 个顶点的连通图至少有 $n-1$ 条边. 另一方面,一个 n 个顶点的连通图若只有 $n-1$ 条边,则这个连通图是一棵树,而树不包含圈,所以,边的最小值是 n.

下面证明:当 $n \geqslant 4$ 时,从完全图 K_n 开始,经过操作可以得到恰有 n 条边的一个图. 考虑 $n(n \geqslant 4)$ 个顶点的图,顶点为 A_1, $A_2,\cdots,A_{n-3},X,Y,Z$,其中 Z 与其他每个顶点有一条边相连,X,Y 之间有一条边相连. 这个图可以从完全图 K_n 重复进行下面的操作得到.

从回路 $A_i X Y A_j$ 中删掉边 $A_i A_j$,其中 $1 \leqslant i < j \leqslant n-3$;从回路 $XYZA_i$ 中删掉边 XA_i,其中 $1 \leqslant i \leqslant n-3$;从回路 $YXZA_j$ 中删掉边 YA_j,其中 $1 \leqslant j \leqslant n-3$.

综上所述,边的数目的最小值为 n.

❹ 考虑一个 $n \times n$ 的矩阵,其每一项元素都是绝对值不超过 1 的实数,且所有元素的和是 0. 设 n 是正偶数,求 c 的最小值,使得每个这样的矩阵都存在一行或一列,其上元素和的绝对值不超过 c.

解 c 的最小值为 $\dfrac{n}{2}$.

定义矩阵 $(a_{ij})_{1 \leqslant i, j \leqslant n}$ 如下

$$a_{ij} = \begin{cases} 1, & i, j \leqslant \dfrac{n}{2} \\ -1, & i, j > \dfrac{n}{2} \\ 0, & \text{其他情况} \end{cases}$$

则所有元素的和为 0,每行、每列元素的和均为 $\pm \dfrac{n}{2}$. 于是,c 不小于 $\dfrac{n}{2}$.

下面证明:满足条件的每个 $n \times n$ 的矩阵,都存在一行或一列,其元素的和在区间 $\left[-\dfrac{n}{2}, \dfrac{n}{2}\right]$ 中.

假设结论不成立,即每一行元素的和及每一列元素的和要么大于 $\dfrac{n}{2}$,要么小于 $-\dfrac{n}{2}$,不失一般性,假设至少有 $\dfrac{n}{2}$ 行,每行元素的和是正的.

选取 $\dfrac{n}{2}$ 行满足每行元素的和是正的. 这 $\dfrac{n}{2}$ 行构成了给定矩阵的一个 $\dfrac{n}{2} \times n$ 的子矩阵 M,则其全部元素的和 S_M 大于 $\dfrac{n^2}{4}$. 对于 M 中的一列,且满足这列元素的和是正的. 由于每列中的 $\dfrac{n}{2}$ 个元素

均不超过 1,于是,它们的和不超过 $\frac{n}{2}$. 要使 $S_M > \frac{n^2}{4}$,M 中至少有 $\frac{n}{2}$ 列满足每列元素的和是正的,所以,可以选取 M 中的 $\frac{n}{2}$ 列满足每列元素的和是正的,且分别记为 $c_1, c_2, \cdots, c_{\frac{n}{2}}$.

设 N 是原来给定矩阵中由包含 $c_1, c_2, \cdots, c_{\frac{n}{2}}$ 的列组成的一个子矩阵. 由于原矩阵中不属于 M 的元素不小于 -1,于是,N 中每一列元素的和大于 $-\frac{n}{2}$,所以,也就大于 $\frac{n}{2}$. 因此,N 中所有元素的和 S_N 大于 $\frac{n^2}{4}$. 这样,即可得到 $M \cup N$ 中所有元素的和也大于 $\frac{n^2}{4}$.

实际上,由于 $S_M > \frac{n^2}{4}$,$S_N > \frac{n^2}{4}$,$M \cap N$ 中所有元素的和最多为 $\frac{n^2}{4}$($M \cap N$ 是一个 $\frac{n}{2} \times \frac{n}{2}$ 的子矩阵,且每个元素均不超过 1),所以

$$S_{M \cup N} = S_M + S_N - S_{M \cap N} > \frac{n^2}{4}$$

现在考虑既不在 M 中也不在 N 中的元素,它们共有 $\frac{n^2}{4}$ 个,每个元素不小于 -1,则它们的和不小于 $-\frac{n^2}{4}$. 故原给定矩阵所有元素的和是正数,矛盾.

> ❺ 设 N 是一个正整数,甲、乙两名选手轮流在黑板上写集合 $\{1, 2, \cdots, N\}$ 中的数,甲先开始,并在黑板上写了 1,然后,如果一名选手在某次书写中在黑板上写了 n,那么,他的对手可以在黑板上写 $n+1$ 或 $2n$(不能超过 N). 规定写 N 的选手赢得比赛. 我们称 N 是 A 型的(或 B 型的),是根据甲(或乙)有赢得比赛的策略.
> (1) 问:$N = 2004$ 是 A 型的还是 B 型的?
> (2) 求最小的 $N(N > 2004)$,使得 N 与 2004 的类型不同.

解 N 是 B 型的当且仅当 N 的二进制表示中所有奇数位上的数码全是 0,奇数位的确定是由右向左数的.

假设数 $n \in \{1, 2, \cdots, N\}$ 在某一时刻书写在黑板上,我们称 n 为"赢的"或"输的"是根据下一个选手是赢或不赢. 例如,1 是赢的当且仅当 N 是 B 型的(因为写 1 的选手是甲).

设 $N = a_k a_{k-1} \cdots a_1$ 是 N 的二进制表示,则 $a_k = 1$.
设 $N_0 = 0, N_1 = \overline{a_k} = 1, N_2 = \overline{a_k a_{k-1}}$,
$$\vdots$$
$N_{k-1} = \overline{a_k a_{k-1} \cdots a_2}, N_k = \overline{a_k a_{k-1} \cdots a_1} = N$
$I_j = \{n \in \mathbf{N} \mid N_{j-1} < n \leqslant N_j\}, j = 1, 2, \cdots, k$

对于最后一个区间 I_k 内的所有的数,对手再写的数只可能是将这个数加 1. 对于其他区间内的数,对手再写的数可以是将这个数加 1,也可以是该数的两倍.

对于 $j = 2, 3, \cdots, k$,若将区间 I_{j-1} 内的一个数加倍得到 I_j 中的一个偶数,下面证明:对于每个区间 $I_j, j = 1, 2, \cdots, k$,以下三个结论恰好只有一个成立.

(i) I_j 中所有偶数是赢的,所有奇数是输的;

(ii) I_j 中所有奇数是赢的,所有偶数是输的;

(iii) I_j 中所有数是赢的.

易知最后一个区间 I_k 满足,当 N 是奇数时,I_k 是 (i) 型的;当 N 是偶数时,I_k 是 (ii) 型的.

下面对于 $j \geqslant 2$,考虑区间 I_j.

假设 I_j 是 (i) 型的,对于任意的 $n \in I_{j-1}$,$2n$ 是 I_j 中的一个偶数,且是赢的. n 是赢的当且仅当 $n + 1$ 是输的. 特别地,I_{j-1} 中的最大数 N_{j-1} 是赢的(输的)当且仅当下一个区间 I_j 中的第一个数是输的(赢的). 于是,I_{j-1} 继承了 I_j 中交替输赢的模式,因此,I_{j-1} 也是 (i) 型的.

假设 I_j 是 (ii) 型的,对于任意的 $n \in I_{j-1}$,$2n$ 是 I_j 中的一个偶数,且是输的. 于是,I_{j-1} 中所有数是赢的,即 I_{j-1} 是 (iii) 型的.

最后假设 I_j 是 (iii) 型的,则将 I_{j-1} 中的一个数加倍得到 I_j 中的一个数,于是,I_{j-1} 中的这个数是输的. 所以,I_{j-1} 中的一个数 n 是赢的当且仅当 $n + 1$ 是输的. 因为 N_{j-1} 后面的数就是 I_j 中的第一个数,且 I_j 中的每个数都是赢的,所以,I_{j-1} 中的最大数 N_{j-1} 是输的. N_{j-1} 决定了 I_{j-1} 的类型:如果 N_{j-1} 是偶数,则 I_{j-1} 是 (ii) 型的;如果 N_{j-1} 是奇数,则 I_{j-1} 是 (i) 型的.

如果某个 I_j 是 (i) 型的,则前面的所有区间也是 (i) 型的. 特别地,将之应用到 $I_1 = \{1\}$. 因为 1 是奇数,所以,1 是输的. 在这种情形,N 是 A 型的(因为乙将输掉这场游戏).

如果没有区间是 (i) 型的,则区间序列 $I_k, I_{k-1}, \cdots$ 是 (ii) 型,(iii) 型,(ii) 型,(iii) 型,$\cdots\cdots$. 这种情形出现的充分必要条件是 $N_k = N, N_{k-2}, N_{k-4}, \cdots$ 都是偶数,这等价于 $a_1 = a_3 = a_5 = \cdots = 0$. 在这种情形,1 应该在一个 (ii) 型区间或一个 (iii) 型区间. 由定义,这两种情形均有 1 是赢的. 这表明 N 是 B 型的(乙赢了这场游戏).

所以,有下面的结论:

N 是 B 型的当且仅当 N 的二进制表示中所有奇数位上的数码全是 0.

(1) $2\,004$ 的二进制表示为
$$2\,004 = \overline{11111010100}$$
所以，$2\,004$ 是 A 型的.

(2) 满足 $N > 2\,004$ 的最小的 N，且使得奇数位上的数全是 0 的数是
$$\overline{100000000000} = 2^{11} = 2\,048$$
则 $2\,048$ 是 B 型的，与 $2\,004$ 类型不同.

> **❻** 对于一个 $m \times m$ 的矩阵 A，设 X_i 为第 i 行中的元素构成的集合，Y_j 是第 j 列中的元素构成的集合，$1 \leq i, j \leq m$. 如果
> $$X_1, X_2, \cdots, X_m, Y_1, Y_2, \cdots, Y_m$$
> 是不同的集合，则称 A 是"金色的". 求最小的正整数 n，使得存在一个 $2\,004 \times 2\,004$ 的"金色的"矩阵，其每一项元素均属于集合 $\{1, 2, \cdots, n\}$.

解 满足这个要求的最小的 n 是 13.

若有一个 $2\,004 \times 2\,004$ 的金色的矩阵，其元素属于集合 $\{1, 2, \cdots, n\}$，则
$$X_1, X_2, \cdots, X_{2\,004}, Y_1, Y_2, \cdots, Y_{2\,004}$$
是 $\{1, 2, \cdots, n\}$ 的两两不同的非空子集. 所以，有
$$4\,008 \leq 2^n - 1$$
即
$$n \geq 12$$

假设存在一个 $2\,004 \times 2\,004$ 的金色的矩阵，其元素属于 $S = \{1, 2, \cdots, 12\}$. 设
$$A = \{X_1, X_2, \cdots, X_{2\,004}, Y_1, Y_2, \cdots, Y_{2\,004}\}$$
$$X = \{X_1, X_2, \cdots, X_{2\,004}\}$$
$$Y = \{Y_1, Y_2, \cdots, Y_{2\,004}\}$$

因为 S 有 $2^{12} = 4\,096$ 个子集，所以，恰有
$$4\,096 - 4\,008 = 88$$
个子集不在 A 中出现. 又因为第 i 行和第 j 列有一个公共元素，所以，对于所有的 $1 \leq i, j \leq 2\,004$，有
$$X_i \cap Y_j \neq \varnothing$$

假设存在一对下标 i, j，使得 $|X_i \cup Y_j| \leq 5$（$|B|$ 表示集合 B 中元素的个数）. 则 $X_i \cup Y_j$ 的补集 $S - X_i \cup Y_j$ 至少有 $2^7 = 128$ 个子集. 这些子集均不在 A 中（因为与 X_i 或 Y_j 的交集是空集），矛盾，因为不在 A 中的子集有 88 个.

于是,可得要么所有的行元素分别构成的集合 $X_1,X_2,\cdots,X_{2004}$,要么所有的列元素分别构成的集合 $Y_1,Y_2,\cdots,Y_n$ 满足每个集合中元素的个数都大于3.

实际上,若存在一个集合 Y_j,有 $|Y_j|\leqslant 3$.

由于对于任意的 $i(1\leqslant i\leqslant n)$,有 $|X_i\bigcup Y_j|\geqslant 6$,且 $|X_i\bigcap Y_j|\geqslant 1$,所以

$|X_i|=|X_i\bigcup Y_j|+|X_i\bigcap Y_j|-|Y_j|\geqslant 4,1\leqslant i\leqslant n$

不妨假设对于所有的 $i(1\leqslant i\leqslant n)$,有 $|X_i|\geqslant 4$. 设 $k=\min\limits_{1\leqslant i\leqslant 2004}|X_i|$,则存在 i,使得 $|X_i|=k$. 于是,$S-X_i$ 中长度小于 k 的子集均不在 X 中(因为 k 是行元素构成的集合中元素个数的最小值),也均不在 Y 中(因为这些子集与 X_i 的交集是空集).

若 $k=4$,则 $S-X_i$ 中长度分别为 $0,1,2,3$ 的子集共有 $C_8^0+C_8^1+C_8^2+C_8^3=93>88$,矛盾.

若 $k=5$,则 $S-X_i$ 中长度小于 5 的子集共有 $C_7^0+C_7^1+C_7^2+C_7^3+C_7^4=99>88$,矛盾.

于是,$k\geqslant 6$,即 X 中不包含长度小于 6 的 S 的子集. 但最多有 88 个前面提到的子集不在 A 中,于是,至少有 $C_{12}^0+C_{12}^1+C_{12}^2+C_{12}^3+C_{12}^4+C_{12}^5-88=1498$ 个 S 的长度小于 6 的子集在 Y 中. 它们的补集的长度大于 6,且均不属于 X(因为 Y 中集合的补集与这个集合的交集是空集,所以,Y 中集合的补集不能在 X 中). 从而,至少有 $2\times 1498=2996$ 个 S 的子集不在 X 中.

因为 $4096-2996<2004$,矛盾.

因此,$n\geqslant 13$.

定义矩阵序列如下

$$A_1=\begin{pmatrix}1 & 1\\ 2 & 3\end{pmatrix},A_m=\begin{pmatrix}A_{m-1} & A_{m-1}\\ A_{m-1} & B_{m-1}\end{pmatrix},m=2,3,\cdots$$

其中 B_{m-1} 是一个 $2^{m-1}\times 2^{m-1}$ 的矩阵,且所有元素均为 $m+2$.

对于每一个 $m(m\geqslant 1)$,A_m 是元素属于集合 $\{1,2,\cdots,m+2\}$ 的 $2^m\times 2^m$ 的矩阵.

下面证明:A_m 是金色的矩阵.

显然,A_1 是金色的矩阵. 假设 A_{m-1} 是金色的矩阵,则 A_{m-1} 的行元素和列元素分别构成的集合 $X_1,X_2,\cdots,X_{2^{m-1}},Y_1,Y_2,\cdots,Y_{2^{m-1}}$ 两两不同,且均为集合 $\{1,2,\cdots,m+1\}$ 的子集. 于是,A_m 的行元素和列元素分别构成的集合为:

$X_1,X_2,\cdots,X_{2^{m-1}},X_1\bigcup\{m+2\},X_2\bigcup\{m+2\},\cdots,X_{2^{m-1}}\bigcup\{m+2\}$;

$Y_1,Y_2,\cdots,Y_{2^{m-1}},Y_1\bigcup\{m+2\},Y_2\bigcup\{m+2\},\cdots,Y_{2^{m-1}}\bigcup\{m+2\}$.

它们也是两两不同的. 所以, 对于所有的正整数 m, A_m 是金色的矩阵.

设 $n = 2^{m-1} + j$, 其中 $1 \leqslant j \leqslant 2^{m-1}$, 则金色的矩阵 A_m 的左上角的 $n \times n$ 的子矩阵也是金色的矩阵, 其中 $n \times n$ 的金色的矩阵中的元素属于集合 $\{1, 2, \cdots, m+2\}$, $n \in (2^{m-1}, 2^m]$.

因为 $2^{10} < 2\,004 < 2^{11}$, 所以, 存在一个 $2\,004 \times 2\,004$ 的金色的矩阵, 其元素属于集合 $\{1, 2, \cdots, 13\}$.

7 本届 IMO 第 3 题.

解 本届 IMO 第 3 题.

8 已知一个有限图 G, 设 $f(G)$ 是图 G 中的 3 阶完全图的个数, $g(G)$ 是图 G 中的 4 阶完全图的个数. 求最小的常数 c, 使得对于每个图 G, 有
$$(g(G))^3 \leqslant c(f(G))^4$$

解 设已知有限图 G 的顶点分别为 $V_1, V_2, \cdots, V_n$, 设 E 为其边的集合, $|E|$ 表示集合 E 中元素的个数. 我们的第一步工作是得到 $f(G)$ 和 $|E|$ 的关系.

假设点 V_i 的次数为 x_i, 即从点 V_i 引出 x_i 条边, 这 x_i 条边的不同于 V_i 的第二个端点的集合记为 A_i, 则
$$|A_i| = x_i$$

设 y_i 和 z_i 分别是包含顶点 V_i 的 K_3 和 K_4 的个数, 则有
$$\sum_{i=1}^{n} x_i = 2|E|, \quad \sum_{i=1}^{n} y_i = 3f(G), \quad \sum_{i=1}^{n} z_i = 4g(G)$$

设 E_i 是两个端点均在 A_i 中的所有边的集合. 每条这样的边与顶点 V_i 对应着唯一的一个 K_3, 所以
$$y_i = |E_i|$$

因为 $|A_i| = x_i$, 所以, E_i 中最多有 $C_{x_i}^2$ 条边, 即
$$y_i \leqslant C_{x_i}^2$$

又因为
$$E_i \subset E, \quad C_{x_i}^2 \leqslant \frac{x_i^2}{2}$$

所以, 有
$$y_i = \sqrt{|E_i|} \cdot \sqrt{y_i} \leqslant \sqrt{|E_i|} \cdot \sqrt{C_{x_i}^2} \leqslant$$
$$\sqrt{|E_i|} \cdot \frac{\sqrt{2} x_i}{2} \leqslant \sqrt{|E|} \cdot \frac{\sqrt{2} x_i}{2}$$

对 i 求和可得

$$3f(G) \leqslant \sqrt{|E|} \cdot \sqrt{2}|E|$$

即
$$(f(G))^2 \leqslant \frac{2}{9}|E|^3$$

这个关系式对所有的图均成立. 特别地,对于由顶点的集合 A_i 和边的集合 E_i 构成的图 G_i 也成立.

所以,对于 $i=1,2,\cdots,n$,有
$$(f(G_i))^2 \leqslant \frac{2}{9}|E_i|^3$$

其中 $f(G_i)$ 是顶点在 A_i 中,边在 E_i 中的 K_3 的个数.

对于每一个这样的 K_3 与顶点 V_i 对应着唯一的一个 K_4,于是,有 $z_i = f(G_i)$. 故
$$z_i = (f(G_i))^{\frac{1}{3}} (f(G_i))^{\frac{2}{3}} \leqslant$$
$$(f(G_i))^{\frac{1}{3}} \left(\frac{2}{9}\right)^{\frac{1}{3}} \cdot |E_i| \leqslant$$
$$(f(G))^{\frac{1}{3}} \left(\frac{2}{9}\right)^{\frac{1}{3}} \cdot y_i$$

对 i 求和可得
$$4g(G) \leqslant (f(G))^{\frac{1}{3}} \cdot \left(\frac{2}{9}\right)^{\frac{1}{3}} \cdot 3f(G)$$

即
$$(g(G))^3 \leqslant \frac{3}{32}(f(G))^4$$

故 $c = \frac{3}{32}$ 是满足条件的常数,且它是最小的.

因为考虑 n 个顶点的完全图,当 $n \to +\infty$ 时,有
$$\frac{(g(K_n))^3}{(f(K_n))^4} = \frac{(C_n^4)^3}{(C_n^3)^4} =$$
$$\frac{(3!)^4 [n(n-1)(n-2)(n-3)]^3}{(4!)^3 [n(n-1)(n-2)]^4} \to \frac{(3!)^4}{(4!)^3} = \frac{3}{32}$$

所以,最小的常数 $c = \frac{3}{32}$.

数论部分

❶ 设 $\tau(n)$ 表示正整数 n 的正因数的个数. 证明:存在无穷多个正整数 a,使得方程
$$\tau(an) = n$$
没有正整数解 n.

证明 如果对于某个正整数 n,有 $\tau(an) = n$,则

$$a = \frac{an}{\tau(an)}$$

于是,关于正整数 k 的方程 $\frac{k}{\tau(k)} = a$ 有解. 因此,只需证明:

若质数 $p \geqslant 5$,则方程 $\frac{k}{\tau(k)} = p^{p-1}$ 没有正整数解.

设 n 在区间 $[1, \sqrt{n}]$ 内有 k 个因数,则在区间 $(\sqrt{n}, n]$ 内至多有 k 个因数. 事实上,如果 d 是一个比 $\sqrt{n}$ 大的 n 的因数,则 $\frac{n}{d}$ 就是一个比 $\sqrt{n}$ 小的 n 的因数. 故

$$\tau(n) \leqslant 2k \leqslant 2\sqrt{n}$$

假设对于某个质数 $p \geqslant 5$,方程 $\frac{k}{\tau(k)} = p^{p-1}$ 有正整数解 k,则 k 能被 p^{p-1} 整除. 设 $k = p^\alpha s$,其中 $\alpha \geqslant p-1$,p 不能整除 s. 于是,有

$$\frac{p^\alpha s}{(\alpha+1)\tau(s)} = p^{p-1}$$

若 $\alpha = p-1$,则

$$s = p\tau(s)$$

所以,p 整除 s,矛盾.

若 $\alpha \geqslant p+1$,则

$$\frac{p^{p-1}(\alpha+1)}{p^\alpha} = \frac{s}{\tau(s)} \geqslant \frac{s}{2\sqrt{s}} = \frac{\sqrt{s}}{2}$$

因为对于所有 $p \geqslant 5, \alpha \geqslant p+1$,有

$$2(\alpha+1) < p^{\alpha-p+1}$$

(对 α 用数学归纳法容易证明),所以,可得 $s < 1$,矛盾.

若 $\alpha = p$,则

$$ps = (p+1)\tau(s)$$

特别地,p 整除 $\tau(s)$,所以

$$p \leqslant \tau(s) \leqslant 2\sqrt{s}$$

于是

$$\sqrt{s} = \frac{s}{\sqrt{s}} \leqslant \frac{2s}{\tau(s)} = \frac{2(p+1)}{p}$$

从而

$$p \leqslant 2\sqrt{s} \leqslant \frac{4(p+1)}{p}$$

对于 $p \geqslant 5$ 而言,这是不可能的.

❷ 已知从正整数集 $\mathbf{N}_+$ 到其自身的函数 ψ 定义为
$$\psi(n)=\sum_{k=1}^{n}(k,n),n\in\mathbf{N}_+$$
其中 (k,n) 表示 k 和 n 的最大公因数.

(1) 证明：对于任意两个互质的正整数 m,n，有 $\psi(mn)=\psi(m)\psi(n)$；

(2) 证明：对于每一个 $a\in\mathbf{N}_+$，方程 $\psi(x)=ax$ 有一个整数解；

(3) 求所有的 $a\in\mathbf{N}_+$，使得方程 $\psi(x)=ax$ 有唯一的整数解.

证明 (1) 设 m,n 是两个互质的正整数，则对于任意一个 $k\in\mathbf{N}_+$，有
$$(k,mn)=(k,m)(k,n)$$
故 $\quad\psi(mn)=\sum_{k=1}^{mn}(k,mn)=\sum_{k=1}^{mn}(k,m)(k,n)$

对于每一个 $k\in\{1,2,\cdots,mn\}$，有唯一的有序正整数对 (r,s) 满足
$$r\equiv k(\bmod m), s\equiv k(\bmod n), 1\leqslant r\leqslant m, 1\leqslant s\leqslant n$$
这个映射是双射.

实际上，满足 $1\leqslant r\leqslant m, 1\leqslant s\leqslant n$ 的数对 (r,s) 的个数为 mn.

如果 $k_1\equiv k_2(\bmod m), k_1\equiv k_2(\bmod n)$，其中 $k_1,k_2\in\{1,2,\cdots,mn\}$，则
$$k_1\equiv k_2(\bmod mn)$$
所以，有
$$k_1=k_2$$
因为对于每一个 $k\in\{1,2,\cdots,mn\}$ 和它对应的数对 (r,s)，有
$$(k,m)=(r,m),(k,n)=(s,n)$$
则 $\quad\psi(mn)=\sum_{k=1}^{mn}(k,m)(k,n)=$
$$\sum_{\substack{1\leqslant r\leqslant m\\1\leqslant s\leqslant n}}(r,m)(s,n)=$$
$$\sum_{r=1}^{m}(r,m)\sum_{s=1}^{n}(s,n)=$$
$$\psi(m)\psi(n)$$

(2) 设 $n=p^\alpha$，其中 p 是质数，α 是正整数. $\sum_{k=1}^{n}(k,n)$ 中的每一

个被加数都具有 p^l 的形式，p^l 出现的次数等于区间 $[1,p^\alpha]$ 中能被 p^l 整除但不能被 p^{l+1} 整除的整数的个数.

于是，对于 $l=0,1,\cdots,\alpha-1$，这些整数的个数为 $p^{\alpha-l}-p^{\alpha-l-1}$. 所以

$$\psi(n)=\psi(p^\alpha)=p^\alpha+\sum_{l=0}^{\alpha-1}p^l(p^{\alpha-l}-p^{\alpha-l-1})=$$
$$(\alpha+1)p^\alpha-\alpha p^{\alpha-1} \qquad ①$$

对于任意的 $a\in \mathbf{N}_+$，取 $p=2,\alpha=2a-2$，有

$$\psi(2^{2a-2})=a\cdot 2^{2a-2}$$

所以，$x=2^{2a-2}$ 是方程 $\psi(x)=ax$ 的一个整数解.

(3) 取 $\alpha=p$，可得

$$\psi(p^p)=p^{p+1}$$

其中 p 为质数. 如果 $a\in \mathbf{N}_+$ 有一个奇质因数 p，则 $x=2^{2\frac{a}{p}-2}p^p$ 满足方程 $\psi(x)=ax$.

实际上，由(1)及式①可得

$$\psi(2^{2\frac{a}{p}-2}p^p)=\psi(2^{2\frac{a}{p}-2})\psi(p^p)=$$
$$\frac{2a}{p}\cdot 2^{2\frac{a}{p}-3}p^{p+1}=$$
$$a\cdot 2^{2\frac{a}{p}-2}p^p$$

因为 p 是奇数，所以，解 $x=2^{2\frac{a}{p}-2}p^p$ 和 $x=2^{2a-2}$ 不同.

于是，若 $\psi(x)=ax$ 有唯一的整数解，则

$$a=2^\alpha,\alpha=0,1,2,\cdots$$

下面证明，反之结论也是正确的.

考虑 $\psi(x)=2^\alpha x$ 的任意整数解 x，设 $x=2^\beta l$，其中 $\beta\geqslant 0$，l 是奇数. 由(1)及式①可得

$$2^{\alpha+\beta}l=2^\alpha x=\psi(x)=\psi(2^\beta l)=$$
$$\psi(2^\beta)\psi(l)=(\beta+2)2^{\beta-1}\psi(l)$$

由于 l 是奇数，由 ψ 的定义，可得 $\psi(l)$ 是奇数个奇数的和，还是奇数. 所以，$\psi(l)$ 整除 l.

又由 $\psi(l)>l(l>1)$，可得

$$l=1=\psi(l)$$

于是，有

$$\beta=2^{\alpha+1}-2=2a-2$$

即 $x=2^{2a-2}$ 是方程 $\psi(x)=ax$ 的唯一整数解.

因此，$\psi(x)=ax$ 有唯一的整数解当且仅当 $a=2^\alpha,\alpha=0,1,2,\cdots$.

❸ 一个从正整数集 $\mathbf{N}_+$ 到其自身的函数 f 满足:对于任意的 $m,n \in \mathbf{N}_+,(m^2+n^2)$ 可以被 $f^2(m)+f(n)$ 整除. 证明:对于每个 $n \in \mathbf{N}_+$,有 $f(n)=n$.

证明 当 $m=n=1$ 时,由已知条件可得 $f^2(1)+f(1)$ 是 $(1^2+1)^2=4$ 的正因数. 因为 $t^2+t=4$ 无整数根,且 $f^2(1)+f(1)$ 比 1 大,所以
$$f^2(1)+f(1)=2$$
从而
$$f(1)=1$$
当 $m=1$ 时,有
$$(f(n)+1) \mid (n+1)^2 \qquad ①$$
其中 n 为任意正整数.

同理,当 $n=1$ 时,有
$$(f^2(m)+1) \mid (m^2+1)^2 \qquad ②$$
其中 m 为任意正整数.

要证明 $f(n)=n$,只需证明有无穷多个正整数 k,使得 $f(k)=k$. 实际上,若这个结论是对的,对于任意一个确定的 $n \in \mathbf{N}_+$ 和每一个满足 $f(k)=k$ 的正整数 k,由已知条件可得
$$k^2+f(n)=f^2(k)+f(n)$$
且整除 $(k^2+n)^2$.

又 $(k^2+n)^2 = [(k^2+f(n))+(n-f(n))]^2 =$
$$A(k^2+f(n))+(n-f(n))^2$$
其中 A 为整数.

于是,$(n-f(n))^2$ 能被 $k^2+f(n)$ 整除. 因为 k 有无穷多个,所以,一定有
$$(n-f(n))^2=0$$
即对于所有的 $n \in \mathbf{N}_+$,有
$$f(n)=n$$
对于任意的质数 p,由式 ① 有
$$(f(p-1)+1) \mid p^2$$
所以
$$f(p-1)+1=p \text{ 或 } f(p-1)+1=p^2$$
若 $f(p-1)+1=p^2$,由式 ② 知 $(p^2-1)^2+1$ 是 $[(p-1)^2+1]^2$ 的因数. 但由 $p>1$,有
$$(p^2-1)^2+1 > (p-1)^2(p+1)^2$$
$$[(p-1)^2+1]^2 \leqslant [(p-1)^2+(p-1)]^2 = (p-1)^2 p^2$$
矛盾. 因此

$$f(p-1)+1=p$$

即有无穷多个正整数 $p-1$，使得

$$f(p-1)=p-1$$

❹ 设 k 是一个大于 1 的固定的整数，$m=4k^2-5$. 证明：存在正整数 a,b，使得如下定义的数列 $\{x_n\}$

$$x_0=a, x_1=b$$
$$x_{n+2}=x_{n+1}+x_n, n=0,1,\cdots$$

其所有的项均与 m 互质.

证明 取 $a=1, b=2k^2+k-2$.

因为 $4k^2 \equiv 5(\mathrm{mod}\ m)$，所以

$$2b=4k^2+2k-4 \equiv 2k+1(\mathrm{mod}\ m)$$
$$4b^2 \equiv 4k^2+4k+1 \equiv 4k+6 \equiv 4b+4(\mathrm{mod}\ m)$$

又因为 m 是奇数，所以

$$b^2 \equiv b+1(\mathrm{mod}\ m)$$

由于

$$(b,m)=(2k^2+k-2,4k^2-5)=$$
$$(2k^2+k-2,2k+1)=$$
$$(2,2k+1)=1$$

所以

$$(b^n,m)=1$$

其中 n 为任意正整数.

下面用数学归纳法证明.

当 $n \geqslant 0$ 时，有 $x_n \equiv b^n(\mathrm{mod}\ m)$.

当 $n=0,1$ 时，显然结论成立.

假设对于小于 n 的非负整数结论也成立，其中 $n \geqslant 2$，则有

$$x_n=x_{n-1}+x_{n-2} \equiv b^{n-1}+b^{n-2} \equiv$$
$$b^{n-2}(b+1) \equiv b^{n-2} \cdot b^2 \equiv b^n(\mathrm{mod}\ m)$$

因此，对于所有的非负整数 n，有

$$(x_n,m)=(b^n,m)=1$$

❺ 本届 IMO 第 6 题.

解 本届 IMO 第 6 题.

❻ 已知正整数$n(n>1)$,设P_n是所有小于n的正整数x的乘积,其中x满足n整除x^2-1. 对于每一个$n>1$, 求P_n除以n的余数.

解 如果$n=2$, 则$P_n=1$.

假设$n>2$. 设X_n是同余方程$x^2\equiv 1(\bmod n)$在集合$\{1, 2,\cdots,n-1\}$中的解集, 则X_n在乘法意义下是封闭的, 即若$x_1\in X_n, x_2\in X_n$, 则$x_1x_2\in X_n$, 且X_n中的元素与n互质.

当$n>2$时, 1和$n-1$属于X_n. 如果这是X_n中仅有的两个元素, 则它们的乘积模n余-1.

假设X_n中的元素多于两个, 取$x_1\in X_n$, 且$x_1\neq 1$. 设集合$A_1=\{1,x_1\}$. 则X_n中除了A_1中的元素之外还有元素, 令x_2为其中的任意一个. 设

$$A_2=A_1\bigcup\{x_2,x_1x_2\}=\{1,x_1,x_2,x_1x_2\}$$

本解答中, 所有的乘积都是在模n意义下的剩余. 于是, A_2在乘法意义下是封闭的, 且有$2^2=4$个元素. 假设对于某个$k>1$, 定义了X_n的一个有2^k个元素的子集A_k, 且在乘法意义下是封闭的. 考察X_n中是否还有不属于A_k的元素, 若有, 取一个x_{k+1}, 定义

$$A_{k+1}=A_k\bigcup\{xx_{k+1}\mid x\in A_k\}$$

由于A_k与$\{xx_{k+1}\mid x\in A_k\}$的交集是空集, 所以

$$A_{k+1}\subset X_n$$

且有2^{k+1}个元素, 同时, A_{k+1}在乘法意义下是封闭的.

又因为X_n是有限集, 所以, 存在正整数m, 使得

$$X_n=A_m$$

由于A_2中元素的乘积等于1, 又由$A_k(k>2)$的定义可知, A_k中元素的乘积也等于1. 特别地, $A_m=X_n$中元素的乘积等于1, 即

$$P_n\equiv 1(\bmod n)$$

下面分情况考虑X_n中元素的个数.

假设$n=ab$, 其中$a>2,b>2$, 且a,b互质. 由孙子定理, 存在整数x,y, 满足

$$x\equiv 1(\bmod a), x\equiv -1(\bmod b)$$

和

$$y\equiv -1(\bmod a), y\equiv 1(\bmod b)$$

由此可以取x,y, 满足

$$1\leqslant x,y<ab=n$$

因为$x^2\equiv 1(\bmod n),y^2\equiv 1(\bmod n)$, 所以, $x,y\in X_n$.

又$a>2,b>2$和$n>2$, 则$1,x$和y模n的余数两两互不相同. 故X_n中有两个以上的元素.

同理，如果 $n = 2^k (k > 2)$，则 $1, 2^k - 1$ 和 $2^{k-1} + 1$ 是 X_n 中的三个不同的元素.

剩下的情形中，X_n 恰有两个元素.

因为 $n = 4$ 时，显然，X_n 恰有两个元素 1 和 3.

假设 $n = p^k$，其中 p 是奇质数，k 为正整数. 因为 $x - 1$ 和 $x + 1$ 的最大公因数与 n 互质，由
$$x^2 \equiv 1 (\bmod n)$$
可得
$$x \equiv 1 (\bmod n) \text{ 或 } x \equiv -1 (\bmod n)$$
所以，X_n 中只有元素 1 和 $n - 1$.

同理，当 $n = 2p^k$ 时，也有同样的结论，其中 p 为奇质数，$k > 0$.

综上所述，当 $n = 2, n = 4, n = p^k$ 和 $n = 2p^k$ 时，X_n 中只包含两个元素 1 和 $n - 1$，其中 p 为奇质数，k 为正整数.

在如上的这些情况下，有
$$P_n = n - 1$$
对于剩下的大于 1 的整数 n，X_n 中包含的元素多于两个，则
$$P_n \equiv 1 (\bmod n)$$

❼ 设 p 是一个奇质数，n 是一个正整数. 在坐标平面上的一个直径为 p^n 的圆周上有八个不同的整点. 证明：在这八个点中存在三个点，以这三个点构成的三角形满足边长的平方是整数，且能被 p^{n+1} 整除.

解 若 A, B 是两个不同的整点，则 AB^2 是一个正整数. 若给定的质数 p 满足 $p^k \mid AB^2$，且 $p^{k+1} \nmid AB^2$，则记 $\alpha(AB) = k$. 若三个不同整点构成的三角形的面积为 S，则 $2S$ 是一个整数.

由海伦公式及面积公式 $S = \dfrac{abc}{4R}$（其中 a, b, c 为三角形的三边长，R 为三角形外接圆半径）可得，$\triangle ABC$ 的面积与其三边长及直径的两个公式
$$2AB^2 \cdot BC^2 + 2BC^2 \cdot CA^2 + 2CA^2 \cdot AB^2 -$$
$$AB^4 - BC^4 - CA^4 = 16S^2 \qquad ①$$
$$AB^2 \cdot BC^2 \cdot CA^2 = (2S)^2 p^{2n} \qquad ②$$

先证明一个引理.

引理 3 设 A, B, C 是直径为 p^n 的圆上的三个整点，则 $\alpha(AB), \alpha(BC), \alpha(CA)$ 中要么至少有一个大于 n，要么按照某种次序排列为 $n, n, 0$.

引理 3 的证明 设 $m = \min\{\alpha(AB), \alpha(BC), \alpha(CA)\}$.

由式 ① 可得

$$p^{2m} \mid (2S)^2$$

所以
$$p^m \mid 2S$$

由式 ② 可得
$$\alpha(AB) + \alpha(BC) + \alpha(CA) \geqslant 2m + 2n$$

若 $\alpha(AB) \leqslant n, \alpha(BC) \leqslant n, \alpha(CA) \leqslant n$，则
$$\alpha(AB) + \alpha(BC) + \alpha(CA) \leqslant m + 2n$$

于是
$$2m + 2n \leqslant m + 2n$$

这就意味着
$$m = 0$$

因此，$\alpha(AB), \alpha(BC), \alpha(CA)$ 中有一项为 0，且另外两项均为 n.

下面证明：在一个直径为 p^n 的圆上的任意四个整点中，存在两个整点 P, Q，使得
$$\alpha(PQ) \geqslant n + 1$$

假设对于这个圆上依次排列的四个整点 A, B, C, D 结论不正确. 根据引理 3，由 A, B, C, D 确定的六条线段中有两条线段其端点不同，不妨设为 AB, CD，满足 $\alpha(AB) = \alpha(CD) = 0$.

另外四条线段满足
$$\alpha(BC) = \alpha(DA) = \alpha(AC) = \alpha(BD) = n$$

因此，存在不能被 p 整除的正整数 a, b, c, d, e, f，使得
$$AB^2 = a, CD^2 = c, BC^2 = bp^n$$
$$DA^2 = dp^n, AC^2 = ep^n, BD^2 = fp^n$$

由于四边形 $ABCD$ 是圆内接四边形，由托勒密定理有
$$\sqrt{ac} = p^n(\sqrt{ef} - \sqrt{bd})$$

将上式两边平方可得
$$ac = p^{2n}(\sqrt{ef} - \sqrt{bd})^2$$

所以，$(\sqrt{ef} - \sqrt{bd})^2$ 是有理数.

但 $(\sqrt{ef} - \sqrt{bd})^2 = ef + bd - 2\sqrt{bdef}$，若其是有理数，则 $\sqrt{bdef}$ 必须是一个整数.

因此，$(\sqrt{ef} - \sqrt{bd})^2$ 是一个整数.

于是，$ac = p^{2n}(\sqrt{ef} - \sqrt{bd})^2$ 表明 $p^{2n} \mid ac$，矛盾.

现在设直径为 p^n 的圆上的八个整点为 $A_1, A_2, \cdots, A_8$. 将满足 $\alpha(A_i A_j) \geqslant n + 1$ 的线段染成黑色. 顶点 A_i 引出的黑色线段的数目称为 A_i 的次数.

(1) 若有一个点的次数不超过 1，不妨设为 A_8. 则至少有六个

点与 A_8 所连的线段不是黑色的. 设这六个点为 $A_1, A_2, \cdots, A_6$. 由拉姆赛定理, 一定存在三个点, 这三个点构成的三角形的三条边要么全是黑色的, 要么全不是黑色的.

对于第一种情形恰好满足结论要求.

对于第二种情形, 不妨设这个三角形为 $\triangle A_1 A_2 A_3$, 于是, 四个点 A_1, A_2, A_3, A_8 中没有一条线段是黑色的, 矛盾.

(2) 所有顶点的次数均为 2, 于是, 黑色线段被分成若干条回路.

如果有一条长度为 3 的由黑色线段组成的回路, 则满足结论的要求.

如果所有回路的长度至少为 4, 则有两种可能:

要么是两条长度均为 4 的回路, 不妨设为 $A_1 A_2 A_3 A_4$ 和 $A_5 A_6 A_7 A_8$; 要么是一条长度为 8 的回路, 不妨设为 $A_1 A_2 A_3 A_4 A_5 A_6 A_7 A_8$. 对于这两种情形, A_1, A_3, A_5, A_7 中没有一条黑色的线段, 矛盾.

(3) 若有一点的次数至少为 3, 不妨设为 A_1, 且设 $A_1 A_2, A_1 A_3, A_1 A_4$ 为黑色线段. 只要证明在线段 $A_2 A_3, A_3 A_4, A_4 A_2$ 中至少有一条是黑色的.

如果 $A_2 A_3, A_3 A_4, A_4 A_2$ 均不是黑色的, 由引理 3 可得 $\alpha(A_2 A_3), \alpha(A_3 A_4), \alpha(A_4 A_2)$ 按某种次序排列分别为 $n, n, 0$.

不妨假设 $\alpha(A_2 A_3) = 0$. 设 $\triangle A_1 A_2 A_3$ 的面积为 S, 由式 ① 可知 $2S$ 不能被 p 整除.

又因为
$$\alpha(A_1 A_2) \geqslant n+1, \alpha(A_1 A_3) \geqslant n+1$$
由式 ② 可知 $2S$ 能被 p 整除, 矛盾.

附　录
IMO 背景介绍

第1章 引　言

第1节　国际数学奥林匹克

国际数学奥林匹克(IMO)是高中学生最重要和最有威望的数学竞赛.它在全面提高高中学生的数学兴趣和发现他们之中的数学尖子方面起着重要作用.

在开始时,IMO是(范围和规模)要比今天小得多的竞赛.在1959年,只有7个国家参加第一届IMO,它们是:保加利亚,捷克斯洛伐克,民主德国,匈牙利,波兰,罗马尼亚和苏联.从此之后,这一竞赛就每年举行一次.渐渐的,东方国家,西欧国家,直至各大洲的世界各地许多国家都加入进来(唯一的一次未能举办竞赛的年份是1980年,那一年由于财政原因,没有一个国家有意主持这一竞赛.今天这已不算一个问题,而且主办国要提前好几年排队).到第45届在雅典举办IMO时,已有不少于85个国家参加.

竞赛的形式很快就稳定下来并且以后就不变了.每个国家可派出6个参赛队员,每个队员都单独参赛(即没有任何队友协助或合作).每个国家也派出一位领队,他参加试题筛选并和其队员隔离直到竞赛结束,而副领队则负责照看队员.

IMO的竞赛共持续两天.每天学生们用四个半小时解题,两天总共要做6道题.通常每天的第一道题是最容易的而最后一道题是最难的,虽然有许多著名的例外(IMO1996—5是奥林匹克竞赛题中最难的问题之一,在700个学生中,仅有6人做出来了这道题!).每题7分,最高分是42分.

每个参赛者的每道题的得分是激烈争论的结果,并且,最终,判卷人所达成的协议由主办国签名,而各国的领队和副领队则捍卫本国队员的得分公平和利益不受损失.这一评分体系保证得出的成绩是相对客观的,分数的误差极少超过2或3点.

各国自然地比较彼此的比分,只设个人奖,即奖牌和荣誉奖,在IMO中仅有少于$\frac{1}{12}$的参赛者被授予金牌,少于$\frac{1}{4}$的参赛者被授予金牌或银牌以及少于$\frac{1}{2}$的参赛者被授予金牌,银牌或者铜牌.在没被授予奖牌的学生之中,对至少有一个问题得满分的那些人授予荣誉奖.这一确定得奖的系统运行的相当好.一方面它保证有严格的标准并且对参赛者分出适当的层次使得每个参赛者有某种可以尽力争取的目标.另一方面,它也保证竞赛有不依赖于竞赛题的难易差别的很大程度的宽容度.

根据统计,最难的奥林匹克竞赛是1971年,然后依次是1996年,1993年和1999年.得分最低的是1977年,然后依次是1960年和1999年.

竞赛题的筛选分几步进行.首先参赛国向IMO的主办国提交他们提出的供选用的候选题,这些问题必须是以前未使用过的,且不是众所周知的新鲜问题.主办国不提出备选问题.命题委员会从所收到的问题(称为长问题单,即第一轮预选题)中选出一些问题(称为短问题单)提交由各国领队组成的 IMO 裁判团,裁判团再从第二轮预选题中选出 6 道题作为 IMO 的竞赛题.

除了数学竞赛外,IMO 也是一次非常大型的社交活动.在竞赛之后,学生们有三天时间享受主办国组织的游览活动以及与世界各地的 IMO 参加者们互动和交往.所有这些都确实是令人难忘的体验.

第 2 节 IMO 竞赛

已出版了很多 IMO 竞赛题的书[65].然而除此之外的第一轮预选题和第二轮预选题尚未被系统加以收集整理和出版,因此这一领域中的专家们对其中很多问题尚不知道.在参考文献中可以找到部分预选题,不过收集的通常是单独某年的预选题.参考文献[1],[30],[41],[60]包括了一些多年的问题.大体上,这些书包括了本书的大约 50% 的问题.

本书的目的是把我们全面收集的 IMO 预选题收在一本书中.它由所有的预选题组成,包括从第 10 届以及第 12 届到第 44 届的第二轮预选题和第 19 届竞赛中的第一轮预选题.我们没有第 9 届和第 11 届的第二轮预选题,并且我们也未能发现那两届 IMO 竞赛题是否是从第一轮预选题选出的或是否存在未被保存的第二轮预选题.由于 IMO 的组织者通常不向参赛国的代表提供第一轮预选题,因此我们收集的题目是不全的.在 1989 年题目的末尾收集了许多分散的第一轮预选题,以后有效的第一轮预选题的收集活动就结束了.前八届的问题选取自参考文献[60].

本书的结构如下:如果可能的话,在每一年的问题中,和第一轮预选题或第二轮预选题一起,都单独列出了 IMO 竞赛题.对所有的第二轮预选题都给出了解答.IMO 竞赛题的解答被包括在第二轮预选题的解答中.除了在南斯拉夫举行的两届 IMO(由于爱国原因)之外,对第一轮预选题未给出解答,由于那将使得本书的篇幅不合理的加长.由所收集的问题所决定,本书对奥林匹克训练营的教授和辅导教练是有益的和适用的.通过在题号上附加 LL,SL,IMO 我们指出了题目的年号,是属于第一轮预选题,第二轮预选题还是竞赛题,例如(SL89—15)表示这道题是 1989 年第二轮预选题的第 15 题.

我们也给出了一个在我们的证明中没有明显地引用和导出的所有公式和定理一个概略的列表.由于我们主要关注仅用于本书证明中的定理,我们相信这个列表中所收入的都是解决 IMO 问题时最有用的定理.

在一本书中收集如此之多的问题需要大量的编辑工作,我们对原来叙述不够确切和清楚的问题作了重新叙述,对原来不是用英语表达的问题做了翻译.某些解答是来自作者和其他资源,而另一些解是本书作者所做.

许多非原始的解答显然在收入本书之前已被编辑.我们不能保证本书的问题完全地对应于实际的第一轮预选题或第二轮预选题的名单.然而我们相信本书的编辑已尽可能接近于原来的名单.

第 2 章 基本概念和事实

下面是本书中经常用到的概念和定理的一个列表. 我们推荐读者在(也许)进一步阅读其他文献前首先阅读这一列表并熟悉它们.

第 1 节 代 数

2.1.1 多项式

定理 2.1 二次方程 $ax^2 + bx + c = 0 (a, b, c \in \mathbf{R}, a \neq 0)$ 有解
$$x_{1,2} = \frac{-b \pm \sqrt{b^2 - 4ac}}{2}$$

二次方程的判别式 D 定义为 $D^2 = b^2 - 4ac$, 当 $D < 0$ 时, 解是复数, 并且是共轭的, 当 $D = 0$ 时, 解退化成一个实数解, 当 $D > 0$ 时, 方程有两个不同的实数解.

定义 2.2 二项式系数 $\binom{n}{k}$, $n, k \in \mathbf{N}_0, k \leqslant n$ 定义为
$$\binom{n}{k} = \frac{n!}{i!\,(n-i)!}$$

对 $i > 0$, 它们满足
$$\binom{n}{i} + \binom{n}{i-1} = \binom{n+1}{i}$$

以及
$$\binom{n}{0} + \binom{n}{1} + \cdots + \binom{n}{n} = 2^n$$

$$\binom{n}{0} - \binom{n}{1} + \cdots + (-1)^n \binom{n}{n} = 0$$

$$\binom{n+m}{k} = \sum_{i=0}^{k} \binom{n}{i} \binom{m}{k-i}$$

定理 2.3 (牛顿(Newton)二项式公式) 对 $x, y \in \mathbf{C}$ 和 $n \in \mathbf{N}$, 有
$$(x+y)^n = \sum_{i=0}^{n} \binom{n}{i} x^{n-i} y^i$$

定理 2.4 (贝祖(Bezout)定理) 多项式 $P(x)$ 可被二项式 $x - a (a \in \mathbf{C})$ 整除的充分必要条件是 $P(a) = 0$.

定理 2.5 (有理根定理) 如果 $x = \dfrac{p}{q}$ 是整系数多项式 $P(x) = a_n x^n + \cdots + a_0$ 的根, 且 $(p, q) = 1$, 则 $p \mid a_0, q \mid a_n$.

定理 2.6 (代数基本定理) 每个非常数的复系数多项式有一个复根.

定理 2.7 （爱森斯坦(Eisenstein) 判据）设 $P(x) = a_n x^n + \cdots + a_1 x + a_0$ 是一个整系数多项式，如果存在一个素数 p 和一个整数 $k \in \{0, 1, \cdots, n-1\}$，使得 $p \mid a_0, a_1, \cdots, a_k$，$p \nmid a_{k+1}$ 以及 $p^2 \nmid a_0$，那么存在 $P(x)$ 的不可约因子 $Q(x)$，其次数至少是 k. 特别，如果 $k = n-1$，则 $P(x)$ 是不可约的.

定义 2.8 $x_1, \cdots, x_n$ 的对称多项式是一个在 $x_1, \cdots, x_n$ 的任意排列下不变的多项式，初等对称多项式是 $\sigma_k(x_1, \cdots, x_k) = \sum x_{i_1, \cdots, i_n}$（分别对 $\{1, 2, \cdots, n\}$ 的 k-元素子集 $\{i_1, i_2, \cdots, i_k\}$ 求和）.

定理 2.9 （对称多项式定理）每个 $x_1, \cdots, x_n$ 的对称多项式都可用初等对称多项式 $\sigma_1, \cdots, \sigma_n$ 表出.

定理 2.10 （韦达(Vieta) 公式）设 $\alpha_1, \cdots, \alpha_n$ 和 $c_1, \cdots, c_n$ 都是复数，使得
$$(x - \alpha_1)(x - \alpha_2) \cdots (x - \alpha_n) = x^n + c_1 x^{n-1} + c_2 x^{n-2} + \cdots + c_n$$
那么对 $k = 1, 2, \cdots, n$
$$c_k = (-1)^k \sigma_k(\alpha_1, \cdots, \alpha_n)$$

定理 2.11 （牛顿对称多项式公式）设 $\sigma_k = \sigma_k(x_1, \cdots, x_k)$ 以及 $s_k = x_1^k + x_2^k + \cdots + x_n^k$，其中 $x_1, \cdots, x_n$ 是复数，那么
$$k\sigma_k = s_1 \sigma_{k-1} + s_2 \sigma_{k-2} + \cdots + (-1)^k s_{k-1} \sigma_1 + (-1)^k s_k$$

2.1.2 递推关系

定义 2.12 一个递推关系是指一个由序列 $x_n, n \in \mathbf{N}$ 的前面的元素的函数确定的如下的关系
$$x_n + a_1 x_{n-1} + \cdots + a_k x_{n-k} = 0 \quad (n \geqslant k)$$

如果其中的系数 $a_1, \cdots, a_k$ 都是不依赖于 n 的常数，则上述关系称为 k 阶的线性齐次递推关系. 定义此关系的特征多项式为 $P(x) = x^k + a_1 x^{k-1} + \cdots + a_k$.

定理 2.13 利用上述定义中的记号，设 $P(x)$ 的标准因子分解式为
$$P(x) = (x - \alpha_1)^{k_1} (x - \alpha_2)^{k_2} \cdots (x - \alpha_r)^{k_r}$$
其中 $\alpha_1, \cdots, \alpha_r$ 是不同的复数，而 $k_1, \cdots, k_r$ 是正整数，那么这个递推关系的一般解由公式
$$x_n = p_1(n) \alpha_1^n + p_2(n) \alpha_2^n + \cdots + p_r(n) \alpha_r^n$$
给出，其中 p_i 是次数为 k_i 的多项式. 特别，如果 $P(x)$ 有 k 个不同的根，那么所有的 p_i 都是常数.

如果 $x_0, \cdots, x_{k-1}$ 已被设定，那么多项式的系数是唯一确定的.

2.1.3 不等式

定理 2.14 平方函数总是正的，即 $x^2 \geqslant 0 (\forall x \in \mathbf{R})$. 把 x 换成不同的表达式，可以得出以下的不等式.

定理 2.15 （伯努利(Bernoulli) 不等式）

1. 如果 $n \geqslant 1$ 是一个整数，$x > -1$ 是实数，那么 $(1+x)^n \geqslant 1 + nx$；
2. 如果 $\alpha > 1$ 或 $\alpha < 0$，那么对 $x > -1$ 成立不等式：$(1+x)^\alpha \geqslant 1 + \alpha x$；
3. 如果 $\alpha \in (0, 1)$，那么对 $x > -1$ 成立不等式：$(1+x)^\alpha \leqslant 1 + \alpha x$.

定理 2.16 （平均不等式）对正实数 $x_1,\cdots,x_n$，成立 $QM \geqslant AM \geqslant GM \geqslant HM$，其中
$$QM = \sqrt{\frac{x_1^2+\cdots+x_n^2}{n}}, \quad AM = \frac{x_1+\cdots+x_n}{n}$$
$$GM = \sqrt[n]{x_1\cdots x_n}, \quad HM = \frac{n}{\frac{1}{x_1}+\cdots+\frac{1}{x_n}}$$

所有不等式的等号都当且仅当 $x_1=x_2=\cdots=x_n$，数 QM,AM,GM 和 HM 分别被称为平方平均，算术平均，几何平均以及调和平均.

定理 2.17 （一般的平均不等式）设 $x_1,\cdots,x_n$ 是正实数，对 $p\in\mathbf{R}$，定义 $x_1,\cdots,x_n$ 的 p 阶平均为
$$M_p = \left(\frac{x_1^p+\cdots+x_n^p}{n}\right)^{\frac{1}{p}}, \text{ 如果 } p\neq 0$$
以及
$$M_q = \lim_{p\to q} M_p, \text{ 如果 } q\in\{\pm\infty,0\}$$
特别，$\max x_i, QM, AM, GM, HM$ 和 $\min x_i$ 分别是 $M_\infty, M_2, M_1, M_0, M_{-1}$ 和 $M_{-\infty}$，那么
$$M_p \leqslant M_q, \quad \text{只要 } p\leqslant q$$

定理 2.18 （柯西－许瓦兹(Cauchy-Schwarz)不等式）设 $a_i,b_i,i=1,2,\cdots,n$ 是实数，则
$$\left(\sum_{i=1}^n a_i b_i\right)^2 \leqslant \left(\sum_{i=1}^n a_i^2\right)\left(\sum_{i=1}^n b_i^2\right)$$
当且仅当存在 $c\in\mathbf{R}$ 使得 $b_i=ca_i,i=1,\cdots,n$ 时，等号成立.

定理 2.19 （和尔窦(Hölder)不等式）设 $a_i,b_i,i=1,2,\cdots,n$ 是非负实数，p,q 是使得 $\frac{1}{p}+\frac{1}{q}=1$ 的正实数，则
$$\sum_{i=1}^n a_i b_i \leqslant \left(\sum_{i=1}^n a_i^p\right)^{\frac{1}{p}}\left(\sum_{i=1}^n b_i^q\right)^{\frac{1}{q}}$$
当且仅当存在 $c\in\mathbf{R}$ 使得 $b_i=ca_i,i=1,\cdots,n$ 时，等号成立. Cauchy-Schwarz(柯西－许瓦兹)不等式是 Hölder(和尔窦)不等式在 $p=q=2$ 时的特殊情况.

定理 2.20 （闵科夫斯基(Minkovski)不等式）设 $a_i,b_i,i=1,2,\cdots,n$ 是非负实数，p 是任意不小于1的实数，则
$$\left(\sum_{i=1}^n (a_i+b_i)^p\right)^{\frac{1}{p}} \leqslant \left(\sum_{i=1}^n a_i^p\right)^{\frac{1}{p}} + \left(\sum_{i=1}^n b_i^p\right)^{\frac{1}{p}}$$
当 $p>1$ 时，当且仅当存在 $c\in\mathbf{R}$ 使得 $b_i=ca_i,i=1,\cdots,n$ 时，等号成立，当 $p=1$ 时，等号总是成立.

定理 2.21 （切比雪夫(Chebyshev)不等式）设 $a_1\geqslant a_2\geqslant\cdots\geqslant a_n$ 以及 $b_1\geqslant b_2\geqslant\cdots\geqslant b_n$ 是实数，则
$$n\sum_{i=1}^n a_i b_i \geqslant \left(\sum_{i=1}^n a_i\right)\left(\sum_{i=1}^n b_i\right) \geqslant n\sum_{i=1}^n a_i b_{n+1-i}$$
当 $a_1=a_2=\cdots=a_n$ 或 $b_1=b_2=\cdots=b_n$ 时，上面的两个不等式的等号同时成立.

定义 2.22 定义在区间 I 上的实函数 f 称为是凸的，如果对所有的 $x,y\in I$ 和所有使得 $\alpha+\beta=1$ 的 $\alpha,\beta>0$，都有 $f(\alpha x+\beta y)\leqslant \alpha f(x)+\beta f(y)$，函数 f 称为是凹的，如果成立

相反的不等式,即如果 $-f$ 是凸的.

定理 2.23　如果 f 在区间 I 上连续,那么 f 在区间 I 是凸函数的充分必要条件是对所有 $x,y \in I$,成立
$$f\left(\frac{x+y}{2}\right) \leqslant \frac{f(x)+f(y)}{2}$$

定理 2.24　如果 f 是可微的,那么 f 是凸函数的充分必要条件是它的导函数 f' 是不减的.类似的,可微函数 f 是凹函数的充分必要条件是它的导函数 f' 是不增的.

定理 2.25　(琴生(Jensen)不等式) 如果 $f: I \to R$ 是凸函数,那么对所有的 $\alpha_i \geqslant 0$,$\alpha_1 + \cdots + \alpha_n = 1$ 和所有的 $x_i \in I$ 成立不等式
$$f(\alpha_1 x_1 + \cdots + \alpha_n x_n) \leqslant \alpha_1 f(x_1) + \cdots + \alpha_n f(x_n)$$

对于凹函数,成立相反的不等式.

定理 2.26　(穆黑(Muirhead)不等式) 设 $x_1, x_2, \cdots, x_n \in \mathbf{R}^+$,对正实数的 n 元组 $a = (a_1, a_2, \cdots, a_n)$,定义
$$T_a(x_1, \cdots, x_n) = \sum y_1^{a_1} \cdots y_n^{a_n}$$

是对 $x_1, x_2, \cdots, x_n$ 的所有排列 $y_1, y_2, \cdots, y_n$ 求和.称 n 元组 a 是优超 n 元组 b 的,如果
$$a_1 + a_2 + \cdots + a_n = b_1 + b_2 + \cdots + b_n$$

并且对 $k = 1, \cdots, n-1$,有
$$a_1 + \cdots + a_k \geqslant b_1 + \cdots + b_k$$

如果不增的 n 元组 a 优超不增的 n 元组 b,那么成立以下不等式
$$T_a(x_1, \cdots, x_n) \geqslant T_b(x_1, \cdots, x_n)$$

等号当且仅当 $x_1 = x_2 = \cdots = x_n$ 时成立.

定理 2.27　(舒尔(Schur)不等式) 利用对穆黑不等式使用的记号
$$T_{\lambda+2\mu, 0, 0}(x_1, x_2, x_3) + T_{\lambda, \mu, \mu}(x_1, x_2, x_3) \geqslant 2T_{\lambda+\mu, \mu, 0}(x_1, x_2, x_3)$$

其中 $\lambda, \mu \in \mathbf{R}^+$,等号当且仅当 $x_1 = x_2 = x_3$ 或 $x_1 = x_2, x_3 = 0$(以及类似情况)时成立.

2.1.4　群和域

定义 2.28　群是一个具有满足以下条件的运算 $*$ 的非空集合 G:
(1) 对所有的 $a, b, c \in G, a*(b*c) = (a*b)*c$;
(2) 存在一个唯一的加法元 $e \in G$ 使得对所有的 $a \in G$ 有 $e*a = a*e = a$;
(3) 对每一个 $a \in G$,存在一个唯一的逆元 $a^{-1} = b \in G$ 使得 $a*b = b*a = e$.

如果 $n \in \mathbf{Z}$,则当 $n \geqslant 0$ 时,定义 a^n 为 $a*a*\cdots*a(n$ 次$)$,否则定义为 $(a^{-1})^{-n}$.

定义 2.29　群 $\Gamma = (G, *)$ 称为是交换的或阿贝尔群,如果对任意 $a, b \in G, a*b = b*a$.

定义 2.30　集合 A 生成群 $(G, *)$,如果 G 的每个元用 A 的元素的幂和运算 $*$ 得出.换句话说,如果 A 是群 G 的生成子,那么每个元素 $g \in G$ 就可被写成 $a_1^{i_1} * \cdots * a_n^{i_n}$,其中对 $j = 1, 2, \cdots, n a_j \in A$ 而 $i_j \in \mathbf{Z}$.

定义 2.31　当存在使得 $a^n = e$ 的 n 时,$a \in G$ 的阶是使得 $a^n = e$ 成立的最小的 $n \in \mathbf{N}$.一个群的阶是指其元素的个数,如果群的每个元素的阶都是有限的,则称其为有限阶的.

定义 2.32　(拉格朗日(Lagrange)定理) 在有限群中,元素的阶必整除群的阶.

定义 2.33 一个环是一个具有两种运算"+"和"·"的非空集合 R 使得 $(R,+)$ 是阿贝尔群,并且对任意 $a,b,c \in R$,有:

(1) $(a \cdot b) \cdot c = a \cdot (b \cdot c)$;

(2) $(a+b) \cdot c = a \cdot c + b \cdot c$ 以及 $c \cdot (a+b) = c \cdot a + c \cdot b$.

一个环称为是交换的,如果对任意 $a,b \in R, a \cdot b = b \cdot a$,并且具有乘法单位元 $i \in R$,使得对所有的 $a \in R, i \cdot a = a \cdot i$.

定义 2.34 一个域是一个具有单位元的交换环,在这种环中,每个不是加法单位元的元素 a 有乘法逆 a^{-1},使得 $a \cdot a^{-1} = a^{-1} \cdot a = i$.

定理 2.35 下面是一些群,环和域的通常的例子:

群:$(\mathbf{Z}_n,+),(\mathbf{Z}_p\backslash\{0\},\cdot),(\mathbf{Q},+),(\mathbf{R},+),(\mathbf{R}\backslash\{0\},\cdot)$;

环:$(\mathbf{Z}_n,+,\cdot),(\mathbf{Z},+,\cdot),(\mathbf{Z}[x],+,\cdot),(\mathbf{R}[x],+,\cdot)$;

域:$(\mathbf{Z}_p,+,\cdot),(\mathbf{Q},+,\cdot),(\mathbf{Q}(\sqrt{2}),+,\cdot),(\mathbf{R},+,\cdot),(\mathbf{C},+,\cdot)$.

第 2 节 分 析

定义 2.36 说序列 $\{a_n\}_{n=1}^{\infty}$ 有极限 $a = \lim_{n \to \infty} a_n$ (也记为 $a_n \to a$),如果对任意 $\varepsilon > 0$,都存在 $n_\varepsilon \in \mathbf{N}$,使得当 $n \geqslant n_\varepsilon$ 时,成立 $|a_n - a| < \varepsilon$.

说函数 $f:(a,b) \to \mathbf{R}$ 有极限 $y = \lim_{x \to c} f(x)$,如果对任意 $\varepsilon > 0$,都存在 $\delta > 0$,使得对任意 $x \in (a,b), 0 < |x-c| < \delta$,都有 $|f(x) - y| < \varepsilon$.

定义 2.37 称序列 x_n 收敛到 $x \in \mathbf{R}$,如果 $\lim_{n \to \infty} x_n = x$,级数 $\sum_{n=1}^{\infty} x_n$ 收敛到 $s \in \mathbf{R}$ 的含义为 $\lim_{m \to \infty} \sum_{n=1}^{m} x_n = s$. 一个不收敛的序列或级数称为是发散的.

定理 2.38 如果序列 a_n 单调并且有界,则它必是收敛的.

定义 2.39 称函数 f 在区间 $[a,b]$ 上是连续的,如果对每个 $x_0 \in [a,b], \lim_{x \to x_0} f(x) = f(x_0)$.

定义 2.40 称函数 $f:(a,b) \to \mathbf{R}$ 在点 $x_0 \in (a,b)$ 是可微的,如果以下极限存在
$$f'(x_0) = \lim_{x \to x_0} \frac{f(x) - f(x_0)}{x - x_0}$$
称函数在 (a,b) 上是可微的,如果它在每一点 $x_0 \in (a,b)$ 都是可微的. 函数 f' 称为是函数 f 的导数,类似的,可定义 f' 的导数 f'',它称为函数 f 的二阶导数,等等.

定理 2.41 可微函数是连续的. 如果 f 和 g 都是可微的,那么 $fg, \alpha f + \beta g (\alpha, \beta \in \mathbf{R})$, $f \circ g, \frac{1}{f}$(如果 $f \neq 0$), f^{-1}(如果它可被有意义的定义) 都是可微的. 并且成立

$$(\alpha f + \beta g)' = \alpha f' + \beta g'$$
$$(fg)' = f'g + fg'$$
$$(f \circ g)' = (f' \circ g) \cdot g'$$
$$\left(\frac{1}{f}\right)' = -\frac{f'}{f^2}$$

$$\left(\frac{f}{g}\right)' = \frac{f'g - fg'}{g^2}$$

$$(f^{-1})' = \frac{1}{(f' \circ f^{-1})}$$

定理 2.42 以下是一些初等函数的导数（a 表示实常数）

$$(x^a)' = ax^{a-1}$$

$$(\ln x)' = \frac{1}{x}$$

$$(a^x)' = a^x \ln a$$

$$(\sin x)' = \cos x$$

$$(\cos x)' = -\sin x$$

定理 2.43 （费马(Fermat)定理）设 $f:[a,b] \to \mathbf{R}$ 是可微函数，且函数 f 在此区间内达到其极大值或极小值．如果 $x_0 \in (a,b)$ 是一个极值点（即函数在此点达到极大值或极小值），那么 $f'(x_0) = 0$．

定理 2.44 （罗尔(Roll)定理）设 $f(x)$ 是定义在 $[a,b]$ 上的连续可微函数，且 $f(a) = f(b) = 0$，则存在 $c \in (a,b)$，使得 $f'(c) = 0$．

定义 2.45 定义在 $\mathbf{R}^n$ 的开子集 D 上的可微函数 $f_1, f_2, \cdots, f_k$ 称为是相关的，如果存在非零的可微函数 $F:\mathbf{R}^k \to \mathbf{R}$ 使得 $F(f_1, \cdots, f_k)$ 在 D 的某个开子集上恒同于 0．

定义 2.46 函数 $f_1, \cdots, f_k : D \to \mathbf{R}$ 是独立的充分必要条件为 $k \times n$ 矩阵 $\left[\dfrac{\partial f_i}{\partial x_j}\right]_{i,j}$ 的秩为 k，即在某个点，它有 k 行是线性无关的．

定理 2.47 （拉格朗日(Lagrange)乘数）设 D 是 $\mathbf{R}^n$ 的开子集，且 $f, f_1, \cdots, f_k : D \to \mathbf{R}$ 是独立无关的可微函数．设点 a 是函数 f 在 D 内的一个极值点，使得 $f_1 = f_2 = \cdots = f_n = 0$，则存在实数 $\lambda_1, \cdots, \lambda_k$（所谓的拉格朗日乘数）使得 a 是函数 $F = f + \lambda_1 f_1 + \cdots + \lambda_k f_k$ 的平衡点，即在点 a 使得 F 的偏导数为 0 的点．

定义 2.48 设 f 是定义在 $[a,b]$ 上的实函数，且设 $a = x_0 \leqslant x_1 \leqslant \cdots \leqslant x_n = b$ 以及 $\xi_k \in [x_{k-1}, x_k]$，和 $S = \sum_{k=1}^{n}(x_k - x_{k-1})f(\xi_k)$ 称为达布(Darboux)和，如果 $I = \lim\limits_{\delta \to 0} S$ 存在（其中 $\delta = \max\limits_k (x_k - x_{k-1})$），则称 f 是可积的，并称 I 是它的积分．每个连续函数在有限区间上都是可积的．

第 3 节 几 何

2.3.1 三角形的几何

定义 2.49 三角形的垂心是其高线的交点．

定义 2.50 三角形的外心是其外接圆的圆心，它是三角形各边的垂直平分线的交点．

定义 2.51 三角形的内心是其内切圆的圆心，它是其各角的角平分线的交点．

定义 2.52 三角形的重心是其各边中线的交点．

定理 2.53 对每个非退化的三角形，垂心，外心，内心，重心都是良定义的．

定理 2.54 （欧拉(Euler)线）任意三角形的垂心 H，重心 G 和外心 O 位于一条直线上（欧拉线），且满足 $\overrightarrow{HG} = 2\overrightarrow{GO}$.

定理 2.55 （9点圆）三角形从顶点 A, B, C 向对边所引的垂足，AB, BC, CA, AH, BH, CH 各线段的中点位于一个圆上（9点圆）.

定理 2.56 （费尔巴哈(Feuerbach)定理）三角形的 9 点圆和其内切圆和三个外切圆相切.

定理 2.57 给了 $\triangle ABC$，设 $\triangle ABC'$，$\triangle AB'C$ 和 $\triangle A'BC$ 是向外的等边三角形，则 AA', BB', CC' 交于一点，称为托里拆利(Torricelli)点.

定义 2.58 设 ABC 是一个三角形，P 是一点，而 X, Y, Z 分别是从 P 向 BC, AC, AB 所引垂线的垂足，则 $\triangle XYZ$ 称为 $\triangle ABC$ 的对应于点 P 的 Pedal(佩多)三角形.

定理 2.59 （西姆松(Simson)线）当且仅当点 P 位于 ABC 的外接圆上时，佩多(Pedal)三角形是退化的，即 X, Y, Z 共线，点 X, Y, Z 共线时，它们所在的直线称为西姆松(Simson)线.

定理 2.60 （卡农(Carnot)定理）从 X, Y, Z 分别向 BC, CA, AB 所作的垂线共点的充分必要条件是
$$BX^2 - XC^2 + CY^2 - YA^2 + AZ^2 - ZB^2 = 0$$

定理 2.61 （戴沙格(Desargue)定理）设 $A_1B_1C_1$ 和 $A_2B_2C_2$ 是两个三角形. 直线 A_1A_2, B_1B_2, C_1C_2 共点或互相平行的充分必要条件是 $A = B_1C_2 \cap B_2C_1, B = C_1A_2 \cap A_1C_2, C = A_1B_2 \cap A_2B_1$ 共线.

2.3.2 向量几何

定义 2.62 对任意两个空间中的向量 a, b，定义其数量积（又称点积）为 $a \cdot b = |a||b| \cdot \cos\varphi$，而其向量积为 $a \times b = p$，其中 $\varphi = \angle(a, b)$，而 p 是一个长度为 $|p| = |a||b| \cdot |\sin\varphi|$ 的向量，它垂直于由 a 和 b 所确定的平面，并使得有顺序的三个向量 a, b, p 是正定向的（注意如果 a 和 b 共线，则 $a \times b = \mathbf{0}$）. 这些积关于两个向量都是线性的. 数量积是交换的，而向量积是反交换的，即 $a \times b = -b \times a$. 我们也定义三个向量 a, b, c 的混合积为 $[a, b, c] = (a \times b) \cdot c$.

原书注：向量 a 和 b 的数量积有时也表示成 $\langle a, b \rangle$.

定理 2.63 （泰勒斯(Thale)定理）设直线 AA' 和 BB' 交于点 $O, A' \neq O \neq B'$. 那么 $AB \parallel A'B' \Leftrightarrow \dfrac{\overrightarrow{OA}}{\overrightarrow{OA'}} = \dfrac{\overrightarrow{OB}}{\overrightarrow{OB'}}$，（其中 $\dfrac{a}{b}$ 表示两个非零的共线向量的比例）.

定理 2.64 （塞瓦(Ceva)定理）设 ABC 是一个三角形，而 X, Y, Z 分别是直线 BC, CA, AB 上不同于 A, B, C 的点，那么直线 AX, BY, CZ 共点的充分必要条件是
$$\frac{\overrightarrow{BX}}{\overrightarrow{XC}} \cdot \frac{\overrightarrow{CY}}{\overrightarrow{YA}} \cdot \frac{\overrightarrow{AZ}}{\overrightarrow{ZB}} = 1$$

或等价的
$$\frac{\sin\angle BAX}{\sin\angle XAC} \cdot \frac{\sin\angle CBY}{\sin\angle YBA} \cdot \frac{\sin\angle ACZ}{\sin\angle ZCB} = 1$$

（最后的表达式称为三角形式的塞瓦定理）.

定理 2.65 （梅劳斯（Menelaus）定理）利用塞瓦定理中的记号，点 X,Y,Z 共线的充分必要条件是
$$\frac{\overrightarrow{BX}}{\overrightarrow{XC}} \cdot \frac{\overrightarrow{CY}}{\overrightarrow{YA}} \cdot \frac{\overrightarrow{AZ}}{\overrightarrow{ZB}} = -1$$

定理 2.66 （斯特瓦尔特（Stewart）定理）设 D 是直线 BC 上任意一点，则
$$AD^2 = \frac{\overrightarrow{DC}}{\overrightarrow{BC}} BD^2 + \frac{\overrightarrow{BD}}{\overrightarrow{BC}} CD^2 - \overrightarrow{BD} \cdot \overrightarrow{DC}$$
特别，如果 D 是 BC 的中点，则
$$4AD^2 = 2AB^2 + 2AC^2 - BC^2$$

2.3.3 重心

定义 2.67 一个质点 (A,m) 是指一个具有质量 $m>0$ 的点 A.

定义 2.68 质点系 $(A_i,m_i), i=1,2,\cdots,n$ 的质心（重心）是指一个使得 $\sum_i m_i \overrightarrow{TA_i} = 0$ 的点.

定理 2.69 （莱布尼兹（Leibniz）定理）设 T 是总质量为 $m = m_1 + \cdots + m_n$ 的质点系 $\{(A_i,m_i) \mid i=1,2,\cdots,n\}$ 的质心，并设 X 是任意一个点，那么
$$\sum_{i=1}^n m_i XA_i^2 = \sum_{i=1}^n m_i TA_i^2 + mXT^2$$
特别，如果 T 是 $\triangle ABC$ 的重心，而 X 是任意一个点，那么
$$AX^2 + BX^2 + CX^2 = AT^2 + BT^2 + CT^2 + 3XT^2$$

2.3.4 四边形

定理 2.70 四边形 $ABCD$ 是共圆的（即 $ABCD$ 存在一个外接圆）的充分必要条件是
$$\angle ACB = \angle ADB$$
或
$$\angle ADC + \angle ABC = 180°$$

定理 2.71 （托勒玫（Ptolemy）定理）凸四边形 $ABCD$ 共圆的充分必要条件是
$$AC \cdot BD = AB \cdot CD + AD \cdot BC$$
对任意四边形 $ABCD$ 则成立 Ptolemy（托勒玫）不等式（见 2.3.7 几何不等式）.

定理 2.72 （开世（Casey）定理）设四个圆 k_1,k_2,k_3,k_4 都和圆 k 相切. 如果圆 k_i 和 k_j 都和圆 k 内切或外切，那么设 t_{ij} 表示由圆 k_i 和 $k_j (i,j \in \{1,2,3,4\})$ 所确定的外公切线的长度，否则设 t_{ij} 表示内公切线的长度. 那么乘积 $t_{12}t_{34},t_{13}t_{24}$ 以及 $t_{14}t_{23}$ 之一是其余二者之和.

圆 k_1,k_2,k_3,k_4 中的某些圆可能退化成一个点，特别设 A,B,C 是圆 k 上的三个点，圆 k 和圆 k' 在一个不包含点 B 的 AC 弧上相切，那么我们有 $AC \cdot b = AB \cdot c + BC \cdot a$，其中 a,b 和 c 分别是从点 A,B 和 C 向 AC 所作的切线的长度. 托勒玫定理是开世定理在四个圆都退化时的特殊情况.

定理 2.73 凸四边形 $ABCD$ 相切（即 $ABCD$ 存在一个内切圆）的充分必要条件是
$$AB + CD = BC + DA$$

定理 2.74 对空间中任意四点 A,B,C,D，$AC \perp BD$ 的充分必要条件是

$$AB^2 + CD^2 = BC^2 + DA^2$$

定理 2.75　（牛顿定理）设 $ABCD$ 是四边形，$AD \cap BC = E$，$AB \cap DC = F$（那种点 A，B，C，D，E，F 构成一个完全四边形）. 那么 AC，BD 和 EF 的中点是共线的. 如果 $ABCD$ 相切，那么其内心也在这条直线上.

定理 2.76　（布罗卡(Brocard)定理）设 $ABCD$ 是圆心为 O 的圆内接四边形，并设 $P = AB \cap CD$，$Q = AD \cap BC$，$R = AC \cap BD$，那么 O 是 $\triangle PQR$ 的垂心.

2.3.5　圆的几何

定理 2.77　（帕斯卡(Pascal)定理）如果 $A_1, A_2, A_3, B_1, B_2, B_3$ 是圆 γ 上不同的点，那么点 $X_1 = A_2B_3 \cap A_3B_2$，$X_2 = A_1B_3 \cap A_3B_1$ 和 $X_3 = A_1B_2 \cap A_2B_1$ 是共线的. 在 γ 是两条直线的特殊情况下，这一结果称为帕普斯定理.

定理 2.78　（布里安桑(Brianchon)定理）设 $ABCDEF$ 是任意圆内接凸六边形，那么 AD，BE 和 CF 交于一点.

定理 2.79　（蝴蝶定理）设 AB 是圆 k 上的一条线段，C 是它的中点. 设 p 和 q 是通过 C 的两条不同的直线，分别与圆 k 在 AB 的一侧交于 P 和 Q，而在另一侧交于 P' 和 Q'，设 E 和 F 分别是 PQ' 和 $P'Q$ 与 AB 的交点，那么 $CE = CF$.

定义 2.80　点 X 关于圆 $k(O, r)$ 的幂定义为 $P(X) = OX^2 - r^2$. 设 l 是任一条通过 X 并交圆 k 于 A 和 B 的线（当 l 是切线时，$A = B$），有 $P(X) = \overrightarrow{XA} \cdot \overrightarrow{XB}$.

定义 2.81　两个圆的根轴是关于这两个圆的幂相同的点的轨迹. 圆 $k_1(O_1, r_1)$ 和 $k_2(O_2, r_2)$ 的根轴垂直于 O_1O_2. 三个不同的圆的根轴是共点的或互相平行的. 如果根轴是共点的，则它们的交点称为根心.

定义 2.82　一条不通过点 O 的直线 l 关于圆 $k(O, r)$ 的极点是一个位于 l 的与 O 相反一侧的使得 $OA \perp l$，且 $d(O, l) \cdot OA = r^2$ 的点 A. 特别，如果 l 和 k 交于两点，则它的极点就是过这两个点的切线的交点.

定义 2.83　用上面的定义中的记号，称点 A 的极线是 l，特别，如果 A 是 k 外面的一点，而 AM，AN 是 k 的切线（$M, N \in k$），那么 MN 就是 A 的极线.

可以对一般的圆锥曲线类似的定义极点和极线的概念.

定理 2.84　如果点 A 属于点 B 的极线，则点 B 也属于点 A 的极线.

2.3.6　反演

定义 2.85　一个平面 π 围绕圆 $k(O, r)$（圆属于 π）的反演是一个从集合 $\pi \setminus \{O\}$ 到自身的变换，它把每个点 P 变为一个在 $\pi \setminus \{O\}$ 上使得 $OP \cdot OP' = r^2$ 的点. 在下面的叙述中，我们将默认排除点 O.

定理 2.86　在反演下，圆 k 上的点不动，圆内的点变为圆外的点，反之亦然.

定理 2.87　如果 A，B 两点在反演下变为 A'，B' 两点，那么 $\angle OAB = \angle OB'A'$，$ABB'A'$ 共圆且此圆垂直于 k. 一个垂直于 k 的圆变为自身，反演保持连续曲线（包括直线和圆）之间的角度不变.

定理 2.88　反演把一条不包含 O 的直线变为一个包含 O 的圆，包含 O 的直线变成自身. 不包含 O 的圆变为不包含 O 的圆，包含 O 的圆变为不包含 O 的直线.

2.3.7 几何不等式

定理 2.89 （三角不等式）对平面上的任意三个点 A,B,C
$$AB + BC \geqslant AC$$
当等号成立时 A,B,C 共线,且按照这一次序从左到右排列时,等号成立.

定理 2.90 （托勒玫不等式）对任意四个点 A,B,C,D 成立
$$AC \cdot BD \leqslant AB \cdot CD + AD \cdot BC$$

定理 2.91 （平行四边形不等式）对任意四个点 A,B,C,D 成立
$$AB^2 + BC^2 + CD^2 + DA^2 \geqslant AC^2 + BD^2$$
当且仅当 $ABCD$ 是一个平行四边形时等号成立.

定理 2.92 如果 $\triangle ABC$ 的所有的角都小于或等于 $120°$ 时,那么当 X 是托里拆利(Torricelli)点时,$AX + BX + CX$ 最小,在相反的情况下,X 是钝角的顶点. 使得 $AX^2 + BX^2 + CX^2$ 最小的点 X_2 是重心(见莱布尼兹定理).

定理 2.93 （爱尔多斯－摩德尔(Erdös-Mordell)不等式）. 设 P 是 $\triangle ABC$ 内一点,而 P 在 BC,AC,AB 上的投影分别是 X,Y,Z,那么
$$PA + PB + PC \geqslant 2(PX + PY + PZ)$$
当且仅当 $\triangle ABC$ 是等边三角形以及 P 是其中心时等号成立.

2.3.8 三角

定义 2.94 三角圆是圆心在坐标平面的原点的单位圆. 设 A 是点 $(1,0)$ 而 $P(x,y)$ 是三角圆上使得 $\angle AOP = \alpha$ 的点. 那么我们定义
$$\sin \alpha = y, \cos \alpha = x, \tan \alpha = \frac{y}{x}, \cot \alpha = \frac{x}{y}$$

定理 2.95 函数 $\sin$ 和 $\cos$ 是周期为 2π 的周期函数,函数 $\tan$ 和 $\cot$ 是周期为 π 的周期函数,成立以下简单公式
$$\sin^2 x + \cos^2 x = 1, \sin 0 = \sin \pi = 0$$
$$\sin(-x) = -\sin x, \cos(-x) = \cos x$$
$$\sin\left(\frac{\pi}{2}\right) = 1, \sin\left(\frac{\pi}{4}\right) = \frac{\sqrt{2}}{2}, \sin\left(\frac{\pi}{6}\right) = \frac{1}{2}$$
$$\cos x = \sin\left(\frac{\pi}{2} - x\right)$$
从这些公式易于导出其他的公式.

定理 2.96 对三角函数成立以下加法公式
$$\sin(\alpha \pm \beta) = \sin \alpha \cos \beta \pm \cos \alpha \sin \beta$$
$$\cos(\alpha \pm \beta) = \cos \alpha \cos \beta \mp \sin \alpha \sin \beta$$
$$\tan(\alpha \pm \beta) = \frac{\tan \alpha \pm \tan \beta}{1 \mp \tan \alpha \tan \beta}$$
$$\cot(\alpha \pm \beta) = \frac{\cot \alpha \cot \beta \mp 1}{\cot \alpha \pm \cot \beta}$$

定理 2.97 对三角函数成立以下倍角公式

$$\sin 2x = 2\sin x\cos x, \sin 3x = 3\sin x - 4\sin^3 x$$
$$\cos 2x = 2\cos^2 x - 1, \cos 3x = 4\cos^3 x - 3\cos x$$
$$\tan 2x = \frac{2\tan x}{1-\tan^2 x}, \tan 3x = \frac{3\tan x - \tan^3 x}{1 - 3\tan^2 x}$$

定理 2.98 对任意 $x \in \mathbf{R}, \sin x = \dfrac{2t}{1+t^2}, \cos x = \dfrac{1-t^2}{1+t^2}$,其中 $t = \tan\dfrac{x}{2}$.

定理 2.99 积化和差公式
$$2\cos\alpha\cos\beta = \cos(\alpha+\beta) + \cos(\alpha-\beta)$$
$$2\sin\alpha\cos\beta = \sin(\alpha+\beta) + \sin(\alpha-\beta)$$
$$2\sin\alpha\sin\beta = \cos(\alpha-\beta) - \cos(\alpha+\beta)$$

定理 2.100 三角形的角 α, β, γ 满足
$$\cos^2\alpha + \cos^2\beta + \cos^2\gamma + 2\cos\alpha\cos\beta\cos\gamma = 1$$
$$\tan\alpha + \tan\beta + \tan\gamma = \tan\alpha\tan\beta\tan\gamma$$

定理 2.101 (棣(译者注:音立)模佛(De Moivre 公式))
$$(\cos x + \mathrm{i}\sin x)^n = \cos nx + \mathrm{i}\sin nx$$
其中 $\mathrm{i}^2 = -1$.

2.3.9 几何公式

定理 2.102 (海伦(Heron)公式)设三角形的边长为 a,b,c,半周长为 s,则它的面积可用这些量表成
$$S = \sqrt{s(s-a)(s-b)(s-c)} = \frac{1}{4}\sqrt{2a^2b^2 + 2a^2c^2 + 2b^2c^2 - a^4 - b^4 - c^4}$$

定理 2.103 (正弦定理)三角形的边 a,b,c 和角 α,β,γ 满足
$$\frac{a}{\sin\alpha} = \frac{b}{\sin\beta} = \frac{c}{\sin\gamma} = 2R$$
其中 R 是 $\triangle ABC$ 的外接圆半径.

定理 2.104 (余弦定理)三角形的边和角满足
$$c^2 = a^2 + b^2 - 2ab\cos\gamma$$

定理 2.105 $\triangle ABC$ 的外接圆半径 R 和内切圆半径 r 满足
$$R = \frac{abc}{4S}$$
和
$$r = \frac{2S}{a+b+c} = R(\cos\alpha + \cos\beta + \cos\gamma - 1)$$
如果 x, y, z 表示一个锐角三角形的外心到各边的距离,则
$$x + y + z = R + r$$

定理 2.106 (欧拉公式)设 O 和 I 分别是 $\triangle ABC$ 的外心和内心,则
$$OI^2 = R(R - 2r)$$
其中 R 和 r 分别是 $\triangle ABC$ 的外接圆半径和内切圆半径,因此 $R \geqslant 2r$.

定理 2.107 设四边形的边长为 a,b,c,d,半周长为 p,在顶点 A,C 处的内角分别为 α, γ,则其面积为

$$S = \sqrt{(p-a)(p-b)(p-c)(p-d) - abcd\cos^2\frac{\alpha+\gamma}{2}}$$

如果 $ABCD$ 是共圆的,则上述公式成为
$$S = \sqrt{(p-a)(p-b)(p-c)(p-d)}$$

定理 2.108 (匹多(pedal)三角形的欧拉定理) 设 X,Y,Z 是从点 P 向 $\triangle ABC$ 的各边所引的垂足. 又设 O 是 $\triangle ABC$ 的外接圆的圆心, R 是其半径,则
$$S_{\triangle XYZ} = \frac{1}{4}\left|1 - \frac{OP^2}{R^2}\right| S_{\triangle ABC}$$

此外,当且仅当 P 位于 $\triangle ABC$ 的外接圆(见西姆松(Simson)线)上时, $S_{\triangle XYZ} = 0$.

定理 2.109 设 $\boldsymbol{a} = (a_1, a_2, a_3), \boldsymbol{b} = (b_1, b_2, b_3), \boldsymbol{c} = (c_1, c_2, c_3)$ 是坐标空间中的三个向量,那么
$$\boldsymbol{a} \cdot \boldsymbol{b} = a_1 b_1 + a_2 b_2 + a_3 b_3$$
$$\boldsymbol{a} \times \boldsymbol{b} = (a_1 b_2 - a_2 b_1, a_2 b_3 - a_3 b_2, a_3 b_1 - a_1 b_3)$$
$$[\boldsymbol{a}, \boldsymbol{b}, \boldsymbol{c}] = \begin{vmatrix} a_1 & a_2 & a_3 \\ b_1 & b_2 & b_3 \\ c_1 & c_2 & c_3 \end{vmatrix}$$

定理 2.110 $\triangle ABC$ 的面积和四面体 $ABCD$ 的体积分别等于
$$|\overrightarrow{AB} \times \overrightarrow{AC}|$$
和
$$|[\overrightarrow{AB}, \overrightarrow{AC}, \overrightarrow{AD}]|$$

定理 2.111 (卡瓦列里(Cavalieri)原理) 如果两个立体被同一个平面所截的截面的面积总是相等的,则这两个立体的体积相等.

第 4 节 数 论

2.4.1 可除性和同余

定义 2.112 $a, b \in \mathbf{N}$ 的最大公因数 $(a,b) = \gcd(a,b)$ 是可以整除 a 和 b 的最大整数. 如果 $(a,b) = 1$,则称正整数 a 和 b 是互素的. $a, b \in \mathbf{N}$ 的最小公倍数 $[a,b] = \mathrm{lcm}(a,b)$ 是可以被 a 和 b 整除的最小整数. 成立
$$[a,b](a,b) = ab$$
上面的概念容易推广到两个数以上的情况,即我们也可以定义 $(a_1, a_2, \cdots, a_n)$ 和 $[a_1, a_2, \cdots, a_n]$.

定理 2.113 (欧几里得(Euclid)算法) 由于 $(a,b) = (|a-b|, a) = (|a-b|, b)$,由此通过每次把 a 和 b 换成 $|a-b|$ 和 $\min\{a,b\}$ 而得出一条从正整数 a 和 b 获得 (a,b) 的链,直到最后两个数成为相等的数. 这一算法可被推广到两个数以上的情况.

定理 2.114 (欧几里得算法的推论) 对每对 $a, b \in \mathbf{N}$,存在 $x, y \in \mathbf{Z}$ 使得 $ax + by = (a,b), (a,b)$ 是使得这个式子成立的最小正整数.

定理 2.115 (欧几里得算法的第二个推论) 设 $a, m, n \in \mathbf{N}, a > 1$,则成立
$$(a^m - 1, a^n - 1) = a^{(m,n)} - 1$$

定理 2.116　（算数基本定理）每个正整数当不计素数的次序时都可以用唯一的方式被表成素数的乘积.

定理 2.117　算数基本定理对某些其他的数环也成立,例如 $\mathbf{Z}[i] = \{a+bi \mid a,b \in \mathbf{Z}\}$, $\mathbf{Z}[\sqrt{2}], \mathbf{Z}[\sqrt{-2}], \mathbf{Z}[\omega]$（其中 ω 是 1 的 3 次复根）. 在这些情况下,因数分解当不计次序和 1 的因子时是唯一的.

定义 2.118　称整数 a,b 在模 n 下同余,如果 $n \mid a-b$,我们把这一事实记为
$$a \equiv b \pmod{n}$$

定理 2.119　（中国剩余定理）如果 $m_1, m_2, \cdots, m_k$ 是两两互素的正整数,而 $a_1, a_2, \cdots, a_k$ 和 $c_1, c_2, \cdots, c_k$ 是使得 $(a_i, m_i) = 1(i=1,2,\cdots,k)$ 的整数,那么同余式组
$$a_i x \equiv c_i \pmod{m_i}, i = 1, 2, \cdots, k$$
在模 $m_1 m_2 \cdots m_k$ 下有唯一解.

2.4.2　指数同余

定理 2.120　（威尔逊（Wilson）定理）如果 p 是素数,则 $p \mid (p-1)! + 1$.

定理 2.121　（费马（Fermat）小定理）设 p 是一个素数,而 a 是一个使得 $(a,p)=1$ 的整数,则
$$a^{p-1} \equiv 1 \pmod{p}$$
这个定理是欧拉定理的特殊情况.

定义 2.122　对 $n \in \mathbf{N}$,定义欧拉函数是在所有小于 n 的整数中与 n 互素的整数的个数. 成立以下公式
$$\varphi(n) = n\left(1 - \frac{1}{p_1}\right) \cdots \left(1 - \frac{1}{p_k}\right)$$
其中 $n = p_1^{a_1} \cdots p_k^{a_k}$ 是 n 的素因子分解式.

定理 2.113　（欧拉定理）设 n 是自然数,而 a 是一个使得 $(a,n)=1$ 的整数,那么
$$a^{\varphi(n)} \equiv 1 \pmod{n}$$

定理 2.114　（元根的存在性）设 p 是一个素数,则存在一个 $g \in \{1, 2, \cdots p-1\}$（称为模 p 的元根）使得在模 p 下,集合 $\{1, g, g^2, \cdots, g^{p-2}\}$ 与集合 $\{1, 2, \cdots p-1\}$ 重合.

定义 2.115　设 p 是一个素数,而 α 是一个非负整数,称 p^α 是 p 的可整除 a 的恰好的幂（而 α 是一个恰好的指数）,如果 $p^\alpha \mid a$,而 $p^{\alpha+1} \nmid a$.

定理 2.16　设 a, n 是正整数,而 p 是一个奇素数,如果 $p^\alpha (\alpha \in \mathbf{N})$ 是 p 的可整除 $a-1$ 的恰好的幂,那么对任意整数 $\beta \geqslant 0$,当且仅当 $p^\beta \mid n$ 时,$p^{\alpha+\beta} \mid a^n - 1$（见 SL1997—14）.

对 $p=2$ 成立类似的命题. 如果 $2^\alpha (\alpha \in \mathbf{N})$ 是 p 的可整除 $a^2 - 1$ 的恰好的幂,那么对任意整数 $\beta \geqslant 0$,当且仅当 $2^{\beta+1} \mid n$ 时,$2^{\alpha+\beta} \mid a^n - 1$（见 SL1989—27）.

2.4.2　二次丢番图（Diophantine）方程

定理 2.127　$a^2 + b^2 = c^2$ 的整数解由 $a = t(m^2 - n^2), b = 2tmn, c = t(m^2 + n^2)$ 给出（假设 b 是偶数）,其中 $t, m, n \in \mathbf{Z}$. 三元组 (a, b, c) 称为毕达哥拉斯数（译者注：在我国称为勾股数）（如果 $(a, b, c) = 1$,则称为本原的毕达哥拉斯数（勾股数））.

定义 2.128　设 $D \in \mathbf{N}$ 是一个非完全平方数,则称不定方程

$$x^2 - Dy^2 = 1$$

是贝尔(Pell)方程,其中 $x, y \in \mathbf{Z}$.

定理 2.129 如果 (x_0, y_0) 是贝尔方程 $x^2 - Dy^2 = 1$ 在 $\mathbf{N}$ 中的最小解,则其所有的整数解 (x, y) 由 $x + y\sqrt{D} = \pm(x_0 + y_0\sqrt{D})^n, n \in \mathbf{Z}$ 给出.

定义 2.130 整数 a 称为是模 p 的平方剩余,如果存在 $x \in \mathbf{Z}$,使得 $x^2 \equiv a \pmod{p}$,否则称为模 p 的非平方剩余.

定义 2.131 对整数 a 和素数 p 定义 Legendre(勒让德)符号为

$$\left(\frac{a}{p}\right) = \begin{cases} 1, & \text{如果 } a \text{ 是模 } p \text{ 的二次剩余, 且 } p \nmid a \\ 0, & \text{如果 } p \mid a \\ -1, & \text{其他情况} \end{cases}$$

显然,如果 $p \mid a$,则

$$\left(\frac{a}{p}\right) = \left(\frac{a+p}{p}\right), \left(\frac{a^2}{p}\right) = 1$$

勒让德(Legendre)符号是积性的,即

$$\left(\frac{a}{p}\right)\left(\frac{b}{p}\right) = \left(\frac{ab}{p}\right)$$

定理 2.132 (欧拉判据) 对奇素数 p 和不能被 p 整除的整数 a

$$\left(\frac{a}{p}\right) \equiv a^{\frac{p-1}{2}} \pmod{p}$$

定理 2.133 对素数 $p > 3$,$\left(\frac{-1}{p}\right)$,$\left(\frac{2}{p}\right)$ 和 $\left(\frac{-3}{p}\right)$ 等于 1 的充分必要条件分别为 $p \equiv 1 \pmod 4$,$p \equiv \pm 1 \pmod 8$ 和 $p \equiv 1 \pmod 6$.

定理 2.134 (高斯(Gauss)互反律) 对任意两个不同的奇素数 p 和 q,成立

$$\left(\frac{p}{q}\right)\left(\frac{q}{p}\right) = (-1)^{\frac{p-1}{2} \cdot \frac{q-1}{2}}$$

定义 2.135 对整数 a 和奇的正整数 b,定义 Jacobi(雅可比)符号如下

$$\left(\frac{a}{b}\right) = \left(\frac{a}{p_1}\right)^{a_1} \cdots \left(\frac{a}{p_k}\right)^{a_k}$$

其中 $b = p_1^{a_1} \cdots p_k^{a_k}$ 是 b 的素因子分解式.

定理 2.136 如果 $\left(\frac{a}{b}\right) = -1$,那么 a 是模 b 的非二次剩余,但是逆命题不成立. 对雅可比(Jacobi) 符号来说,除了欧拉判据之外,勒让德符号的所有其余性质都保留成立.

2.4.4 法雷(Farey)序列

定义 2.137 设 n 是任意正整数,Farey(法雷)序列 F_n 是由满足 $0 \leqslant a \leqslant b \leqslant n$,$(a, b) = 1$ 的所有从小到大排列的有理数 $\frac{a}{b}$ 所形成的序列. 例如 $F_3 = \left\{\frac{0}{1}, \frac{1}{3}, \frac{1}{2}, \frac{2}{3}, \frac{1}{1}\right\}$.

定理 2.138 如果 $\frac{p_1}{q_1}, \frac{p_2}{q_2}$ 和 $\frac{p_3}{q_3}$ 是法雷序列中三个相继的项,则

$$p_2 q_1 - p_1 q_2 = 1$$

$$\frac{p_1 + p_3}{q_1 + q_3} = \frac{p_2}{q_2}$$

第 5 节　组　合

2.5.1　对象的计数

许多组合问题涉及对满足某种性质的集合中的对象计数，这些性质可以归结为以下概念的应用.

定义 2.139　k 个元素的阶为 n 的选排列是一个从 $\{1,2,\cdots,k\}$ 到 $\{1,2,\cdots,n\}$ 的映射. 对给定的 n 和 k，不同的选排列的数目是 $V_n^k = \dfrac{n!}{(n-k)!}$.

定义 2.140　k 个元素的阶为 n 的可重复的选排列是一个从 $\{1,2,\cdots,k\}$ 到 $\{1,2,\cdots,n\}$ 的任意的映射. 对给定的 n 和 k，不同的可重复的选排列的数目是 $\bar{V}_n^k = k^n$.

定义 2.141　阶为 n 的全排列是 $\{1,2,\cdots,n\}$ 到自身的一个一对一映射（即当 $k=n$ 时的选排列的特殊情况），对给定的 n，不同的全排列的数目是 $P_n = n!$.

定义 2.142　k 个元素的阶为 n 的组合是 $\{1,2,\cdots,n\}$ 的一个 k 元素的子集，对给定的 n 和 k，不同的组合数是 $C_n^k = \begin{pmatrix} n \\ k \end{pmatrix}$.

定义 2.143　一个阶为 n 可重复的全排列是一个 $\{1,2,\cdots,n\}$ 到 n 个元素的积集的一个一对一映射. 一个积集是一个其中的某些元素被允许是不可区分的集合，例如，$\{1,1,2,3\}$.

如果 $\{1,2,\cdots,s\}$ 表示积集中不同的元素组成的集合，并且在积集中元素 i 出现 α_i 次，那么不同的可重复的全排列的数目是

$$P_{n,\alpha_1,\cdots,\alpha_s} = \frac{n!}{\alpha_1! \ \alpha_2! \ \cdots \alpha_s!}$$

组合是积集有两个不同元素的可重复的全排列的特殊情况.

定理 2.144　（鸽笼原理）如果把元素数目为 $kn+1$ 的集合分成 n 个互不相交的子集，则其中至少有一个子集至少要包含 $k+1$ 个元素.

定理 2.145　（容斥原理）设 $S_1, S_2, \cdots, S_n$ 是集合 S 的一族子集，那么 S 中那些不属于所给子集族的元素的数目由以下公式给出

$$|S \setminus (S_1 \cup \cdots \cup S_n)| = |S| - \sum_{k=1}^{n} \sum_{1 \leqslant i_1 < \cdots < i_k \leqslant n} (-1)^k |S_{i_1} \cap \cdots \cap S_{i_k}|$$

2.5.2　图论

定义 2.146　一个图 $G=(V,E)$ 是一个顶点 V 和 V 中某些元素对，即边的积集 E 所组成的集合. 对 $x,y \in V$，当 $(x,y) \in E$ 时，称顶点 x 和 y 被一条边所连接，或称这一对顶点是这条边的端点.

一个积集为 E 的图可归结为一个真集合（即其顶点至多被一条边所连接），一个其中没有一个定点是被自身所连接的图称为是一个真图.

有限图是一个 $|E|$ 和 $|V|$ 都有限的图.

定义 2.147　一个有向图是一个 E 中的有方向的图.

定义 2.148　一个包含了 n 个顶点并且每个顶点都有边与其连接的真图称为是一个完全图.

定义 2.149　k 分图(当 $k=2$ 时,称为 $2-$ 分图)$K_{i_1,i_2\cdots,i_k}$ 是那样一个图,其顶点 V 可分成 k 个非空的互不相交的,元素个数分别为 $i_1,i_2,\cdots,i_k$ 的子集,使得 V 的子集 W 中的每个顶点 x 仅和不在 W 中的顶点相连接.

定义 2.150　顶点 x 的阶 $d(x)$ 是 x 作为一条边的端点的次数(那样,自连接的边中就要数两次). 孤立的顶点是阶为 0 的顶点.

定理 2.151　对图 $G=(V,E)$,成立等式
$$\sum_{x\in V}d(x)=2\mid E\mid$$
作为一个推论,有奇数阶的顶点的个数是偶数.

定义 2.152　图的一条路径是一个顶点的有限序列,使得其中每一个顶点都与其前一个顶点相连. 路径的长度是它通过的边的数目. 一条回路是一条终点与起点重合的路径. 一个环是一条在其中没有一个顶点出现两次(除了起点或终点之外) 的回路.

定义 2.153　图 $G=(V,E)$ 的子图 $G'=(V',E')$ 是那样一个图,在其中 $V'\subset V$ 而 E' 仅包含 E 的连接 V' 中的点的边. 图的一个连通分支是一个连通的子图,其中没有一个顶点与此分之外的顶点相连.

定义 2.154　一个树是一个在其中没有环的连通图.

定理 2.155　一个有 n 个顶点的树恰有 $n-1$ 条边且至少有两个阶为 2 的顶点.

定义 2.156　欧拉路是其中每条边恰出现一次的路径. 与此类似,欧拉环是环形的欧拉路.

定理 2.157　有限连通图 G 有一条欧拉路的充分必要条件是:

(1) 如果每个顶点的阶数是偶数,那么 G 包含一条欧拉环;

(2) 如果除了两个顶点之外,所有顶点的阶数都是偶数,那么 G 包含一条不是环路的欧拉路(其起点和终点就是那两个奇数阶的顶点).

定义 2.158　哈密尔顿(Hamilton) 环是一个图 G 的每个顶点恰被包含一次的回路(一个平凡的事实是,这个回路也是一个环).

目前还没有发现判定一个图是否是哈密尔顿环的简单法则.

定理 2.159　设 G 是一个有 n 个顶点的图,如果 G 的任何两个不相邻顶点的阶数之和都大于 n,则 G 有一个哈密尔顿回路.

定理 2.160　(雷姆塞(Ramsey) 定理) 设 $r\geqslant 1$ 而 $q_1,q_2,\cdots,q_s\geqslant r$. 如果 K_n 的所有子图 K_r 都分成了 s 个不同的集合,记为 $A_1,A_2,\cdots,A_s$,那么存在一个最小的正整数 $N(q_1,q_2,\cdots,q_s;r)$ 使得当 $n>N$ 时,对某个 i,存在一个 K_{q_i} 的完全子图,它的子图 K_r 都属于 A_i. 对 $r=2$,这对应于把 K_n 的边用 s 种不同的颜色染色,并寻求子图 K_{q_i} 的第 i 种颜色的单色子图[73].

定理 2.161　利用上面定理的记号,有
$$N(p,q;r)\leqslant N(N(p-1,q;r),N(p,q-1;r);r-1)+1$$

特别
$$N(p,q,2) \leqslant N(p-1,q;2) + N(p,q-1;2)$$
已知 N 的以下值
$$N(p,q;1) = p+q-1$$
$$N(2,p;2) = p$$
$$N(3,3;2) = 6, N(3,4;2) = 9, N(3,5;2) = 14, N(3,6;2) = 18$$
$$N(3,7;2) = 23, N(3,8;2) = 28, N(3,9;2) = 36$$
$$N(4,4;2) = 18, N(4,5;2) = 25^{[73]}$$

定理 2.162 （图灵(Turan)定理）如果一个有 $n = t(p-1) + r$ 个顶点的简单图的边多于 $f(n,p)$ 条，其中 $f(n,p) = \dfrac{(p-1)n^2 - r(p-1-r)}{2(p-1)}$，那么它包含子图 K_p. 有 $f(n,p)$ 个顶点而不含 K_p 的图是一个完全的多重图，它有 r 个元素个数为 $t+1$ 的子集和 $p-1-r$ 个元素个数为 t 的子集[73].

定义 2.163 平面图是一个可被嵌入一个平面的图，使得它的顶点可用平面上的点表示，而边可用平面上连接顶点的线（不一定是直的）来表示，而各边互不相交.

定理 2.164 一个有 n 个顶点的平面图至多有 $3n-6$ 条边.

定理 2.165 （库拉托夫斯基(Kuratowski)定理）K_5 和 $K_{3,3}$ 都不是平面图. 每个非平面图都包含一个和这两个图之一同胚的子图.

定理 2.166 （欧拉公式）设 E 是凸多面体的边数，F 是它的面数，而 V 是它的顶点数，则
$$E + 2 = F + V$$
对平面图成立同样的公式（这时 F 代表平面图中的区域数）.

参考文献

[1] 洛桑斯基 E,鲁索 C.制胜数学奥林匹克[M].候文华,张连芳,译.刘嘉焜,校.北京:科学出版社,2003.
[2] 王向东,苏化明,王方汉.不等式·理论·方法[M].郑州:河南教育出版社,1994.
[3] 中国科协青少年工作部,中国数学会.1978~1986年国际奥林匹克数学竞赛题及解答[M].北京:科学普及出版社,1989.
[4] 单壿,等.数学奥林匹克竞赛题解精编[M].南京:南京大学出版社;上海:学林出版社,2001.
[5] 顾可敬.1979~1980中学国际数学竞赛题解[M].长沙:湖南科学技术出版社,1981.
[6] 顾可敬.1981年国内外数学竞赛题解选集[M].长沙:湖南科学技术出版社,1982.
[7] 石华,卫成.80年代国际中学生数学竞赛试题详解[M].长沙:湖南教育出版社,1990.
[8] 梅向明.国际数学奥林匹克30年[M].北京:中国计量出版社,1989.
[9] 单壿,葛军.国际数学竞赛解题方法[M].北京:中国少年儿童出版社,1990.
[10] 丁石孙.乘电梯·翻硬币·游迷宫·下象棋[M].北京:北京大学出版社,1993.
[11] 丁石孙.登山·赝币·红绿灯[M].北京:北京大学出版社,1997.
[12] 黄宣国.数学奥林匹克大集[M].上海:上海教育出版社,1997.
[13] 常庚哲.国际数学奥林匹克三十年[M].北京:中国展望出版社,1989.
[14] 丁石孙.归纳·递推·无字证明·坐标·复数[M].北京:北京大学出版社,1995.
[15] 裘宗沪.数学奥林匹克试题集锦[M].上海:华东师范大学出版社,2005.
[16] 裘宗沪.数学奥林匹克试题集锦[M].上海:华东师范大学出版社,2004.
[17] 数学奥林匹克工作室.最新竞赛试题选编及解析(高中数学卷)[M].北京:首都师范大学出版社,2001.
[18] 第31届IMO选题委员会.第31届国际数学奥林匹克试题、备选题及解答[M].济南:山东教育出版社,1990.
[19] 常庚哲.数学竞赛(2)[M].长沙:湖南教育出版社,1989.
[20] 常庚哲.数学竞赛(20)[M].长沙:湖南教育出版社,1994.
[21] 杨森茂,陈圣德.第一届至第二十二届国际中学生数学竞赛题解[M].福州:福建科学技术出版社,1983.
[22] 江苏师范学院数学系.国际数学奥林匹克[M].南京:江苏科学技术出版社,1980.
[23] 恩格尔 A.解决问题的策略[M].舒五昌,冯志刚,译.上海:上海教育出版社,2005.
[24] 王连笑.解数学竞赛题的常用策略[M].上海:上海教育出版社,2005.
[25] 江仁俊,应成璆,蔡训武.国际数学竞赛试题讲解[M].武汉:湖北人民出版社,1980.
[26] 单壿.第二十五届国际数学竞赛[J].数学通讯,1985(3).
[27] 付玉章.第二十九届IMO试题及解答[J].中学数学,1988(10).

[28] 苏亚贵.正则组合包含连续自然数的个数[J].数学通报,1982(8).

[29] 王根章.一道 IMO 试题的嵌入证法[J].中学数学教学.1999(5).

[30] 舒五昌.第 37 届 IMO 试题解答[J].中等数学,1996(5).

[31] 杨卫平,王卫华.第 42 届 IMO 第 2 题的再探究[J].中学数学研究,2005(5).

[32] 陈永高.第 45 届 IMO 试题解答[J].中等数学,2004(5).

[33] 周金峰,谷焕春.IMO 42−2 的进一步推广[J].数学通讯,2004(9).

[34] 魏维.第 42 届国际数学奥林匹克试题解答集锦[J].中学数学,2002(2).

[35] 程华.42 届 IMO 两道几何题另解[J].福建中学数学,2001(6).

[36] 张国清.第 39 届 IMO 试题第一题充分性的证明[J].中等数学,1999(2).

[37] 傅善林.第 42 届 IMO 第五题的推广[J].中等数学,2003(6).

[38] 龚浩生,宋庆.IMO 42−2 的推广[J].中学数学,2002(1).

[39] 厉倩.一道 IMO 试题的推广[J].中学数学研究,2002(10).

[40] 邹明.第 40 届 IMO 一赛题的简解[J].中等数学,2001(3).

[41] 许以超.第 39 届国际数学奥林匹克试题及解答[J].数学通报,1999(3).

[42] 余茂迪,宫宋家.用解析法巧解一道 IMO 试题[J].中学数学教学,1997(4).

[43] 宋庆.IMO5−5 的推广[J].中学数学教学,1997(5).

[44] 余世平.从 IMO 试题谈公式 $C_{2n}^n = \sum_{i=0}^{n} (C_n^i)^2$ 之应用[J].数学通讯,1997(12).

[45] 徐彦明.第 42 届 IMO 第 2 题的另一种推广[J].中学教研(数学),2002(10).

[46] 张伟军.第 41 届 IMO 两赛题的证明与评注[J].中学数学月刊,2000(11).

[47] 许静,孔令恩.第 41 届 IMO 第 6 题的解析证法[J].数学通讯,2001(7).

[48] 魏亚清.一道 IMO 赛题的九种证法[J].中学教研(数学),2002(6).

[49] 陈四川.IMO−38 试题 2 的纯几何解法[J].福建中学数学,1997(6).

[50] 常庚哲,单墫,程龙.第二十二届国际数学竞赛试题及解答[J].数学通报,1981(9).

[51] 李长明.一道 IMO 试题的背景及证法讨论[J].中学数学教学,2000(1).

[52] 王凤春.一道 IMO 试题的简证[J].中学数学研究,1998(10).

[53] 罗增儒.IMO 42−2 的探索过程[J].中学数学教学参考,2002(7).

[54] 嵇仲韶.第 39 届 IMO 一道预选题的推广[J].中学数学杂志(高中),1999(6).

[55] 王杰.第 40 届 IMO 试题解答[J].中等数学,1999(5).

[56] 舒五昌.第三十七届 IMO 试题及解答(上)[J].数学通报,1997(2).

[57] 舒五昌.第三十七届 IMO 试题及解答(下)[J].数学通报,1997(3).

[58] 黄志全.一道 IMO 试题的纯平几证法研究[J].数学教学通讯,2000(5).

[59] 段智毅,秦永.IMO−41 第 2 题另证[J].中学数学教学参考,2000(11).

[60] 杨仁宽.一道 IMO 试题的简证[J].数学教学通讯,1998(3).

[61] 相生亚,裘良.第 42 届 IMO 试题第 2 题的推广、证明及其它[J].中学数学研究,2002(2).

[62] 熊斌.第 46 届 IMO 试题解答[J].中等数学,2005(9).

[63] 谢峰,谢宏华.第 34 届 IMO 第 2 题的解答与推广[J].中等数学,1994(1).

[64] 熊斌,冯志刚.第 39 届国际数学奥林匹克[J].数学通讯,1998(12).

[65] 朱恒杰.一道 IMO 试题的推广[J].中学数学杂志,1996(4).

[66] 肖果能,袁平之.第 39 届 IMO 一道试题的研究(I)[J].湖南数学通讯,1998(5).

[67] 肖果能,袁平之.第 39 届 IMO 一道试题的研究(Ⅱ)[J].湖南数学通讯,1998(6).

[68] 杨克昌.一个数列不等式——IMO23-3 的推广[J].湖南数学通讯,1998(3).

[69] 吴长明,胡根宝.一道第 40 届 IMO 试题的探究[J].中学数学研究,2000(6).

[70] 仲翔.第二十六届国际数学奥林匹克(续)[J].数学通讯,1985(11).

[71] 程善明.一道 IMO 赛题的纯几何证法与推广[J].中学数学教学,1998(4).

[72] 刘元树.一道 IMO 试题解法的再探讨[J].中学数学研究,1998(12).

[73] 刘连顺,仝瑞平.一道 IMO 试题解法新探[J].中学数学研究,1998(8).

[74] 王凤春.一道 IMO 试题的简证[J].中学数学研究,1998(10).

[75] 李长明.一道 IMO 试题的背景及证法讨论[J].中学数学教学,2000(1).

[76] 方廷刚.综合法简证一道 IMO 预选题[J].中学生数学,1999(2).

[77] 吴伟朝.对函数方程 $f(x^l \cdot f^{[m]}(y)+x^n)=x^l \cdot y+f^n(x)$ 的研究[M]//湖南教育出版社编.数学竞赛(22).长沙:湖南教育出版社,1994.

[78] 湘普.第 31 届国际数学奥林匹克试题解答[M]//湖南教育出版社编.数学竞赛(6~9).长沙:湖南教育出版社,1991.

[79] 陈永高.第 45 届 IMO 试题解答[J].中等数学,2004(5).

[80] 程俊.一道 IMO 试题的推广及简证[J].中等数学,2004(5).

[81] 蒋茂森.$2k$ 阶银矩阵的存在性和构造法[J].中等数学,1998(3).

[82] 单墫.散步问题与银矩阵[J].中等数学,1999(3).

[83] 张必胜.初等数论在 IMO 中应用研究[D].西安:西北大学研究生院,2010.

[84] 刘宝成,刘卫利.国际奥林匹克数学竞赛题与费马小定理[J].河北北方学院学报:自然科学版,2008,24(1):13-15,20.

[85] 卓成海.抓住"关键" 把握"异同"——对一道国际奥赛题的再探究[J].中学数学(高中版),2013(11):77-78.

[86] 李耀文.均值代换在解竞赛题中的应用[J].中等数学,2010(8):2-5.

[87] 吴军.妙用广义权方和不等式证明 IMO 试题[J].数理化解体研究(高中版),2014(8).16.

[88] 王庆金.一道 IMO 平面几何题溯源[J].中学数学研究,2014(1):50.

[89] 秦建华.一道 IMO 试题的另解与探究[J].中学教学参考,2014(8):40.

[90] 张上伟,陈华梅,吴康.一道取整函数 IMO 试题的推广[J].中学数学研究(华南师范大学版),2013(23):42-43

[91] 尹广金.一道美国数学奥林匹克试题的引伸[J].中学数学研究,2013(11):50.

[92] 熊斌,李秋生.第 54 届 IMO 试题解答[J].中等数学,2013(9):20-27.

[93] 杨同伟.一道 IMO 试题的向量解法及推广[J].中学生数学,2012(23):30.

[94] 李凤清,徐志军.第 42 届 IMO 第二题的证明与加强[J] 四川职业技术学院学报,2012(5):153-154.

[95] 熊斌.第 52 届 IMO 试题解答[J].中等数学,2011(9):16-20.

[96] 董志明.多元变量 局部调整——一道 IMO 试题的新解与推广[J].中等数学,

2011(9):96-98.

[97] 李建潮. 一道 IMO 试题的再加强与猜想的加强[J]. 河北理科教学研究,2011(1):43-44.

[98] 边欣. 一道 IMO 试题的加强[J]. 数学通讯,2012(22):59-60.

[99] 郑日锋. 一个优美不等式与一道 IMO 试题同出一辙[J] 中等数学,2011(3):18-19.

[100] 李建潮. 一道 IMO 试题的再加强与猜想的加强[J] 河北理科教学研究,2011(1):43-44.

[101] 李长朴. 一道国际数学奥林匹克试题的拓展[J]. 数学学习与研究,2010(23):95.

[102] 李歆. 对一道 IMO 试题的探究[J]. 数学教学,2010(11):47-48.

[103] 王森生. 对一道 IMO 试题猜想的再加强及证明[J]. 福建中学数学,2010(10):48.

[104] 郝志刚. 一道国际数学竞赛题的探究[J]. 数学通讯,2010(Z2):117-118.

[105] 王业和. 一道 IMO 试题的证明与推广[J]. 中学教研(数学),2010(10):46-47.

[106] 张蕾. 一道 IMO 试题的商榷与猜想[J]. 青春岁月,2010(18):121.

[107] 张俊. 一道 IMO 试题的又一漂亮推广[J]. 中学数学月刊,2010(8):43.

[108] 秦庆雄,范花妹. 一道第 42 届 IMO 试题加强的另一简证[J]. 数学通讯,2010(14):59.

[109] 李建潮. 一道 IMO 试题的引申与瓦西列夫不等式[J] 河北理科教学研究,2010(3):1-3.

[110] 边欣. 一道第 46 届 IMO 试题的加强[J]. 数学教学,2010(5):41-43.

[111] 杨万芳. 对一道 IMO 试题的探究[J] 福建中学数学,2010(4):49.

[112] 熊睿. 对一道 IMO 试题的探究[J]. 中等数学,2010(4):23.

[113] 徐国辉,舒红霞. 一道第 42 届 IMO 试题的再加强[J]. 数学通讯,2010(8):61.

[114] 周峻民,郑慧娟. 一道 IMO 试题的证明及其推广[J]. 中学教研(数学),2011(12):41-43.

[115] 陈鸿斌. 一道 IMO 试题的加强与推广[J]. 中学数学研究,2011(11):49-50.

[116] 袁安全. 一道 IMO 试题的巧证[J]. 中学生数学,2010(8):35.

[117] 边欣. 一道第 50 届 IMO 试题的探究[J]. 数学教学,2010(3):10-12.

[118] 陈智国. 关于 IMO25-1 的推广[J]. 人力资源管理,2010(2):112-113.

[119] 薛相林. 一道 IMO 试题的类比拓广及简解[J]. 中学数学研究,2010(1):49.

[120] 王增强. 一道第 42 届 IMO 试题加强的简证[J]. 数学通讯,2010(2):61.

[121] 邵广钱. 一道 IMO 试题的另解[J]. 中学数学月刊,2009(10):43-44.

[122] 侯典峰. 一道 IMO 试题的加强与推广[J] 中学数学,2009(23):22-23.

[123] 朱华伟,付云皓. 第 50 届 IMO 试题解答[J]. 中等数学,2009(9):18-21.

[124] 边欣. 一道 IMO 试题的推广及简证[J]. 数学教学,2009(9):27,29.

[125] 朱华伟. 第 50 届 IMO 试题[J]. 中等数学,2009(8):50.

[126] 刘凯峰,龚浩生. 一道 IMO 试题的隔离与推广[J]. 中等数学,2009(7):19-20.

[127] 宋庆. 一道第 42 届 IMO 试题的加强[J]. 数学通讯,2009(10):43.

[128] 李建潮. 偶得一道 IMO 试题的指数推广[J]. 数学通讯,2009(10):44.

[129] 吴立宝,李长会. 一道 IMO 竞赛试题的证明[J]. 数学教学通讯,2009(12):64.

[130] 徐章韬. 一道30届IMO试题的别解[J]. 中学数学杂志,2009(3):45.
[131] 张俊. 一道IMO试题引发的探索[J]. 数学通讯,2009(4):31.
[132] 曹程锦. 一道第49届IMO试题的解题分析[J]. 数学通讯,2008(23):41.
[133] 刘松华,孙明辉,刘凯年. "化蝶"——一道IMO试题证明的探索[J]. 中学数学杂志,
    2008(12):54-55.
[134] 安振平. 两道数学竞赛试题的链接[J]. 中小学数学(高中版),2008(10):45.
[135] 李建潮. 一道IMO试题引发的思索[J]. 中小学数学(高中版),2008(9):44-45.
[136] 熊斌,冯志刚. 第49届IMO试题解答[J] 中等数学,2008(9):封底.
[137] 边欣. 一道IMO试题结果的加强及应用[J]. 中学数学月刊,2008(9):29-30.
[138] 熊斌,冯志刚. 第49届IMO试题[J] 中等数学,2008(8):封底.
[139] 沈毅. 一道IMO试题的推广[J]. 中学数学月刊,2008(8):49.
[140] 令标. 一道48届IMO试题引申的别证[J]. 中学数学杂志,2008(8):44-45.
[141] 吕建恒. 第48届IMO试题4的简证[J]. 中学数学月刊,2008(7):40.
[142] 熊光汉. 对一道IMO试题的探究[J]. 中学数学杂志,2008(6):56.
[143] 沈毅,罗元建. 对一道IMO赛题的探析[J]. 中学教研(数学),2008(5):42-43
[144] 厉倩. 两道IMO试题探秘[J] 数理天地(高中版),2008(4):21-22.
[145] 徐章韬. 从方差的角度解析一道IMO试题[J]. 中学数学杂志,2008(3):29.
[146] 令标. 一道IMO试题的别证[J]. 中学数学教学,2008(2):63-64.
[147] 李耀文. 一道IMO试题的别证[J]. 中学数学月刊,2008(2):52.
[148] 张伟新. 一道IMO试题的两种纯几何解法[J]. 中学数学月刊,2007(11):48.
[149] 朱华伟. 第48届IMO试题解答[J]. 中等数学,2007(9):20-22.
[150] 朱华伟. 第48届IMO试题[J]. 中等数学,2007(8):封底.
[151] 边欣. 一道IMO试题结果的加强[J]. 数学教学,2007(3):49.
[152] 丁兴春. 一道IMO试题的推广[J]. 中学数学研究,2006(10):49-50.
[153] 李胜宏. 第47届IMO试题解答[J]. 中等数学,2006(9):22-24.
[154] 李胜宏. 第47届IMO试题[J]. 中等数学,2006(8):封底.
[155] 傅启铭. 一道美国IMO试题变形后的推广[J]. 遵义师范学院学报,2006(1):74-75.
[156] 熊斌. 第46届IMO试题[J] 中等数学,2005(8):50.
[157] 文开庭. 一道IMO赛题的新隔离推广及其应用[J]. 毕节师范高等专科学校学报(综
    合版),2005(2):59-62.
[158] 熊斌,李建泉. 第53届IMO预选题(四)[J]. 中等数学,2013(12):21-25.
[159] 熊斌,李建泉. 第53届IMO预选题(三)[J]. 中等数学,2013(11):22-27.
[160] 熊斌,李建泉. 第53届IMO预选题(二)[J]. 中等数学,2013(10):18-23
[161] 熊斌,李建泉. 第53届IMO预选题(一)[J]. 中等数学,2013(9):28-32.
[162] 王建荣,王旭. 简证一道IMO预选题[J]. 中等数学,2012(2):16-17.
[163] 熊斌,李建泉. 第52届IMO预选题(四)[J]. 中等数学,2012(12):18-22.
[164] 熊斌,李建泉. 第52届IMO预选题(三)[J]. 中等数学,2012(11):18-22.
[165] 李建泉. 第51届IMO预选题(四)[J]. 中等数学,2011(11):17-20.
[166] 李建泉. 第51届IMO预选题(三)[J]. 中等数学,2011(10):16-19.

[167] 李建泉. 第 51 届 IMO 预选题(二)[J]. 中等数学,2011(9):20-27.

[168] 李建泉. 第 51 届 IMO 预选题(一)[J]. 中等数学,2011(8):17-20.

[169] 高凯. 浅析一道 IMO 预选题[J]. 中等数学,2011(3):16-18.

[170] 娄姗姗. 利用等价形式证明一道 IMO 预选题[J]. 中等数学,2011(1):13,封底.

[171] 李奋平. 从最小数入手证明一道 IMO 预选题[J]. 中等数学,2011(1):14.

[172] 李赛. 一道 IMO 预选题的另证[J]. 中等数学,2011(1):15.

[173] 李建泉. 第 50 届 IMO 预选题(四)[J]. 中等数学,2010(11):19-22.

[174] 李建泉. 第 50 届 IMO 预选题(三)[J]. 中等数学,2010(10):19-22.

[175] 李建泉. 第 50 届 IMO 预选题(二)[J]. 中等数学,2010(9):21-27.

[176] 李建泉. 第 50 届 IMO 预选题(一)[J]. 中等数学,2010(8):19-22.

[177] 沈毅. 一道 49 届 IMO 预选题的推广[J]. 中学数学月刊,2010(04):45.

[178] 宋强. 一道第 47 届 IMO 预选题的简证[J]. 中等数学,2009(11):12.

[179] 李建泉. 第 49 届 IMO 预选题(四)[J]. 中等数学,2009(11):19-23.

[180] 李建泉. 第 49 届 IMO 预选题(三)[J]. 中等数学,2009(10):19-23.

[181] 李建泉. 第 49 届 IMO 预选题(二)[J]. 中等数学,2009(9):22-25.

[182] 李建泉. 第 49 届 IMO 预选题(一)[J]. 中等数学,2009(8):18-22.

[183] 李慧,郭璋. 一道 IMO 预选题的证明与推广[J]. 数学通讯,2009(22):45-47.

[184] 杨学枝. 一道 IMO 预选题的拓展与推广[J]. 中等数学,2009(7):18-19.

[185] 吴光耀,李世杰. 一道 IMO 预选题的推广[J]. 上海中学数学,2009(05):48.

[186] 李建泉. 第 48 届 IMO 预选题(四)[J]. 中等数学,2008(11):18-24.

[187] 李建泉. 第 48 届 IMO 预选题(三)[J]. 中等数学,2008(10):18-23.

[188] 李建泉. 第 48 届 IMO 预选题(二)[J]. 中等数学,2008(9):21-24.

[189] 李建泉. 第 48 届 IMO 预选题(一)[J]. 中等数学,2008(8):22-26.

[190] 苏化明. 一道 IMO 预选题的探讨[J]. 中等数学,2007(9):46-48.

[191] 李建泉. 第 47 届 IMO 预选题(下)[J]. 中等数学,2007(11):17-22.

[192] 李建泉. 第 47 届 IMO 预选题(中)[J]. 中等数学,2007(10):18-23.

[193] 李建泉. 第 47 届 IMO 预选题(上)[J]. 中等数学,2007(9):24-27.

[194] 沈毅. 一道 IMO 预选题的再探索[J]. 中学数学教学,2008(1):58-60.

[195] 刘才华. 一道 IMO 预选题的简证[J]. 中等数学,2007(8):24.

[196] 苏化明. 一道 IMO 预选题的探讨[J]. 中等数学,2007(9):19-20.

[197] 李建泉. 第 46 届 IMO 预选题(下)[J]. 中等数学,2006(11):19-24.

[198] 李建泉. 第 46 届 IMO 预选题(中)[J]. 中等数学,2006(10):22-25.

[199] 李建泉. 第 46 届 IMO 预选题(上)[J]. 中等数学,2006(9):25-28.

[200] 贯福春. 吴娃双舞醉芙蓉——一道 IMO 预选题赏析[J]. 中学生数学,2006(18):21,18.

[201] 杨学枝. 一道 IMO 预选题的推广[J]. 中等数学,2006(5):17.

[202] 邹宇,沈文选. 一道 IMO 预选题的再推广[J]. 中学数学研究,2006(4):49-50.

[203] 苏炜杰. 一道 IMO 预选题的简证[J]. 中等数学,2006(2):21.

[204] 李建泉. 第 45 届 IMO 预选题(下)[J]. 中等数学,2005(11):28-30.

[205] 李建泉. 第45届IMO预选题(中)[J]. 中等数学, 2005(10): 32-36.
[206] 李建泉. 第45届IMO预选题(上)[J]. 中等数学, 2005(9): 23-29.
[207] 苏化明. 一道IMO预选题的探索[J]. 中等数学, 2005(9): 9-10.
[208] 谷焕春, 周金峰. 一道IMO预选题的推广[J]. 中等数学, 2005(2): 20.
[209] 李建泉. 第44届IMO预选题(下)[J]. 中等数学, 2004(6): 25-30.
[210] 李建泉. 第44届IMO预选题(上)[J]. 中等数学, 2004(5): 27-32.
[211] 方廷刚. 复数法简证一道IMO预选题[J]. 中学数学月刊, 2004(11): 42.
[212] 李建泉. 第43届IMO预选题(下)[J]. 中等数学, 2003(6): 28-30.
[213] 李建泉. 第43届IMO预选题(上)[J]. 中等数学, 2003(5): 25-31.
[214] 孙毅. 一道IMO预选题的简解[J]. 中等数学, 2003(5): 19.
[215] 宿晓阳. 一道IMO预选题的推广[J]. 中学数学月刊, 2002(12): 40.
[216] 李建泉. 第42届IMO预选题(下)[J]. 中等数学, 2002(6): 32-36.
[217] 李建泉. 第42届IMO预选题(上)[J]. 中等数学, 2002(5): 24-29.
[218] 宋庆, 黄伟民. 一道IMO预选题的推广[J]. 中等数学, 2002(6): 43.
[219] 李建泉. 第41届IMO预选题(下)[J]. 中等数学, 2002(1): 33-39.
[220] 李建泉. 第41届IMO预选题(中)[J]. 中等数学, 2001(6): 34-37.
[221] 李建泉. 第41届IMO预选题(上)[J]. 中等数学, 2001(5): 32-36.
[222] 方廷刚. 一道IMO预选题再解[J]. 中学数学月刊, 2002(05): 43.
[223] 蒋太煌. 第39届IMO预选题8的简证[J]. 中等数学, 2001(5): 22-23.
[224] 张赟. 一道IMO预选题的推广[J]. 中等数学, 2001(2): 26.
[225] 林运成. 第39届IMO预选题8别证[J]. 中等数学, 2001(1): 22.
[226] 李建泉. 第40届IMO预选题(上)[J]. 中等数学, 2000(5): 33-36.
[227] 李建泉. 第40届IMO预选题(中)[J]. 中等数学, 2000(6): 35-37.
[228] 李建泉. 第41届IMO预选题(下)[J]. 中等数学, 2001(1): 35-39.
[229] 李来敏. 一道IMO预选题的三种初等证法及推广[J]. 中学数学教学, 2000(3): 38-39.
[230] 李来敏. 一道IMO预选题的两种证法[J]. 中学数学月刊, 2000(3): 48.
[231] 张善立. 一道IMO预选题的指数推广[J]. 中等数学, 1999(5): 24.
[232] 云保奇. 一道IMO预选题的另一个结论[J]. 中等数学, 1999(4): 21.
[233] 辛慧. 第38届IMO预选题解答(上)[J]. 中等数学, 1998(5): 28-31.
[234] 李直. 第38届IMO预选题解答(中)[J]. 中等数学, 1998(6): 31-35.
[235] 冼声. 第38届IMO预选题解答(中)[J]. 中等数学, 1999(1): 32-38.
[236] 石卫国. 一道IMO预选题的推广[J]. 陕西教育学院学报, 1998(4): 72-73.
[237] 张赟. 一道IMO预选题的引申[J]. 中等数学, 1998(3): 22-23.
[238] 安金鹏, 李宝毅. 第37届IMO预选题及解答(上)[J]. 中等数学, 1997(6): 33-37.
[239] 安金鹏, 李宝毅. 第37届IMO预选题及解答(下)[J]. 中等数学, 1998(1): 34-40.
[240] 刘江枫, 李学武. 第37届IMO预选题[J]. 中等数学, 1997(5): 30-32.
[241] 党庆寿. 一道IMO预选题的简解[J]. 中学数学月刊, 1997(8): 43-44.
[242] 黄汉生. 一道IMO预选题的加强[J]. 中等数学, 1997(3): 17.

[243] 贝嘉禄. 一道国际竞赛预选题的加强[J]. 中学数学月刊,1997(6):26-27.

[244] 王富英. 一道 IMO 预选题的推广及其应用[J]. 中学数学教学参,1997(8～9):74-75.

[245] 孙哲. 一道 IMO 预选题的简证与加强[J]. 中等数学,1996(3):18.

[246] 李学武. 第 36 届 IMO 预选题及解答(下)[J]. 中等数学,1996(6):26-29,37.

[247] 张善立. 一道 IMO 预选题的简证[J]. 中等数学,1996(10):36.

[248] 李建泉. 利用根轴的性质解一道 IMO 预选题[J]. 中等数学,1996(4):14.

[249] 黄虎. 一道 IMO 预选题妙解及推广[J]. 中等数学,1996(4):15.

[250] 严鹏. 一道 IMO 预选题探讨[J]. 中等数学,1996(2):16.

[251] 杨桂芝. 第 34 届 IMO 预选题解答(上)[J]. 中等数学,1995(6):28-31.

[252] 杨桂芝. 第 34 届 IMO 预选题解答(中)[J]. 中等数学,1996(1):29-31.

[253] 杨桂芝. 第 34 届 IMO 预选题解答(下)[J]. 中等数学,1996(2):21-23.

[254] 舒金银. 一道 IMO 预选题简证[J]. 中等数学,1995(1):16-17.

[255] 黄宣国,夏兴国. 第 35 届 IMO 预选题[J]. 中等数学,1994(5):19-20.

[256] 苏淳,严镇军. 第 33 届 IMO 预选题[J]. 中等数学,1993(2):19-20.

[257] 耿立顺. 一道 IMO 预选题的简单解法[J]. 中学教研,1992(05):26.

[258] 苏化明. 谈一道 IMO 预选题[J]. 中学教研,1992(05):28-30.

[259] 黄玉民. 第 32 届 IMO 预选题及解答[J]. 中等数学,1992(1):22-34.

[260] 朱华伟. 一道 IMO 预选题的溯源及推广[J]. 中学数学,1991(03):45-46.

[261] 蔡玉书. 一道 IMO 预选题的推广[J]. 中等数学,1990(6):9.

[262] 第 31 届 IMO 选题委员会. 第 31 届 IMO 预选题解答[J]. 中等数学,1990(5):7-22,封底.

[263] 单墫,刘亚强. 第 30 届 IMO 预选题解答[J]. 中等数学,1989(5):6-17.

[264] 苏化明. 一道 IMO 预选题的推广及应用[J]. 中等数学,1989(4):16-19.

后记 | Postscript

  行为的背后是动机,编一部洋洋80万言的书一定要有很强的动机才行,借后记不妨和盘托出.

  首先,这是一本源于"匮乏"的书.1976年编者初中一年级,时值"文化大革命"刚刚结束,物质产品与精神产品极度匮乏,学校里薄薄的数学教科书只有几个极简单的习题,根本满足不了学习的需要.当时全国书荒,偌大的书店无书可寻,学生无题可做,在这种情况下,笔者的班主任郭清泉老师便组织学生自编习题集.如果说忠诚党的教育事业不仅仅是一个口号的话,那么郭老师确实做到了.在其个人生活极为困顿的岁月里,他拿出多年珍藏的数学课外书领着一批初中学生开始选题、刻钢板、推油辊.很快一本本散发着油墨清香的习题集便发到了每个同学的手中,喜悦之情难以名状,正如高尔基所说:"像饥饿的人扑到了面包上."当时电力紧张经常停电,晚上写作业时常点蜡烛,冬夜,烛光如豆,寒气逼人,伏案演算着自己编的数学题,沉醉其中,物我两忘.30年后同样的冬夜,灯光如昼,温暖如夏,坐拥书城,竟茫然不知所措,此时方觉匮乏原来也是一种美(想想西南联大当时在山洞里、在防空洞中,学数学学成了多少大师级人物.日本战后恢复期产生了三位物理学诺贝尔奖获得者,如汤川秀树等,以及高木贞治、小平邦彦、广中平佑的成长都证明了这一点),可惜现在的学生永远也体验不到那种意境了(中国人也许是世界上最讲究意境的,所谓"雪夜闭门读禁书",也是一种意境),所以编此书颇有怀旧之感.有趣的是后来这次经历竟在笔者身上产生了"异化",抄习题的乐趣多于做习题,比为买椟还珠不以为过,四处收集含有习题的数学著作,从吉米多维奇到菲赫金哥尔茨,从斯米尔诺夫到维诺格拉朵夫,从笹部贞市郎到哈尔莫斯,乐此不疲.凡30年几近偏执,朋友戏称:"这是一种不需治疗的精神病."虽然如此,毕竟染此"病症"后容易忽视生活中那些原本的乐趣.这有些像葛朗台用金币碰撞的叮当声取代了花金币的真实快感一样.匮乏带给人的除了美感之外,更多的是恐惧.中国科学院数学研究所数论室主任徐广善先生来哈尔滨工业大学讲课,课余时曾透露过陈景润先生生前的一个小秘密(曹珍富教授转述,编者未加核实).陈先生的一只抽屉中存有多只快生锈的上海牌手表.这个不可思议的现象源于当年陈先生所经历过的可怕的匮乏.大学刚毕业,分到北京四中,后被迫离开,衣食无着,生活窘迫,后虽好转,但那次经历给陈先生留下了深刻记忆,为防止以后再次陷于匮乏,就买了当时陈先生认为在中国最能保值增值的上海牌手表,以备不测.像经历过饥饿的田鼠会疯狂地往洞里搬运食物一样,经历过如饥似渴却无题可做的编者在潜意识中总是觉得题少,只有手中有大量习题集,心里才觉安稳.所以很多时候表面看是一种热爱,但更深层次却是恐惧,是缺少富足感的体现.

其次,这是一本源于"传承"的书.哈尔滨作为全国解放最早的城市,开展数学竞赛活动也是很早的,早期哈尔滨工业大学的吴从炘教授、黑龙江大学的颜秉海教授、船舶工程学院(现哈尔滨工程大学)的戴遗山教授、哈尔滨师范大学的吕庆祝教授作为先行者为哈尔滨的数学竞赛活动打下了基础,定下了格调.中期哈尔滨市教育学院王翠满教授、王万祥教授、时承权教授,哈尔滨师专的冯宝琦教授、陆子采教授,哈尔滨师范大学的贾广聚教授,黑龙江大学的王路群教授、曹重光教授,哈三中的周建成老师,哈一中的尚杰老师,哈师大附中的沙洪泽校长,哈六中的董乃培老师,为此作出了长期的努力.上世纪80年代中期开始,一批中青年数学工作者开始加入,主要有哈尔滨工业大学的曹珍富教授、哈师大附中的李修福老师及笔者.90年代中期,哈尔滨的数学奥林匹克活动渐入佳境,又有像哈师大附中刘利益等老师加入进来,但在高等学校中由于搞数学竞赛研究既不算科研又不计入工作量,所以再坚持难免会被边缘化,于是研究人员逐渐以中学教师为主,在高校中近乎绝迹.2008年CMO在哈尔滨举行,大型专业杂志《数学奥林匹克与数学文化》创刊,好戏连台,让哈尔滨的数学竞赛事业再度辉煌.

后记
Postscript

第三,这是一本源于"氛围"的书。很难想像速滑运动员产生于非洲,也无法相信深山古刹之外会有高僧。环境与氛围至关重要。在整个社会日益功利化、世俗化、利益化、平面化的大背景下,编者师友们所营造的小的氛围影响着其中每个人的道路选择,以学有专长为荣,不学无术为耻的价值观点互相感染、共同坚守,用韩波博士的话讲,这已是我们这台计算机上的硬件。赖于此,本书的出炉便在情理之中,所以理应致以敬意,借此向王忠玉博士、张本祥博士、郭梦书博士、吕书臣博士、康大臣博士、刘孝廷博士、刘晓燕博士、王延青博士、钟德寿博士、薛小平博士、韩波博士、李龙锁博士、刘绍武博士对笔者多年的关心与鼓励致以诚挚的谢意,特别是尚琥教授在编者即将放弃之际给予的坚定的支持。

第四,这是一个"蝴蝶效应"的产物。如果说人的成长过程具有一点动力系统迭代的特征的话,那么其方程一定是非线性的,即对初始条件具有敏感依赖的,俗称"蝴蝶效应"。简单说就是一个微小的"扰动"会改变人生的轨迹,如著名拓扑学家,纽结大师王诗宬1977年时还是一个喜欢中国文学史的插队知青,一次他到北京去游玩,坐332路车去颐和园,看见"北京大学"四个字,就跳下车进入校门,当时他的脑子中正在想一个简单的数学问题(大多数时候他都是在推敲几句诗),就是六个人的聚会上总有三个人认识或三个人不认识(用数学术语说就是6阶2色完全图中必有单色3阶子图存在),然后碰到一个老师,就问他,他说你去问姜伯驹老师(我国著名数学家姜亮夫之子),姜伯驹老师的办公室就在我办公室对面。而当他找到姜伯驹教授时,姜伯驹说为什么不来试试学数学,于是一句话,一辈子,有了今天北京大学数学所的王诗宬副所长(《世纪大讲堂》,第2辑,辽宁人民出版社,2003:128—149)。可以设想假如他遇到的是季羡林或俞平伯,今天该会是怎样。同样可以设想,如果编者初中的班主任老师是一位体育老师,足球健将的话,那么今天可能会多一位超级球迷"罗西",少一位执着的业余数学爱好者,也绝不会有本书的出现。

第五,这也是一本源于"尴尬"的书。编者高中就读于一所具有数学竞赛传统的学校,班主任是学校主抓数学竞赛的沙洪泽老师。当时成立数学兴趣小组时,同学们非常踊跃,但名额有限,可能是沙老师早已发现编者并无数学天分所以不被选中,再次申请并请姐姐(在同校高二年级)去求情均未果。遂产生逆反心理,后来坚持以数学谋生,果真由于天资不足,屡战屡败,虽自我鼓励,屡败再屡战,但其结果仍如寒山子诗所说:"用力磨碌砖,那堪将作镜。"直至而立之年,幡然悔悟,但

"贼船"既上,回头已晚,彻底告别又心有不甘,于是以业余身份尴尬地游走于业界近 15 年,才有今天此书问世.

看来如果当初沙老师增加一个名额让编者尝试一下,后再知难而退,结果可能会皆大欢喜.但有趣的是当年竞赛小组的人竟无一人学数学专业,也无一人从事数学工作.看来教育是很值得研究的,"欲擒故纵"也不失为一种好方法.沙老师后来也放弃了数学教学工作,从事领导工作,转而研究教育,颇有所得,还出版了专著《教育——为了人的幸福》(教育科学出版社,2005),对此进行了深入研究.

最后,这也是一本源于"信心"的书.近几年,一些媒体为了吸引眼球,不惜把中国在国际上处于领先地位的数学奥林匹克妖魔化且多方打压,此时编写这本题集是有一定经济风险的.但编者坚信中国人对数学是热爱的.利玛窦、金尼阁指出:"多少世纪以来,上帝表现了不只用一种方法把人们吸引到他身边.垂钓人类的渔人以自己特殊的方法吸引人们的灵魂落入他的网中,也就不足为奇了.任何可能认为伦理学、物理学和数学在教会工作中并不重要的人,都是不知道中国人的口味的,他们缓慢地服用有益的精神药物,除非它有知识的佐料增添味道."(利玛窦,金尼阁,著.《利玛窦中国札记》.何高济,王遵仲,李申,译.何兆武,校.中华书局,1983,P347).中国的广大中学生对数学竞赛活动是热爱的,是能够被数学所吸引的,对此我们有充分的信心.而且,奥林匹克之于中国就像围棋之于日本,足球之于巴西,瑜伽之于印度一样,在世界上有品牌优势.2001 年笔者去新西兰探亲,在奥克兰的一份中文报纸上看到一则广告,赫然写着中国内地教练专教奥数,打电话过去询问,对方声音甜美,颇富乐感,原来是毕业于沈阳音乐学院的女学生,在新西兰找工作四处碰壁后,想起在大学念书期间勤工俭学时曾辅导过小学生奥数,所以,便想一试身手,果真有家长把小孩送来,她便也以教练自居,可见数学奥林匹克已经成为一种类似于中国制造的品牌.出版这样的书,担心何来呢!

数学无国界,它是人类最共性的语言.数学超理性多呈冰冷状,所以一个个性化的,充满个体真情实感的后记是需要的,虽然难免有自恋之嫌,但毕竟带来一丝人气.

刘培杰
2014 年 9 月

哈尔滨工业大学出版社刘培杰数学工作室
已出版(即将出版)图书目录

书　　名	出版时间	定　价	编号
新编中学数学解题方法全书(高中版)上卷	2007—09	38.00	7
新编中学数学解题方法全书(高中版)中卷	2007—09	48.00	8
新编中学数学解题方法全书(高中版)下卷(一)	2007—09	42.00	17
新编中学数学解题方法全书(高中版)下卷(二)	2007—09	38.00	18
新编中学数学解题方法全书(高中版)下卷(三)	2010—06	58.00	73
新编中学数学解题方法全书(初中版)上卷	2008—01	28.00	29
新编中学数学解题方法全书(初中版)中卷	2010—07	38.00	75
新编中学数学解题方法全书(高考复习卷)	2010—01	48.00	67
新编中学数学解题方法全书(高考真题卷)	2010—01	38.00	62
新编中学数学解题方法全书(高考精华卷)	2011—03	68.00	118
新编平面解析几何解题方法全书(专题讲座卷)	2010—01	18.00	61
新编中学数学解题方法全书(自主招生卷)	2013—08	88.00	261
数学眼光透视	2008—01	38.00	24
数学思想领悟	2008—01	38.00	25
数学应用展观	2008—01	38.00	26
数学建模导引	2008—01	28.00	23
数学方法溯源	2008—01	38.00	27
数学史话览胜	2017—01	48.00	741
数学思维技术	2013—09	38.00	260
从毕达哥拉斯到怀尔斯	2007—10	48.00	9
从迪利克雷到维斯卡尔迪	2008—01	48.00	21
从哥德巴赫到陈景润	2008—05	98.00	35
从庞加莱到佩雷尔曼	2011—08	138.00	136
数学奥林匹克与数学文化(第一辑)	2006—05	48.00	4
数学奥林匹克与数学文化(第二辑)(竞赛卷)	2008—01	48.00	19
数学奥林匹克与数学文化(第二辑)(文化卷)	2008—07	58.00	36'
数学奥林匹克与数学文化(第三辑)(竞赛卷)	2010—01	48.00	59
数学奥林匹克与数学文化(第四辑)(竞赛卷)	2011—08	58.00	87
数学奥林匹克与数学文化(第五辑)	2015—06	98.00	370

I

哈尔滨工业大学出版社刘培杰数学工作室
已出版(即将出版)图书目录

书　名	出版时间	定　价	编号
世界著名平面几何经典著作钩沉——几何作图专题卷(上)	2009—06	48.00	49
世界著名平面几何经典著作钩沉——几何作图专题卷(下)	2011—01	88.00	80
世界著名平面几何经典著作钩沉(民国平面几何老课本)	2011—03	38.00	113
世界著名平面几何经典著作钩沉(建国初期平面三角老课本)	2015—08	38.00	507
世界著名解析几何经典著作钩沉——平面解析几何卷	2014—01	38.00	264
世界著名数论经典著作钩沉(算术卷)	2012—01	28.00	125
世界著名数学经典著作钩沉——立体几何卷	2011—02	28.00	88
世界著名三角学经典著作钩沉(平面三角卷Ⅰ)	2010—06	28.00	69
世界著名三角学经典著作钩沉(平面三角卷Ⅱ)	2011—01	38.00	78
世界著名初等数论经典著作钩沉(理论和实用算术卷)	2011—07	38.00	126
发展空间想象力	2010—01	38.00	57
走向国际数学奥林匹克的平面几何试题诠释(上、下)(第1版)	2007—01	68.00	11,12
走向国际数学奥林匹克的平面几何试题诠释(上、下)(第2版)	2010—02	98.00	63,64
平面几何证明方法全书	2007—08	35.00	1
平面几何证明方法全书习题解答(第1版)	2005—10	18.00	2
平面几何证明方法全书习题解答(第2版)	2006—12	18.00	10
平面几何天天练上卷·基础篇(直线型)	2013—01	58.00	208
平面几何天天练中卷·基础篇(涉及圆)	2013—01	28.00	234
平面几何天天练下卷·提高篇	2013—01	58.00	237
平面几何专题研究	2013—07	98.00	258
最新世界各国数学奥林匹克中的平面几何试题	2007—09	38.00	14
数学竞赛平面几何典型题及新颖解	2010—07	48.00	74
初等数学复习及研究(平面几何)	2008—09	58.00	38
初等数学复习及研究(立体几何)	2010—06	38.00	71
初等数学复习及研究(平面几何)习题解答	2009—01	48.00	42
几何学教程(平面几何卷)	2011—03	68.00	90
几何学教程(立体几何卷)	2011—07	68.00	130
几何变换与几何证题	2010—06	88.00	70
计算方法与几何证题	2011—06	28.00	129
立体几何技巧与方法	2014—04	88.00	293
几何瑰宝——平面几何500名题暨1000条定理(上、下)	2010—07	138.00	76,77
三角形的解法与应用	2012—07	18.00	183
近代的三角形几何学	2012—07	48.00	184
一般折线几何学	2015—08	48.00	503
三角形的五心	2009—06	28.00	51
三角形的六心及其应用	2015—10	68.00	542
三角形趣谈	2012—08	28.00	212
解三角形	2014—01	28.00	265
三角学专门教程	2014—09	28.00	387
距离几何分析导引	2015—02	68.00	446
图天下几何新题试卷.初中	2017—01	58.00	714

哈尔滨工业大学出版社刘培杰数学工作室
已出版(即将出版)图书目录

书　名	出版时间	定　价	编号
圆锥曲线习题集(上册)	2013—06	68.00	255
圆锥曲线习题集(中册)	2015—01	78.00	434
圆锥曲线习题集(下册·第1卷)	2016—10	78.00	683
论九点圆	2015—05	88.00	645
近代欧氏几何学	2012—03	48.00	162
罗巴切夫斯基几何学及几何基础概要	2012—07	28.00	188
罗巴切夫斯基几何学初步	2015—06	28.00	474
用三角、解析几何、复数、向量计算解数学竞赛几何题	2015—03	48.00	455
美国中学几何教程	2015—04	88.00	458
三线坐标与三角形特征点	2015—04	98.00	460
平面解析几何方法与研究(第1卷)	2015—05	18.00	471
平面解析几何方法与研究(第2卷)	2015—06	18.00	472
平面解析几何方法与研究(第3卷)	2015—07	18.00	473
解析几何研究	2015—01	38.00	425
解析几何学教程.上	2016—01	38.00	574
解析几何学教程.下	2016—01	38.00	575
几何学基础	2016—01	58.00	581
初等几何研究	2015—02	58.00	444
大学几何学	2017—01	78.00	688
关于曲面的一般研究	2016—11	48.00	690
十九和二十世纪欧氏几何学中的片段	2017—01	58.00	696
近世纯粹几何学初论	2017—01	58.00	711
拓扑学与几何学基础讲义	2017—04	58.00	756
俄罗斯平面几何问题集	2009—08	88.00	55
俄罗斯立体几何问题集	2014—03	58.00	283
俄罗斯几何大师——沙雷金论数学及其他	2014—01	48.00	271
来自俄罗斯的5000道几何习题及解答	2011—03	58.00	89
俄罗斯初等数学问题集	2012—05	38.00	177
俄罗斯函数问题集	2011—03	38.00	103
俄罗斯组合分析问题集	2011—03	48.00	79
俄罗斯初等数学万题选——三角卷	2012—11	38.00	222
俄罗斯初等数学万题选——代数卷	2013—08	68.00	225
俄罗斯初等数学万题选——几何卷	2014—01	68.00	226
463个俄罗斯几何老问题	2012—01	28.00	152
超越吉米多维奇.数列的极限	2009—11	48.00	58
超越普里瓦洛夫.留数卷	2015—01	28.00	437
超越普里瓦洛夫.无穷乘积与它对解析函数的应用卷	2015—05	28.00	477
超越普里瓦洛夫.积分卷	2015—06	18.00	481
超越普里瓦洛夫.基础知识卷	2015—06	28.00	482
超越普里瓦洛夫.数项级数卷	2015—07	38.00	489
初等数论难题集(第一卷)	2009—05	68.00	44
初等数论难题集(第二卷)(上、下)	2011—02	128.00	82,83
数论概貌	2011—03	18.00	93
代数数论(第二版)	2013—08	58.00	94
代数多项式	2014—06	38.00	289
初等数论的知识与问题	2011—02	28.00	95
超越数论基础	2011—03	28.00	96
数论初等教程	2011—03	28.00	97
数论基础	2011—03	18.00	98
数论基础与维诺格拉多夫	2014—03	18.00	292

哈尔滨工业大学出版社刘培杰数学工作室
已出版(即将出版)图书目录

书　名	出版时间	定　价	编号
解析数论基础	2012—08	28.00	216
解析数论基础(第二版)	2014—01	48.00	287
解析数论问题集(第二版)(原版引进)	2014—05	88.00	343
解析数论问题集(第二版)(中译本)	2016—04	88.00	607
解析数论基础(潘承洞,潘承彪著)	2016—07	98.00	673
解析数论导引	2016—07	58.00	674
数论入门	2011—03	38.00	99
代数数论入门	2015—03	38.00	448
数论开篇	2012—07	28.00	194
解析数论引论	2011—03	48.00	100
Barban Davenport Halberstam 均值和	2009—01	40.00	33
基础数论	2011—03	28.00	101
初等数论 100 例	2011—05	18.00	122
初等数论经典例题	2012—07	18.00	204
最新世界各国数学奥林匹克中的初等数论试题(上、下)	2012—01	138.00	144,145
初等数论(Ⅰ)	2012—01	18.00	156
初等数论(Ⅱ)	2012—01	18.00	157
初等数论(Ⅲ)	2012—01	28.00	158
平面几何与数论中未解决的新老问题	2013—01	68.00	229
代数数论简史	2014—11	28.00	408
代数数论	2015—09	88.00	532
代数、数论及分析习题集	2016—11	98.00	695
数论导引提要及习题解答	2016—01	48.00	559
素数定理的初等证明.第 2 版	2016—09	48.00	686
谈谈素数	2011—03	18.00	91
平方和	2011—03	18.00	92
复变函数引论	2013—10	68.00	269
伸缩变换与抛物旋转	2015—01	38.00	449
无穷分析引论(上)	2013—04	88.00	247
无穷分析引论(下)	2013—04	98.00	245
数学分析	2014—04	28.00	338
数学分析中的一个新方法及其应用	2013—01	38.00	231
数学分析例选:通过范例学技巧	2013—01	88.00	243
高等代数例选:通过范例学技巧	2015—06	88.00	475
三角级数论(上册)(陈建功)	2013—01	38.00	232
三角级数论(下册)(陈建功)	2013—01	48.00	233
三角级数论(哈代)	2013—06	48.00	254
三角级数	2015—07	28.00	263
超越数	2011—03	18.00	109
三角和方法	2011—03	18.00	112
整数论	2011—05	38.00	120
从整数谈起	2015—10	28.00	538
随机过程(Ⅰ)	2014—01	78.00	224
随机过程(Ⅱ)	2014—01	68.00	235
算术探索	2011—12	158.00	148
组合数学	2012—04	28.00	178
组合数学浅谈	2012—03	28.00	159
丢番图方程引论	2012—03	48.00	172
拉普拉斯变换及其应用	2015—02	38.00	447
高等代数.上	2016—01	38.00	548
高等代数.下	2016—01	38.00	549

哈尔滨工业大学出版社刘培杰数学工作室
已出版(即将出版)图书目录

书 名	出版时间	定 价	编号
高等代数教程	2016—01	58.00	579
数学解析教程.上卷.1	2016—01	58.00	546
数学解析教程.上卷.2	2016—01	38.00	553
函数构造论.上	2016—01	38.00	554
函数构造论.中	即将出版		555
函数构造论.下	2016—09	48.00	680
数与多项式	2016—01	38.00	558
概周期函数	2016—01	48.00	572
变叙的项的极限分布律	2016—01	18.00	573
整函数	2012—08	18.00	161
近代拓扑学研究	2013—04	38.00	239
多项式和无理数	2008—01	68.00	22
模糊数据统计学	2008—03	48.00	31
模糊分析学与特殊泛函空间	2013—01	68.00	241
谈谈不定方程	2011—05	28.00	119
常微分方程	2016—01	58.00	586
平稳随机函数导论	2016—03	48.00	587
量子力学原理·上	2016—01	38.00	588
图与矩阵	2014—08	40.00	644
钢丝绳原理:第二版	2017—01	78.00	745
受控理论与解析不等式	2012—05	78.00	165
解析不等式新论	2009—06	68.00	48
建立不等式的方法	2011—03	98.00	104
数学奥林匹克不等式研究	2009—08	68.00	56
不等式研究(第二辑)	2012—02	68.00	153
不等式的秘密(第一卷)	2012—05	28.00	154
不等式的秘密(第一卷)(第2版)	2014—02	38.00	286
不等式的秘密(第二卷)	2014—01	38.00	268
初等不等式的证明方法	2010—06	38.00	123
初等不等式的证明方法(第二版)	2014—11	38.00	407
不等式·理论·方法(基础卷)	2015—07	38.00	496
不等式·理论·方法(经典不等式卷)	2015—07	38.00	497
不等式·理论·方法(特殊类型不等式卷)	2015—07	48.00	498
不等式的分拆降维降幂方法与可读证明	2016—01	68.00	591
不等式探究	2016—03	38.00	582
不等式探秘	2017—01	58.00	689
四面体不等式	2017—01	68.00	715
同余理论	2012—05	38.00	163
[x]与{x}	2015—04	48.00	476
极值与最值.上卷	2015—06	28.00	486
极值与最值.中卷	2015—06	38.00	487
极值与最值.下卷	2015—06	28.00	488
整数的性质	2012—11	38.00	192
完全平方数及其应用	2015—08	78.00	506
多项式理论	2015—10	88.00	541
历届美国中学生数学竞赛试题及解答(第一卷)1950—1954	2014—07	18.00	277
历届美国中学生数学竞赛试题及解答(第二卷)1955—1959	2014—04	18.00	278
历届美国中学生数学竞赛试题及解答(第三卷)1960—1964	2014—06	18.00	279
历届美国中学生数学竞赛试题及解答(第四卷)1965—1969	2014—04	28.00	280
历届美国中学生数学竞赛试题及解答(第五卷)1970—1972	2014—06	18.00	281
历届美国中学生数学竞赛试题及解答(第七卷)1981—1986	2015—01	18.00	424

哈尔滨工业大学出版社刘培杰数学工作室
已出版（即将出版）图书目录

书 名	出版时间	定价	编号
历届 IMO 试题集(1959—2005)	2006—05	58.00	5
历届 CMO 试题集	2008—09	28.00	40
历届中国数学奥林匹克试题集(第2版)	2017—03	38.00	757
历届加拿大数学奥林匹克试题集	2012—08	38.00	215
历届美国数学奥林匹克试题集:多解推广加强	2012—08	38.00	209
历届美国数学奥林匹克试题集:多解推广加强(第2版)	2016—03	48.00	592
历届波兰数学竞赛试题集.第1卷,1949~1963	2015—03	18.00	453
历届波兰数学竞赛试题集.第2卷,1964~1976	2015—03	18.00	454
历届巴尔干数学奥林匹克试题集	2015—05	38.00	466
保加利亚数学奥林匹克	2014—10	38.00	393
圣彼得堡数学奥林匹克试题集	2015—01	38.00	429
匈牙利奥林匹克数学竞赛题解.第1卷	2016—05	28.00	593
匈牙利奥林匹克数学竞赛题解.第2卷	2016—05	28.00	594
历届国际大学生数学竞赛试题集(1994—2010)	2012—01	28.00	143
全国大学生数学夏令营数学竞赛试题及解答	2007—03	28.00	15
全国大学生数学竞赛辅导教程	2012—07	28.00	189
全国大学生数学竞赛复习全书	2014—04	48.00	340
历届美国大学生数学竞赛试题集	2009—03	88.00	43
前苏联大学生数学奥林匹克竞赛题解(上编)	2012—04	28.00	169
前苏联大学生数学奥林匹克竞赛题解(下编)	2012—04	38.00	170
历届美国数学邀请赛试题集	2014—01	48.00	270
全国高中数学竞赛试题及解答.第1卷	2014—07	38.00	331
大学生数学竞赛讲义	2014—09	28.00	371
普林斯顿大学数学竞赛	2016—06	38.00	669
亚太地区数学奥林匹克竞赛题	2015—07	18.00	492
日本历届(初级)广中杯数学竞赛试题及解答.第1卷(2000~2007)	2016—05	28.00	641
日本历届(初级)广中杯数学竞赛试题及解答.第2卷(2008~2015)	2016—05	38.00	642
360 个数学竞赛问题	2016—08	58.00	677
哈尔滨市早期中学数学竞赛试题汇编	2016—07	28.00	672
全国高中数学联赛试题及解答:1981—2015	2016—08	98.00	676

书 名	出版时间	定价	编号
高考数学临门一脚(含密押三套卷)(理科版)	2017—01	45.00	743
高考数学临门一脚(含密押三套卷)(文科版)	2017—01	45.00	744
新课标高考数学题型全归纳(文科版)	2015—05	72.00	467
新课标高考数学题型全归纳(理科版)	2015—05	82.00	468
洞穿高考数学解答题核心考点(理科版)	2015—11	49.80	550
洞穿高考数学解答题核心考点(文科版)	2015—11	46.80	551
高考数学题型全归纳:文科版.上	2016—05	53.00	663
高考数学题型全归纳:文科版.下	2016—05	53.00	664
高考数学题型全归纳:理科版.上	2016—05	58.00	665
高考数学题型全归纳:理科版.下	2016—05	58.00	666
王连笑教你怎样学数学:高考选择题解题策略与客观题实用训练	2014—01	48.00	262
王连笑教你怎样学数学:高考数学高层次讲座	2015—02	48.00	432
高考数学的理论与实践	2009—08	38.00	53
高考数学核心题型解题方法与技巧	2010—01	28.00	86
高考思维新平台	2014—03	38.00	259
30 分钟拿下高考数学选择题、填空题(理科版)	2016—10	39.80	720
30 分钟拿下高考数学选择题、填空题(文科版)	2016—10	39.80	721
高考数学压轴题解题诀窍(上)	2012—02	78.00	166
高考数学压轴题解题诀窍(下)	2012—03	28.00	167
北京市五区文科数学三年高考模拟题详解:2013~2015	2015—08	48.00	500
北京市五区理科数学三年高考模拟题详解:2013~2015	2015—09	68.00	505

哈尔滨工业大学出版社刘培杰数学工作室
已出版(即将出版)图书目录

书　名	出版时间	定　价	编号
向量法巧解数学高考题	2009—08	28.00	54
高考数学万能解题法(第2版)	即将出版	38.00	691
高考物理万能解题法(第2版)	即将出版	38.00	692
高考化学万能解题法(第2版)	即将出版	28.00	693
高考生物万能解题法(第2版)	即将出版	28.00	694
高考数学解题金典(第2版)	2017—01	78.00	716
高考物理解题金典(第2版)	即将出版	68.00	717
高考化学解题金典(第2版)	即将出版	58.00	718
我一定要赚分:高中物理	2016—01	38.00	580
数学高考参考	2016—01	78.00	589
2011～2015年全国及各省市高考数学文科精品试题审题要津与解法研究	2015—10	68.00	539
2011～2015年全国及各省市高考数学理科精品试题审题要津与解法研究	2015—10	88.00	540
最新全国及各省市高考数学试卷解法研究及点拨评析	2009—02	38.00	41
2011年全国及各省市高考数学试题审题要津与解法研究	2011—10	48.00	139
2013年全国及各省市高考数学试题解析与点评	2014—01	48.00	282
全国及各省市高考数学试题审题要津与解法研究	2015—02	48.00	450
新课标高考数学——五年试题分章详解(2007～2011)(上、下)	2011—10	78.00	140,141
全国中考数学压轴题审题要津与解法研究	2013—04	78.00	248
新编全国及各省市中考数学压轴题审题要津与解法研究	2014—05	58.00	342
全国及各省市5年中考数学压轴题审题要津与解法研究(2015版)	2015—04	58.00	462
中考数学专题总复习	2007—04	28.00	6
中考数学较难题、难题常考题型解题方法与技巧.上	2016—01	48.00	584
中考数学较难题、难题常考题型解题方法与技巧.下	2016—01	58.00	585
中考数学难题常考题型解题方法与技巧	2016—09	48.00	681
中考数学难题常考题型解题方法与技巧	2016—09	48.00	682
北京中考数学压轴题解题方法突破(第2版)	2017—03	48.00	753
助你高考成功的数学解题智慧:知识是智慧的基础	2016—01	58.00	596
助你高考成功的数学解题智慧:错误是智慧的试金石	2016—04	58.00	643
助你高考成功的数学解题智慧:方法是智慧的推手	2016—04	68.00	657
高考数学奇思妙解	2016—04	38.00	610
高考数学解题策略	2016—05	48.00	670
数学解题泄天机	2016—06	48.00	668
高考物理压轴题全解	2017—04	48.00	746
2016年高考文科数学真题研究	2017—04	58.00	754
2016年高考理科数学真题研究	2017—04	78.00	755

新编640个世界著名数学智力趣题	2014—01	88.00	242
500个最新世界著名数学智力趣题	2008—06	48.00	3
400个最新世界著名数学最值问题	2008—09	48.00	36
500个世界著名数学征解问题	2009—06	48.00	52
400个中国最佳初等数学征解老问题	2010—01	48.00	60
500个俄罗斯数学经典老题	2011—01	28.00	81
1000个国外中学物理好题	2012—04	48.00	174
300个日本高考数学题	2012—05	38.00	142
700个早期日本高考数学试题	2017—02	88.00	752
500个前苏联早期高考数学试题及解答	2012—05	28.00	185
546个早期俄罗斯大学生数学竞赛题	2014—03	38.00	285
548个来自美苏的数学好问题	2014—11	28.00	396
20所苏联著名大学早期入学试题	2015—02	18.00	452
161道德国工科大学生必做的微分方程习题	2015—05	28.00	469
500个德国工科大学生必做的高数习题	2015—06	28.00	478
360个数学竞赛问题	2016—08	58.00	677
德国讲义日本考题.微积分卷	2015—04	48.00	456
德国讲义日本考题.微分方程卷	2015—04	38.00	457

哈尔滨工业大学出版社刘培杰数学工作室
已出版(即将出版)图书目录

书　名	出版时间	定　价	编号
中国初等数学研究　2009卷(第1辑)	2009—05	20.00	45
中国初等数学研究　2010卷(第2辑)	2010—05	30.00	68
中国初等数学研究　2011卷(第3辑)	2011—07	60.00	127
中国初等数学研究　2012卷(第4辑)	2012—07	48.00	190
中国初等数学研究　2014卷(第5辑)	2014—02	48.00	288
中国初等数学研究　2015卷(第6辑)	2015—06	68.00	493
中国初等数学研究　2016卷(第7辑)	2016—04	68.00	609
中国初等数学研究　2017卷(第8辑)	2017—01	98.00	712
几何变换(Ⅰ)	2014—07	28.00	353
几何变换(Ⅱ)	2015—06	28.00	354
几何变换(Ⅲ)	2015—01	38.00	355
几何变换(Ⅳ)	2015—12	38.00	356
博弈论精粹	2008—03	58.00	30
博弈论精粹.第二版(精装)	2015—01	88.00	461
数学 我爱你	2008—01	28.00	20
精神的圣徒　别样的人生——60位中国数学家成长的历程	2008—09	48.00	39
数学史概论	2009—06	78.00	50
数学史概论(精装)	2013—03	158.00	272
数学史选讲	2016—01	48.00	544
斐波那契数列	2010—02	28.00	65
数学拼盘和斐波那契魔方	2010—07	38.00	72
斐波那契数列欣赏	2011—01	28.00	160
数学的创造	2011—02	48.00	85
数学美与创造力	2016—01	48.00	595
数海拾贝	2016—01	48.00	590
数学中的美	2011—02	38.00	84
数论中的美学	2014—12	38.00	351
数学王者　科学巨人——高斯	2015—01	28.00	428
振兴祖国数学的圆梦之旅:中国初等数学研究史话	2015—06	98.00	490
二十世纪中国数学史料研究	2015—10	48.00	536
数字谜、数阵图与棋盘覆盖	2016—01	58.00	298
时间的形状	2016—01	38.00	556
数学发现的艺术:数学探索中的合情推理	2016—07	58.00	671
活跃在数学中的参数	2016—07	48.00	675
数学解题——靠数学思想给力(上)	2011—07	38.00	131
数学解题——靠数学思想给力(中)	2011—07	48.00	132
数学解题——靠数学思想给力(下)	2011—07	38.00	133
我怎样解题	2013—01	48.00	227
数学解题中的物理方法	2011—06	28.00	114
数学解题的特殊方法	2011—06	48.00	115
中学数学计算技巧	2012—01	48.00	116
中学数学证明方法	2012—01	58.00	117
数学趣题巧解	2012—03	28.00	128
高中数学教学通鉴	2015—05	58.00	479
和高中生漫谈:数学与哲学的故事	2014—08	28.00	369
自主招生考试中的参数方程问题	2015—01	28.00	435
自主招生考试中的极坐标问题	2015—04	28.00	463
近年全国重点大学自主招生数学试题全解及研究.华约卷	2015—02	38.00	441
近年全国重点大学自主招生数学试题全解及研究.北约卷	2016—05	38.00	619
自主招生数学解证宝典	2015—09	48.00	535

哈尔滨工业大学出版社刘培杰数学工作室
已出版（即将出版）图书目录

书　　名	出版时间	定　价	编号
格点和面积	2012—07	18.00	191
射影几何趣谈	2012—04	28.00	175
斯潘纳尔引理——从一道加拿大数学奥林匹克试题谈起	2014—01	28.00	228
李普希兹条件——从几道近年高考数学试题谈起	2012—10	18.00	221
拉格朗日中值定理——从一道北京高考试题的解法谈起	2015—10	18.00	197
闵科夫斯基定理——从一道清华大学自主招生试题谈起	2014—01	28.00	198
哈尔测度——从一道冬令营试题的背景谈起	2012—08	28.00	202
切比雪夫逼近问题——从一道中国台北数学奥林匹克试题谈起	2013—04	38.00	238
伯恩斯坦多项式与贝齐尔曲面——从一道全国高中数学联赛试题谈起	2013—03	38.00	236
卡塔兰猜想——从一道普特南竞赛试题谈起	2013—06	18.00	256
麦卡锡函数和阿克曼函数——从一道前南斯拉夫数学奥林匹克试题谈起	2012—08	18.00	201
贝蒂定理与拉姆贝克莫斯尔定理——从一个拣石子游戏谈起	2012—08	18.00	217
皮亚诺曲线和豪斯道夫分球定理——从无限集谈起	2012—08	18.00	211
平面凸图形与凸多面体	2012—10	28.00	218
斯坦因豪斯问题——从一道二十五省市自治区中学数学竞赛试题谈起	2012—07	18.00	196
纽结理论中的亚历山大多项式与琼斯多项式——从一道北京市高一数学竞赛试题谈起	2012—07	28.00	195
原则与策略——从波利亚"解题表"谈起	2013—04	38.00	244
转化与化归——从三大尺规作图不能问题谈起	2012—08	28.00	214
代数几何中的贝祖定理(第一版)——从一道 IMO 试题的解法谈起	2013—08	18.00	193
成功连贯理论与约当块理论——从一道比利时数学竞赛试题谈起	2012—04	18.00	180
素数判定与大数分解	2014—08	18.00	199
置换多项式及其应用	2012—10	18.00	220
椭圆函数与模函数——从一道美国加州大学洛杉矶分校(UCLA)博士资格考题谈起	2012—10	28.00	219
差分方程的拉格朗日方法——从一道 2011 年全国高考理科试题的解法谈起	2012—08	28.00	200
力学在几何中的一些应用	2013—01	38.00	240
高斯散度定理、斯托克斯定理和平面格林定理——从一道国际大学生数学竞赛试题谈起	即将出版		
康托洛维奇不等式——从一道全国高中联赛试题谈起	2013—03	28.00	337
西格尔引理——从一道第 18 届 IMO 试题的解法谈起	即将出版		
罗斯定理——从一道前苏联数学竞赛试题谈起	即将出版		
拉克斯定理和阿廷定理——从一道 IMO 试题的解法谈起	2014—01	58.00	246
毕卡大定理——从一道美国大学数学竞赛试题谈起	2014—07	18.00	350
贝齐尔曲线——从一道全国高中联赛试题谈起	即将出版		
拉格朗日乘子法——从一道 2005 年全国高中联赛试题的高等数学解法谈起	2015—05	28.00	480
雅可比定理——从一道日本数学奥林匹克试题谈起	2013—04	48.00	249
李天岩—约克定理——从一道波兰数学竞赛试题谈起	2014—06	28.00	349
整系数多项式因式分解的一般方法——从克朗耐克算法谈起	即将出版		
布劳维不动点定理——从一道前苏联数学奥林匹克试题谈起	2014—01	38.00	273
伯恩赛德定理——从一道英国数学奥林匹克试题谈起	即将出版		
布查特—莫斯特定理——从一道上海市初中竞赛试题谈起	即将出版		

哈尔滨工业大学出版社刘培杰数学工作室
已出版(即将出版)图书目录

书 名	出版时间	定 价	编号
数论中的同余数问题——从一道普特南竞赛试题谈起	即将出版		
范·德蒙行列式——从一道美国数学奥林匹克试题谈起	即将出版		
中国剩余定理:总数法构建中国历史年表	2015—01	28.00	430
牛顿程序与方程求根——从一道全国高考试题解法谈起	即将出版		
库默尔定理——从一道IMO预选试题谈起	即将出版		
卢丁定理——从一道冬令营试题的解法谈起	即将出版		
沃斯滕霍姆定理——从一道IMO预选试题谈起	即将出版		
卡尔松不等式——从一道莫斯科数学奥林匹克试题谈起	即将出版		
信息论中的香农熵——从一道近年高考压轴题谈起	即将出版		
约当不等式——从一道希望杯竞赛试题谈起	即将出版		
拉比诺维奇定理	即将出版		
刘维尔定理——从一道《美国数学月刊》征解问题的解法谈起	即将出版		
卡塔兰恒等式与级数求和——从一道IMO试题的解法谈起	即将出版		
勒让德猜想与素数分布——从一道爱尔兰竞赛试题谈起	即将出版		
天平称重与信息论——从一道基辅市数学奥林匹克试题谈起	即将出版		
哈密尔顿-凯莱定理:从一道高中数学联赛试题的解法谈起	2014—09	18.00	376
艾思特曼定理——从一道CMO试题的解法谈起	即将出版		
一个爱尔特希问题——从一道西德数学奥林匹克试题谈起	即将出版		
有限群中的爱丁格尔问题——从一道北京市初中二年级数学竞赛试题谈起	即将出版		
贝克码与编码理论——从一道全国高中联赛试题谈起	即将出版		
帕斯卡三角形	2014—03	18.00	294
蒲丰投针问题——从2009年清华大学的一道自主招生试题谈起	2014—01	38.00	295
斯图姆定理——从一道"华约"自主招生试题的解法谈起	2014—01	18.00	296
许瓦兹引理——从一道加利福尼亚大学伯克利分校数学系博士生试题谈起	2014—08	18.00	297
拉姆塞定理——从王诗宬院士的一个问题谈起	2016—04	48.00	299
坐标法	2013—12	28.00	332
数论三角形	2014—04	38.00	341
毕克定理	2014—07	18.00	352
数林掠影	2014—09	48.00	389
我们周围的概率	2014—10	38.00	390
凸函数最值定理:从一道华约自主招生题的解法谈起	2014—10	28.00	391
易学与数学奥林匹克	2014—10	38.00	392
生物数学趣谈	2015—01	18.00	409
反演	2015—01	28.00	420
因式分解与圆锥曲线	2015—01	18.00	426
轨迹	2015—01	28.00	427
面积原理:从常庚哲命的一道CMO试题的积分解法谈起	2015—01	48.00	431
形形色色的不动点定理:从一道28届IMO试题谈起	2015—01	38.00	439
柯西函数方程:从一道上海交大自主招生的试题谈起	2015—02	28.00	440
三角恒等式	2015—02	28.00	442
无理性判定:从一道2014年"北约"自主招生试题谈起	2015—01	38.00	443
数学归纳法	2015—03	18.00	451
极端原理与解题	2015—04	28.00	464
法雷级数	2014—08	18.00	367
摆线族	2015—01	38.00	438
函数方程及其解法	2015—05	38.00	470
含参数的方程和不等式	2012—09	28.00	213
希尔伯特第十问题	2016—01	38.00	543
无穷小量的求和	2016—01	28.00	545
切比雪夫多项式:从一道清华大学金秋营试题谈起	2016—01	38.00	583

哈尔滨工业大学出版社刘培杰数学工作室
已出版(即将出版)图书目录

书　名	出版时间	定　价	编号
泽肯多夫定理	2016—03	38.00	599
代数等式证题法	2016—01	28.00	600
三角等式证题法	2016—01	28.00	601
吴大任教授藏书中的一个因式分解公式:从一道美国数学邀请赛试题的解法谈起	2016—06	28.00	656
中等数学英语阅读文选	2006—12	38.00	13
统计学专业英语	2007—03	28.00	16
统计学专业英语(第二版)	2012—07	48.00	176
统计学专业英语(第三版)	2015—04	68.00	465
幻方和魔方(第一卷)	2012—05	68.00	173
尘封的经典——初等数学经典文献选读(第一卷)	2012—07	48.00	205
尘封的经典——初等数学经典文献选读(第二卷)	2012—07	38.00	206
代换分析:英文	2015—07	38.00	499
实变函数论	2012—06	78.00	181
复变函数论	2015—08	38.00	504
非光滑优化及其变分分析	2014—01	48.00	230
疏散的马尔科夫链	2014—01	58.00	266
马尔科夫过程论基础	2015—01	28.00	433
初等微分拓扑学	2012—07	18.00	182
方程式论	2011—03	38.00	105
初级方程式论	2011—03	28.00	106
Galois理论	2011—03	18.00	107
古典数学难题与伽罗瓦理论	2012—11	58.00	223
伽罗华与群论	2014—01	28.00	290
代数方程的根式解及伽罗瓦理论	2011—03	28.00	108
代数方程的根式解及伽罗瓦理论(第二版)	2015—01	28.00	423
线性偏微分方程讲义	2011—03	18.00	110
几类微分方程数值方法的研究	2015—05	38.00	485
N 体问题的周期解	2011—03	28.00	111
代数方程式论	2011—05	18.00	121
线性代数与几何:英文	2016—06	58.00	578
动力系统的不变量与函数方程	2011—07	48.00	137
基于短语评价的翻译知识获取	2012—02	48.00	168
应用随机过程	2012—04	48.00	187
概率论导引	2012—04	18.00	179
矩阵论(上)	2013—06	58.00	250
矩阵论(下)	2013—06	48.00	251
对称锥互补问题的内点法:理论分析与算法实现	2014—08	68.00	368
抽象代数:方法导引	2013—06	38.00	257
集论	2016—01	48.00	576
多项式理论研究综述	2016—01	38.00	577
函数论	2014—11	78.00	395
反问题的计算方法及应用	2011—11	28.00	147
初等数学研究(Ⅰ)	2008—09	68.00	37
初等数学研究(Ⅱ)(上、下)	2009—05	118.00	46,47
数阵及其应用	2012—02	28.00	164
绝对值方程—折边与组合图形的解析研究	2012—07	48.00	186
代数函数论(上)	2015—07	38.00	494
代数函数论(下)	2015—07	38.00	495
偏微分方程论:法文	2015—10	48.00	533
时标动力学方程的指数型二分性与周期解	2016—04	48.00	606
重刚体绕不动点运动方程的积分法	2016—05	68.00	608
水轮机水力稳定性	2016—05	48.00	620
Lévy噪音驱动的传染病模型的动力学行为	2016—05	48.00	667
铣加工动力学系统稳定性研究的数学方法	2016—11	28.00	710

哈尔滨工业大学出版社刘培杰数学工作室
已出版(即将出版)图书目录

书　名	出版时间	定　价	编号
趣味初等方程妙题集锦	2014—09	48.00	388
趣味初等数论选美与欣赏	2015—02	48.00	445
耕读笔记(上卷):一位农民数学爱好者的初数探索	2015—04	28.00	459
耕读笔记(中卷):一位农民数学爱好者的初数探索	2015—05	28.00	483
耕读笔记(下卷):一位农民数学爱好者的初数探索	2015—05	28.00	484
几何不等式研究与欣赏.上卷	2016—01	88.00	547
几何不等式研究与欣赏.下卷	2016—01	48.00	552
初等数列研究与欣赏·上	2016—01	48.00	570
初等数列研究与欣赏·下	2016—01	48.00	571
趣味初等函数研究与欣赏.上	2016—09	48.00	684
趣味初等函数研究与欣赏.下	即将出版		685

书　名	出版时间	定　价	编号
火柴游戏	2016—05	38.00	612
异曲同工	即将出版		613
智力解谜	即将出版		614
故事智力	2016—07	48.00	615
名人们喜欢的智力问题	即将出版		616
数学大师的发现、创造与失误	即将出版		617
数学的味道	即将出版		618

书　名	出版时间	定　价	编号
数贝偶拾——高考数学题研究	2014—04	28.00	274
数贝偶拾——初等数学研究	2014—04	38.00	275
数贝偶拾——奥数题研究	2014—04	48.00	276

书　名	出版时间	定　价	编号
集合、函数与方程	2014—01	28.00	300
数列与不等式	2014—01	38.00	301
三角与平面向量	2014—01	28.00	302
平面解析几何	2014—01	38.00	303
立体几何与组合	2014—01	28.00	304
极限与导数、数学归纳法	2014—01	38.00	305
趣味数学	2014—03	28.00	306
教材教法	2014—04	68.00	307
自主招生	2014—05	58.00	308
高考压轴题(上)	2015—01	48.00	309
高考压轴题(下)	2014—10	68.00	310

书　名	出版时间	定　价	编号
从费马到怀尔斯——费马大定理的历史	2013—10	198.00	I
从庞加莱到佩雷尔曼——庞加莱猜想的历史	2013—10	298.00	II
从切比雪夫到爱尔特希(上)——素数定理的初等证明	2013—07	48.00	III
从切比雪夫到爱尔特希(下)——素数定理100年	2012—12	98.00	III
从高斯到盖尔方特——二次域的高斯猜想	2013—10	198.00	IV
从库默尔到朗兰兹——朗兰兹猜想的历史	2014—01	98.00	V
从比勃巴赫到德布朗斯——比勃巴赫猜想的历史	2014—02	298.00	VI
从麦比乌斯到陈省身——麦比乌斯变换与麦比乌斯带	2014—02	298.00	VII
从布尔到豪斯道夫——布尔方程与格论漫谈	2013—10	198.00	VIII
从开普勒到阿诺德——三体问题的历史	2014—05	298.00	IX
从华林到华罗庚——华林问题的历史	2013—10	298.00	X

哈尔滨工业大学出版社刘培杰数学工作室
已出版(即将出版)图书目录

书　　名	出版时间	定　价	编号
吴振奎高等数学解题真经(概率统计卷)	2012—01	38.00	149
吴振奎高等数学解题真经(微积分卷)	2012—01	68.00	150
吴振奎高等数学解题真经(线性代数卷)	2012—01	58.00	151
钱昌本教你快乐学数学(上)	2011—12	48.00	155
钱昌本教你快乐学数学(下)	2012—03	58.00	171
高等数学解题全攻略(上卷)	2013—06	58.00	252
高等数学解题全攻略(下卷)	2013—06	58.00	253
高等数学复习纲要	2014—01	18.00	384
三角函数	2014—01	38.00	311
不等式	2014—01	38.00	312
数列	2014—01	38.00	313
方程	2014—01	28.00	314
排列和组合	2014—01	28.00	315
极限与导数	2014—01	28.00	316
向量	2014—09	38.00	317
复数及其应用	2014—08	28.00	318
函数	2014—01	38.00	319
集合	即将出版		320
直线与平面	2014—01	28.00	321
立体几何	2014—04	28.00	322
解三角形	即将出版		323
直线与圆	2014—01	28.00	324
圆锥曲线	2014—01	38.00	325
解题通法(一)	2014—07	38.00	326
解题通法(二)	2014—07	38.00	327
解题通法(三)	2014—05	38.00	328
概率与统计	2014—01	28.00	329
信息迁移与算法	即将出版		330
方程(第2版)	2017—04	38.00	624
三角函数(第2版)	即将出版		626
向量(第2版)	即将出版		627
立体几何(第2版)	2016—04	38.00	629
直线与圆(第2版)	2016—11	38.00	631
圆锥曲线(第2版)	2016—09	48.00	632
极限与导数(第2版)	2016—04	38.00	635
美国高中数学竞赛五十讲.第1卷(英文)	2014—08	28.00	357
美国高中数学竞赛五十讲.第2卷(英文)	2014—08	28.00	358
美国高中数学竞赛五十讲.第3卷(英文)	2014—09	28.00	359
美国高中数学竞赛五十讲.第4卷(英文)	2014—09	28.00	360
美国高中数学竞赛五十讲.第5卷(英文)	2014—10	28.00	361
美国高中数学竞赛五十讲.第6卷(英文)	2014—11	28.00	362
美国高中数学竞赛五十讲.第7卷(英文)	2014—12	28.00	363
美国高中数学竞赛五十讲.第8卷(英文)	2015—01	28.00	364
美国高中数学竞赛五十讲.第9卷(英文)	2015—01	28.00	365
美国高中数学竞赛五十讲.第10卷(英文)	2015—02	38.00	366

哈尔滨工业大学出版社刘培杰数学工作室
已出版(即将出版)图书目录

书　名	出版时间	定　价	编号
IMO 50 年.第 1 卷(1959—1963)	2014—11	28.00	377
IMO 50 年.第 2 卷(1964—1968)	2014—11	28.00	378
IMO 50 年.第 3 卷(1969—1973)	2014—09	28.00	379
IMO 50 年.第 4 卷(1974—1978)	2016—04	38.00	380
IMO 50 年.第 5 卷(1979—1984)	2015—04	38.00	381
IMO 50 年.第 6 卷(1985—1989)	2015—04	58.00	382
IMO 50 年.第 7 卷(1990—1994)	2016—01	48.00	383
IMO 50 年.第 8 卷(1995—1999)	2016—06	38.00	384
IMO 50 年.第 9 卷(2000—2004)	2015—04	58.00	385
IMO 50 年.第 10 卷(2005—2009)	2016—01	48.00	386
IMO 50 年.第 11 卷(2010—2015)	2017—03	48.00	646
历届美国大学生数学竞赛试题集.第一卷(1938—1949)	2015—01	28.00	397
历届美国大学生数学竞赛试题集.第二卷(1950—1959)	2015—01	28.00	398
历届美国大学生数学竞赛试题集.第三卷(1960—1969)	2015—01	28.00	399
历届美国大学生数学竞赛试题集.第四卷(1970—1979)	2015—01	18.00	400
历届美国大学生数学竞赛试题集.第五卷(1980—1989)	2015—01	28.00	401
历届美国大学生数学竞赛试题集.第六卷(1990—1999)	2015—01	28.00	402
历届美国大学生数学竞赛试题集.第七卷(2000—2009)	2015—08	18.00	403
历届美国大学生数学竞赛试题集.第八卷(2010—2012)	2015—01	18.00	404
新课标高考数学创新题解题诀窍:总论	2014—09	28.00	372
新课标高考数学创新题解题诀窍:必修 1～5 分册	2014—08	38.00	373
新课标高考数学创新题解题诀窍:选修 2－1,2－2,1－1,1－2分册	2014—09	38.00	374
新课标高考数学创新题解题诀窍:选修 2－3,4－4,4－5 分册	2014—09	18.00	375
全国重点大学自主招生英文数学试题全攻略:词汇卷	2015—07	48.00	410
全国重点大学自主招生英文数学试题全攻略:概念卷	2015—01	28.00	411
全国重点大学自主招生英文数学试题全攻略:文章选读卷(上)	2016—09	38.00	412
全国重点大学自主招生英文数学试题全攻略:文章选读卷(下)	2017—01	58.00	413
全国重点大学自主招生英文数学试题全攻略:试题卷	2015—07	38.00	414
全国重点大学自主招生英文数学试题全攻略:名著欣赏卷	2017—03	48.00	415
数学物理大百科全书.第 1 卷	2016—01	418.00	508
数学物理大百科全书.第 2 卷	2016—01	408.00	509
数学物理大百科全书.第 3 卷	2016—01	396.00	510
数学物理大百科全书.第 4 卷	2016—01	408.00	511
数学物理大百科全书.第 5 卷	2016—01	368.00	512
劳埃德数学趣题大全.题目卷.1:英文	2016—01	18.00	516
劳埃德数学趣题大全.题目卷.2:英文	2016—01	18.00	517
劳埃德数学趣题大全.题目卷.3:英文	2016—01	18.00	518
劳埃德数学趣题大全.题目卷.4:英文	2016—01	18.00	519
劳埃德数学趣题大全.题目卷.5:英文	2016—01	18.00	520
劳埃德数学趣题大全.答案卷:英文	2016—01	18.00	521

哈尔滨工业大学出版社刘培杰数学工作室
已出版(即将出版)图书目录

书 名	出版时间	定 价	编号
李成章教练奥数笔记.第1卷	2016-01	48.00	522
李成章教练奥数笔记.第2卷	2016-01	48.00	523
李成章教练奥数笔记.第3卷	2016-01	38.00	524
李成章教练奥数笔记.第4卷	2016-01	38.00	525
李成章教练奥数笔记.第5卷	2016-01	38.00	526
李成章教练奥数笔记.第6卷	2016-01	38.00	527
李成章教练奥数笔记.第7卷	2016-01	38.00	528
李成章教练奥数笔记.第8卷	2016-01	48.00	529
李成章教练奥数笔记.第9卷	2016-01	28.00	530
朱德祥代数与几何讲义.第1卷	2017-01	38.00	697
朱德祥代数与几何讲义.第2卷	2017-01	28.00	698
朱德祥代数与几何讲义.第3卷	2017-01	28.00	699
zeta函数,q-zeta函数,相伴级数与积分	2015-08	88.00	513
微分形式:理论与练习	2015-08	58.00	514
离散与微分包含的逼近和优化	2015-08	58.00	515
艾伦·图灵:他的工作与影响	2016-01	98.00	560
测度理论概率导论,第2版	2016-01	88.00	561
带有潜在故障恢复系统的半马尔柯夫模型控制	2016-01	98.00	562
数学分析原理	2016-01	88.00	563
随机偏微分方程的有效动力学	2016-01	88.00	564
图的谱半径	2016-01	58.00	565
量子机器学习中数据挖掘的量子计算方法	2016-01	98.00	566
量子物理的非常规方法	2016-01	118.00	567
运输过程的统一非局部理论:广义波尔兹曼物理动力学,第2版	2016-01	198.00	568
量子力学与经典力学之间的联系在原子、分子及电动力学系统建模中的应用	2016-01	58.00	569
第19~23届"希望杯"全国数学邀请赛试题审题要津详细评注(初一版)	2014-03	28.00	333
第19~23届"希望杯"全国数学邀请赛试题审题要津详细评注(初二、初三版)	2014-03	38.00	334
第19~23届"希望杯"全国数学邀请赛试题审题要津详细评注(高一版)	2014-03	28.00	335
第19~23届"希望杯"全国数学邀请赛试题审题要津详细评注(高二版)	2014-03	38.00	336
第19~25届"希望杯"全国数学邀请赛试题审题要津详细评注(初一版)	2015-01	38.00	416
第19~25届"希望杯"全国数学邀请赛试题审题要津详细评注(初二、初三版)	2015-01	58.00	417
第19~25届"希望杯"全国数学邀请赛试题审题要津详细评注(高一版)	2015-01	48.00	418
第19~25届"希望杯"全国数学邀请赛试题审题要津详细评注(高二版)	2015-01	48.00	419
闵嗣鹤文集	2011-03	98.00	102
吴从炘数学活动三十年(1951~1980)	2010-07	99.00	32
吴从炘数学活动又三十年(1981~2010)	2015-07	98.00	491
物理奥林匹克竞赛大题典——力学卷	2014-11	48.00	405
物理奥林匹克竞赛大题典——热学卷	2014-04	28.00	339
物理奥林匹克竞赛大题典——电磁学卷	2015-07	48.00	406
物理奥林匹克竞赛大题典——光学与近代物理卷	2014-06	28.00	345

哈尔滨工业大学出版社刘培杰数学工作室
已出版(即将出版)图书目录

书　名	出版时间	定　价	编号
历届中国东南地区数学奥林匹克试题集(2004～2012)	2014—06	18.00	346
历届中国西部地区数学奥林匹克试题集(2001～2012)	2014—07	18.00	347
历届中国女子数学奥林匹克试题集(2002～2012)	2014—08	18.00	348
数学奥林匹克在中国	2014—06	98.00	344
数学奥林匹克问题集	2014—01	38.00	267
数学奥林匹克不等式散论	2010—06	38.00	124
数学奥林匹克不等式欣赏	2011—09	38.00	138
数学奥林匹克超级题库(初中卷上)	2010—01	58.00	66
数学奥林匹克不等式证明方法和技巧(上、下)	2011—08	158.00	134,135
他们学什么:原民主德国中学数学课本	2016—09	38.00	658
他们学什么:英国中学数学课本	2016—09	38.00	659
他们学什么:法国中学数学课本.1	2016—09	38.00	660
他们学什么:法国中学数学课本.2	2016—09	28.00	661
他们学什么:法国中学数学课本.3	2016—09	38.00	662
他们学什么:苏联中学数学课本	2016—09	28.00	679
高中数学题典——集合与简易逻·函数	2016—07	48.00	647
高中数学题典——导数	2016—07	48.00	648
高中数学题典——三角函数·平面向量	2016—07	48.00	649
高中数学题典——数列	2016—07	58.00	650
高中数学题典——不等式·推理与证明	2016—07	38.00	651
高中数学题典——立体几何	2016—07	48.00	652
高中数学题典——平面解析几何	2016—07	78.00	653
高中数学题典——计数原理·统计·概率·复数	2016—07	48.00	654
高中数学题典——算法·平面几何·初等数论·组合数学·其他	2016—07	68.00	655
台湾地区奥林匹克数学竞赛试题.小学一年级	2017—03	38.00	722
台湾地区奥林匹克数学竞赛试题.小学二年级	2017—03	38.00	723
台湾地区奥林匹克数学竞赛试题.小学三年级	2017—03	38.00	724
台湾地区奥林匹克数学竞赛试题.小学四年级	2017—03	38.00	725
台湾地区奥林匹克数学竞赛试题.小学五年级	2017—03	38.00	726
台湾地区奥林匹克数学竞赛试题.小学六年级	2017—03	38.00	727
台湾地区奥林匹克数学竞赛试题.初中一年级	2017—03	38.00	728
台湾地区奥林匹克数学竞赛试题.初中二年级	2017—03	38.00	729
台湾地区奥林匹克数学竞赛试题.初中三年级	2017—03	28.00	730
不等式证题法	2017—04	28.00	747
平面几何培优教程	即将出版		748
奥数鼎级培优教程.高一分册	即将出版		749
奥数鼎级培优教程.高二分册	即将出版		750
高中数学竞赛冲刺宝典	即将出版		751

联系地址:哈尔滨市南岗区复华四道街10号　哈尔滨工业大学出版社刘培杰数学工作室
网　　址:http://lpj.hit.edu.cn/
邮　　编:150006
联系电话:0451—86281378　　13904613167
E-mail:lpj1378@163.com